现代数控技术系列(第4版)

现代数控编程技术及应用

（第4版）

沈兴全　赵丽琴　马清艳　刘中柱　编著

国防工业出版社

·北京·

内 容 简 介

本书主要内容包括数控编程基础、程序编制中的数值计算、数控车床编程、数控铣床和加工中心的编程、数控宏程序编制、其他数控机床的编程、自动编程、刀位验证与轨迹编辑、编程系统的后置处理。

本书既可作为高等工科院校的机械工程、机械设计制造及其自动化、机械电子工程、材料科学与工程等专业数控编程技术课程的教学用书,也可为硕士生、博士生学习数控编程理论、进行深入研究提供参考,还可作为广大自学者及工程技术人员自学数控编程技术的参考资料。

图书在版编目(CIP)数据

现代数控编程技术及应用/沈兴全编著. —4 版. —北京:国防工业出版社,2016.4

(现代数控技术系列/王爱玲主编)

ISBN 978-7-118-10672-5

Ⅰ.①现... Ⅱ.①沈... Ⅲ.①数控机床-程序设计 Ⅳ.①TG659

中国版本图书馆 CIP 数据核字(2016)第 030715 号

※

国防工业出版社出版发行

(北京市海淀区紫竹院南路 23 号 邮政编码 100048)

三河市众誉天成印务有限公司印刷

新华书店经售

*

开本 787×1092 1/16 **印张** 22¼ **字数** 516 千字

2016 年 4 月第 4 版第 1 次印刷 **印数** 1—5000 册 **定价** 58.00 元

国防书店:(010)88540777 发行邮购:(010)88540776

发行传真:(010)88540755 发行业务:(010)88540717

“现代数控技术系列”(第4版)编委会

“现代数控技术系列”(第4版)总序

中北大学数控团队近期完成了“现代数控技术系列”(第4版)的修订工作,分六个分册:《现代数控原理及控制系统》《现代数控编程技术及应用》《现代数控机床》《现代数控机床伺服及检测技术》《现代数控机床故障诊断及维修》《现代数控加工工艺及操作技术》。该系列书2001年1月初版,2005年1月再版,2009年3月第3版,系列累计发行超过15万册,是国防工业出版社的品牌图书(其中,《现代数控机床伺服及检测技术》被列为普通高等教育“十一五”国家级规划教材,《现代数控原理及控制系统》还被指定为博士生入学考试参考用书)。国内四五十所高等院校将系列作为相关专业本科生或研究生教材,企业从事数控技术的科技人员也将该系列作为常备的参考书,广大读者给予很高的评价。同时本系列也取得了较好的经济效益和社会效益,为我国飞速发展的数控事业做出了相当大的贡献。

根据读者的反馈及收集到的大量宝贵意见,在第4版的修订过程中,对本系列书籍(教材)进行了较大幅度的增、删和修改,主要体现在以下几个方面:

(1) 传承数控团队打造“机床数控技术”国家精品课程和国家精品网上资源共享课程时一贯坚持的“新”“精”“系”“用”要求(及时更新知识点、精选内容及参考资料、保持现代数控技术系列完整性、体现教材的科学性和实用价值)。

(2) 通过修订,重新确定各分册具体内容,对重复部分进行了协调删减。对必须有的内容,以一个分册为主,详细叙述;其他分册为保持全书内容完整性,可简略介绍或指明参考书名。

(3) 本次修订比例各分册不太一样,大致在30% ~60%之间。

变更最大的是以前系列版本中《现代数控机床实用操作技术》,由于其与系列其他各本内容不够配套,第4版修订时重新编写成为《现代数控加工工艺及操作技术》。

《现代数控原理及控制系统》除对各章内容进行不同程度的更新外,特别增加了一章目前广泛应用的“工业机器人控制”。

《现代数控编程技术及应用》整合了与《现代数控机床》重复的内容,删除了陈旧的知识,增添了数控编程实例,还特别增加一章“数控宏程序编制”。

《现代数控机床》对各章节内容进行更新和优化,特别新增加了数控机床的人机工程学设计、数控机床总体设计方案的评价与选择等内容。

《现代数控机床伺服及检测技术》更新了伺服系统发展趋势的内容,增加了智能功率模块、伺服系统的动态特性、无刷直流电动机、全数字式交流伺服系统、电液伺服系统等内容,并对全书的内容进行了优化。

《现代数控机床故障诊断及维修》对原有内容进行了充实、精炼，对原有的体系结构进行了更新，增加了大量新颖的实例，修订比例达到60%以上。第9章及第11章5、6节全部内容是新增加的。

(4) 为进一步提升系列书的质量、有利于团队的发展，对参加编著的人员进行了调整。给学者们提供了一个新的平台，让他们有机会将自己在本学科的创新成果推广和应用到实践中去。具体内容见各分册详述及引言部分的介绍。

(5) 为满足广大读者，特别是高校教师需要，本次修订时，各分册将配套推出相关内容的多媒体课件供大家参考、与大家交流，以达到共同提高的目的。

中北大学数控团队老、中、青成员均为第一线教师及实训人员，部分有企业工作经历，这是一支精诚团结、奋发向上、注重实践、甘愿奉献的队伍。一直以来坚守着信念：热爱我们的教育事业，为实现我国成为制造强国的梦想，为我国飞速发展的数控技术多培养出合格的人才。

从20世纪80年代王爱玲为本科生讲授“机床数控技术”开始，团队成员在制造自动化相关的科技攻关及数控专业教学方面获得了20多项国家级、省部级奖项。为适应培养数控人才的需求，团队特别重视教材建设，至今已编著出版了50多部数控技术相关教材、著作，内容涵盖了数控理论、数控技术、数控职业教育、数控操作实训及数控概论介绍等各个层面，逐步完善了数控技术教材系列化建设。

希望本次修订的“现代数控技术系列”（第4版）带给大家更多实用的知识，同时也希望得到更多读者的批评指正。

王爱玲

2015年8月

第4版引言

本书是在《现代数控编程技术及应用》(第3版)的基础上修订的,是“现代数控技术系列”的一个分册。本书是根据近年来数控机床的发展与应用而修订的,内容全面、系统,力求体现先进性、实用性,主要内容有数控编程基础、程序编制中的数值计算、数控车床编程、数控铣床和加工中心的编程、数控宏程序编制、其他数控机床的编程、自动编程、刀位验证与轨迹编辑、编程系统的后置处理。本书可作为本科院校的机械工程、机械设计制造及其自动化、机械电子工程等专业数控编程技术课程教材,也可为相关专业硕士生、博士生学习数控编程理论、进行深入研究提供参考,还可作为广大自学者及工程技术人员自学数控编程技术用书。

在这次修订中,通过对内容的增、删、改,充分反映出数控编程技术的最新发展:把原第3版中“数控机床概述”和“程序编制中的工艺分析处理”这些相关内容,在同系列的《现代数控机床》(第3版)和《现代数控加工工艺及操作技术》教材中体现,使系列教材更系统;删掉了“穿孔纸带信息代码”;将数控铣床和加工中心的编程合为一章,增加了编程的实例;将“宏程序”单列一章进行介绍;在“自动编程”中对“APT语言自动编程”进行详细阐述;在“编程系统的后置处理”中增加了“UG NX后置处理举例”。

本书第1章由沈兴全编写,第2,3章及4.1,4.2,4.3节由赵丽琴编写,第4.4,4.5,4.6节及5,6章由马清艳编写,第7,8,9章由刘中柱编写。全书由沈兴全统稿。

本书编写时参阅了很多院校和单位的教材、资料和文献,部分资料来源于网络,并得到很多专家和同事的支持和帮助,在此谨致谢意!

限于编者的水平和经验,书中难免会有不妥之处,恳请读者和各位同仁批评指正。

赵丽琴

2015年8月

目　　录

第1章 数控编程基础

1.1 数控机床概述

数控机床是数字控制机床(Numerically Controlled Machine Tool)的简称,亦称NC机床,是为了满足单件、小批、多品种自动化生产的需要而研制的一种灵活的、通用的、能够适应产品频繁变化的柔性自动化机床,具有适应性强、加工精度高、加工质量稳定和生产效率高的优点。它综合应用了电子计算机、自动控制、伺服驱动、精密测量和新型机械结构等多方面的技术成果。随着机床数控技术的迅速发展,数控机床在机械制造业中的地位越来越重要。

第一台数控机床是适应航空工业制造复杂零件的需要而产生的。1948年,美国帕森斯(Parsons)公司在研制加工直升机叶片轮廓用检查样板的机床时,提出了数控机床的初始设想。1949年,帕森斯公司正式接受委托,与麻省理工学院伺服机构实验室合作,开始从事数控机床的研制工作。经过三年时间的研究,于1952年试制成功世界上第一台数控机床样机,这是一台直线插补三坐标立式铣床,其数控系统全部采用电子管,也称第一代数控系统。经过三年的改进和自动程序编制的研究,于1955年进入实用阶段,一直到20世纪50年代末,由于晶体管的应用,数控系统提高了可靠性且价格开始下降,一些民用工业开始发展数控机床,其中多数是钻床、冲床等点位控制的机床。数控技术不仅在机床上得到实际应用,而且逐步推广到焊接机、火焰切割机等,使数控技术不断地扩展应用范围。

我国的数控机床是从1958年开始研制的,经历了40多年的发展历程,目前数控技术已在车、铣、钻、镗、磨、齿轮加工、电加工等领域全面展开,数控加工中心也相继研制成功。

1.1.1 数控机床的工作原理

数控机床主要由控制介质、数控装置、伺服系统和机床本体组成,其组成框图如图1-1所示。

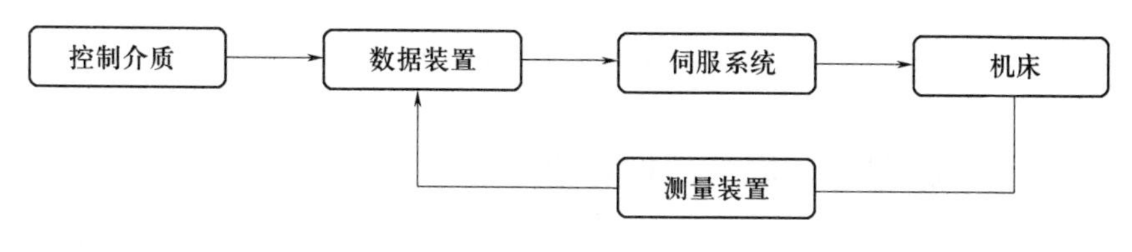

图1-1 数控机床的组成

1. 控制介质

它用于记载各种加工信息(如零件加工的工艺过程、工艺参数和位移数据等),以控制机床的运动,实现零件的机械加工。常用的控制介质有标准的纸带、磁带和磁盘等。

控制介质上记载的加工信息要经输入装置输送给数控装置。常用的输入装置有光电纸带输入机、磁带录音机和磁盘驱动器等。对于用计算机控制的数控机床,也可用操作面板上的按钮和键盘将加工程序直接输入,并在 CRT 显示器上显示。

2. 数控装置

数控装置是数控机床的核心,它的功能是接受输入装置输入的加工信息,经过数控装置的系统软件或逻辑电路进行译码、运算和逻辑处理后,发出相应的脉冲送给伺服系统,通过伺服系统控制机床的各个运动部件按规定要求动作。

3. 伺服系统及位置检测装置

伺服系统由伺服驱动电机和伺服驱动装置组成,它是数控系统的执行部分。由机床上的执行部件和机械传动部件组成数控机床的进给系统,它根据数控装置发来的速度和位移指令控制执行部件的进给速度、方向和位移量。每个进给运动的执行部件都配有一套伺服系统。伺服系统有开环、闭环和半闭环之分,在闭环和半闭环伺服系统中,还需配有位置测量装置,直接或间接测量执行部件的实际位移量。

4. 机床本体及机械部件

数控机床的本体及机械部件包括:主运动部件,进给运动执行部件如工作台、刀架及其传动部件和床身立柱等支承部件,此外还有冷却、润滑、转位和夹紧装置。对于加工中心类的数控机床,还有存放刀具的刀库,交换刀具的机械手等部件。数控机床的本体和机械部件的结构,其设计方法基本同普通机床类似,只是在精度、刚度、抗振性等方面要求更高,尤其是要求相对运动表面的摩擦系数要小,传动部件之间的间隙要小,而且传动和变速系统要便于实现自动化控制。

数控机床加工零件时,首先应编制零件的加工程序,这是数控机床的工作指令。将加工程序输入到数控装置,再由数控装置控制机床主运动的变速、起停、进给方向、速度和位移量,以及其他如刀具选择交换、工件的夹紧松开、冷却润滑的开关等动作,使刀具与工件及其他辅助装置严格地按照加工程序规定的顺序、轨迹和参数进行工作,从而加工出符合要求的零件。数控机床加工工件的过程见图 1-2。

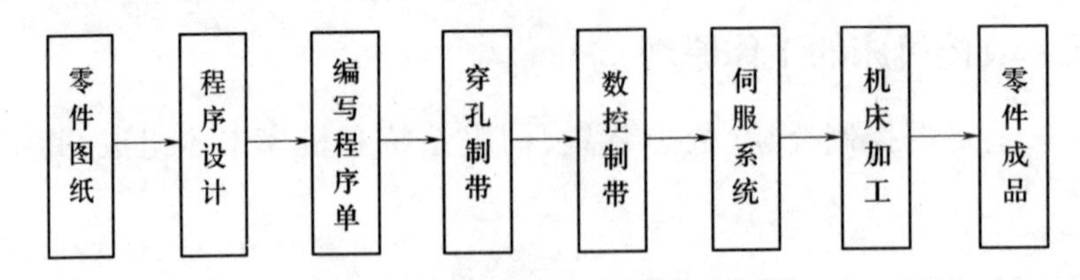

图 1-2 数控机床加工工件过程

1.1.2 插补原理与计算机数控系统

1. 插补原理

大多数机器零件的形状,一般都是由一些简单的几何元素(直线、圆弧等)构成。在数控机床上加工直线或圆弧,实质上是数控装置根据有关的信息指令进行的“数据密化”的工作。例如加工图 1-3 所示的一段圆弧,已知条件仅是该圆弧的起点 A 和终点 B 的坐标，圆心 O 的坐标和半径 R，要想把该圆弧光滑地描绘出来，就必须把圆弧段$\overset{\frown}{AB}$之间各点的坐标计算出来，再把这些点填补到 A、B 之间，通常把"填补空白"的"数据密化"工作称为插补。把计算插补点的运算称为插补运算。把实现插补运算的装置叫作插补器。

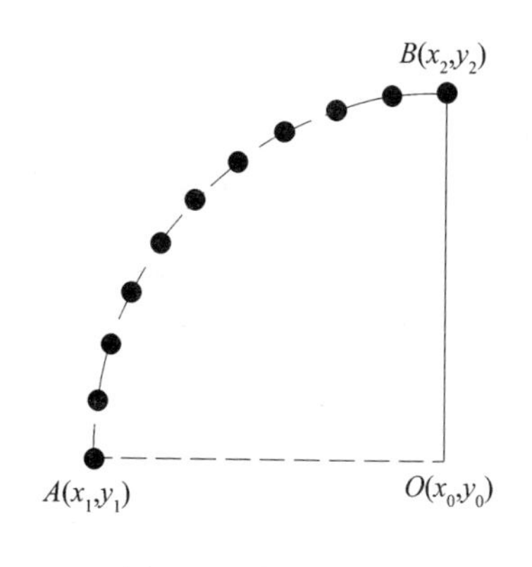

图 1－3　插补运算

由于数控装置具有插补运算的功能，所以只要记录有限的信息指令，如加工直线只需记录直线的起点和终点的坐标信息；加工圆弧只需记录圆弧半径、起点和终点坐标、顺转和逆转等信息，数控装置就能利用控制介质上的这些有限的信息指令进行插补运算，将直线和圆弧的各点数据算出，并发送相应的脉冲信号，通过伺服机构控制机床加工出直线和圆弧。

在数控系统中，常用的插补方法有逐点比较法、数字积分法、时间分割法等。现将数控系统中用得最多的方法——逐点比较法的插补过程和直线圆弧插补运算方法简介如下。

逐点比较法的插补原理可概括为"逐点比较，步步逼近"八个字。逐点比较法的插补过程分为四个步骤：

（1）偏差判别。根据偏差值判断刀具当前位置与理想线段的相对位置，以确定下一步的走向。

（2）坐标进给。根据判别结果，使刀具向 X 或 Y 方向移动一步。

（3）偏差计算。当刀具移到新位置时，再计算与理想线段间的偏差以确定下一步的走向。

（4）终点判别。判断刀具是否到达终点。未到终点，则继续进行插补。若已达终点，则插补结束。

如图 1－4 所示，是应用逐点比较法插补原理进行直线插补的情形。机床在某一程序中要加工一条与 X 轴夹角为 α 的 OA 直线，在数控机床上加工时，刀具的运动轨迹不是完全严格地走 OA 直线，而是一步一步地走阶梯折线，折线与直线的最大偏差不超过加工精度允许的范围，因此这些折线可以近似地认为是 OA 直线。我们规定：当加工点在 OA 直线上方或在 OA 直线上，该点的偏差值 $F_n \geqslant 0$，若在 OA 直线的下方，则偏差值 $F_n < 0$，机床数控装置的逻辑功能，根据偏差值能自动判别走步。当 $F_n \geqslant 0$ 时朝 $+X$ 方向进给一步，当 $F_n < 0$ 时，朝 $+Y$ 方向进给一步，每走一步自动比较一下，边判别边走步，刀具依次以折线 $0-1-2-3-4\cdots A$ 逼近 OA 直线。就这样，从 O 点起逐点穿插进给一直加工到 A 点为止。这种具有沿平滑直线分配脉冲的功能叫做直线插补，实现这种插补运算的装置叫做直线插补器。

如图 1－5 所示，是应用逐点比较法插补原理进行圆弧插补的情形。机床在某一程序中要加工半径为 R 的$\overset{\frown}{AB}$圆弧，在数控机床上加工时，刀具的运动轨迹也是一步一步地走阶梯折线，折线与圆弧的最大偏差不超过加工精度允许的范围，因此这些折线可以近似地认为是$\overset{\frown}{AB}$圆弧。我们规定：当加工点在$\overset{\frown}{AB}$圆弧外侧或在$\overset{\frown}{AB}$圆弧上，偏差值（该点到原点 O 的距离与半径 R 的比值）$F_n \geqslant 0$；若该点在圆弧$\overset{\frown}{AB}$的内侧，则偏差值 $F_n < 0$。加工时，当 $F_n \geqslant 0$时，朝 X 方向进给一步；当 $F_n < 0$ 时，朝 $+Y$ 方向进给一步，刀具沿折线$A-1-2-3-4\cdots B$依次逼近$\overset{\frown}{AB}$圆弧，从 A 点起逐点穿插进给一直加工到 B 点为止。这种沿圆弧分配脉冲的功能叫做圆弧插补，实现这种插补运算的装置叫做圆弧插补器。

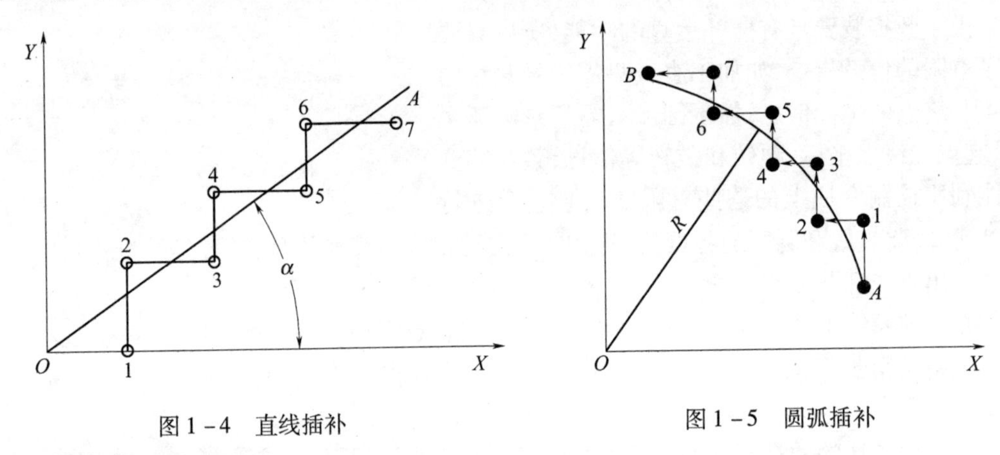

图 1－4　直线插补　　　　图 1－5　圆弧插补

2. 计算机数控系统

随着电子技术的发展，数控（NC）系统有了较大的发展，从硬件数控发展成计算机数控（Computer Numerical Control，CNC）。CNC 与 NC 系统的主要区别在于，CNC 机床采用专用的或通用的计算机控制，系统软件常驻内存中，零件加工程序可以输入到内存中。只要改变计算机的控制软件，就能实现一种新的控制方式，从而加工出另一种新的工件。

计算机数控系统是采用通用计算机元件与结构，并配备必要的输入/输出部件构成的。采用控制软件来实现加工程序存储、译码、插补运算、辅助动作逻辑联锁以及其他复杂功能。

完整的 CNC 系统分为 NC 部分与 PC 部分。NC 部分主要控制机床主运动和进给运动；PC 部分称为可编程控制器，它主要接收程序中辅助功能指令或操作控制面板的操作指令，控制各种辅助动作及其联锁等，并显示各种控制信号状态。

NC 部分称为数控部分，是 CNC 系统的核心。NC 部分又可分为计算机部分、位置控制部分和数据输入/输出接口及外部设备。

与通用计算机一样，NC 的计算机部分由中央处理器（CPU）及存储数据与程序的存储器等组成。存储器分为系统控制软件存储器（ROM）、加工程序存储器及工作区存储器（RAM）。ROM 中的系统控制软件程序是由数控系统生产厂家写入的，用来完成 CNC 系统的各项功能。数控机床操作者将各自的加工程序存储在 RAM 中，以供数控系统用来控制机床加工工件。工作区存储器是系统程序执行过程中的活动场所，用于堆栈、参数保存、中间运算结果保存等。

CPU 执行系统程序，读取加工程序，经过加工程序段译码、预处理计算，然后根据加工程序段指令，进行实时插补与机床位置伺服控制，同时将辅助动作指令通过 PC 送往机床,并接受通过 PC 返回机床各部分信息,以确定下一步操作。

位置控制部分有两种,一个是进给位置控制,另一个是主轴位置伺服控制。两者均由位置控制单元、速度控制单元和进给或主轴伺服电机组成。主轴位置伺服只用于主轴多点定向和螺纹切削。在一般切削时不需要位置控制,只有速度控制就可以了。

数据输入/输出接口和外部设备用来实现数控系统与操作者之间的信息交换。操作者通过光电阅读器、磁盘驱动器或手动数据输入装置(键盘),将加工程序等输入数控系统,并通过显示器(CRT)显示已输入的加工程序以及其他信息,也可以将存储在数控系统中的经过修改并经实际加工考验的加工程序复制在磁盘或穿孔纸带上。

数控系统是数控技术的关键,目前,数控系统正在发生根本性变革。在集成化基础上,数控系统实现了超薄型、超小型化;在智能化基础上,综合了计算机、多媒体、模糊控制、神经网络等多学科技术,实现了高速、高精、高效控制,加工过程中可以自动修正、调节和补偿各种参数以及进行在线诊断和智能化故障处理;在网络基础上,CAD/CAM 与数控系统集成一体,机床联网,实现了中央集中控制的群控加工。

1.1.3 数控编程技术的发展[1]

数控机床是采用计算机控制的高效能自动化加工设备,而数控加工程序是数控机床运动与工作过程控制的依据。因此程序编制是数控加工中的一项重要工作,理想的加工程序保证能加工出符合产品图样要求的合格工件,同时也能使数控机床的功能得到合理的应用和充分的发挥,使数控机床安全、可靠、高效地工作,加工出高质量的产品。从零件图纸到获得合格的数控加工程序的过程便是数控编程。

数控编程技术与数控机床两者的发展是紧密相关的。数控机床的性能提升推动了编程技术的发展,二者相互依赖。现代数控技术正在向高精度、高效率、高柔性和智能化方向发展,编程方式也越来越丰富。

1. 手工编程

对几何形状不复杂,加工程序不长、计算不繁琐的零件,如点位加工或几何形状不复杂的轮廓加工,一般选用手工编程,其流程图如图 1-6 所示。手工编程的重要性是不容忽视的,它是编制加工程序的基础,是机床现场加工调试的主要方法,是机床操作人员必须掌握的基本功,但它也有以下缺点:

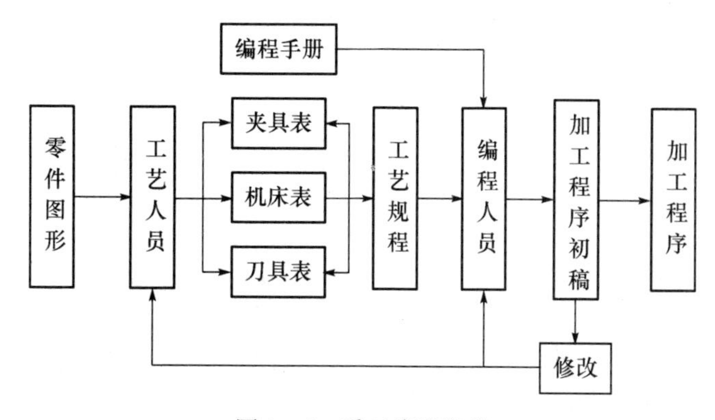

图 1-6 手工编程流程

(1) 人工完成各个阶段的工作,效率低,易出错;

(2) 每个点的坐标都需要计算,工作量大、难检查;

(3) 对复杂形状的零件,如螺旋桨的叶片形状,不但计算复杂,有时也难以实现。

2. 自动编程

但上述问题若由计算机进行处理,难题就迎刃而解了。自动编程是指在计算机及相应软件系统的支持下,自动生成数控加工程序的过程。除分析零件图样和制订工艺方案由人工进行外,其余均由计算机自动完成,故又称计算机辅助编程,它充分利用了计算机快速运算和存储的功能。

如图 1-7 所示,编程人员将零件形状、几何尺寸、刀具路线、工艺参数、机床特征等,按照一定的格式和方法输入到计算机内,再由自动编程软件对这些输入信息进行编译、计算等处理生成刀具路径文件和机床的数控加工程序,通过通信接口加工程序送入机床数控系统以备加工。对于形状复杂,比如具有非圆曲线轮廓、三维曲面等的零件,采用自动编程方法效率高、可靠性好。

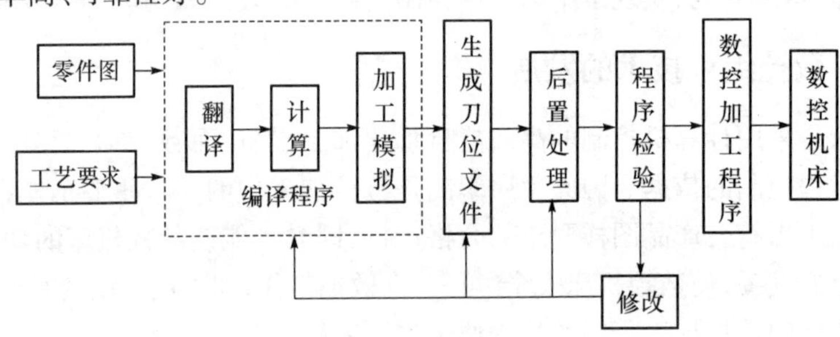

图 1-7　自动编程流程

随着微电子技术和 CAD 技术的发展,为降低编程难度、提高效率,减少和避免程序错误,自动编程技术不断发展,大约经历了以下几个阶段:20 世纪 50 年代出现第一台数控机床,美国麻省理工学院(MIT)开发 APT 语言;20 世纪 60 年代诞生交互式图像显示设备,MIT 组织美国各大飞机公司共同开发 APT Ⅱ,APT Ⅲ;20 世纪 70 年代兴起工作站(Workstation)和造型技术(Wireframe Modeling,Solid Modeling,Surface Modeling),出现基于APT Ⅲ的 APT-Ⅳ,APT-AC,APT 衍生出其他语言如 ADAPT,EXAPT,HAPT,FAPT,IF-APT 等;20 世纪 80 年代产生智能机器人及专家系统,CAD/CAM 历经形成、发展、提高和集成各个阶段。应用 CAD/CAM 集成系统设计加工的流程,如图 1-8 所示。

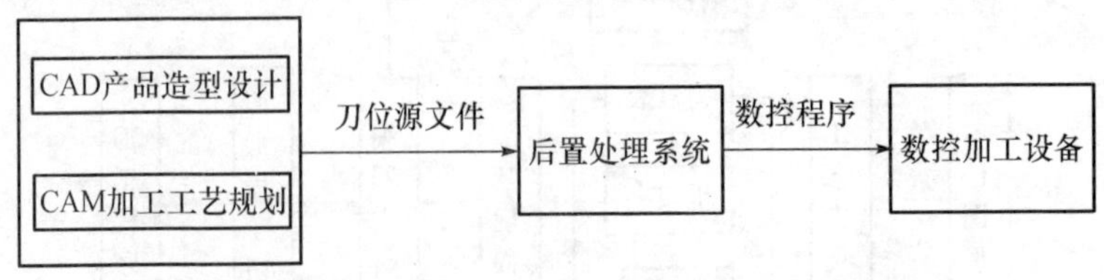

图 1-8　应用 CAD/CAM 集成系统设计加工的流程图

现代图形交互式自动编程是建立在 CAD 和 CAM 系统的基础上的,图形交互自动编程是计算机配备了图形终端和三维绘图软件后进行编程的一种方法,它以人-机对话的形式,在图形显示终端上绘制出加工零件及毛坯,选择机床和刀具并制订加工工艺,计算机便按预先存储的图形自动编程系统计算刀具轨迹，然后由相应机床的后处理器自动生成 NC 代码。典型的图形交互式自动编程系统都采用 CAD/CAM 集成数控编程系统模式，与早期的语言型的自动编程系统相比，它有如下特点：

（1）输入工件图形并采用人机对话方式，而不需要使用数控语言编制源程序；

（2）从加工工件的图形再现、进给轨迹的生成、加工过程的动态模拟，到生成数控加工程序，都是通过屏幕菜单驱动，因而速度快、精度高、直观性好、使用简便、便于检查；

（3）可以通过软件的数据接口共享已有的 CAD 设计结果，实现 CAD/CAM 集成一体化，实现无图纸设计制造；

（4）为提高生产率、缩短新产品研制周期、保证产品产量、降低成本创造了有利的条件，尤其是对三维复杂曲面零件，只要作适当的修改就能产生新的 NC 代码，因而它具有相当大的柔性。

近年来，随着计算机技术、空间几何造型技术、工程数据库技术和系统集成技术的不断发展进步，已出现了一批功能强大的 CAD/CAM 软件，如法国达索飞机制造公司的 CATIA、美国麦道航空公司的 UG－Ⅱ和美国参数技术公司的 Pro/E，我国北航海尔的制造工程师（CAXA－ME）等，这些软件都具有空间异型曲面的数控加工程序编制功能，且具有智能型后置处理环境，可以面向众多的数控机床和大多数数控系统。

高速数控加工的出现不仅对机床结构和数控系统提出了新的要求，对于加工工艺的策划、工艺参数的设置和加工约束的设置也提出了新的要求。各种数控系统在曲面加工时，所用的曲面拟合模型不尽相同，有的用 Nurbs 拟合模型，有的用 Bezier 拟合模型，有的用 Polymial 拟合模型，还有的用 Spline 拟合模型，后置处理器就面临支持相应的多种曲面拟合模型的问题。

因此，要使所生成的数控程序不经手工修改，直接应用于数控机床加工，则必须针对每一台数控机床定制专用的后置处理器。特别是对于多轴数控加工机床，各大 CAD/CAM 软件厂家提供的多轴后置处理器还有很大的局限性，通用性不好，有的软件仅提供了三轴后置处理器。而针对五轴数控机床，目前只有一些经过改良的后置处理器，五轴数控机床的后置处理器还有待进一步开发。

因此能够处理不同类型格式的刀具路径文件，并做优化处理，以适应不同类型的机床、不同类型的系统、不同类型的零件的加工需求，生成的 NC 程序不需人工做二次修改，而直接应用于机床是后置处理器技术的发展方向。

3. STEP－NC 模型

1997 年欧共体提出了 STEP－NC 概念，将产品数据转换标准 STEP 扩展至 CNC 领域，重新定义了 CAD/CAM 与 CNC 之间的接口，它要求 CNC 系统直接使用符合 STEP 标准的 CAD 三维产品数据模型（包括几何数据、设计和制造特征），加上工艺的信息和刀具信息，直接产生加工程序来控制机床。STEP－NC 使产品模型数据库用作数控机床的直接输入文档，不存在单独的刀具路径文件，废弃了 G 代码和 M 代码，从而不再需要后置处理系统。[2]

STEP－NC 提供了一种基于特征的面向对象的数控数据模型。其基本原理是基于制造特征进行编程，告诉 CNC 的是“加工什么”，而不是直接对刀具运动轨迹（路径）进行编程，以及告诉 CNC“如何加工”的具体动作。加工流程是以工步作为基本单位，将制造特征和工艺技术信息联系到一起,每个工步只定义一种操作("干什么,如何干"等,仅能用一种刀具和一种策略)。STEP - NC 通过任务描述(钻中心孔、钻孔,粗加工、精加工等)把工件的加工程序传到加工车间,在车间机床控制器根据机床知识产生刀具路径,也可以根据车间实际需要对加工程序进行修改,修改后的加工过程信息可以保存并返回到设计制造部门,使经验和知识能更好地交换和保留,也实现产品生命周期数据的共享。

STEP - NC 是目前世界工业化国家研究的热点,其中代表性的研究项目有欧洲的 STEP - NC 项目、美国的 Super modal 项目、日本的 Digital Master 项目等。但 STEP - NC 的推广需更新或废弃现有数控系统和 CAM 系统,这不是短期内可以实现的事。

1.2 程序编制的基本概念

在数控机床上加工零件,首先要编制零件的加工程序,然后才能加工。

程序编制,就是将零件的工艺过程、工艺参数、刀具位移量与方向以及其他辅助动作(换刀、冷却、夹紧等),按运动顺序和所用数控机床规定的指令代码及程序格式编成加工程序单(相当于普通机床加工的工艺过程卡),再将程序单中的全部内容记录在控制介质上然后输给数控装置,从而指挥数控机床加工。这种从零件图纸到制成控制介质的过程为数控加工的程序编制。

在普通机床上加工零件时,一般是由工艺人员按照设计图样事先制订好零件的加工工艺规程。在工艺规程中制订零件的加工工序、切削用量、机床的规格及刀具、夹具等内容。操作人员按工艺规程的各个步骤操作机床,加工出图样给定的零件。也就是说零件的加工过程是由人来完成的。而在数控机床上加工零件,就必须把被加工零件的全部工艺过程、工艺参数和位移数据编制成零件加工程序,并将程序单上的内容记录在控制介质上,用它来控制机床加工。可见,数控机床若无零件加工程序,就将无法工作。数控机床之所以能加工出各种形状和尺寸的零件,就是因为有编程人员为它编制出不同的加工程序。所以说,数控加工程序的编制是数控加工中的重要一环。

1.2.1 程序编制的内容与方法

一般来讲,程序编制包括以下几个方面的工作。

1. 分析零件图纸

要分析零件的材料、形状、尺寸、精度及毛坯形状和热处理要求等,以便确定该零件是否适宜在数控机床上加工,或适宜在哪台数控机床上加工。有时还要确定在某台数控机床上加工该零件的哪些工序或哪几个表面。

2. 确定工艺过程

在认真分析图纸的基础上,确定零件的加工方法、工装夹具、定位夹紧方法和走刀路线、对刀点、换刀点,并合理选定机床、刀具及切削用量等。

3. 数值计算

根据零件形状和加工路线设定坐标系,算出零件轮廓相邻几何元素的交点或切点坐标值。当用直线或圆弧逼近零件轮廓时，需要计算出其节点的坐标值，以及数控机床需要输入的其他数据。

4. 编写程序单

根据计算出的运动轨迹坐标值和已确定的运动顺序、刀号、切削参数以及辅助动作，按照数控装置规定使用的功能指令代码及程序段格式，逐段编写加工程序单。在程序段之前加上程序的顺序号，在其后加上程序段结束标志符号。此外，还应附上必要的加工示意图、刀具布置图、机床调正卡、工序卡以及必要的说明（如零件名称与图号、零件程序号、机床类型以及日期等）。

5. 制备控制介质

程序单只是程序设计完成后的文字记录，还必须将程序单的内容记录在控制数控机床的控制介质上，作为数控装置的输入信息。最初数控机床常用穿孔纸带、磁盘、磁带第作为控制介质，随着计算机技术的发展，目前常用的控制介质有 CF 卡、移动硬盘等，也可以直接将程序通过键盘输入带数控装置的程序存储器中。另外，随着 CAD/CAM 技术的发展，有些数控设备利用 CAD/CAM 软件在其他计算机上自动编程，然后通过计算机与数控系统通信（如局域网），将程序和数据直接传送到数控装置中。

6. 程序检校和首件试切

程序单和所制备的控制介质必须经过检校和试切削才能正式使用。一般的方法是将控制介质上的内容直接输入到 CNC 装置进行机床的空运转检查。亦即在机床上用笔代替刀具，坐标纸代替工件进行空运转画图，检查机床运动轨迹的正确性。在具有 CRT 屏幕图形显示的数控机床上，用图形模拟刀具相对工件的运动，则更为方便。但这些方法只能检查运动是否正确，不能检查出由于刀具调整不当或编程计算不准而造成工件误差的大小。因此，必须用首件试切的方法进行实际切削检查。它不仅可查出程序单和控制介质的错误，还可以知道加工精度是否符合要求。当发现尺寸有误差时，应分析错误的性质，或者修改程序单，或者进行尺寸补偿。

程序编制的一般过程如图 1－9 所示。程序编制的方法主要有手工编程和自动编程两种。

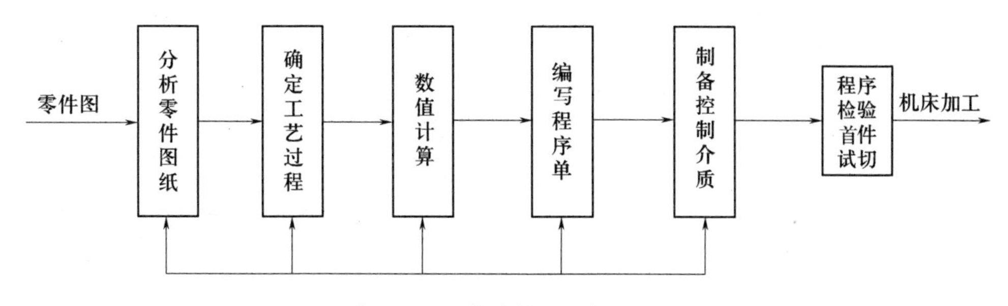

图 1－9　程序编制的一般过程

手工编程就是指在图 1－9 所示程序编制的全过程中，所有工作都是人工完成的。手工编程步骤，即分析图样、确定工艺过程、数值计算、编写零件加工程序单、制备控制介质到程序校验都是由人工完成。对于加工形状简单的零件，计算比较简单，程序不多，采用手工编程较容易完成，而且经济，因此在点定位加工及由直线与圆弧组成的轮廓加工中，手工编程仍广泛应用。但对于形状复杂的零件，特别是具有非圆曲线、列表曲线及曲面的零件，用手工编程就有一定的困难，出错的概率增大，有的甚至无法编出程序，因此必须用自动编程的方法编制程序。

自动编程就是利用计算机编制数控加工程序。即用数控语言编制程序，然后将其输入计算机，由系统处理程序进行编译计算和后置处理，编写零件加工程序单，并自动制作加工用的控制介质。自动编程的特点是应用计算机代替人的劳动，编程人员不再直接参与坐标计算、数据处理、编写零件加工程序单和制备控制介质的工作，而上述所有工作均由计算机完成。

在实际生产中，究竟是采用手工编程方法还是采用自动编程方法，应综合考虑数据量和计算难度、可利用的设备和条件以及时间和费用等因素。

下面以一实例说明程序编制的具体过程。

例 在数控钻镗床上加工图1-10所示的零件上的两个螺纹孔（底孔为$\phi10$），机床的脉冲当量为0.01mm/脉冲。程序编制的过程如下：

(1) 根据零件的加工要求，确定装夹方法和对刀点。对刀点往往就是数控加工的起点，程序通常就是从这一点开始的。在加工过程中需要换刀，所以还需要规定换刀点。图中“O”点即为工件原点，又是对刀点，C点为换刀点。

(2) 确定加工（走刀）路线的顺序：对刀点→孔A→孔B→换刀点→孔B（攻丝）→孔A（攻丝）→对刀点。

(3) 根据工件原点，按照绝对坐标系统换算各孔位置尺寸的坐标值，换算的结果是：对刀点(0,0)；A(+85，+72)；B(+195，+50)；换刀点C(+263，+50)。

(4) 确定钻孔循环“快速趋近→工作进给→快速退回”的轴向行程长度，见图1-11。攻丝循环与钻孔循环的区别在于：当工作进给至终点时主轴（丝锥）要反转，然后仍以工作进给（每转移动一个螺距）的速度退出工件。

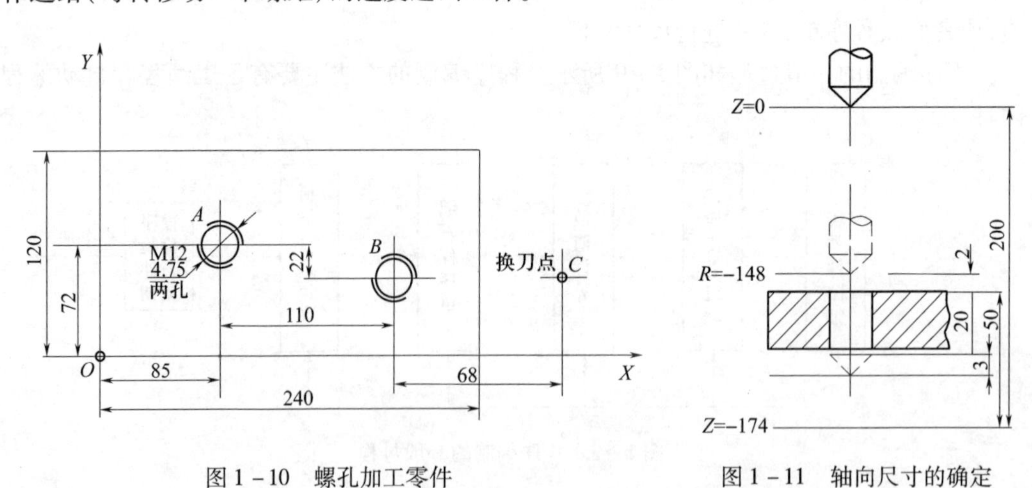

图1-10 螺孔加工零件　　图1-11 轴向尺寸的确定

(5) 确定切削用量。主轴转速：钻孔为880r/min；攻丝为170r/min。进给速度：钻孔为0.125mm/r=110mm/min，空行程时为600mm/min；攻丝为1.75mm/min=297.5mm/min。

(6) 根据上面计算和选定的数值，按加工路线的顺序填写程序单，见表1-1。

表 1 – 1　程序单

序号 N	准备功能 G	坐标				进给速度 F	主轴速度 S	刀具号 T	辅助功能 M	程序段结束 NL	备注
		X	Y	Z	R						
N001	G00G90	X0	Y0							NL	走到对刀点
N002	G81	X8500	Y7200			F600	S880	T01	M03	NL	走到孔 *A*
N003				Z – 17400	R – 14800	F110				NL	钻孔 $\phi10$
N004		X19500	Y5000			F600				NL	走到孔 *B*
N005				Z – 17400	R – 14800	F110				NL	钻孔 $\phi10$
N006	G80	X29300	Y5000			F600				NL	走到换刀点
N007								T02	M00	NL	换刀(手动)
N008	G84	X19500	Y5000			F600	S170		M03	NL	走到孔 *B*
N009				Z – 17400	R – 14800	F297.5				NL	攻丝
N010		X8500	Y7200			F600				NL	走到孔 *A*
N011				Z – 17400	R – 14800	F297.5				NL	攻丝
N012	G80	X0	Y0						M02	EM	回到对刀点 程序完

(7) 根据程序单制作控制介质(如穿孔纸带),用它控制机床加工出零件。

从表 1 – 1 这份程序单中可以看出,从机床开始启动到零件加工完毕,每一个动作都做了规定。正因为如此,程序单中不能漏掉或写错任何一个细小的过程。必须严格按照所用机床规定的程序格式填写“程序单”中每一个符号、字母和数字,否则数控装置就不能正常运算,机床也就无法加工出符合要求的零件。

1.2.2　程序结构与格式

1. 程序的结构

一个完整的零件加工程序就如同一篇文章。文章是由若干语句组成,语句是由若干单词组成,单词又是由字组成。而加工程序是由若干程序段组成,程序段是由若干字组成,每个字又由字母和数字组成。即字母和数字组成字,字组成程序段,程序段组成程序。

每种数控系统都有其特定的编程格式,对于不同的机床,程序格式是不同的。所以编程人员在编程之前,要认真阅读所用机床的说明书,严格按照规定格式进行编程。如下所示是在 SIEMENS 系统中编写的一个加工程序:

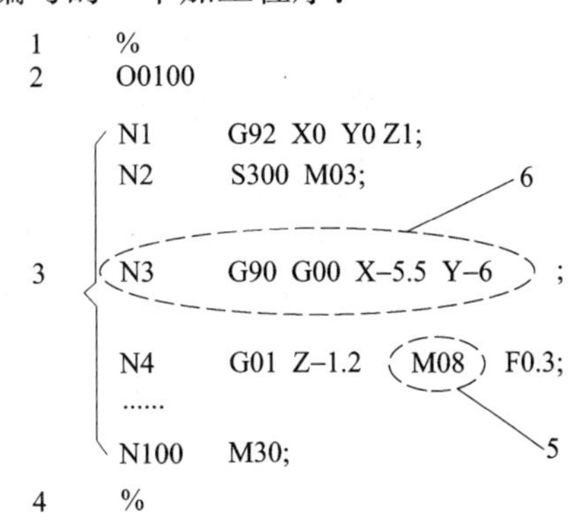

1—起始符; 2—程序名; 3—程序主体;4—程序结束符; 5—功能字; 6—程序段。

一般情况下，一个基本的数控程序由以下几个部分组成：

(1) 程序起始符。一般为“%”“$”等，不同的数控机床起始符可能不同，应根据具体的数控机床说明使用。程序起始符单列一行。

(2) 程序名。单列一行，有两种形式，一种是以规定的英文字母（通常为O）为首，后面接若干位数字（通常为2位或者4位），如O0600，也可称为程序号。另一种是以英文字母、数字和符号“-”混合组成，比较灵活。程序名具体采用何种形式由数控系统决定。

(3) 程序主体。由多个程序段组成，程序段是数控程序中的一句，单列一行，用于指挥机床完成某一个动作。如上述第一个程序段表示建立刀具坐标为(0,0,1)的工件坐标系；第二个程序段表示机床主轴以300r/min的速度开始正转；第三个程序段表示刀具快速定位（G00）到X-5.5、Y-6、Z1处；第四个程序段表示刀具以指定进给速度（F0.3）直线进给（G01）方式加工至工件表面下Z-10处，同时打开冷却液（M08）。

在程序末尾（N100）一般有程序结束指令，如M30，用于停止主轴、冷却液和进给，并使控制系统复位。

(4) 程序结束符。程序结束的标记符，一般与程序起始符相同。

以上是数控程序结构的最基本形式，也是采用交互式图形编程方式所得到的最常见的程序形式。更复杂的程序还包括注释语句、子程序调用等，这里不作更多的介绍。

2. 程序段格式

程序段格式主要有三种，即固定顺序程序段格式、使用分隔符的程序段格式和字地址程序段格式。现代数控系统广泛采用的程序段格式都是字地址格式。前面举例介绍的程序就是这种格式。

字地址程序段格式由语句号字、数据字和程序段结束字组成，每个字之前都标有地址码用以识别地址。一个程序段内由一组开头是英文字母，后面是数字组成的信息单元“字”，每个“字”根据字母来确定其意义。例如：N003 G01 X50 Y60 LF程序段中X为地址，50为数字，X50为“字”。

字地址程序段格式对不需要的字或与上一程序段相同的字都可省略。一个程序段各字也可不按顺序（但为了程序编制方便，常按一定的顺序排列）。这种格式虽然增加了地址读入电路，但是编制程序直观灵活，便于检查。

目前国内外的数控装置几乎都采用了这种可变程序段“字地址格式”，国际标准化组织也制定了字地址程序段格式ISO 6983-1:1982标准。这对数控系统的设计，特别是对程序编制工作带来很大的方便。

下面分别对程序段各字加以说明。

字地址程序段的格式：

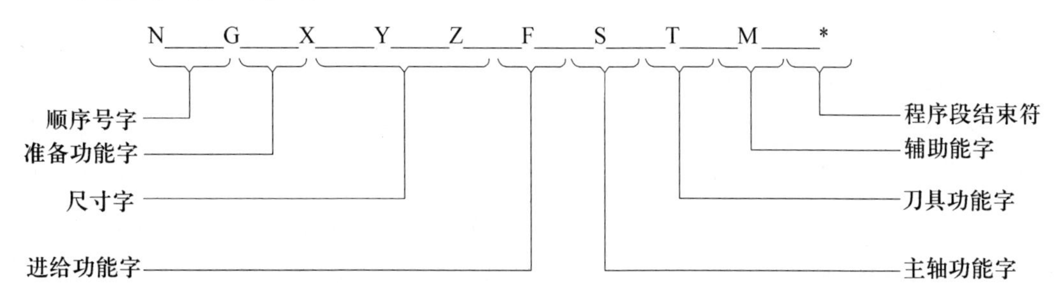

1）顺序号字(Sequence number)

用来表示程序从启动开始操作的顺序，即程序段执行的顺序号，因此也称为程序段号字。它用地址码“N”和后面的若干位数字来表示。例如：N20 表示该语句的语句号为 20。顺序号的作用是：

（1）便于人们对程序作校对和检索修改。无论是何种校对，如有顺序号，可正确、迅速地进行。

（2）便于在图上标注。在加工轨迹图的几何接点处标上相应程序段的顺序号，就可直观地检查程序。

（3）加工过程中，数控装置读取某一程序段时，该程序段序号可在荧光屏上显示出来，以便操作者了解或检查程序执行情况。

（4）用于程序段复归操作。这是指回到程序的中断处，或加工从程序的中途开始的操作。这种操作必须有顺序号才能进行。

（5）主程序或子程序中用于无条件转向的目标。

（6）用户宏程序中用于条件转向或无条件转向的目标。

顺序号的使用规则是：

（1）建议不使用 N0 作为顺序号。有的数控系统能够自动地将未命名程序的第一个程序段的顺序号作为其程序名，故规定不能使用 N0 作为第一程序段的顺序号，因为 0 是不允许作为程序名的。

（2）地址符 N 后面的数字应为正整数，所以最小顺序号是 N1。

（3）地址符 N 与数字间、数字与数字间一般不允许有空格。

（4）顺序号的数字可以不连续使用，如第一行用 N10、第二行用 N20、第三行用 N30 是允许的。

（5）顺序号的数字不一定要从小到大使用，如第一行 N10、第二行 N2 也是允许的。

（6）顺序号不是程序段的必用字，可以使用顺序号也可以不使用顺序号。

（7）对于整个程序，可以每个程序段都设顺序号，也可以只在部分程序段中设定顺序号，还可以在整个程序中全不设定顺序号。

2）准备功能字(Preparatory function or G - function, G 功能)

准备功能是使数控机床做某种操作准备指令，它紧跟在程序段序号的后面，用地址 G 和两位数字来表示,从 G00 ~ G99 共 100 种,G 功能的具体内容将在下面加以说明。

3）尺寸字(Dimension word)

用地址码尺寸字是给定机床各坐标轴位移的方向和数据的,它由各坐标轴的地址代码、"+"、"-"符号和绝对值(或增量值)的数字构成。尺寸字安排在 G 功能字的后面。尺寸字的地址代码,对于进给运动为:X,Y,Z,U,V,W,P,Q,L;对于回转运动的地址代码为:A,B,C,D,E。此外,还有插补参数字(地址代码):I,J 和 K 等。例如:X20　Y-40,坐标值字的"+"可省略。

4）进给功能字(Feed function or F-function,F 功能)

它表示刀具中心运动时对于工件的相对速度。它由地址码 F 和后面若干位数字构成。这个数字的单位取决于每个数控系统所采用的进给速度的指定方法。进给功能字应写在相应轴尺寸字之后,对于几个轴合成运动的进给功能字,应写在最后一个尺寸字之后。如 F100 表示进给速度为 100mm/min,有的以 F * * 表示,这后两位既可以是代码也可以是进给量的数值。具体内容见所用数控机床编程说明书。

5）主轴转速功能字(Spindle speed function or S-function,S 功能)

主轴转速功能也称为 S 功能,该功能字用来选择主轴转速,一般转速单位为 r/min。它由地址码 S 和在其后面的若干位数字构成,根据各个数控装置所采用的指定方法来确定这个数字,其指定方法,即代码化的方法与 F 功能相同。例如:S800 表示主轴转速为 800r/min。

6）刀具功能字(Tool function or T-function)

该功能也称为 T 功能,它由地址码 T 和后面的若干位数字构成。刀具功能字用于更换刀具时指定刀具或显示待换刀号,有时也能指定刀具位置补偿。一般情况下用两位数字,能指定"T00 ~ T99"100 种刀具;对于不是指定刀具位置,而是利用能够指定刀具本身序号的自动换刀装置(如刀具编码键,也叫代码钥匙方案)的情况,则可用 5 位十进制数字;车床用的数控装置中,多数需要按照转塔的位置进行刀具位置补偿。这时就要用 4 位十进制数字指定,不仅能选择刀具号(前两位数字),同时还能选择刀具补偿拨号盘(后两位数字)。

7）辅助功能字(Miscellaneous function or M-function,M 功能)

辅助功能表示一些机床辅助动作的指令,指定除 G 功能之外的种种"通断控制"功能。用地址码 M 和后面两位数字表示。从 M00 ~ M99 共 100 种,详见后述。

8）程序段结束符(End of block)

写在每一程序段之后,都应加上程序段结束符表示程序结束。"*"是某种数控装置程序段结束。当用 EIA 标准代码时,结束符为"CR"。用 ISO 标准代码时为"NL"或"LF"。有的用符号";"或"*"表示。

ISO 标准规定的地址字符意义见表 1-2。程序中还会用到一些符号,见表 1-3。

表 1-2 地址字符表

字符	意 义	字符	意 义
A	关于 *X* 轴的角度尺寸,有时可指牙型角	N	顺序号
B	关于 *Y* 轴的角度尺寸	O	程序号、子程序号的指定
C	关于 *Z* 轴的角度尺寸	P	暂停或程序中某功能的开始使用的顺序号
D	第二刀具功能,或刀具补偿号、偏置号	Q	固定循环终止段号或固定循环中的定距
E	第二进给功能	R	指定圆弧插补的圆弧半径或固定循环中的定距
F	第一进给功能	S	主轴速度功能
G	准备功能	T	第一刀具功能
H	暂不制订,或为刀具补偿号、偏置号	U	与 *X* 轴平行的附加轴的增量坐标值或暂停时间
I	平行于 *X* 轴的圆弧插补参数或螺纹导程	V	与 *Y* 轴平行的附加轴的增量坐标值
J	平行于 *X* 轴的圆弧插补参数或螺纹导程	W	与 *Z* 轴平行的附加轴的增量坐标值
K	平行于 *X* 轴的圆弧插补参数或螺纹导程	X	*X* 轴的基本尺寸或暂停时间
L	子程序及固定循环的重复次数	Y	*Y* 轴的基本尺寸
M	辅助功能	Z	*Z* 轴的基本尺寸

表 1-3 程序中所用符号及含义

符 号	意 义	符 号	意 义
HT 或 TAB	分隔符	-	负号
LF 或 NL	程序段结束	/	跳过任意程序段
%	程序开始	:	对准功能
(	控制暂停	BS	返回
)	控制恢复	EM	纸带终了
+	正号	DEL	注销

3. 主程序和子程序

在一个加工程序中,如果有几个一连串的程序段完全相同(即一个零件中有几处的几何形状相同,或顺次加工几个相同的工件),为缩短程序,可将这些重复的程序段串单独抽出,按规定的程序格式编成子程序,并事先存储在子程序存储器中。子程序以外的程序段为主程序。

在通常情况下,数控机床是按主程序的指令进行工作,当在程序中有调用子程序的指令时,数控机床就按子程序进行工作,遇到子程序中有返回主程序的指令时,返回主程序继续按主程序的指令进行工作。

在程序中把某些固定顺序重复出现的程序,可以作为子程序进行编程,可预先存储在存储器中,需要时可直接调用,这样可以简化主程序的设计。

子程序的结构同主程序一样,也有开始部分、内容部分和结束部分。子程序的开始部分由子程序开始符号加 2 位或 3 位数字构成。子程序的开始符号由生产厂家确定,例如西门子公司的系统规定字母 L 作子程序的开始符号,如 24 号子程序写为 L2400。

子程序的内容部分同主程序一样,子程序逻辑的结束部分是以子程序结束符单独构成一个程序段。子程序结束符也由生产厂家确定,西门子公司系统规定为 M17(有的系统规定为 M99)。

下面是在 FANUC6M 数控系统上主程序调用的实例:

子程序部分:

```
O1000                              子程序开始
N1  G00  X00  Y5   LF ┐
N2  G01  X40  Y50  LF │
……                    │           子程序内容
……                    │
……                    ┘
N15  M99  LF                        子程序结束
```

将上面的子程序放入存储器中,即可用如下的主程序调用它。

主程序部分:

```
%100                                主程序开始
N1   G00   X3   Y6   LF
……
……
……
N10  M98   O1000  LF                调用程序号为 O1000 的子程序
N11  G01   X50  Y60  LF             执行子程序
……
……
……
N20  M98   O1000  LF                调用子程序
……
……
……
N40  M30   LF                       主程序结束
……
……
……
```

1.2.3 程序数据输入格式

数控程序中的每一个指令依据的是该数控装置的指令格式,不同的数控机床的指令格式也不同。若其格式有错误,则程序将不被执行而出现报警提示。其中尤以数据输入时应特别注意。表 1-4 是 FANUC OM 系统所能输入的地址和指令数值范围。

表 1-4 地址与指令范围(FANUC OM)

功　能	地　址	米制单位	英制单位
程序号	:(ISO)O(EIA)	1~9999	1~9999
顺序号	N	1~9999	1~9999

（续）

功　能	地　址	米制单位	英制单位
准备功能	G	0～99	0～99
尺寸	X,Y,Z,Q,R,I,J,K	±99999.999mm	±9999.9999in
	A,B,C	±99999.999°	±9999.9999°
进给功能	F	1～100000.0mm/min	0.01～400.0in/min
主轴转速功能	S	0～9999	0～9999
刀具功能	T	0～99	0～99
辅助功能	M	0～99	0～99
暂停	X,P	0～99999.999s	0～99999.999s
子程序号	P	1～9999	1～9999
重复次数	L	1～9999	1～9999
补偿号	D,H	0～32	0～32

一般数控机床都可选择用米制单位(mm)或英制单位(in)为数值的单位,米制可精确到0.001mm,英制可精确到0.0001in,这也是一般数控机床的最小移动量。若输入X1.23456时,实际输入值是X1.234mm或X1.2345in,多余的数值即被忽略不计。且字数也不能太多,一般以7个字为限,如输入X1.2345678,因超过7个字,出现报警提示。

数控机床实际使用范围受到机床本身的限制,实际指令范围需要参考数控机床的操作手册而定。例如表1-4中X轴可移动±99999.999mm,但实际上数控机床X轴的行程可能只有650mm;进给量F最大可输入100000.0mm/min,但实际上数控机床可能限制在3000mm/min以下。因此在编制数控程序时,一定要参照数控机床的使用说明书。

1.3　数控加工工艺分析的特点及内容

无论是普通加工还是数控加工,手工编程还是自动编程,在编程前都要对所加工的零件进行工艺过程分析,拟定加工方案,确定加工路线和加工内容,选择合适的刀具和切削用量,设计合适的夹具及装夹方法。在编程中,对一些特殊的工艺问题(如对刀点、刀具轨迹路线设计等)也应做一些处理,因此,在编程中工艺分析处理是一项很重要的工作。

1.3.1　数控加工的工艺设计特点

工艺设计是对工件进行数控加工的前期工艺准备工作,它必须在程序编制工作以前完成。因为只有工艺设计方案确定以后,编程才有依据。工艺方面考虑不周是造成数控加工差错的主要原因之一,工艺设计搞不好,往往要成倍增加工作量,有时甚至要推倒重来。因此,程编人员一定要注意先把工艺设计做好,不要先急急忙忙考虑编程。

在普通机床上加工零件时，是用工艺规程、工艺卡片来规定每道工序的操作程序，操作人员按规定的步骤加工零件。而在数控机床上加工零件时，要把这些工艺过程、工艺参数和规定数据以数字符号信息的形式记录下来，用它来控制驱动机床加工。由此可见，数控机床加工工艺与普通机床加工工艺在原则上基本相同，在设计零件的数控加工工艺时，首先要遵循普通工艺的基本原则和方法，但由于数控机床本身自动化程度较高，控制方式不同，设备费用也高，数控加工工艺相应形成以下几个特点。

(1) 工艺的内容十分明确而具体。数控加工工艺与普通加工工艺相比，在工艺文件的内容和格式上都有较大区别，如在加工部位、加工顺序、刀具配置与使用顺序、刀具轨迹、切削参数等方面，都要比普通机床加工工艺中的工序内容更详细。数控加工工艺必须详细到每一次走刀路线和每一个操作细节，即普通加工工艺通常留给操作者完成的许多具体工艺与操作内容(如工步的安排、刀具几何形状及安装位置等)，都必须由编程人员在编程时做出正确的选择，并编入加工程序中。也就是说，在普通机床加工时本来由操作工人在加工中灵活掌握并通过适时调整来处理的许多工艺问题和细节，在数控加工时就转变为编程人员必须事先具体设计和明确安排的内容。

(2) 工艺的设计要求非常严密。数控机床虽然自动化程度较高，但自适应性差。它不能像通用机床在加工时可以根据加工过程中出现的问题，比较灵活自由地适时进行人为调整。例如，在数控机床上加工内螺纹时，它并不知道孔中是否挤满了切屑，何时需要退一次刀待清除切屑后再进行加工。即使现代数控机床在自适应调整方面做出了不少努力与改进，但自由度也不大。所以，在数控加工的工艺设计中必须注意加工过程中的每一个细节。同时，在对图形进行数学处理、计算和编程时，都要力求准确无误，以使数控加工顺利进行。在实际工作中，由于一个小数点或一个逗号的差错就可能酿成重大机床事故和质量事故。

(3) 注重加工的适应性。要根据数控加工的特点，正确选择加工方法和加工内容。由于数控加工自动化程度高、质量稳定、可多坐标联动、便于工序集中，但价格昂贵，操作技术要求高等特点均比较突出，加工方法、加工对象选择不当往往会造成较大损失。为了既能充分发挥出数控加工的优点，又能达到较好的经济效益，在选择加工方法和对象时要特别慎重，甚至有时还要在基本不改变工件原有性能的前提下，对其形状、尺寸、结构等做适应数控加工的修改。

(4) 采用多坐标联动自动控制加工复杂表面。对于一般简单表面的加工方法，数控加工与普通加工无太大的差别。但是对于一些复杂表面、特殊表面或有特殊要求的表面，数控加工与普通加工有着根本不同的加工方法。例如：对于曲线和曲面的加工，普通加工是用画线、样板、靠模、钳工、成形加工等方法进行，不仅生产效率低，而且还难以保证加工质量；而数控加工则采用多坐标联动自动控制加工方法，其加工质量与生产效率是普通加工方法无法比拟的。

(5) 采用先进的工艺装备。为了满足数控加工中高质量、高效率和高柔性的要求，数控加工中广泛采用先进的数控刀具、组合夹具等工艺装备。

（6）采用工序集中。由于现代数控机床具有刚性大、精度高、刀库容量大、切削参数范围广及多坐标、多工位等特点，因此，在工件的一次装夹中可以完成多个表面的多种加工，甚至可在工作台上装夹几个相同或相似的工件进行加工，从而缩短了加工工艺路线和生产周期，减少了加工设备、工装和工件的运输工作量。

一般情况下，在选择和决定数控加工内容的过程中，有关工艺人员必须对零件图或零件模型做足够具体与充分的工艺性分析。在进行数控加工的工艺性分析时，编程人员应根据所掌握的数控加工基本特点及所用数控机床的功能和实际工作经验，力求把这一前期准备工作做得更仔细、更扎实一些，以便为下面要进行的工作铺平道路，减少失误和返工，不留遗患。

根据大量加工实例分析，数控加工中失误的主要原因多为工艺方面考虑不周和计算与编程粗心大意。因此，编程人员除必须具备较扎实的工艺知识和较丰富的实际工作经验外，还必须具有耐心、细致的工作作风和高度的工作责任感。

1.3.2 数控加工工艺的主要内容

根据实际应用需要，数控加工工艺主要包括以下内容：

（1）选择并决定零件适合在数控机床上加工的内容；

（2）对零件图纸进行数控加工工艺分析，明确加工内容及技术要求；

（3）具体设计加工工序，选择刀具、夹具及切削用量；

（4）处理特殊的工艺问题，如对刀点、换刀点确定，加工路线确定，刀具补偿，分配加工误差等；

（5）处理数控机床上部分工艺指令，编制工艺文件；

（6）编程误差及其控制。

1.4 数控编程几何基础

1.4.1 数控机床坐标系和运动方向

统一规定数控机床坐标轴名称及运动的正负方向，可使编程简单方便，并使所编程序对同一类型机床具有互换性。目前国际上数控机床的坐标轴和运动方向均已标准化。我国于1999年颁布了JB 3051—1999《数控机床　坐标和运动方向的命名》标准，它与国际标准化组织的ISO 841等效。主要内容如下：

1. 编程坐标的选择

不论机床在实际加工时是工件运动还是刀具运动，在确定编程坐标时，一般看作是工件相对静止，刀具产生运动，这一原则可以保证编程人员在不知道机床加工零件时是刀具移向工件，还是工件移向刀具的情况下，就可以根据图样确定机床的加工过程。

2. 标准坐标系的确定

为了确定机床的运动方向和移动距离，需要在机床上建立一个坐标系，这个坐标系就叫机床坐标系。数控机床上的标准坐标系采用右手笛卡儿坐标系。如图 1－12 所示，大拇指的方向为 X 轴的正方向，食指为 Y 轴的正方向，中指为 Z 轴的正方向。几种常见数控机床的标准坐标系分别见图 1－13～图 1－17。

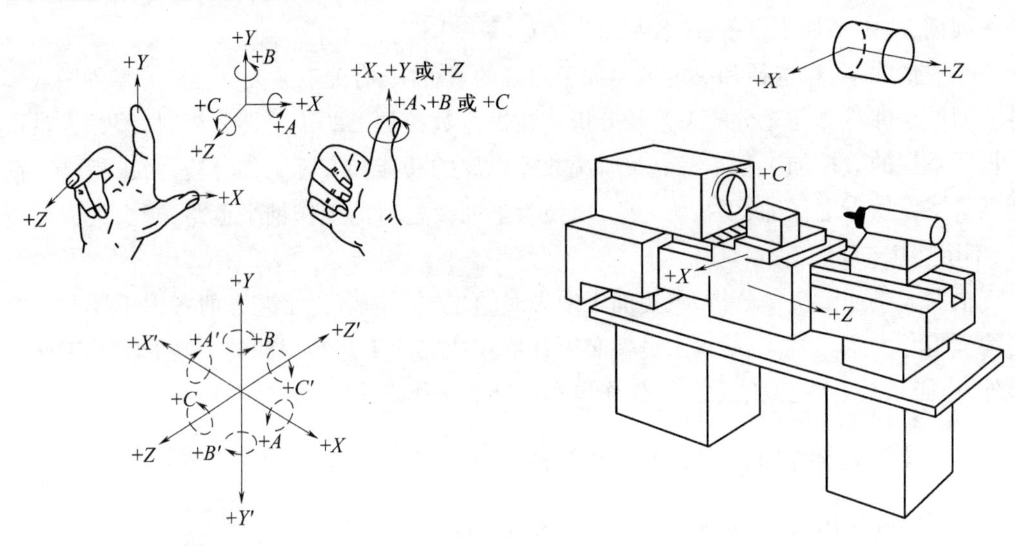

图 1－12　右手笛卡儿坐标系　　　　图 1－13　卧式车床

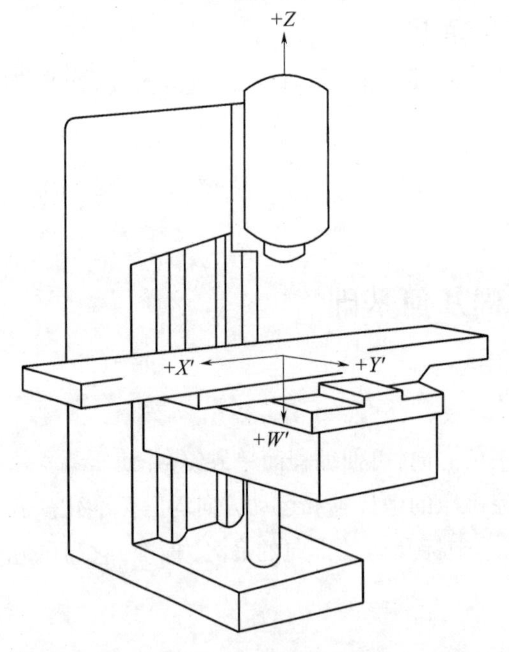

图 1－14　立式升降台铣床

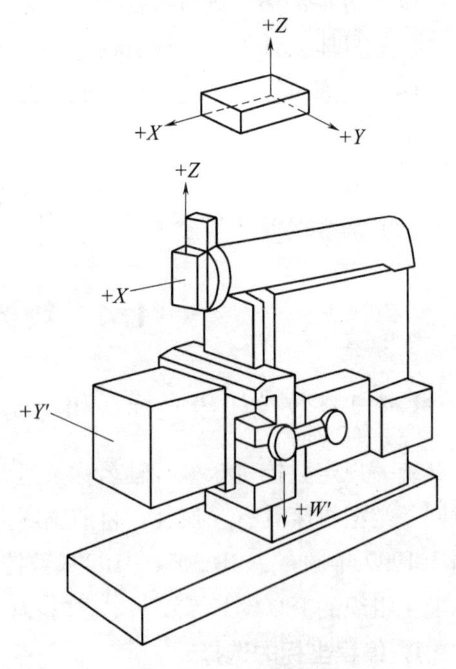

图 1－15　牛头刨床

3. 坐标轴的确定方法

在确定机床坐标轴时，一般先确定 Z 轴，然后确定 X 轴和 Y 轴，最后确定其他轴。JB 3051—1999 标准中规定，机床某一零件运动的正方向，是指增大工件和刀具之间距离的方向。

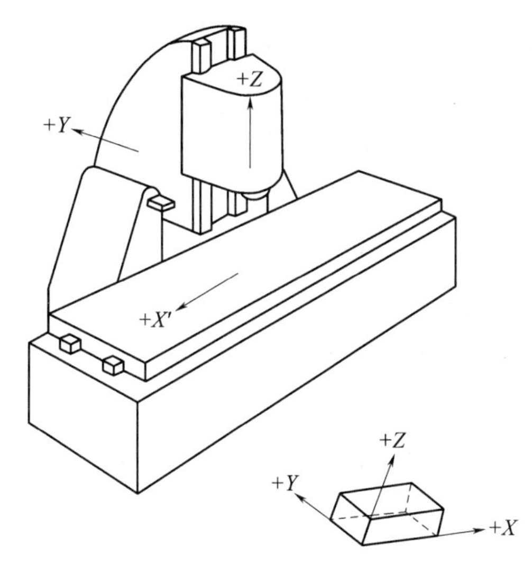

图 1-16　曲面和轮廓铣床

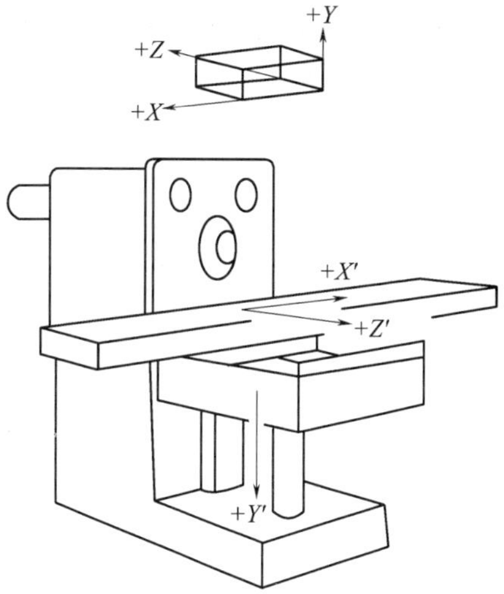

图 1-17　卧式升降台铣床

(1) Z 轴。Z 轴的方向是由传递切削力的主轴确定的，与主轴轴线平行的坐标轴即为 Z 轴，如图 1-13 和图 1-14 所示。如果机床没有主轴，则 Z 轴垂直于工件装卡面，如图1-15所示。同时规定刀具远离工件的方向作为 Z 轴的正方向。例如在钻镗加工中，钻入和镗入工件的方向为 Z 坐标的负方向，而退出方向为正方向。

(2) X 轴。X 轴是水平的，平行于工件的装卡面，且垂直于 Z 轴。这是在刀具或工件定位平面内运动的主要坐标。对于工件旋转的机床（如车床、磨床等），X 坐标的方向是在工件的径向上，且平行于横滑座。刀具离开工件旋转中心的方向为 X 轴正方向，如图1-13所示。对于刀具旋转的机床（铣床、镗床、钻床等），如 Z 轴是垂直的，当从刀具主轴向立柱看时，X 运动的正方向指向右，如图 1-14 所示。如果 Z 轴是水平的，当从主轴向工件方向看时，X 轴的正方向指向右，如图 1-17 所示。

(3) Y 轴。Y 坐标轴垂直于 X，Z 坐标轴。Y 运动的正方向根据 X 和 Z 坐标的正方向，按照右手笛卡儿坐标系来判断。

(4) 旋转运动。围绕坐标轴 X，Y，Z 旋转的运动，分别用 A，B，C 表示。它们的正方向用右手螺旋法则判定，如图 1-12 所示。

(5) 附加轴。如果在 X，Y，Z 主要坐标以外，还有平行于它们的坐标，可分别指定为 P，Q 和 R。

(6) 工件运动时的相反方向。对于工件运动而不是刀具运动的机床，必须将前述为刀具运动所作的规定，作相反的安排。用带“′”的字母，如 $+X'$，表示工件相对于刀具正向运动指令。而不带“′”的字母，如 $+X$，则表示刀具相对于工件负向运动指令。二者表示的运动方向正好相反，如图 1-14～图 1-17 所示。对于编程人员只考虑不带“′”的运动方向。对于机床制造者，则需要考虑带“′”的运动方向。

4. 坐标计算单位

在数控机床中，相对于每一个脉冲信号，机床移动部件产生的位移量叫做脉冲当量。坐标计算单位是一个脉冲当量。当然目前也有一些数控系统直接用毫米作为坐标计算单位。

例如，当脉冲当量是 0.001mm/脉冲时，要求向 X 轴正方向移动 10.56mm，向 Y 轴负方向移动 13.5mm，用 X10560Y-13500 或 X10.56Y-13.5 均可以表示。

1.4.2 绝对坐标系和增量(相对)坐标系

在编写零件加工程序时,可选择绝对坐标,也可选择相对坐标。所有坐标点均以某一固定原点计量的坐标系称为绝对坐标系,用第一坐标系 X,Y,Z 表示。如图 1-18 中:$x_A=30,z_A=35;x_B=12,z_B=15$。

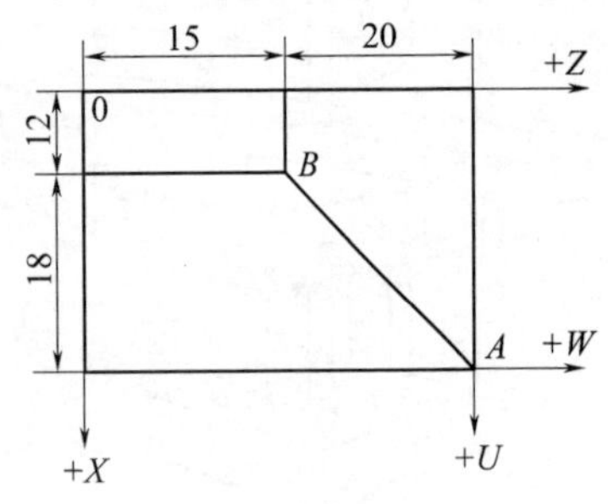

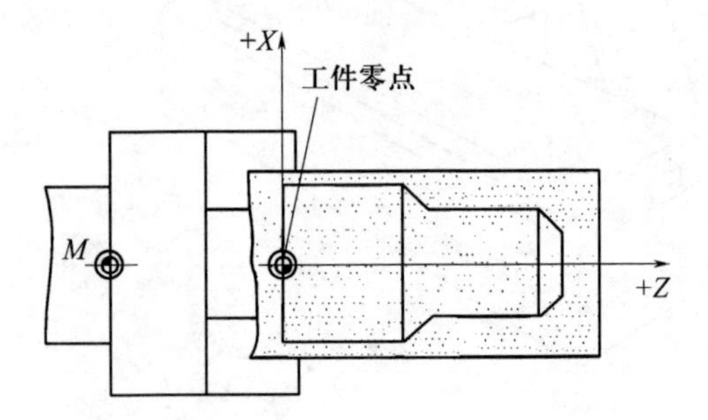

图 1-18 绝对坐标、增量(相对)坐标

运动轨迹的终点坐标以其起点计量的坐标系称为增量(相对)坐标系,常用代码中的第二坐标系 U,V,W 表示,终点 B 的增量(相对)坐标为:$u_B=-18,w_B=-20$。

编程时,根据数控装置的坐标功能,从编程方便(按图纸的尺寸标注)及加工精度等要求出发选用坐标系。对于车床可以选用绝对坐标或增量(相对)坐标,有时也可以两者混合使用;而铣床及线切割机床则常用增量(相对)坐标。

1.4.3 工件坐标系

工件坐标系是用于确定工件几何图形上各几何要素(点、直线和圆弧)的位置而建立的坐标系。工件坐标系的原点即是工件零点。选择工件零点时,最好把工件零点放在工件图的尺寸能够方便地转换成坐标值的地方。车床工件零点一般设在主轴中心线上、工件的右端面或左端面。铣床工件零点,一般设上工件外轮廓的某一个角上,进刀深度方向的零点,大多取在工件表面。

工件零点的一般选用原则:

(1) 工件零点选在工件图样的尺寸基准上。这样可以直接用图纸标注的尺寸,作为编程点的坐标值,减少计算工作量。

(2) 能使工件方便地装卡、测量和检验。

(3) 工件零点尽量选在尺寸精度较高、粗糙度比较低的工件表面上。这样可以提高工件的加工精度和同一批零件的一致性。

(4) 对于有对称形状的几何零件,工件零点最好选在对称中心上,工件零点的选择实例见图 1-19。

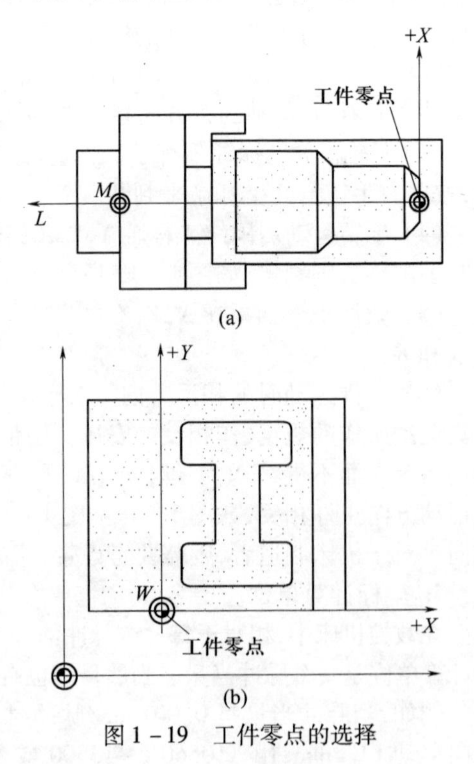

图 1-19 工件零点的选择

工件坐标系的设定可以通过输入工件零点与机床原点在 X,Y,Z 三个方向上的距离 (x,y,z) 来实现。如图 1－20 所示，要设定工件坐标系 G54，只要通过控制面板或其他方式，输入 X20，Y30 即可完成。

1.4.4 编程坐标系

编程坐标系是编程人员根据零件图样及加工工艺等建立的坐标系。一般供编程使用，确定编程坐标系时不必考虑工件毛坯在机床上的实际装夹位置。如图 1－21 所示，其中 O_2 即为编程坐标系的原点。

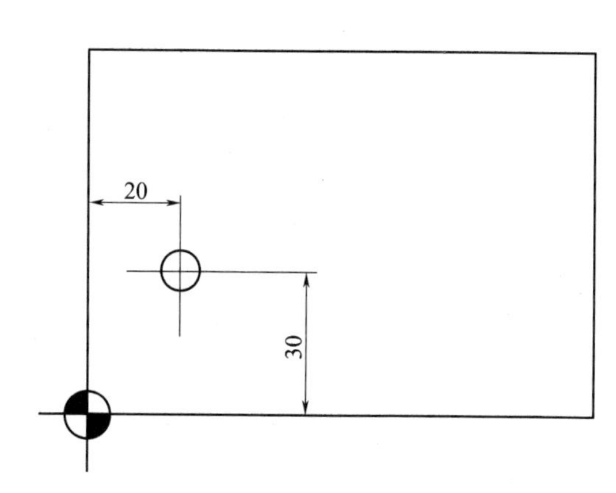

图 1－20 工件坐标系的设定

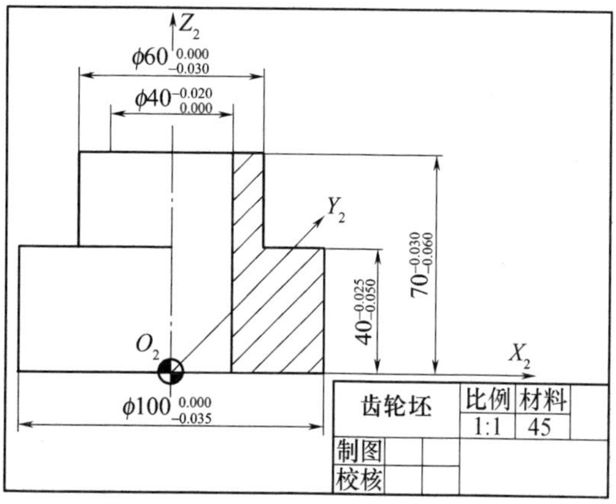

图 1－21 编程坐标系

1.4.5 数控编程的特征点

1. 机床原点与参考点

机床原点又称为机械原点，它是机床坐标系的原点。机床原点是机床的最基本点，在机床设计、制造装配、调试时就已确定下来。它是其他所有坐标，如工件坐标系、编程坐标系及机床参考点的基准点。从机床设计的角度看，该点位置可以是任意点，但对某一具体机床来说，机床原点是固定的。数控车床的原点一般设主轴卡盘前端面或后端面的中心。数控铣床的原点位置，各生产厂家不一致，有的设在机床工作台中心，有的设在进给行程范围的终点。

机床参考点是用于对机床工作台、滑板以及刀具相对运动的测量系统进行定标和控制的点，有时也称机床零点。它是机床坐标系中的一个固定不变的极限点（由限位开关精密定位），在加工之前和加工之后，用控制面板上的回零按钮使机床各运动部件在各自的正向自动退至此点，通过减速行程开关粗定位而由零位点脉冲精确定位。参考点相对机床原点来讲是一个已知固定值，也就是说，可以根据机床参考点在机床坐标系中的坐标值间接确定机床原点的位置。例如数控车床，参考点是指车刀退离主轴端面和中心线最远并且固定的一个点。数控车床的坐标系如图 1－22(a) 所示。机床原点 M 取在卡盘后端面与中心线的交点处，参考点 R 设在 $x=200$mm，$z=400$mm 处。

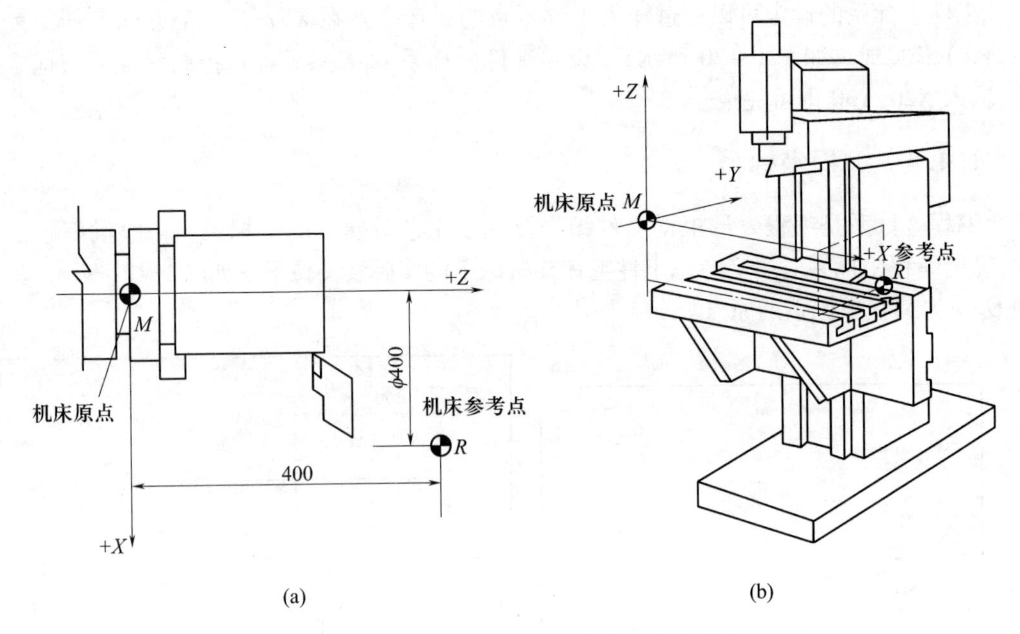

图 1-22　数控机床的机床原点与机床参考点

在机床接通电源后通常移动部件必须首先返回参考点,也就是一般讲的要做回零操作,即利用 CRT/MDI 控制面板上的功能键和机床操作面板上的有关按钮,使刀具或工作台退离到机床参考点。回零操作又称为返回参考点操作,当返回参考点的工作完成后,显示器即显示出机床参考点在机床坐标系中的坐标值,表明机床坐标系已自动建立。可以说回零操作是对基准的重新核定,可消除由于种种原因产生的基准偏差。测量系统置零之后测量系统即可以以参考点作为基准,随时测量运动部件的位置。

在数控加工程序中可用相关指令使刀具经过一个中间点自动返回参考点。机床参考点的位置是由机床制造厂家在每个进给轴上用限位开关精确调整好的,坐标值已输入数控系统中。并且记录在机床说明书中,用户不得更改。

一般数控车床、数控铣床的机床原点和机床参考点位置如图 1-22(b)所示。但有些数控机床机床原点与机床参考点重合。

2. 编程原点

编制程序时,为了编程方便,需要在图纸上选择一个适当的位置作为编程原点,是根据加工零件图样及加工工艺要求选定的编程坐标系的原点,也叫程序原点或程序零点。

一般对于简单零件,工件零点就是编程零点,这时的编程坐标系就是工件坐标系。而对于形状复杂的零件,需要编制几个程序或子程序,为了编程方便和减少许多坐标值的计算,编程零点就不一定设在工件零点上,而设在便于程序编制的位置。

编程原点应尽量选择在零件的设计基准或工艺基准上,编程坐标系中各轴的方向应该与所使用的数控机床相应的坐标轴方向一致,车削零件的编程原点如图 1-23 所示。编程原点一般用 G92 或 G54 ~ G59(对于数控镗铣床)和 G50(对于数控车床)指定。

数控机床上的机床坐标系、机床参考点、工件坐标系、编程坐标系及相关点的位置关系如图 1-24 所示。

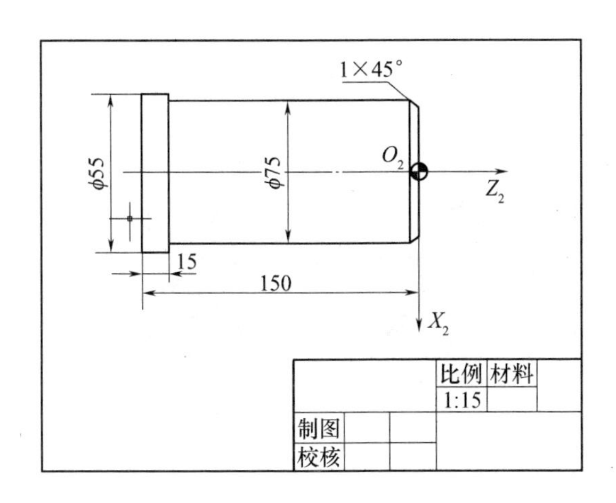

图 1－23　编程原点

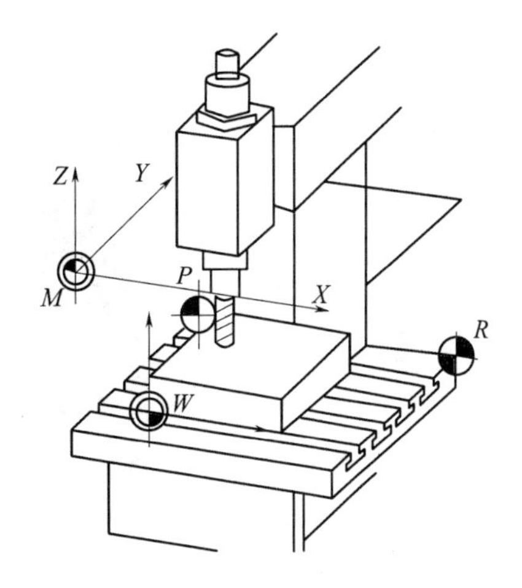

图 1－24　机床上坐标系及相关点的关系

M—机床原点；*R*—机床参考点；

W—工件原点；*P*—编程原点。

3. 对刀点

对于数控机床来说，在加工开始时，确定刀具与工件的相对位置是很重要的，这一相对位置是通过确认对刀点来实现的。“对刀点”是指通过对刀确定刀具相对于工件运动的起点（编制程序时，不论实际上是刀具相对工件运动，或是工件相对于刀具移动，都看作工件是相对静止的，而刀具在移动）。这是刀具与工件相对位置的基准点，程序就是从这一点开始的，对刀点也可以叫做“程序起点”或“起刀点”。在编制程序时，应首先考虑对刀点的位置选择问题。选定原则如下：

（1）选定的对刀点位置，应使程序编制简单；

（2）为方便加工对刀点应选择在机床上找正容易，便于确定零件加工原点的位置；

（3）对刀点应选在加工过程中检查方便、可靠的位置；

（4）对刀点的选择应有利于提高加工精度，引起的加工误差小。

对刀点可以设置在被加工零件上，也可以设置在夹具上，但是必须与零件的定位基准有一定的坐标尺寸联系，这样才能确定机床坐标系与零件坐标系的相互关系（图 1－25）。对刀点往往就选择在零件的加工原点。

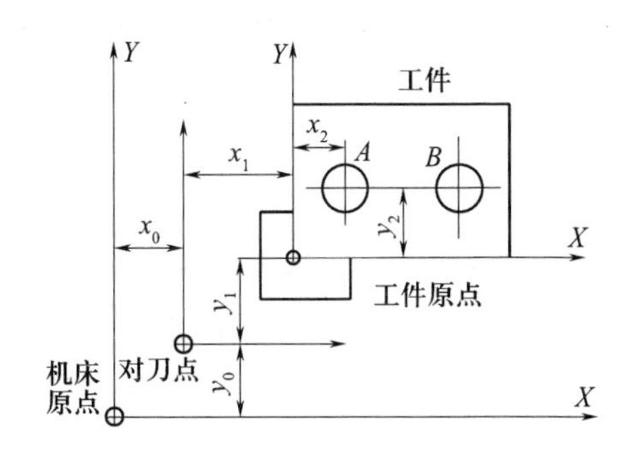

图 1－25　对刀点的设定

在使用对刀点确定加工原点时，就需要进行“对刀”。对刀是指使“刀位点”与“对刀点”重合的操作。每把刀具的半径与长度尺寸都是不同的，刀具装在机床上后，应在控制系统中设置刀具的基本位置。“刀位点”是指刀具的定位基准点。如图 1－26所示，圆柱铣刀的刀位点是刀具中心线与刀具底面的交点；球头铣刀的刀位点是球头的球心点或球头顶点；车刀的刀位点是刀尖或刀尖圆弧中心；钻头的刀位点是钻头顶点。

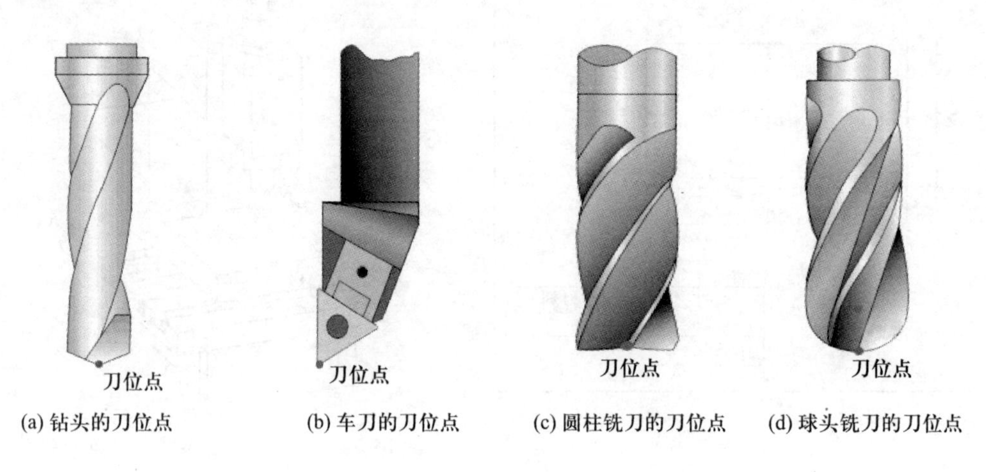

(a) 钻头的刀位点　(b) 车刀的刀位点　(c) 圆柱铣刀的刀位点　(d) 球头铣刀的刀位点

图 1-26　刀位点的确定

为了提高零件的加工精度，对刀点应尽量选在零件的设计基准或工艺基准上。例如以孔定位的零件，以孔的中心作为对刀点较为合适。对于增量（相对）坐标系统的数控机床，对刀点可以选在零件的中心孔上或两垂直平面的交线上；对于绝对坐标系统的数控机床，对刀点可以选在机床坐标系的原点上，或距机床原点为某一确定值的点上，而零件安装时，对刀点与零件坐标系有确定的关系。

如图 1-25 所示，对刀点相对机床原点的坐标为(x_0, y_0)。而工件原点相对于机床原点的坐标为$(x_0 + x_1, y_0 + y_1)$。这样，就把机床坐标系、工件坐标系和对刀点之间的关系明确地表示出来了。

对刀点不仅是程序的起点，而且往往又是程序的终点。因此在批生产中，要考虑对刀的重复精度。通常，对刀的重复精度，在绝对坐标系统的数控机床上可由对刀点距机床原点的坐标值(x_0, y_0)来校核，在相对坐标系统的数机床上，则经常要人工检查对刀精度。

4. 局部参考原点

实际上，机床原点、机床零件、工件原点、编程原点和对刀点，都是在经过全盘考虑以后而选定的参考点。除此之外，出于对某些局部的考虑，还可以设定局部参考点，即建立局部坐标系，如第二、第三坐标系的原点就是局部参考原点。

局部坐标系的设定如图 1-27 所示，通过局部坐标系设定指令 G52，就可将由 G54～G59 指令建立的工件坐标系，分别形成局部坐标系。该局部坐标系的原点便可相应称为局部参考点。

一旦设定局部坐标系，以后利用指令的绝对值方式的移动指令就成为用局部坐标系的坐标值了，这无疑给编制复杂零件的加工程序带来很大方便。

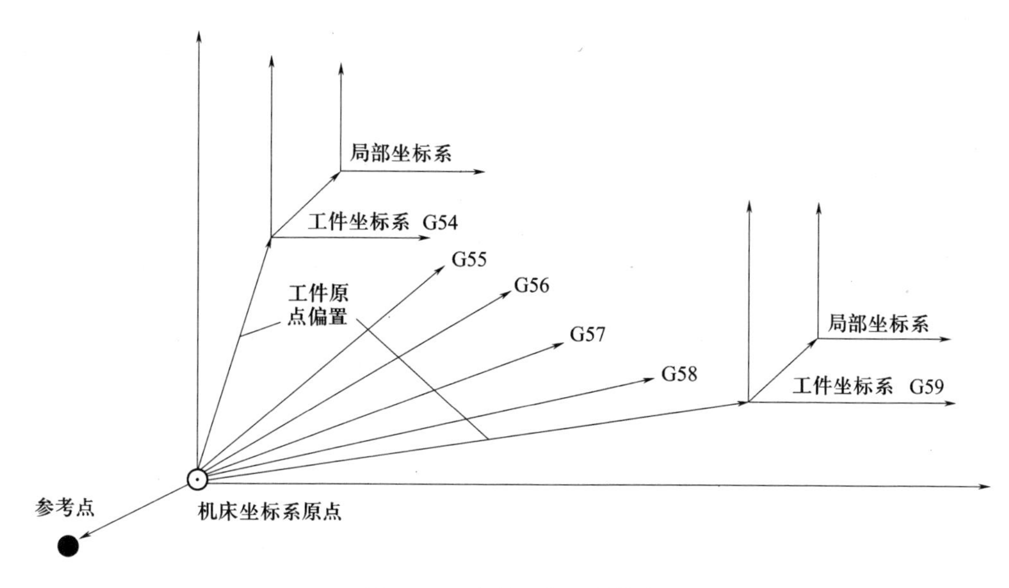

图 1-27 局部坐标系的设定

1.5 程序编制中的基本指令

数控机床在加工过程中的动作,都是事先由编程人员在程序中用指令的方式予以规定的。例如机床的启动停止、正反转,刀具走刀路线的方向,粗、精切削走刀次数的划分,加工过程中测量位置的安排,必要的端点停留等。这类指令称为工艺指令。工艺指令大体上可分为两类。

一类是准备性工艺指令——G 指令。这类指令是在数控系统插补运算之前需要预先规定,为插补运算做好准备的工艺指令。如刀具沿哪个坐标平面运动,是直线插补还是圆弧插补等。另一类是辅助性工艺指令——M 指令。这类指令与数控系统插补运算无关,而是根据操作机床的需要予以规定的工艺指令。如主轴的启动停止、计划中停、主轴定向等。G 代码和 M 代码是数控加工程序中描述零件加工工艺过程的各种操作和运行特征的基本单元,是程序的基础。

国际上广泛应用的 ISO 1056—1975E 标准规定了 G 代码和 M 代码。我国机械部根据 ISO 标准制定了 JB 3208—1999《数控机床 穿孔带程序段格式中的准备功能 G 和辅助功能 M 的代码》标准,见表 1-5 和表 1-6。

表 1-5 JB/T 3208—1999 准备功能 G 指令

代码 (1)	功能保持到被取消或被同样字母表示的程序指令所代替 (2)	功能仅在所出现的程序段内有使用 (3)	功 能 (4)
G00	a		点定位
G01	a		直线插补
G02	a		顺时针方向圆弧插补

（续）

代码 (1)	功能保持到被取消或被同样字母表示的程序指令所代替 (2)	功能仅在所出现的程序段内有使用 (3)	功　能 (4)
G03	a		逆时针方向圆弧插补
G04		*	暂停
G05	#	#	不指定
G06	a		抛物线插补
G07	#	#	不指定
G08		*	加速
G09		*	减速
G10 ~ G16	#	#	不指定
G17	c		*XY* 平面选择
G18	c		*ZX* 平面选择
G19	c		*YZ* 平面选择
G20 ~ G32	#	#	不指定
G33	a		螺纹切削,等螺距
G34	a		螺纹切削,增螺距
G35	a		螺纹切削,减螺距
G36 ~ G39	#	#	永不指定
G40	d		刀具补偿/刀具偏置注销
G41	d		刀具补偿—左
G42	d		刀具补偿—右
G43	#(d)	#	刀具偏置—正
G44	#(d)	#	刀具偏置—负
G45	#(d)	#	刀具偏置 +/+
G46	#(d)	#	刀具偏置 +/-
G47	#(d)	#	刀具偏置 -/-
G48	#(d)	#	刀具偏置 -/+
G49	#(d)	#	刀具偏置 0/+
G50	#(d)	#	刀具偏置 0/-
G51	#(d)	#	刀具偏置 +/0
G52	#(d)	#	刀具位置 -/0
G53	f		直线偏移,注销
G54	f		直线偏移 *X*
G55	f		直线偏移 *Y*
G56	f		直线偏移 *Z*
G57	f		直线偏移 *XY*

（续）

代码 (1)	功能保持到被取消或被同样字母表示的程序指令所代替 (2)	功能仅在所出现的程序段内有使用 (3)	功　能 (4)
G58	f		直线偏移 *XZ*
G59	f		直线偏移 *YZ*
G60	h		准确定位 1(精)
G61	h		准确定位 2(中)
G62	h		快速定位(粗)
G63		*	攻丝
G64 ~ G67	#	#	不指定
G68	#(d)	#	刀具偏置,内角
G69	#(d)	#	刀具偏置,外角
G70 ~ G79	#	#	不指定
G80	e		固定循环注销
G81 ~ G89	e		固定循环
G90	j		绝对尺寸
G91	j		增量尺寸
G92		*	预置寄存
G93	k		时间倒数,进给率
G94	k		每分钟进给
G95	k		主轴每转进给
G96	I		恒线速度
G97	I		每分钟转数(主轴)
G98 ~ G99	#	#	不指定

注:1. “#”号如选作特殊用途,必须在程序格式说明中说明;

2. 如在直线切削控制中没有刀具补偿,则 G43 ~ G52 可指定作其他用途;

3. 在表中左栏括号中的字母(d)表示:可以被同栏中没有括号的字母 d 所注销或代替,亦可被有括号的字母(d) 所注销或代替;

4. G45 ~ G52 的功能可用于机床上任意两个预定的坐标;

5. 控制机上没有 G53 ~ G59、G63 功能时,可以指定作其他用途

表 1－6　JB/T 3208—1999 辅助功能 M 指令

代码 (1)	功能开始时间		功能保持到被注销或被适当程序指令代替 (4)	功能仅在所出现的程序段内有作用 (5)	功能 (6)
	与程序段指令运动同时开始 (2)	在程序段指令运动完成后开始 (3)			
M00		*		*	程序停止
M01		*		*	计划停止

（续）

代码 （1）	功能开始时间		功能保持到被注销或被适当程序指令代替 （4）	功能仅在所出现的程序段内有作用 （5）	功能 （6）
	与程序段指令运动同时开始 （2）	在程序段指令运动完成后开始 （3）			
M02		*		*	程序结束
M03	*		*		主轴顺时针方向
M04	*		*		主轴逆时针方向
M05		*	*		主轴停止
M06	#	#		*	换　刀
M07	*		*		2 号冷却液开
M08	*		*		1 号冷却液开
M09		*	*		冷却液关
M10	#	#	*		夹　紧
M11	#	#	*		松　开
M12	#	#	#	#	不 指 定
M13	*		*		主轴顺时针方向,冷却液开
M14	*		*		主轴逆时针方向,冷却液开
M15	*			*	正 运 动
M16	*			*	负 运 动
M17 ~ M18	#	#	#	#	不 指 定
M19		*	*		主轴定向停止
M20 ~ M29	#	#	#	#	永不指定
M30		*		*	纸带结束
M31	#	#		*	互锁旁路
M32 ~ M35	#	#	#	#	不 指 定
M36	*		*		进给范围 1
M37	*		*		进给范围 2
M38	*		*		主轴速度范围 1
M39	*		*		主轴速度范围 2
M40 ~ M45	#	#	#	#	如果需要作为齿轮换挡，此外不指定
M46 ~ M47	#	#	#	#	不 指 定
M48		*	*		注销 M49
M49	*		*		进给率修正旁路

（续）

代码 （1）	功能开始时间		功能保持到被注销或被适当程序指令代替 （4）	功能仅在所出现的程序段内有作用 （5）	功能 （6）
	与程序段指令运动同时开始 （2）	在程序段指令运动完成后开始 （3）			
M50	*		*		3 号冷却液开
M51	*		*		4 号冷却液开
M52 ~ M54	#	#	#	#	不 指 定
M55	*		*		刀具直线位移，位置 1
M56	*		*		刀具直线位移，位置 2
M57 ~ M59	#	#	#	#	不 指 定
M60		*		*	更换工件
M61	*		*		工件直线位移，位置 1
M62	*		*		工件直线位移，位置 2
M63 ~ M70	#	#	#	#	不 指 定
M71	*		*		工件角度位移，位置 1
M72	*		*		工件角度位移，位置 2
M73 ~ M89	#	#	#	#	不 指 定
M90 ~ M99	#	#	#	#	永不指定
注：1. "#"号表示如选作特殊用途，必须在程序说明中说明； 2. M90 ~ M99 可指定为特殊用途					

1.5.1 准备功能指令——G 指令

G 指令是使 CNC 机床准备好某种运动方式的指令。如快速定位、直线插补、圆弧插补、刀具补偿、固定循环等。G 指令由地址 G 其后的两位数字组成，从 G00 ~ G99 共 100 种。

G 指令分为模态指令和非模态指令。表 1-5 中序号(2)中的 a,b,d,e,h,k,i 各字母所对应的 G 指令为模态指令。它表示在程序中一经被应用（如 a 组中的 G01），直到出现同组（a 组）其他任一 G 指令（如 G02）时才失效。否则该指令继续有效，直到被同组指令取代为止。模态指令可以在其后的语句中省略不写。非模态指令只在本程序句中有效。表中"不指定"代码，在未指定新的定义之前，由机床设计者根据需要定义新的功能。

下面分别讲述常用的 G 指令。

1. 与坐标系有关的 G 指令

（1）绝对尺寸指令 G90 与增量尺寸指令 G91。G90 表示程序句中的尺寸为绝对坐标值，即从编程零点开始的坐标值。G91 表示程序句中的尺寸为增量坐标值，即刀具运动的终点（目标点）相对于起始点的坐标增量值。如图 1-28 所示，要求刀具由 *A* 点直线插补到 *B* 点。用 G90 编程，其程序段为

N20 G90 G01 X10 Y20

用 G91 编程,其程序段为

N20　G91　G01　X -20　Y10

(2) 工件坐标系设定及注销指令 G53 ~ G59。在数控机床上加工零件时,必须确定工件在机床坐标系中的位置,即工件原点的位置。一般数控机床开机后,先返回参考点再使刀具中心或刀尖移到工件原点,并将该位置设为零,程序即按工件坐标系进行加工。

工件原点相对机床原点的坐标值称为原点设置值,G54 ~ G59 称为原点设置选择指令。原点设置值可先存入 G54 ~ G59 对应的存储单元中,在执行程序时,遇到 G54 ~ G59 指令后,便将对应的原点设置值取出来参加计算。当一个原点设置指令使用完毕,可以用 G53 将其注销,此时的坐标尺寸立即回到以机床原点为原点的坐标系中。

如图 1 -29 所示,要将工件原点设在 *W* 处,只需要预置寄存指令 G92 将工件原点 *W* 相对机床原点 *M* 的原点设置 X0 Z80 存入相应的存储单元即可,其工件坐标系设定程序为

N10　G92　X0　Z80　LF

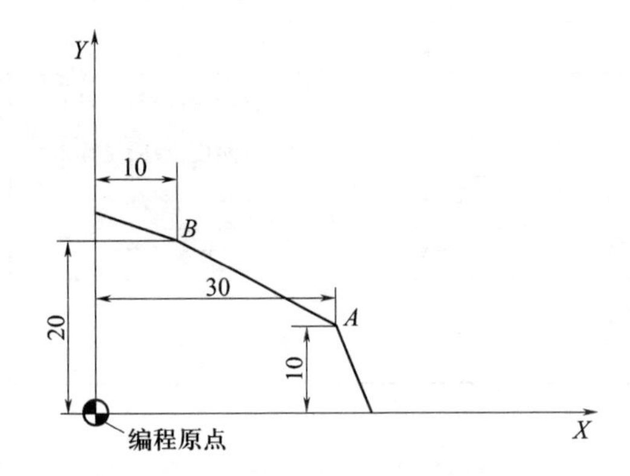

图 1 -28　G90 指令与 G91 指令的功能

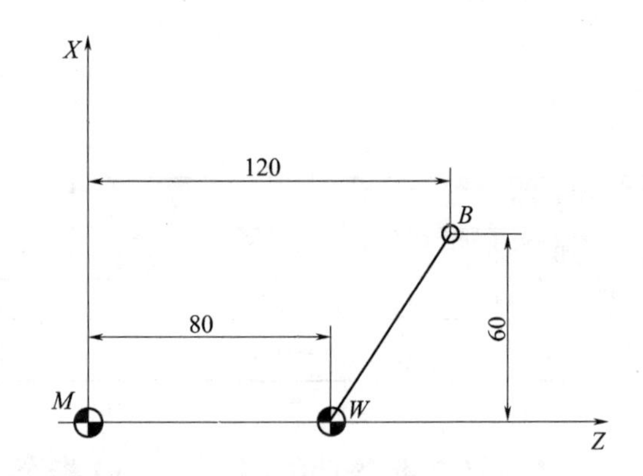

图 1 -29　工件坐标系设定

由于是 *X* 轴发生偏移,所以在以后的程序中,只要在第一个程序段中加入 G54 指令,刀具将以 *W* 点为基准运动。如要求刀具直线进给至 *B* 点,程序段可编制如下:

N20　G54　G01　X60　Z40　LF

(3) 坐标平面设定指令 G17、G18、G19,见图 1 -30。笛卡儿坐标系的三个互相垂直的轴(*X*,*Y*,*Z*)构成三个平面,*XY* 平面、*XZ* 平面和 *YZ* 平面。对于三坐标运动的铣床和加工中心常用这些指令确定机床在哪一个平面内进行插补(加工)运动。由于 CNC 车床总是在 *XZ* 平面内运动,故无需设定平面指令。G17 表示在 *XY* 平面内加工,G18 表示在 *XZ* 平面内加工,G19 表示在 *YZ* 平面内加工。

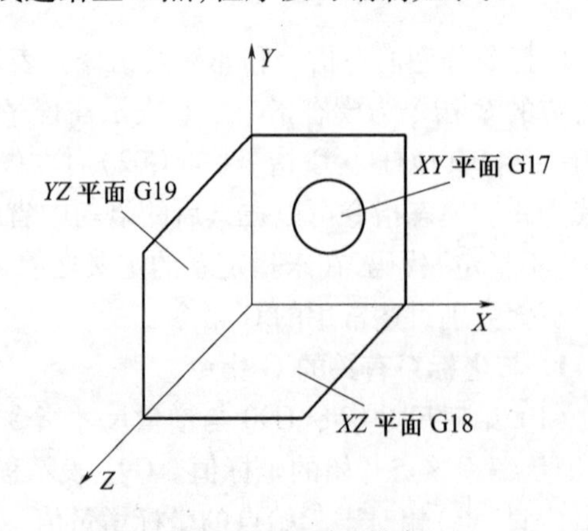

图 1 -30　平面设定

2. 与刀具运动方式有关的 G 代码

（1）快速定位指令——G00。G00 命令刀具以点位控制方式，由刀具所在位置最快速度移动到目标点。最快速度的大小由系统预先给定，运动中有加减速过程。

程序句格式：G90　G00　X _ Y _ Z _

　　　　　　G91　G00　X _ Y _ Z _

（2）直线插补指令——G01。G01 命令刀具以进给速度进行直线插补运动。G01 指令后必须有 F 进给速度。G01 和 F 都是模态指令。

程序句格式：G01　X _ Y _ Z _ F _

（3）圆弧插补指令——G02、G03。G02 为顺时针圆弧插补，G03 为逆时针圆弧插补。圆弧的顺、逆时针方向，可以按圆弧所在平面（如 *XY* 平面）的另一坐标轴的负方向（即 $-Z$）看去，顺时针方向为 G02，逆时针方向为 G03，如图 1－31 所示。

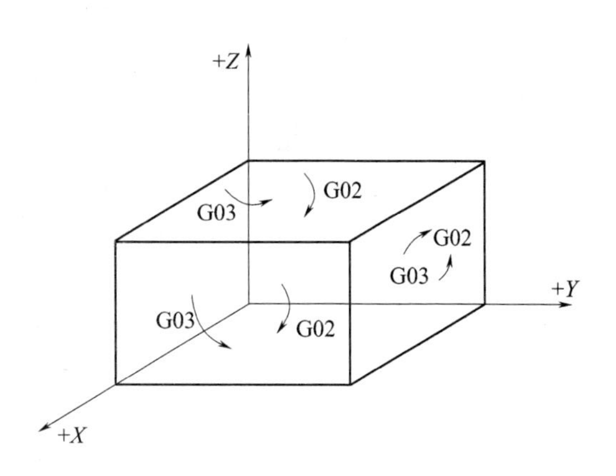

图 1－31　G02 和 G03 的确定

圆弧插补程序段格式主要有两种形式。

程序段格式一：

$\left.\begin{matrix}G02\\G03\end{matrix}\right\}$ X _ Y _ Z _ I _ J _ K _ F _ LF

格式中：X，Y，Z 为圆弧终点坐标的值；I，J，K 为圆心增量坐标，即圆心坐标减去圆弧起点坐标的值。F 为进给速度。

程序段格式二：

$\left.\begin{matrix}G02\\G03\end{matrix}\right\}$ X _ Y _ Z _ R _ F _ LF

格式中：X，Y，Z 为圆弧终点坐标；R 为圆弧半径值，并规定，当圆心角 $\alpha \leqslant 180°$ 时，R 以正值表示，当圆心角 $\alpha > 180°$ 时，R 以负值表示。但对整圆而言，圆弧起点就是终点，所以不能用这种格式编程。

3. 与刀具补偿有关的 G 指令

（1）刀具半径补偿指令——G41、G42、G40。CNC 机床一般都具有半径补偿功能。刀具半径补偿功能如图 1－32 所示。

当加工如图 1－32 的零件时，由于刀具具有一定半径，因此刀具中心轨迹应是与零件轮廓平行的等距线。当 CNC 机床不具有刀具半径补偿功能时，应按刀具中心轨迹（零件轮廓的等距线）进行编程，有时计算相当复杂。如果 CNC 机床具有刀具半径补偿功能，则数控装置将自动地计算出刀具中心轨迹，只需按零件轮廓编程即可。

刀具半径补偿功能的作用归纳如下：首先，当用圆头刀具（如圆头铣刀、圆头车刀）加工时，只需按照零件轮廓编程，不必按刀具中心轨迹编程，大大简化了程序编制。其次，可通过刀具半径补偿功能很方便地留出加工余量，先进行粗加工，再进行精加工。再其次，可以补偿由于刀具磨损等因素造成的误差，提高零件的加工精度。

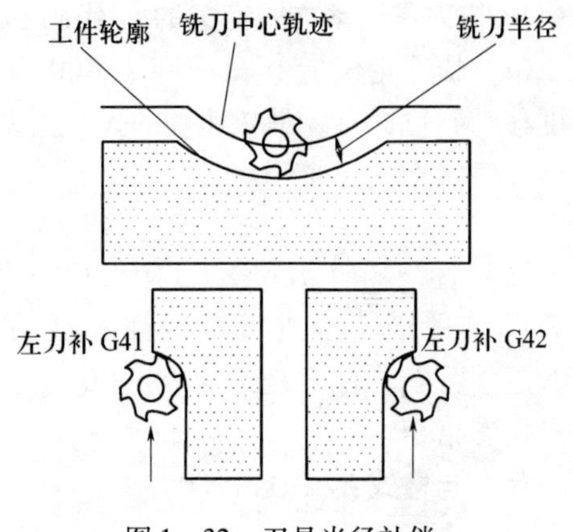

图 1－32　刀具半径补偿

G41——左刀补。即沿刀具进刀方向看去，刀具中心向零件轮廓的左侧偏移。

G42——右刀补。即沿刀具进刀方向看去，刀具中心向零件轮廓的右侧偏移。

刀具偏离的距离（半径值）由操作者根据需要由操作键盘输入到数控装置中，供调用。

G40——删除刀具补偿。即取消 G41 或 G42 指令。

（2）刀具长度补偿指令——G43、G44。刀具长度补偿指令一般用于刀具轴向（Z 方向）的补偿。当所选用的刀具长度不同或者需进行刀具轴向进刀补偿时，需使用该指令。它可以使刀具在 Z 方向上的实际位移量大于或小于程序给定值。即实际位移量 = 程序给定值 + 补偿值。

G43——正偏置。即刀具在 $+Z$ 方向进行补偿。

G44——负偏置。即刀具在 $-Z$ 方向进行补偿，见图 1－33。

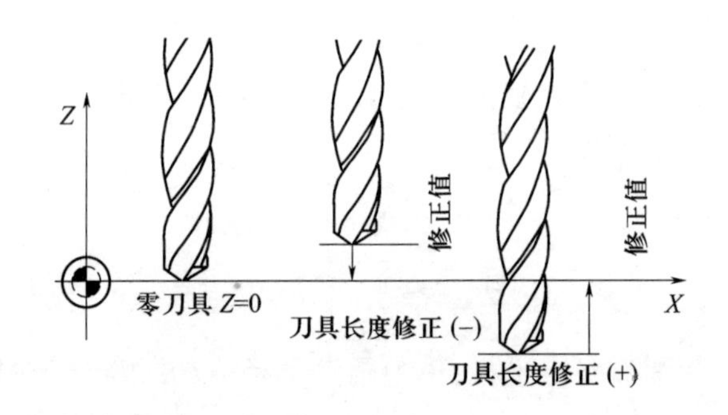

图 1－33　刀具长度补偿

通常设定一个基准刀具为零刀具，其他刀具长度与零刀具之差为偏置值，并存储在刀具数据存储器中，供调用。

有的 CNC 机床在刀具数据存储器中，存入刀号、刀具半径值、长度值及其补偿值。使用时，从程序中调出刀号即可。

4. 与固定循环有关的 G 指令

在某些典型的工艺加工中，由几个固定的连续动作完成。如钻孔，由快速趋近工件、慢速钻孔、快速退回三个固定动作完成。如果将这些典型的、固定的几个连续动作，用一条固定循环指令去执行，则将大大减化程序。因此，CNC 机床设置了不少典型加工的固定循环指令。如：G81——钻孔指令，G84——攻螺纹指令，G85——铰孔指令。

固定循环程序句格式一般先给出固定循环 G 指令，再输入工艺参数、尺寸参数。

如：G81 ＿　　F ＿　　S ＿　　Z ＿　　F ＿　　Z ＿

钻孔指令　进给速度　主轴转数　钻孔深度　停留时间　退刀距离

常用 G80～G89 作为固定循环指令，在有些 CNC 车床中，常用的 G33～G35 与 G70～G79 作为固定循环指令。

5. 等距螺纹切削指令 G33

只有在主轴上安装脉冲编码器或通过同步齿形带驱动脉冲编码器的数控车床，才能进行螺纹切削，此时指令 G33 确定了主轴转数和工作进给速度间的相互关系，从而使工作进给速度与主轴转数直接联系起来。

使用指令 G33 可以进行单头或多头螺距固定的普通螺纹、平面螺纹和锥螺纹的加工。

如切削图 1－34 所示的普通细牙螺纹 M40×2，其中螺距 $P=2$mm，螺纹切深 $T=1.1$mm，分两次走刀，其切削螺纹的部分程序如下：

```
N20  G54  G90  S500   M03  T302  LF
N25       G00  X38.9  Z78        LF
N30  G33  Z22  K2                LF
N35  G00  X46                    LF
N40            Z78               LF
N45            X37.8             LF
N50  G33  Z22  K2                LF
N55  G00  X46                    LF
```

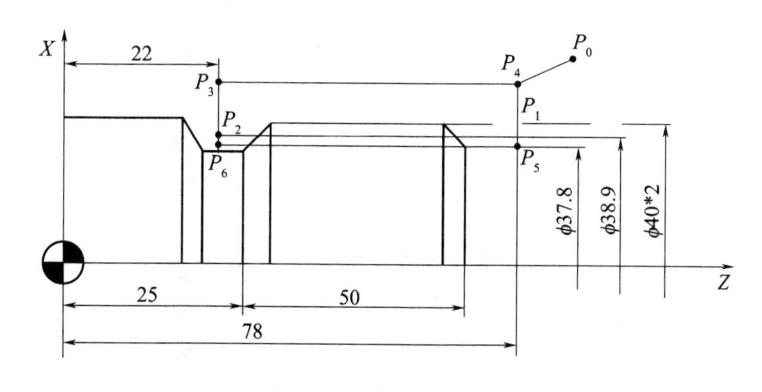

图 1－34　普通螺纹切削

6. 暂停指令 G04

使用 G04 可以调入暂停功能，通常在车削槽或锪底平面时，使刀具在进给到达目标点后停留一段时间，这样可以使槽底圆整或底面平整。有时也用在程序执行到某一段结束后，需要暂停一段时间，进行某些人为的调整或检查。不同的数控系统，暂停指令时间的地址符不同，最大暂停时间也不同，一般用在 1～10s 之间，最大可达 999.99s，其常用格式如下：

N20　G04　X2　（表示暂停时间为 2s）G04 功能只在本程序段内有效。

1.5.2　辅助功能指令——M 指令

M 代码主要用于 CNC 机床开、关量的控制。如主轴的正、反转，冷却液的开、停，工件的夹紧、松开,程序结束等。表 1 - 6 为 JB 3208—1999 标准规定的 M 代码。从 M00 ~ M99 共 100 种。M 指令常因生产厂家及机床结构和规格不同而不同,现将常用辅助功能指令介绍如下。

M00——程序暂停。用以停止主轴旋转、进给和冷却液。以便执行某一手动操作,如手动变速、换刀、测量工件。此后,须重新启动才能继续执行后面的程序。

M01——计划停止。如果操作者在执行某个程序段之后准备停机。便可预先接通计划停止开关。当机床执行到 M01 时,就进入程序停止状态。此后,须重新启动,才能执行以下程序。但如果不接通计划停止开关,则 M01 指令不起作用。

M02——程序结束。该指令编在最后一条程序句中。用以表示程序结束,数控系统处于复位状态。

M03,M04,M05——命令主轴正转、反转和停止。

M06——换刀指令。常用于加工中心机床刀库换刀前的准备动作。

M07——冷却液开。

M09——冷却液停。

M10,M11——夹紧和松开指令。分别用于机床的滑座、工件、夹具的夹紧和松开。

M19——主轴定向停止。使主轴停止在预定的位置上。

M30——程序结束并返回到程序的第一条语句,准备下一个零件的加工。

1.5.3 其他功能指令

1. 进给速度功能指令——F

以字符 F 开头,因此又称为 F 指令,用于指定刀具插补运动(即切削运动)的速度,是模态指令。有以下两种表示方法。

(1) 编码法。F 带两位数字,如 F05,F36 等。后面所带的数字只是一个代码,它与某个(系统规定的速度值)速度值相对应,换而言之,这种指令所指定的进给速度是有级的,速度值序既可是等差数列,也可能是等比数列。

(2) 直接法。F 后带若干位数字,如 F150,F3500 等。后面所带的数字表示实际的速度值,上述两个指令分别表示 $F = 150\text{mm/min}$;$F = 3500\text{mm/min}$。

2. 主轴转速功能指令——S

以字符 S 开头,因此又称为 S 指令,属模态指令。用于指定主轴的转速,以其后的数字给出,如 S05,S36 等,单位是转/分钟(r/min)。

3. 刀具功能指令——T

用字符 T 及随后的数字表示,因此也称为 T 指令。用于指定加工时采用的刀具号,该指令在加工中心、车削中心等带有刀库和自动换刀装置的数控机床上使用。T 后跟数字位数可以是 2 位、4 位、6 位,如 2 位数字 T04,表示选择 04 号刀具,同时取相应刀具的刀补;4 位数字 T0403,表示选择 04 号刀具,采用 03 号偏置寄存器里的刀补量(包括半径补偿量和长度补偿量);6 位数字 T040309,表示选择 04 号刀具,采用 03 号偏置寄存器里的半径刀补量和 09 号偏置寄存器里的长度刀补量。

第2章　程序编制中的数值计算

对零件图形进行数学处理是编程前的主要准备工作之一，不但对手工编程来说是必不可少的工作步骤，即使采用计算机进行自动编程，也经常需要对工件的轮廓图形先进行数学预处理，才能对有关几何元素进行定义。而且作为一名编程人员，即使数控编程系统具有完备的处理功能，不需要人工干预处理，也应该明白其中的数学理论，知道数控编程系统如何进行工作。

2.1　数控加工中的常用数学模式

数控系统（或绘图）中对数学的应用从初等数学到运算微积，乃至计算几何，涉及范围很广。一般机械加工和机器设备大多为规则形体，如直线、平面、圆、椭圆、球、椭球、螺旋线、螺旋面、渐开线、螺旋渐开面、双曲面等，这些形体都可用数学解析式表示出来；但航空、航天、汽车、船舶的一些形体设计，如飞机、汽车、船体外形、飞机机翼、汽轮机叶片等的形体是无法用解析式表示的，要实现这一类自由曲面的数控加工，必须建立符合精度要求的数学模式。

这些复杂曲线或曲面常常用一定数量的离散点来描述，这就需要用数学方法构造出能完全通过或者比较接近给定点的曲线曲面（通常这个过程称为曲线或曲面的拟合），再计算并拟合曲线或曲面上位于给定型值点之间的若干点（通常称为插值点）。

2.1.1　常用的曲线曲面

圆弧样条是最常用的样条，在机械设计和加工中几乎随时都会碰到。圆弧样条就是用圆弧这一最简单的二次多项式模拟样条，分段组成一阶导数连续的函数。圆弧样条是我国在1977年创造的一种拟合方法，在具有圆弧插补功能的数控系统中，采用圆弧样条可以直接输出圆弧信息，避免了用其他拟合方法还需进行二次逼近处理的过程，减少了误差环节。下面介绍圆弧样条的基本算法。

1. 圆弧样条的构造方法

用圆弧样条拟合一条自由型曲线时，先给出曲线上一系列数据点，一般称作型值点，数学上叫节点。这些型值点可以是均匀分布的，也可以是不均匀分布，根据精度要求及形体曲率变化情况而定，精度要求高，形体曲率大或曲率变化大的地方可密些，其他地方可稀些。

圆弧样条是已知型值点 $P_i(x_i,y_i)(i=1,2,\cdots,n)$，过每一个 P_i点作一段圆弧，且使相邻圆弧在相邻节点（如 P_i和 P_{i+1}）的弦平分线上相交并相切，则使整条曲线在各连接点处达到 C^0和 C^1阶（位置及切线）连续。如图2-1中，圆弧段分别过 $P_1,P_2,\cdots,P_{n-1},P_n$，过 P_1及 P_2的两段圆弧在$\overline{P_1P_2}$弦平分线上相交并相切。这就是圆弧样条的构作方法。

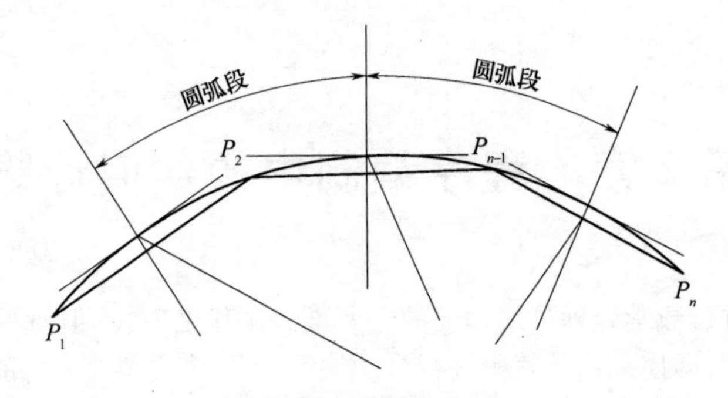

图 2－1　圆弧样条构造方法

若在给定的每两个型值点之间均建立相应的局部笛卡儿坐标系 $u_i - v_i$，则可设定圆弧样条的几何角度关系，如图 2－1 所示。β_i和 α_i分别为过 P_i的圆弧的切线与弦线$\overline{P_{i-1}P_i}$及$\overline{P_iP_{i+1}}$之间的夹角；φ_i 为 P_i 左右相邻两弦线之间的夹角（图 2－2(a)），规定 β_i和 α_i只取锐角，正负号按图 2－2(b)、(c)规定，(b)中取正值，(c)中取负值。关于圆弧样条的切点，圆心位置及曲率半径具体计算过程可参考《现代数控编程技术及应用（第 3 版）》一书中 3.1 节的内容。

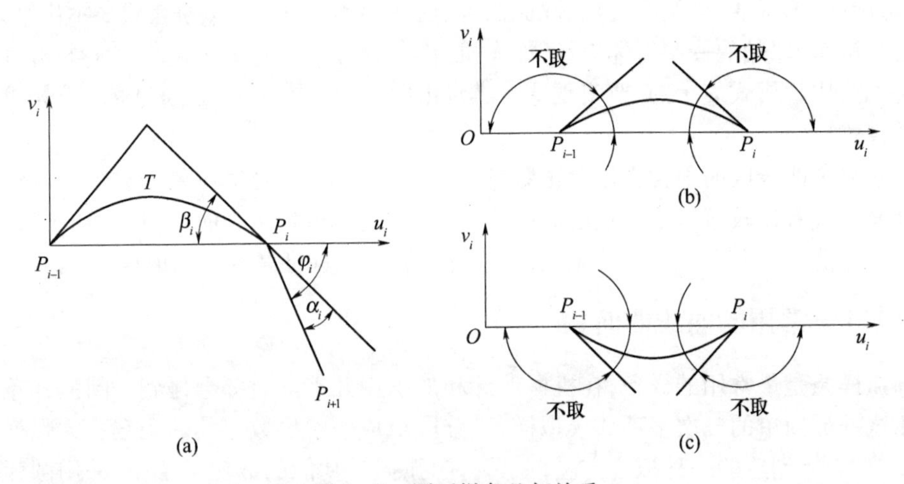

图 2－2　圆弧样条几何关系

2. 圆弧样条的光顺处理

圆弧样条拟合时，规定过每一型值点 $P_i(i=0,1,\cdots,n)$ 作一段圆弧。当曲线转折较大时，如果型值点给得较稀，可能出现型值点处曲率变号情况，这时拟合出的曲线可能出现拐点。为防止这一现象，通常限制 α_i 和 β_{i+1}的比值：

$$\frac{1}{3} \leqslant (\alpha_i/\beta_{i+1}) \leqslant 3$$

若超出此范围，则可在 P_i 和 P_{i+1}点之间加密一个点。补加点可取在 P_i，P_{i+1}处弦切角 α_i 和 β_{i+1}组成的三角形内心上，也可取在$\overline{P_iP_{i+1}}$的中垂线上。插入补加点后，要重排点的次序，重新进行计算。下面是补加点在中垂线上时的计算过程。

如图 2 - 3 所示:在局部坐标系中,补加点 P'_i 的坐标为

$$\begin{cases} u'_i = l_{i+1}/2 \\ v'_i = u'_i \tan[(\alpha_i + \beta_{i+1})/4] \end{cases}$$

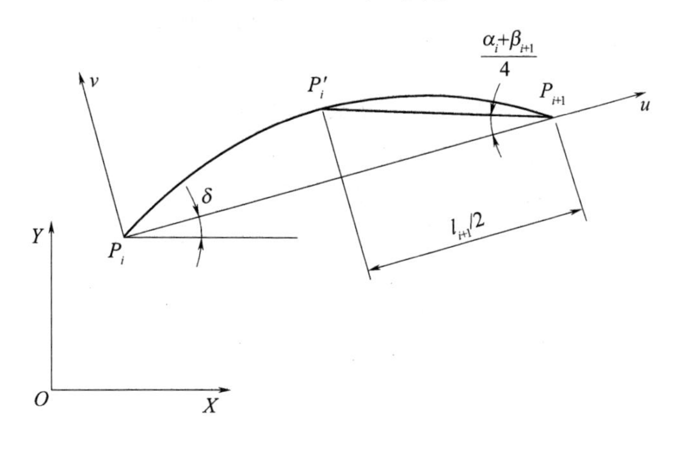

图 2 - 3　补加点在弦长中垂线上

设 $\overline{P_iP_{i+1}}$ 与参考坐标系中 X 轴的夹角为 δ 时,有

$$\cos\delta = [(x_{i+1} - x_i)/l_{i+1}];\quad \sin\delta = [(y_{i+1} - y_i)/l_{i+1}]$$

在参考坐标系中,补加点 P'_i 的坐标为

$$\begin{cases} x'_i = x_i + u'_i\cos\delta - v'_i\sin\delta \\ y'_i = y_i + u'_i\sin\delta + v'_i\cos\delta \end{cases}$$

2.1.2　三次参数样条

如前述工程上常用列表点来表示曲线和曲面,当所给的点数较少时,如只用这些点构成曲线或曲面,则曲线或曲面不够光滑。为此要在给定的数据点中插入更多的点来构成曲线或曲面。如果能用一条解析曲线来拟合 $P_1, P_2, \cdots, P_n$ 各点(例如用二次曲线拟合),而拟合误差又很小,这时就可用这一条解析曲线代替这些点,即可在 P_1, P_2 之间, P_2, P_3 之间插入任意多的点。

但上述用一条曲线拟合所有点时常常误差太大,这时要用分段插值的方法,即 P_i, P_{i+1} 之间建立各自的曲线方程,并使各段曲线光滑连接。

在 P_i, P_{i+1} 之间建立曲线有许多种方法,工程上常用以弦长为参数的三次样条曲线进行拟合。因为它可以保证曲线在给定点处线连续、切线连续和曲线曲率连续,即光滑连续。

1. 三次参数样条曲线方程

如图 2 - 4 所示,如果已知两端点 P_1 和 P_2 的坐标及其切点 P'_1 和 P'_2,则可以找到一条满足上述条件的三次参数样条曲线:

$$P(t) = [t^3 \quad t^2 \quad t \quad 1] = \begin{bmatrix} 2 & -2 & 1 & 1 \\ -3 & 3 & -2 & -1 \\ 0 & 0 & 1 & 0 \\ 1 & 0 & 0 & 0 \end{bmatrix} \begin{bmatrix} P_1 \\ P_2 \\ P'_1 \\ P'_2 \end{bmatrix} = \boldsymbol{T}\boldsymbol{B}_c\boldsymbol{P}_c$$

式中：t 为曲线始点与曲线段上任意点之间的弦长，且 $t\in[0,1]$，上式称为三次参数样条曲线的矢量方程，将上式展开成代数式，得

$$P(t)=(2t^3-3t^2+1)P_1+(-2t^3+3t^2)P_2+(t^3-2t^2+t)P'_1+$$
$$(t^3-t^2)P'_2=B_{c1}(t)P_1+B_{c2}(t)P_2+B_{c3}(t)P'_1+B_{c4}(t)P'_2$$

式中：$B_{ci}(t)(i=1,2,3,4)$ 为三次参数样条曲线的基函数或合成函数（Blending function）。

根据给定点 P_1，P_2 及其切矢的 x,y,z 分量，用上述方程分别计算出参数 t 取不同值时曲线上各点的坐标 $P_x(t)$，$P_y(t)$，$P_z(t)$，然后画出曲线。

从曲线方程中还可以看出，参数曲线的形状由两端点的坐标及其切矢决定。当曲线的两端点相同，切矢的方向也相同但矢量长度不同时，曲线形状不同，即切矢越长，曲线在开始拐向另一端点之前拉伸得越远（图 2－5）。如果两端点相同，切矢长度也相同，但切线方向不同时，曲线形状差别也很大（图 2－6）。

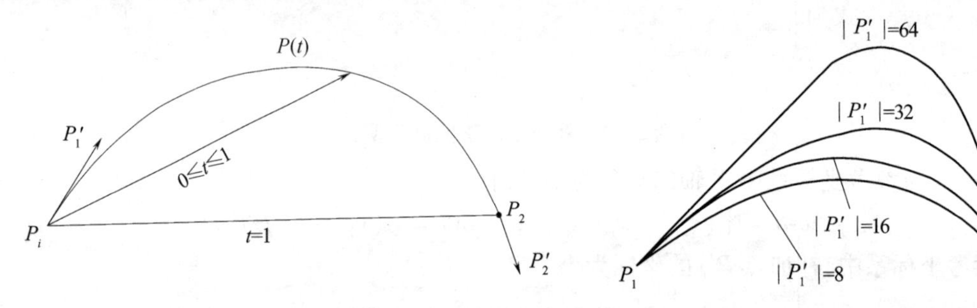

图 2－4　以弦长为参数的三次参数样条曲线

图 2－5　切矢长度对三次参数样条曲线形状的影响

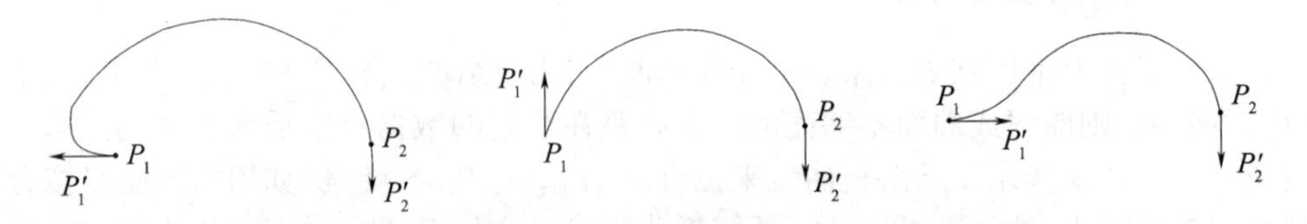

图 2－6　切矢方向对三次参数样条曲线形状的影响

2. 两段曲线光滑连续的条件

从曲线方程可以看出，要构造一段三次参数样条曲线需要给出两端点的坐标和切矢，若想构造一条通过多个型值点的光滑连续曲线，就需给出所有点的坐标和切矢，这样要求的初始条件太多。

事实上，我们只要给出各型值点的坐标及两端点的切矢即可根据光滑连续条件构造出通过各型值点的光滑连续曲线，而中间各点连结点的切矢可用下述方法由型值点坐标来确定。

设有通过 P_1，P_2 和 P_2，P_3 的两段曲线 $P_1(t)$ 及 $P_2(t)$，要使两段曲线在 P_2 点处光滑连续（图 2－7），即

$$\begin{cases}P'_1(1)=P'_2(0)\\P''_1(1)=P''_2(0)\end{cases}$$

将曲线参数方程代入上式,并整理简化得

$$P'_1 + 4P'_2 + P'_3 = 3(P_3 - P_1)$$

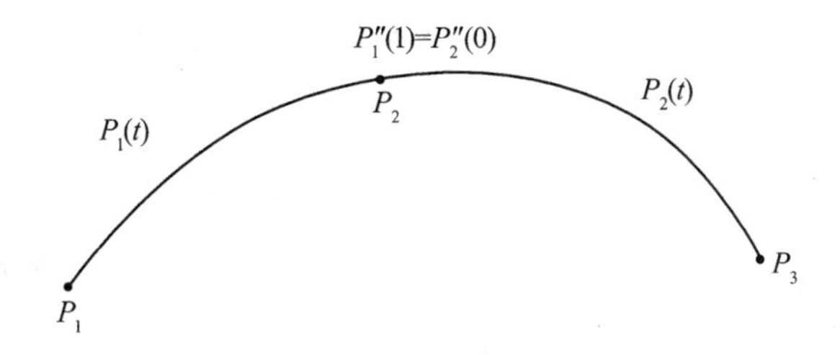

图 2－7　三次参数样条曲线线段的连续性

写成矩阵形式为

$$\begin{bmatrix} 1 & 4 & 1 \end{bmatrix} \begin{bmatrix} P'_1 \\ P'_2 \\ P'_3 \end{bmatrix} = 3(P_3 - P_1)$$

将上式推广到第 2,3,4 点,3,4,5 点……至 $n-2,n-1,n$ 点,则得

$$\begin{bmatrix} 1 & 4 & 1 & 0 & \cdots & \cdots & 0 \\ 0 & 1 & 4 & 1 & 0 & \cdots & 0 \\ & \cdots & \cdots & \cdots & \cdots & \cdots & \\ 0 & \cdots & 0 & 1 & 4 & 1 & 0 \\ 0 & \cdots & \cdots & 0 & 1 & 4 & 1 \end{bmatrix} \begin{bmatrix} P'_1 \\ P'_2 \\ \cdots \\ P'_{n-1} \\ P'_n \end{bmatrix} = 3 \begin{bmatrix} P_3 - P_4 \\ P_4 - P_2 \\ \vdots \\ P_{n-1} - P_{n-3} \\ P_n - P_{n-2} \end{bmatrix}$$

上式只有 $n-2$ 个方程,但有 n 个型值点的切线矢量未知,要求解还要补充两个边界条件。

3. 端点条件

(1) 夹持端:即直接给出两端点的切矢 P'_1,P'_n,这时方程确定。

(2) 自由端:自由端曲率为零,即二阶导数为零,可得两个方程,加入方程,得

$$\begin{bmatrix} 2 & 1 & 0 & \cdots & \cdots & 0 \\ 1 & 4 & 1 & 0 & \cdots & 0 \\ & \cdots & \cdots & \cdots & \cdots & \\ 0 & \cdots & 0 & 1 & 4 & 1 \\ 0 & \cdots & \cdots & 0 & 1 & 2 \end{bmatrix} \begin{bmatrix} P'_1 \\ P'_2 \\ \cdots \\ P'_{n-1} \\ P'_n \end{bmatrix} = 3 \begin{bmatrix} P_2 - P_1 \\ P_3 - P_2 \\ \vdots \\ P_{n-1} - P_{n-2} \\ P_n - P_{n-1} \end{bmatrix}$$

这时,只要给定 n 个点的坐标,便可利用以上端点条件求出各型值点的切矢,从而得到光滑连续的三次参数样条曲线。

4. 三次参数样条曲线的特点

以弦长为参数的三次样条曲线可以通过所有型值点,插值效果好,且计算可靠,应用较广。如美国波音公司的 FMILL 系统就是以三次参数样条曲线为基础而研制的。

2.1.3　Bezier 曲线

1. Bezier 曲线方程

法国雷诺汽车公司的车身设计师 Bezier 曾经提出了这种曲线。生产中多用三次

Bezier曲线,这时曲线方程为

$$P(t) = \sum B_i(t)P_i = (1-t)^3P_0 +$$
$$3t(1-t)^2P_1 + 3t^2(1-t)P_2 + t^3P_3 \quad (i=0,1,2,3;0 \leqslant t \leqslant 1)$$

上式写成矩阵形式:

$$P(t) = [t^3 \quad t^2 \quad t \quad 1]\begin{bmatrix} -1 & 3 & -3 & 1 \\ 3 & -6 & 3 & 0 \\ -3 & 3 & 0 & 0 \\ 1 & 0 & 0 & 0 \end{bmatrix}\begin{bmatrix} P_0 \\ P_1 \\ P_2 \\ P_3 \end{bmatrix} = \boldsymbol{T}\boldsymbol{B}_{\mathrm{be}}\boldsymbol{P}_{\mathrm{be}}$$

式中:系数 $B_i(t)(i=0,1,2,3)$ 为 Bezier 曲线的基函数。从上式可知三次 Bezier 曲线通过首末两顶点,即 $P(0)=P_0$,$P(1)=P_3$,且过两端点的切矢分别为

$$\begin{cases} P'(0) = 3(P_1 - P_0) \\ P'(1) = 3(P_3 - P_2) \end{cases}$$

如图 2-8 所示,这样的 Bezier 曲线可看做是三次参数样条曲线的一个特例。

2. Bezier 曲线段连续条件

要想用三次 Bezier 曲线段表示由多个型值点确定的曲线光滑连续需满足一定条件,如要使由 P_1,P_2,P_3,P_4 构成的曲线 $P_1(t)$ 和由 P_4,P_5,P_6,P_7 构成的曲线 $P_2(t)$ 在 P_4 点处光滑连续,第一段曲线起点的切矢方向为 P_3P_4,而第二段曲线起点的切矢方向为 P_4P_5,只要 P_3P_4 与 P_4P_5 共线(图 2-9),即

$$P_3P_4 = kP_4P_5 \quad (k > 0)$$

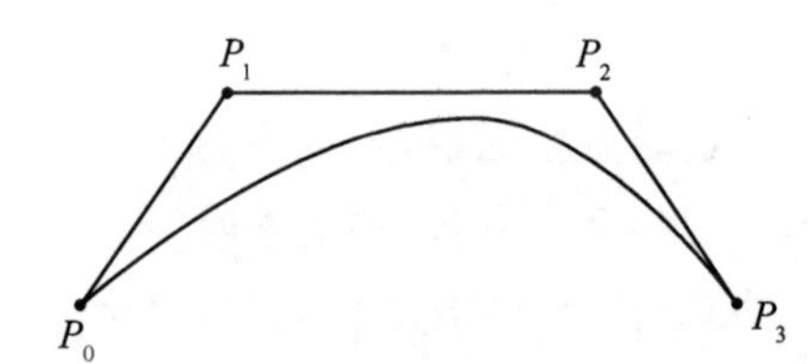

图 2-8 Bezier 曲线及特征多边形

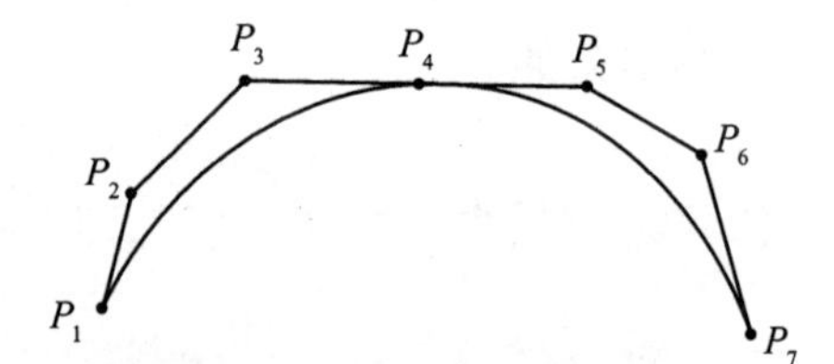

图 2-9 Bezier 曲线段连续性条件

3. Bezier 曲线的特点及应用

(1) 凸包性。Bezier 曲线位于各型值点构成的一凸多边形内。

(2) 端点特性。Bezier 曲线通过给定型值点的首末两端点。

Bezier 曲线直观性好,改变少数型值点可改变曲线局部形状。法国雷诺公司以此种曲线为基础开发了用于车身设计的自由曲线曲面造型系统 UNISURF。

4. B 样条曲线

关于 B 样条,有着多种等价定义方法,例如克拉克(Clark)的定义,截尾幂函数的差商定义及德布尔(de Boor)和考克斯(Cox)分别提出的递推定义等。

1) B 样条曲线的递推定义

用截尾幂函数定义 B 样条,基函数有明显的形式,但对高阶 B 样条及非均匀情况下计算不稳定。由德布尔、考克斯分别导出了 B 样条的递推定义,克服了这一缺点,描述

如下：

任意 k 阶 B 样条，均可由两个相邻的 $k-1$ 阶 B 样条线性组合而成，即

$$B_{i,1}(x) = \begin{cases} 0, & x \overline{\in} [x_i, x_{i+1}] \\ 1, & x \in [x_i, x_{i+1}] \end{cases}$$

$$B_{i,k} = \frac{x - x_i}{x_{i+k-1} - x_i} B_{i,k-1}(x) + \frac{x_{i+k} - x}{x_{i+k} - x_{i+1}} B_{i+1,k-1}(x) \quad (k > 1, \text{且约定}(0/0 = 0)$$

式中：$B_{i,k}$为第 i 条 k 阶 B 样条。

由上式可以构造一条完整的 k 阶 B 样条，也可以在参数轴的同一区间内构造 i 条 k 阶 B 样条，作为 k 阶 B 样条曲线基函数。

2）基函数与 B 样条曲线的关系

B 样条本身是一种样条，在计算机辅助几何设计中，它又是构造 B 样条曲线的基函数。第 i 条 k 阶 B 样条曲线可用下述矢量式表示为

$$P_{i,k}(u) = [B_{i-k+1,k}(u) \quad B_{i-k+2,k}(u) \quad \cdots \quad B_{i,k}(u)] \begin{bmatrix} P_i \\ P_{i+1} \\ \vdots \\ P_{i+k-1} \end{bmatrix}$$

式中：$B_{i,k}(u) = [B_{i-k+1,k}(u) \quad B_{i-k+2,k}(u) \quad \cdots \quad B_{i,k}(u)]$为第$j(j=i-k+1,\cdots,i)$条 k 阶 B 样条基函数有关段，以下简称为 $B_{j,k}$；P_l 为第 $l(l=i,\cdots,i+k-1)$个控制顶点号；u 为参数，$u \in [0,1]$，对四阶 B 样条曲线可表示为

$$P_{i,4}(u) = [B_{i-3,4} \quad B_{i-2,4} \quad B_{i-1,4} \quad B_i] \begin{bmatrix} P_i \\ P_{i+1} \\ P_{i+2} \\ P_{i+3} \end{bmatrix}$$

连接各 $P_l(l=i,\cdots,i+k-1)$顶点构成 B 样条曲线的特征多边形。

3）B 样条的几个重要性质

（1）B 样条的局部支撑性。由递推公式可以得出：表明第 i 条 k 阶 B 样条仅在节点$[x_i, x_{i+k}]$的 k 个区间内不为零，其余区间均为零，这就是 B 样条的局部支撑性。这一性质说明每条 k 阶 B 样条曲线仅在 k 个区间内非零，而每节 B 样条曲线只与 k 个基函数有关，亦即 k 阶 B 样条曲线可由 k 个顶点所控制。例如四阶（三次）B 样条曲线仅由四个顶点控制。利用这一性质用 B 样条曲线进行形体设计时可进行局部修改。若需改动第 i 条 k 阶 B 样条曲线，仅需改动 $P_i, P_{i+1}, \cdots, P_{i+k-1}$个顶点，而与其他顶点无关；反之，改动一个顶点，只影响到与该顶点有关的第 k 段曲线。

（2）B 样条的凸组合性。这一性质表明在各区间内，同一参数值的各 B 样条之和为 1，且 B 样条数值≥0。在几何图形上说明 B 样条曲线必定落在控制多边形所形成的凸包之内。数学表达式为

$$\sum_{j=-\infty}^{\infty} B_{j,k}(u) = 1$$

下面以一至四阶均匀 B 样条在任意区间$[x_i, x_{i+1}]$内的情形为例证明之。

一阶($k=1$)B 样条

$$\sum_{j=i-k+1}^{\infty} B_{j,1}(u) = B_{j,1}(u) = 1$$

二阶($k=2$)B 样条

$$\sum_{j=i-k+1}^{i} B_{j,2}(u) = B_{i-1,2}(u) + B_{i,2}(u) = (1-u) + u = 1$$

三阶($k=3$)B 样条

$$\sum_{j=i-k+1}^{i} B_{j,3}(u) = B_{i-2,3}(u) + B_{i-1,3}(u) + B_{i,3}(u)$$

$$= \frac{1}{2!}\{(1-2u+u^2) + (1+2u-2u^2) + u^2\} = 1$$

四阶($k=4$)B 样条

$$\sum_{j=i-k+1}^{i} B_{j,4}(u) = 1$$

(3) B 样条在节点处的连续性。对于无重节点的 k 阶均匀 B 样条,在节点处将保持 $k-2$阶连续。例如 $x \in [x_i, x_{i+4}]$的四阶 B 样条,在节点 $x_{i+1}, x_{i+2}, x_{i+3}$处均可达到 C^0, C^1, C^2阶连续,在两端点 x_i, x_{i+4}处,B 样条与参数轴相切。B 样条在各节点处的连续性,保证了 B 样条曲线造型的连续性。

若出现重节点时,设重复度为 M_j,则节点 j 处连续性降低 M_j阶。

对非均匀 B 样条,也应该有无重节点逐点分析其连续性。

(4) B 样条函数的求导递推性。B 样条曲线的导数可以用其低阶的 B 样条基函数及顶点矢量之差商序列的线性组合来表示。以四阶均匀 B 样条为例,其一阶、二阶和三阶导数分别为

$$P(u) = \frac{1}{6}[1 \quad u \quad u^2 \quad u^3]\begin{bmatrix}1 & 4 & 1 & 0\\ -3 & 0 & 3 & 0\\ 3 & -6 & 3 & 0\\ -1 & 3 & -3 & 1\end{bmatrix}\begin{bmatrix}P_1\\ P_2\\ P_3\\ P_4\end{bmatrix}$$

$$P'(u) = \frac{1}{2}[1 \quad u \quad u^2]\begin{bmatrix}1 & 1 & 0\\ -2 & 2 & 0\\ 1 & -2 & 1\end{bmatrix}\begin{bmatrix}P_2 - P_1\\ P_3 - P_2\\ P_4 - P_3\end{bmatrix}$$

$$P''(u) = [1 \quad u]\begin{bmatrix}1 & 0\\ -1 & 1\end{bmatrix}\begin{bmatrix}P_3 - 2P_2 + P_1\\ P_4 - 2P_3 + P_2\end{bmatrix}$$

$$P'''(u) = [P_4 - 3P_3 + 3P_2 - P_1]$$

以上四式中 $u \in [0,1]$。

4) 三阶、四阶均匀 B 样条曲线的几何特性

B 样条曲线以 B 样条为基函数。二阶(一次)B 样条曲线是折线样条,重合于 B 特征

多边形。在实际应用中,最多用的是四阶(三次)、三阶(二次)B 样条曲线。

B 样条曲线的优点是根据特征多边形形状可以比较准确地预测曲线形状:可以通过移动特征多边形的顶点对曲线进行局部修改;可以用低次(通常为一次,二次,三次)B 样条曲线在连接点处保持一定连续性要求(C^0,C^1,C^2)得到光滑的曲线;这样可使计算时程序简单、速度快。

5) B 样条曲线的反算问题

在工程问题中,常常给出曲线上一批型值点,这些型值点并非 B 样条曲线的特征多边形顶点。此时要用 B 样条曲线来拟合这些型值点时,首先要求出 B 样条曲线特征多边形顶点,再构作 B 样条曲线。具体作法如下:

已知型值点列 $Q_i(i=1,2,\cdots,n)$ 构作一条 B 样条曲线顺序通过已知型值点,也就是要求出点列 Q_i 对应的 B 样条曲线的特征多边形的顶点 $P_j(j=1,2,\cdots,n+1)$。从前述可以看出,反算问题可以归结为求解线性代数方程组

$$Q_i = \frac{1}{6}(P_i + 4P_{i+1} + P_{i+2}) \quad (i = 1,2,\cdots,n)$$

如果给定两个适当的端点条件,方程组有唯一的解。通常给出的端点条件为给定两端点切矢量

$$\begin{cases} P'_1 = \dfrac{1}{2}(P_2 - P_0) \\ P'_n = \dfrac{1}{2}(P_{n+1} - P_{n-1}) \end{cases}$$

将上两式联立求解,消去 P_2 和 P_{n-1},得

$$\begin{cases} \dfrac{2}{6}P_0 + \dfrac{4}{6}P_1 = Q_1 - \dfrac{1}{3}P'_1 \\ \dfrac{4}{6}P_n + \dfrac{2}{6}P_{n+1} = Q_n + \dfrac{1}{3}P'_n \end{cases}$$

由以上几式,构成三对角线性方程组,可用追赶法解出各 $P_j(j=0,1,2,\cdots,n+1)$。对于封闭(周期性)曲线,则不需另加端点条件,为保证曲线首尾相连,将方程组改写为

$$Q_i = \frac{1}{6}(P_{i-1} + 4P_i + P_{i+1}) \quad (i = 1,2,\cdots,n)$$

端点条件:

对非周期开曲线,根据曲线两端曲率为 0,可给出:$\begin{cases} P_0 = P_1 \\ P_{n+1} = P_n \end{cases}$

由此构成方程组,解之。几何图形上 Q_1 在 $\frac{1}{6}\overline{P_1P_2}$ 处并与之相切,Q_n 在 $\frac{5}{6}\overline{P_{n-1}P_n}$ 处并与之相切。

对周期闭曲线取 $\begin{cases} P_0 = P_n \\ P_1 = P_{n+1} \end{cases}$ 联立求解。

总之,B 样条曲线用作逼近时,可通过调整特征多边形的位置,控制曲线形状,达到较满意的效果。当用作插值时,即 B 样条曲线的反求顶点问题,需解三对角方程组,显示不

出太多优越性。若只为了插值,就不一定用 B 样条方法。

2.1.4 抛物线拟合

抛物线拟合是美国福特汽车公司奥维豪瑟(A. W. Overhauser)在 1986 年发表的一种方法,用于配有一般二次曲线插补装置的数控设备。对于给定的型值点和端点条件,一般样条采用整体拟合法,建立方程组,然后解出各节点的连续条件,得出整条曲线的分段函数。如前面介绍的三种方法均为这种思路。抛物线拟合法是一种局部方法,被拟合曲线可以逐段延伸,不断给出数据,便于修改和进行计算机交互图形设计。具体作法如图2-10所示。

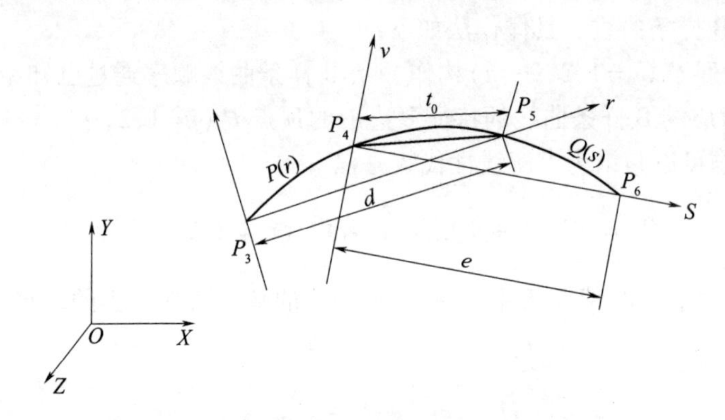

图 2-10 抛物线拟合

一次取出四个顺序点列 P_3,P_4,P_5,P_6,先用前三点 P_3,P_4,P_5在局部坐标系 $u-r$ 内做抛物线 $P(r)$,方程为

$$u = P(r) = \alpha r(d-r)$$

上式表明,在局部坐标系中 P_3点为原点,坐标值为:当 $r=0$ 时,$u=0$;当 $r=\overline{P_3P_5}=d$ 时,$u=0$,曲线过 P_5点;系数 α 为使曲线通过 P_4点。

同理,用后三点 P_4,P_5,P_6在局部坐标系 $v-s$ 内做另一抛物线 $Q(s)$,方程为

$$v = Q(s) = \beta s(e-s)$$

式中:$e=\overline{P_4P_5}$;β 为使曲线通过 P_5点。

在 P_4P_5区间内,两条抛物线 $P(r)$,$Q(s)$有一段重叠。我们取重叠区间两曲线的线性组合为所需拟合曲线 $C(t)$,在参考坐标系 $OXYZ$ 中方程为

$$C(t) = [1-(t/t_0)]P(r) + [t/t_0]Q(s)$$

式中,参数 t 是定义在$\overline{P_4P_5}$上的变量。在 P_4点,$t=0$,$C(t)=P(r)$;在 P_5点,$t=\overline{P_4P_5}=t_0$,$C(t)=Q(s)$。式中两个系数$[1-(t/t_0)]$和(t/t_0)可以看作是两个调配函数,分别从1→0和0→1 作线性变化。这种方法构作的曲线,除第一段 P_1P_2和末段 $P_{n-1}P_n$是单一抛物线外,中间各段均为前后两段抛物线的叠加。

以上三个方程分别在不同的坐标系中建立,在推导曲线 $C(t)$的一般表达式时,三者均应统一在总体坐标系 $OXYZ$ 中。

用这种方法做出的曲线,在所有内节点上保持 C^1阶连续。

拟合曲线 $C(t)$为三次曲线,且具有保形性能。抛物线拟合适合于具有抛物线插补功

能的数控机床(或绘图机)。对于其他二次曲线,如双曲线,椭圆等均可用作数控加工的拟合曲线,只是要配有相应的插补装置,才有实用意义。

2.1.5 双三次参数曲面(孔斯曲面)

像汽车车身这样较为复杂的三维自由曲面是无法用一个简单的曲面方程来描述的,但可以用沿两个方向的两组平行平面与曲面的交线来“近似”表达,这个“近似”的程度则取决于平行平面的间距。间距越小,则所得交线就越密,表示的曲面就越精确。这样,我们就可以用沿两个方向的两组曲线构成的曲线网来表达曲面。当用一片曲面难以描述某物体的外形时,可将其划分为若干曲面片,再将这些曲面片按要求连接起来。下面先来研究由双参数的样条曲线构成的曲面,也即孔斯(COONS)曲面。

如图2-11所示,由四个角点 $P_{00}, P_{01}, P_{10}, P_{11}$ 所构成的曲面片可看作是两个参数 $0 \leqslant u \leqslant 1, 0 \leqslant w \leqslant 1$ 的参数曲面,当 w 取某一定值 w_0 时,u 从0到1连续变化则是曲面上的一条参数曲线 $P(u, w_0)$,而当 w 又从0连续变化到1,则若干条参数曲线即构成了曲面。按此思想可推导出孔斯曲面方程矢量表达式:

$$\boldsymbol{P}(u,w) = \boldsymbol{U}\boldsymbol{B}_c\boldsymbol{Q}\boldsymbol{B}_c^{\mathrm{T}}\boldsymbol{W}^{\mathrm{T}}$$

其中

$$\boldsymbol{U} = [u^3 \quad u^2 \quad u \quad 1], \qquad 0 \leqslant u \leqslant 1$$

$$\boldsymbol{W} = [w^3 \quad w^2 \quad w \quad 1], \qquad 0 \leqslant w \leqslant 1$$

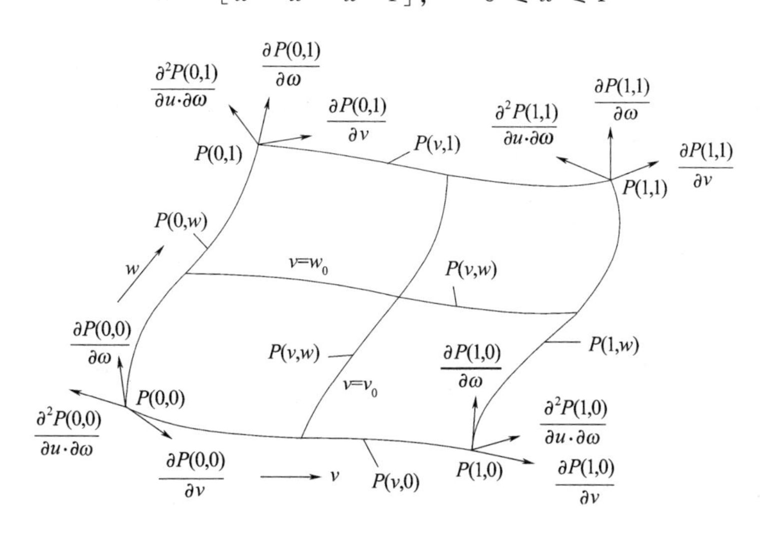

图2-11 孔斯曲面

$\boldsymbol{B}_c$ 为三次参数样条曲线系数矩阵;$\boldsymbol{B}_c^{\mathrm{T}}$,$\boldsymbol{W}^{\mathrm{T}}$ 分别表示 $\boldsymbol{B}_c$,$\boldsymbol{W}$ 的转置矩阵;

$$\boldsymbol{Q} = \begin{bmatrix} P_{00} & P_{01} & \dfrac{\partial P_{00}}{\partial \omega} & \dfrac{\partial P_{01}}{\partial \omega} \\ P_{10} & P_{11} & \dfrac{\partial P_{10}}{\partial \omega} & \dfrac{\partial P_{11}}{\partial \omega} \\ \dfrac{\partial P_{00}}{\partial u} & \dfrac{\partial P_{01}}{\partial u} & \dfrac{\partial^2 P_{00}}{\partial u \partial \omega} & \dfrac{\partial^2 P_{01}}{\partial u \partial \omega} \\ \dfrac{\partial P_{10}}{\partial u} & \dfrac{\partial P_{11}}{\partial u} & \dfrac{\partial^2 P_{10}}{\partial u \partial \omega} & \dfrac{\partial^2 P_{11}}{\partial u \partial \omega} \end{bmatrix}$$

$\boldsymbol{Q}$ 矩阵中左上方 2×2 矩阵表示曲面片的四个角点,右上角及其左下角 2×2 矩阵则表示四个角点沿 u,w 两个参数方向的切矢,而右下方 2×2 矩阵则表示曲面片在四个角点处扭曲程度的矢量,也称扭矢,实际应用中为简化设计计算,可将扭矢取为零。

这样,只要给定曲面上各型值点的坐标值,用2.1.2 节给出的参数曲线方程分别求出各型值点沿 u,w 两个方向的切矢,就可由上述方程构造出光滑连续的曲面。

2.1.6 Bezier 曲面

1. 曲面方程

同双三次参数样条曲面类似,双参数 Bezier 曲面方程为

$$\boldsymbol{P}(u,w) = \boldsymbol{U}\boldsymbol{B}_{\mathrm{be}}\boldsymbol{P}\boldsymbol{B}_{\mathrm{be}}^{\mathrm{T}}\boldsymbol{W}^{\mathrm{T}}$$

其中

$$\boldsymbol{U} = [u^3 \quad u^2 \quad u \quad 1],\quad 0 \leqslant u \leqslant 1$$

$$\boldsymbol{W} = [w^3 \quad w^2 \quad w \quad 1],\quad 0 \leqslant w \leqslant 1$$

$\boldsymbol{B}_{\mathrm{be}}$ 为 Bezier 曲线系数矩阵;$\boldsymbol{B}_{\mathrm{be}}^{\mathrm{T}}$,$\boldsymbol{W}^{\mathrm{T}}$ 分别为 $\boldsymbol{B}_{\mathrm{be}}$,$\boldsymbol{W}$ 的转置矩阵;

$$\boldsymbol{P} = \begin{bmatrix} P_{11} & P_{12} & P_{13} & P_{14} \\ P_{21} & P_{22} & P_{23} & P_{24} \\ P_{31} & P_{32} & P_{33} & P_{34} \\ P_{41} & P_{42} & P_{43} & P_{44} \end{bmatrix}$$

为由 16 个型值点构成的节点矩阵。可以证明 Bezier 曲面通过特征网格的四个角点,如图 2-12所示。而矩阵 $\boldsymbol{P}$ 中周围 12 个型值点定义了曲面片的四条边界曲线。

2. 两片 Bezier 曲面片光滑连接的条件

从图 2-13 中可以看出,要使两曲面片光滑地拼接在一起,必须使公共边两侧对应点共线,且共线线段长度的比值为常数,即

$$P_{i3}P_{i4} = kP_{i4}P_{i5} \quad (i = 1,2,3,4, k > 0)$$

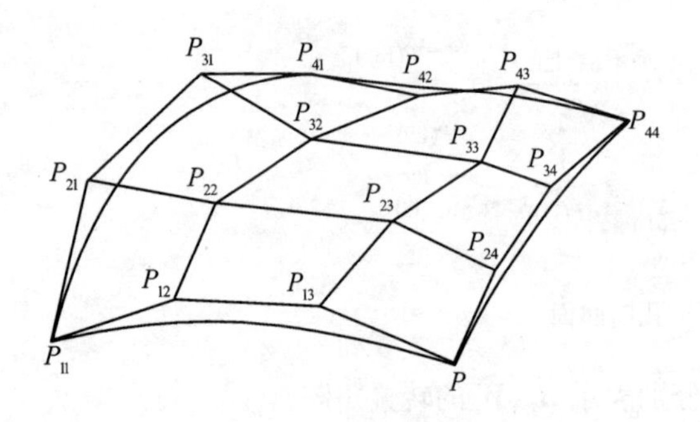

图 2-12　Bezier 曲面

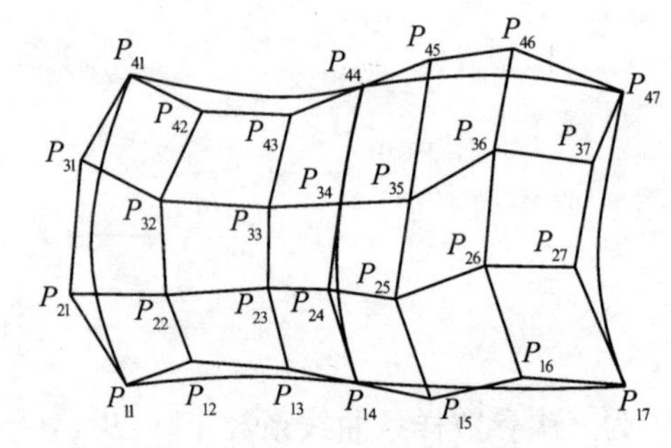

图 2-13　Bezier 曲面的连续性

2.1.7 B 样条曲面

与 Bezier 曲面方程类似,均匀基双三次 B 样条曲面的方程为

$$\boldsymbol{P}(u,w) = \boldsymbol{U}\boldsymbol{B}_{\mathrm{bs}}\boldsymbol{P}\boldsymbol{B}_{\mathrm{bs}}^{\mathrm{T}}\boldsymbol{W}^{\mathrm{T}}$$

其中

$$\boldsymbol{U} = [u^3 \quad u^2 \quad u \quad 1],\quad 0 \leqslant u \leqslant 1$$

$$W = [w^3 \quad w^2 \quad w \quad 1], \quad 0 \leqslant w \leqslant 1$$

$\boldsymbol{B}_{bs}$ 为 B 样条曲线系数矩阵(见 2.1.5 曲线部分);$\boldsymbol{B}_{bs}^{T}$,$\boldsymbol{W}^{T}$ 分别为 $\boldsymbol{B}_{bs}$,$\boldsymbol{W}$ 的转置矩阵;

$$\boldsymbol{V} = \begin{bmatrix} V_{11} & V_{12} & V_{13} & V_{14} \\ V_{21} & V_{22} & V_{23} & V_{24} \\ V_{31} & V_{32} & V_{33} & V_{34} \\ V_{41} & V_{42} & V_{43} & V_{44} \end{bmatrix}$$

为由 16 个型值点构成的节点矩阵。给定 16 个控制节点,便可构造出一个 B 样条曲面片。与 B 样条曲线相类似,采用上述方程构造的曲面片不能通过特征网格的四个角点。为使曲面通过角点,应分别在 u,w 两参数方向上在首、末端点处取重复节点或共线点。

2.1.8 单线性曲面(直纹面)

如果双参数曲面关于参数 u 或 w 是线性的,则此曲面就是单线性曲面,如图 2-14 所示,关于参数 w 为线性的曲面方程为

$$P(u,w) = (1-w)P_0(u) + wP_1(u)$$
$$(0 \leqslant u \leqslant 1, 0 \leqslant w \leqslant 1)$$

当 $w=0$ 时,曲面方程变为

$$P(u,0) = P_0(u)$$

这是一条边界曲线。

而当 $w=1$ 时,曲面方程变为

$$P(u,1) = P_1(u)$$

这是另一条边界曲线。

而对于任意的 u_0,曲面方程为

$$P(u_0,w) = (1-w)P_0(u_0) + wP_1(u_0)$$

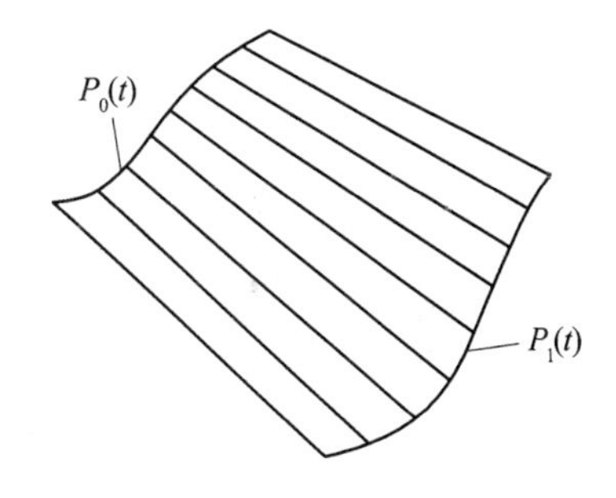

图 2-14 直纹面

这是连接边界曲线上点 $P_0(u_0)$ 和 $P_1(u_0)$ 的直线,当 u_0 从 0~1 变化时,此直线即扫描出整个曲面。因此,单线性曲面是直纹面,而边界曲线则可以是 Bezier 方法、B 样条方法或其他方法将离散点拟合的曲线。如有些叶片就是直纹面。

2.2 数值计算的内容

2.2.1 基点与节点的计算

一个零件的轮廓复杂多样,但大多是由许多不同的几何元素组成。如直线、圆弧、二次曲线及列表点曲线等。

各几何元素间的联结点称为基点,如两直线间的交点,直线与圆弧或圆弧与圆弧间的交点或切点,圆弧与二次曲线的交点或切点等。显然,相邻基点间只能是一个几何元素。对于由直线与直线或直线与圆弧构成的平面轮廓零件,由于目前一般机床数控系统都具有直线、圆弧插补功能,故数值计算比较简单。此时,主要应计算出基点坐标与圆弧的圆

心点坐标。

当零件的形状是由直线段或圆弧之外的其他曲线构成,而数控装置又不具备该曲线的插补功能时,其数值计算就比较复杂。将组成零件轮廓曲线,按数控系统插补功能的要求,在满足允许的编程误差的条件下进行分割,即用若干直线段或圆弧来逼近给定的曲线,逼近线段的交点或切点称为节点。如图 2-15 所示,图(a)为用直线段逼近非圆曲线的情况,图(b)为用圆弧段逼近非圆曲线的情况。编写程序时,应按节点划分程序段。逼近线段的近似区间愈大,则节点数目愈少,相应地程序段数目也会减少,但逼近线段的误差 δ 应小于或等于编程允许误差 $\delta_{允}$,即 $\delta \leq \delta_{允}$。考虑到工艺系统及计算误差的影响,$\delta_{允}$ 一般取零件公差的 1/5 ~ 1/10。

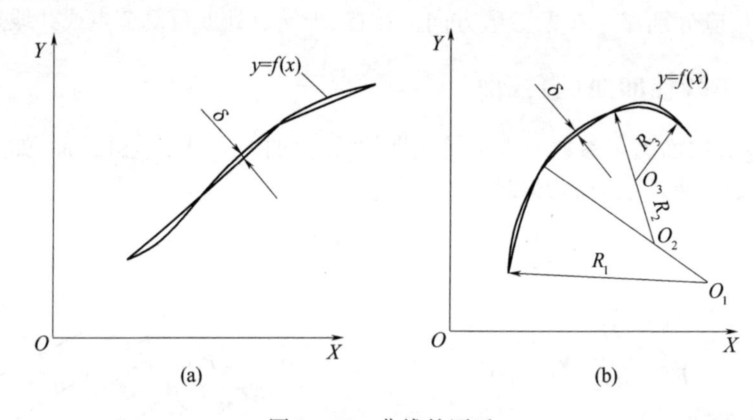

图 2-15　曲线的逼近

立体型面零件应根据程序编制允差,将曲面分割成不同的加工截面,各加工截面上轮廓曲线也要计算基点和节点。

由上述可知,基点和节点坐标数据的计算,是计算中最繁琐最复杂的计算。

2.2.2　刀位点轨迹的计算

刀位点是标志刀具所处不同位置的坐标点,不同类型的刀具刀位点不同,数控系统就是从对刀点开始控制刀位点运动,并由刀具的切削刃加工出不同要求的零件轮廓。对于平面轮廓的加工,车削加工时,可以用车刀的假想刀尖点作为刀位点,也可以用刀尖圆弧半径的圆心作为刀位点。铣削加工时,是用平底立铣刀的刀底中心作为刀位点。但无论如何,零件的轮廓形状总是由刀具切削刃部分直接参与切削过程完成的。因此,在大多数情况下,编程轨迹并不与零件轮廓完全重合。对于具有刀具半径补偿功能的机床数控系统,只要在编写程序时,在程序的适当位置写入建立刀补的有关指令,就可以保证在加工过程中,使刀位点按一定的规则自动偏离编程轨迹,达到正确加工的目的。这时可直接按零件轮廓形状,计算各基点和节点坐标,并作为编程时的坐标数据。

某些简易数控系统,例如简易数控车床,只有长度偏移功能而无半径补偿功能,编程时为保证精确地加工出零件轮廓,就需要作某些偏置计算。用球头刀加工三坐标立体型面零件时,程序编制要算出球头刀球心的运动轨迹,而由球头刀的外缘切削刃加工出零件轮廓。带摆角的数控机床加工立体型面零件或平面斜角零件时,程序编制要算出刀具摆动中心的轨迹和相应摆角值。数控系统控制刀具摆动中心运动时,由刀具端面和侧刃加工出零件轮廓。

2.2.3 辅助计算

辅助计算包括增量计算、辅助程序段的数值计算等。

增量计算是仅就增量坐标的数控系统或绝对坐标系统中某些数据仍要求以增量方式输入时,所进行的由绝对坐标数据到增量坐标数据的转换。

如在计算过程中,已按绝对坐标值计算出某些运动段的起点坐标及终点坐标,以增量方式表示数值时,其换算公式为

$$增量坐标值 = 终点坐标值 - 起点坐标值$$

计算应在各坐标轴方向上分别进行。例如:要求以直线插补方式,使刀具从 a 点(起点)运动到 b 点(终点),已计算出 a 点坐标为(x_a,y_a),b 点坐标为(x_b,y_b),若以增量方式表示时,其 X,Y 轴方向上的增量分别为 $\Delta x = x_b - x_a$,$\Delta y = y_b - y_a$。

辅助程序段是指开始加工时,刀具从对刀点到切入点,或加工完了时,刀具从切出点返回到对刀点而特意安排的程序段。切入点位置的选择应依据零件加工余量的情况,适当离开零件一段距离。切出点位置的选择,应避免刀具在快速返回时发生撞刀,也应留出适当的距离。使用刀具补偿功能时,建立刀补的程序段应在加工零件之前写入,加工完成后应取消刀补。某些零件的加工,要求刀具"切向"切入和"切向"切出。以上程序段的安排,在绘制走刀路线时,即应明确地表达出来。数值计算时,按照走刀路线的安排,计算出各相关点的坐标,其数值计算一般比较简单。

2.3 直线圆弧系统零件轮廓的基点计算

由直线和圆弧组成的零件轮廓,可以归纳为直线与直线相交、直线与圆弧相交或相切、圆弧与圆弧相交或相切、一直线与两圆弧相切等几种情况。计算的方法可以是联立方程组求解,也可以利用几何元素间的三角函数关系求解,计算比较方便。根据目前生产中的零件,将直线和圆弧定义方式归纳若干种,并变成标准的计算形式,用计算机求解,则更为方便。

2.3.1 联立方程组法求解基点坐标

采用联立方程组法求基点坐标,若直接列方程求解,计算过程比较繁琐,为简化计算,可将计算过程标准化。

1. 直线与圆弧相交或相切

如图2-16所示,已知直线方程为 $y = kx + b$,求以点(x_0,y_0)为圆心,半径为 R 的圆与该直线的交点坐标(x_C,y_C)。

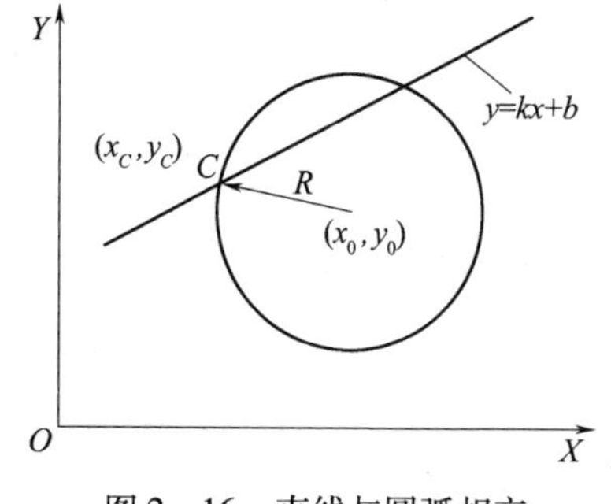

图2-16 直线与圆弧相交

直线方程与圆方程联立,得联立方程组

$$\begin{cases}(x - x_0)^2 + (y - y_0)^2 = R^2 \\ y = kx + b\end{cases}$$

经推算后可给出标准计算公式如下：

$$A = 1 + k^2$$

$$B = 2[k(b - y_0) - x_0]$$

$$C = x_0^2 + (b - y_0)^2 - R^2$$

$$x_C = \frac{-B \pm \sqrt{B^2 - 4AC}}{2A} \quad (\text{求 } x_C \text{ 较大值时取“+”号})$$

$$y_C = kx_C + b$$

上式也可用于求解直线与圆相切时的切点坐标。当直线与圆相切时，取 $B^2 - 4AC = 0$，此时 $x_C = -B/(2A)$，其余计算公式不变。

2. 圆弧与圆弧相交或相切

如图 2－17 所示，已知两相交圆的圆心坐标及半径分别为(x_1, y_1)，R_1 和(x_2, y_2)，R_2，求其交点坐标(x_C, y_C)。

联立两圆方程

$$\begin{cases}(x - x_1)^2 + (y - y_1)^2 = R_1^2 \\ (x - x_2)^2 + (y - y_2)^2 = R_2^2\end{cases}$$

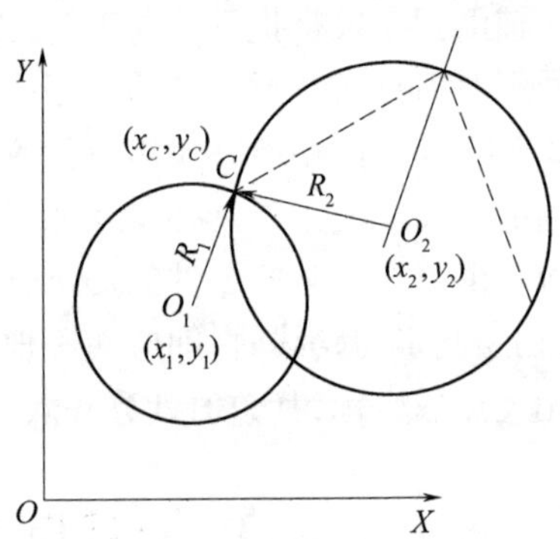

图 2－17　圆弧与圆弧相交

经推算可给出标准计算公式如下：

$$\Delta x = x_2 - x_1$$

$$\Delta y = y_2 - y_1$$

$$D = \frac{(x_2^2 + y_2^2 - R_2^2) - (x_1^2 + y_1^2 - R_1^2)}{2}$$

$$A = 1 + \left(\frac{\Delta x}{\Delta y}\right)^2$$

$$B = 2\left[\left(y_1 - \frac{D}{\Delta y}\right)\frac{\Delta x}{\Delta y} - x_1\right]$$

$$C = \left(y_1 - \frac{D}{\Delta y}\right) + x_1^2 - R_1^2$$

$$x_C = \frac{-B \pm \sqrt{B^2 - 4AC}}{2A} \quad (\text{求 } x_C \text{ 较大值时取“+”})$$

$$y_C = \frac{D - \Delta x x_C}{\Delta y}$$

当两圆相切时 $B^2 - 4AC = 0$，因此上式也可用于求两圆相切的切点。

2.3.2　三角函数法求解基点坐标

对于由直线和圆弧组成的零件轮廓，也可以直接利用图形间的几何三角关系求解基点坐标，计算过程相对简单，与列方程组解法比较，工作量明显减少。但在实际应用中发现，采用这种方法求解，由于所求基点在坐标系中象限或方位的变化，使得用作图法确定三角函数关系，有时会有一定的困难。下面给出的简便计算方法，在求解时不必做图，计算规律性强，手工计算时，采用这种方法计算，是非常方便的。为了叙述上的方便，把直线与圆弧的关系，归纳为图 2－18 中最常见的四种类型。

1. 直线与圆相切求切点坐标

如图 2－18(a)所示，已知条件：通过圆外一点(x_1,y_1)的直线 L 与一已知圆相切，已知圆的圆心坐标为(x_2,y_2)，半径为 R，求切点坐标(x_C,y_C)。

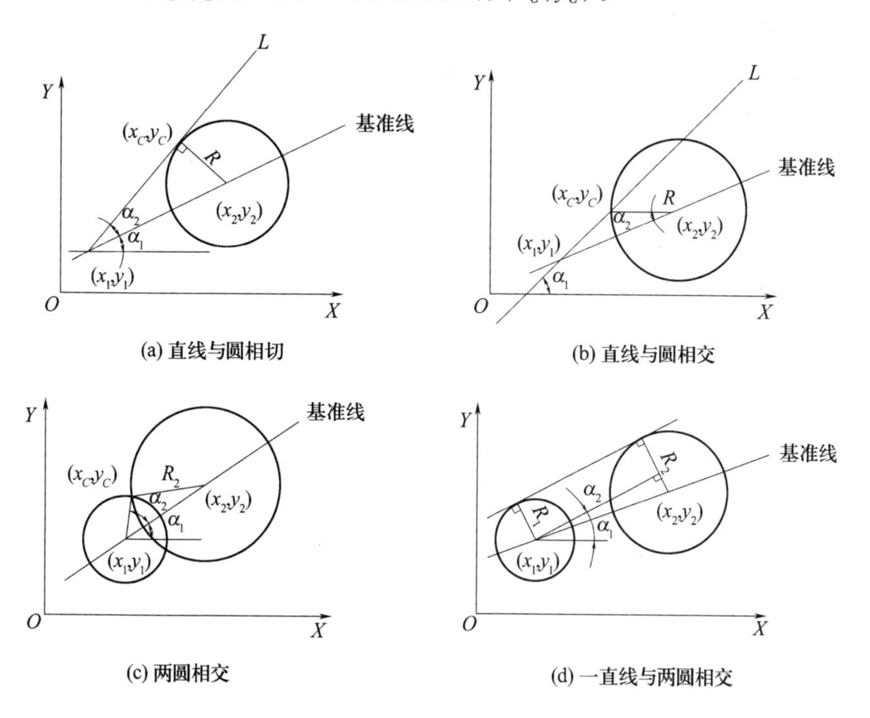

图 2－18　基点计算的四种类型

计算公式如下：

$$\Delta x = x_2 - x_1$$

$$\Delta y = y_2 - y_1$$

$$\alpha_1 = \arctan \frac{\Delta y}{\Delta x}$$

$$\alpha_2 = \arcsin \frac{R}{\sqrt{\Delta x^2 + \Delta y^2}}$$

$$\beta = |\alpha_1 \pm \alpha_2|$$

$$x_C = x_2 \pm R|\sin\beta|$$

$$y_C = y_2 \pm R|\cos\beta|$$

说明：计算 β 时，α_2 为有向角。由于过已知点(x_1,y_1)与已知圆相切的直线实际上有两条，必须根据实际问题来选择是哪一条切线，在这里是用 α_2 前面的“±”号的选取来决定要求的是哪一个切点。当已知直线 L 相对于基准线逆时针方向旋转时，取“＋”号；顺时针方向旋转时，取“－”号，角度则取绝对值不大于 90°的那个角。本图中各图例均标出了基准线及 α_2 角的转角方向。观察图形，以便掌握不同类型下哪个角作为 α_2 角是非常重要的。

另外在计算(x_C,y_C)时,其"±"号的选取,则取决于x_C,y_C相对于x_2,y_2所处的象限位置,如果x_C在x_2右边时取"+"号,反之取"-"号;如果y_C在y_2上边时取"+"号,反之取"-"号。后面各类型计算中,正负号的判断与上述方法完全相同。

2. 直线与圆相交求交点坐标

如图2-18(b)所示,已知条件:设过已知点(x_1,y_1)的直线L与X轴的夹角为α_1(α_1为有向角,取角度的绝对值不大于90°范围内的那个角,已知直线相对于X轴逆时针方向旋转时取"+",反之取"-"),已知圆的圆心坐标为(x_2,y_2),半径为R,求已知直线与已知圆的交点C的坐标(x_C,y_C)。

计算公式如下:

$$\Delta x = x_2 - x_1$$

$$\Delta y = y_2 - y_1$$

$$\alpha_2 = \arcsin\left|\frac{\Delta x\sin\alpha_1 - \Delta y\cos\alpha_1}{R}\right|$$

$$\beta = |\alpha_1 \pm \alpha_2|$$

$$x_C = x_2 \pm R|\cos\beta|$$

$$y_C = y_2 \pm R|\sin\beta|$$

3. 两圆相交求交点坐标

如图2-18(c)所示,已知条件:两已知圆圆心坐标及半径分别为(x_1,y_1),R_1和(x_2,y_2),R_2,求交点坐标(x_C,y_C)。

计算公式如下:

$$\Delta x = x_2 - x_1$$

$$\Delta y = y_2 - y_1$$

$$d = \sqrt{\Delta x^2 + \Delta y^2}$$

$$\alpha_1 = \arctan\frac{\Delta y}{\Delta x}$$

$$\alpha_2 = \arccos\frac{R_1^2 + d^2 - R_2^2}{2R_1 d}$$

$$\beta = |\alpha_1 \pm \alpha_2|$$

$$x_C = x_2 \pm R_1\cos|\beta|$$

$$y_C = y_2 \pm R_1\sin\beta$$

4. 直线与两圆相切求切点坐标

如图2-18(d)所示,已知条件:两已知圆圆心坐标及半径分别为(x_1,y_1),R_1和(x_2,y_2),R_2,一直线与两圆相切,求切点坐标(x_C,y_C)。

计算公式如下:

$$\Delta x = x_2 - x_1$$

$$\Delta y = y_2 - y_1$$

$$\alpha_1 = \arctan\frac{\Delta y}{\Delta x}$$

$$\alpha_2 = \arcsin \frac{R_{大} \pm R_{小}}{\sqrt{\Delta x^2 + \Delta y^2}}$$

注:求内公切线切点坐标用"+",求外公切线切点的坐标用"-"。$R_{大}$表示较大圆的半径,$R_{小}$表示较小圆的半径。

$$\beta = |\alpha_1 \pm \alpha_2|$$

$$x_{C1} = x_1 \pm R_1 \sin\beta$$

$$y_{C1} = y_1 \pm R_1 |\cos\beta|$$

同理:

$$x_{C2} = x_2 \pm R_2 \sin\beta$$

$$y_{C2} = y_2 \pm R_2 |\cos\beta|$$

2.4 直线圆弧系统刀位点轨迹计算

2.4.1 刀位点的选择及对刀

编程时一般使用刀位点的变动来描述刀具的变动,变动所形成的轨迹称为编程轨迹。

对于旋转型的刀具,如各种立铣刀,钻头等,刀位点的选择是比较简单的。一律应使刀位点位于刀具轴心线某一确定的位置上。对于平底立铣刀,选择刀底中心为刀位点,对于球立铣刀可以用球心作为刀位点,也可以用刀端点。用刀端点作为刀位点时,可以直接测量其位置,而用球心作刀位点时,仍应测量刀端点,然后再换算为球心点坐标。钻头类刀具,通常用钻头的钻尖位置作为刀位点,但编程时,应根据图样上对孔加工的尺寸标注,适当增加出钻尖的长度。数控车床使用的刀具,由于刀具的结构特点,刀位点的选择有时比较复杂。目前数控车床用机夹可转位刀片,刀尖处均含有半径不大的圆弧,数控编程时,通常均应考虑刀尖圆弧半径对零件加工尺寸的影响。还有一些刀具,如切槽刀,实际上存在两个刀尖位置,选择哪个位置作为刀位点主要应考虑如何便于对刀和测量,并做出统一规定。

对刀是指操作者在启动程序之前,通过一定的测量手段,使刀位点与对刀点重合。可以用对刀仪对刀,其操作比较简单,测量数据也比较准确,还可以在数控机床上定位好夹具或安装好工件之后,使用量块、塞尺、千分表等,利用机床上的坐标显示对刀。

刀位点是仅就刀具做平动的数控加工而言。对于包含刀具轴线摆动的四坐标或五坐标数控加工,应使用刀位矢量的概念。在不使用刀具补偿功能编写程序时,编程轨迹就是刀具上刀位点实际运动轨迹。采用刀具补偿功能之后,情况就发生了变化。刀具半径补偿功能将使实际的刀位点运动轨迹偏移一个刀具半径补偿值,而刀具长度补偿功能则可使由于刀具长度的变化,不在编程轨迹对刀点(又称为起刀点)处的刀位点,在运动中恢复到编程轨迹。

2.4.2 刀具中心编程的数值计算

由于在许多情况下,是用刀具中心作为刀位点,因此刀位点轨迹的计算,又称为刀具中心轨迹计算。

在需要计算刀具中心轨迹数据的数控系统中，要算出与零件轮廓的基点和节点相对应的刀具中心轨迹上的基点和节点坐标值。

图2－19示出了用ϕ10mm立铣刀加工某样板曲线时的起刀点位置和刀具中心运动轨迹。由图不难看出，刀具中心运动轨迹是零件轮廓的等距线，根据零件轮廓条件和刀具半径$r_{刀}$，就可求出刀具中心轨迹。当零件轮廓是由直线段和圆弧段组成时，直线的等距线是与该直线平行，距离该直线为$r_{刀}$的两条平行线。圆的等距线与该圆是同心圆，半径为$R \pm r_{刀}$，其中R为圆的半径，$r_{刀}$为刀具半径。等距线方程可表示如下：

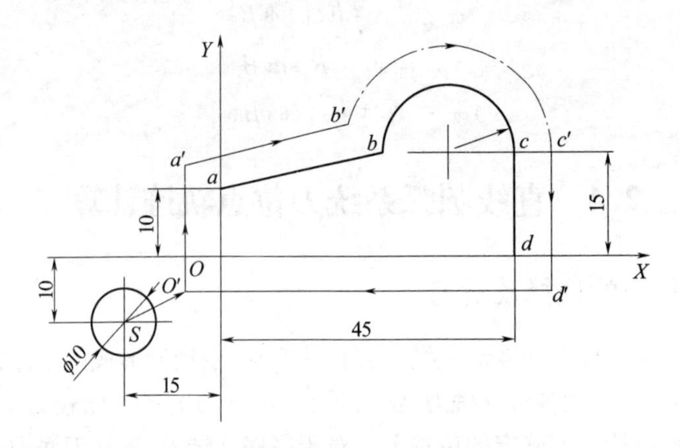

图2－19　按刀心编程加工样板曲线

直线的等距方程　　$Ax + By = C \pm r_{刀}\sqrt{A^2 + B^2}$

圆的等距线方程　　$(x - x_0)^2 + (y - y_0)^2 = (R \pm r_{刀})^2$

求解等距线上的基点坐标，只需将相关等距线方程联立求解。求解直线的等距线方程，当所求等距线在原直线上边时，应取"＋"号，反之取"－"号。求解圆的等距线方程，当所求等距线为外等距线时，取"＋"号，求内等距线时取"－"号。

当零件的轮廓中包含非圆曲线时，应先按零件轮廓进行节点坐标计算，然后再求相应等距线之间的节点坐标。用直线段逼近时，则用两相邻直线的等距线方程求解，用圆弧段逼近时，用两圆弧段的等距线方程联立求解。采用相切的圆弧逼近时，不解方程组，就可求出等距线节点坐标数据。

2.4.3　尖角过渡的数值计算

以下讨论尖角过渡中的数值计算，是仅就手工编程时如何计算刀具在尖角处的附加偏置值，以便在机床数控系统不具备刀具半径补偿功能时，能够方便进行坐标数据的计算，而不涉及具有刀具补偿功能的数控机床系统以什么方式实现尖角过渡的问题。

1. 直线段与直线段拐角处等距线交点坐标计算

下面讨论的方法可使计算过程简化，现通过举例加以说明。

如图2－20所示，已知直线m_1相对于X轴夹角为α_1，直线m_2相对于m_1的夹角为α_2，两直线交点$A(x_A, y_A)$，等距线距离r，求两等距线交点坐标$A'(x_A', y_A')$。可求得

$$l = \frac{r}{\cos \alpha_2/2}, \quad \beta = |\pm \alpha_1 \pm \alpha_2/2|$$

$$x'_A = x_A \pm l\sin\beta, \quad y'_A = y_A \pm l|\cos\beta|$$

式中：α_1与α_2均为有向角，α_1前面的"±"号取决于直线m_1相对于X轴的旋转方向，沿着X轴正方向看，逆时针旋转取"+"，顺时针旋转取"-"。α_2前面的"±"号取决于直线m_2相对于直线m_1的旋转方向。α_1与α_2均应取转角的绝对值不大于90°的那个角。求x'_A与y'_A时，"±"号的选取由A'点相对于A所在的象限而定。

例　如图2-21所示，解得：

$$l = \frac{r}{\cos\alpha_2/2} = \frac{5}{\cos 20°} = 5.321$$

$$\beta = |-45° - 20°| = 65°$$

$$x'_A = x_A + l\sin\beta = 44.822$$

$$y'_A = y_A + l|\cos\beta| = 42.249$$

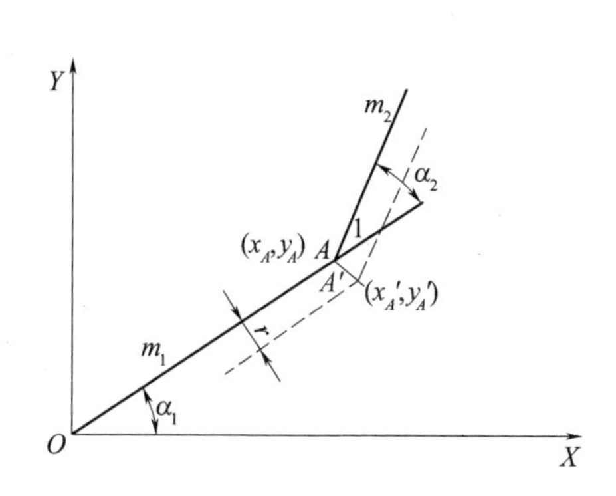

图2-20　直线段等距线交点坐标计算

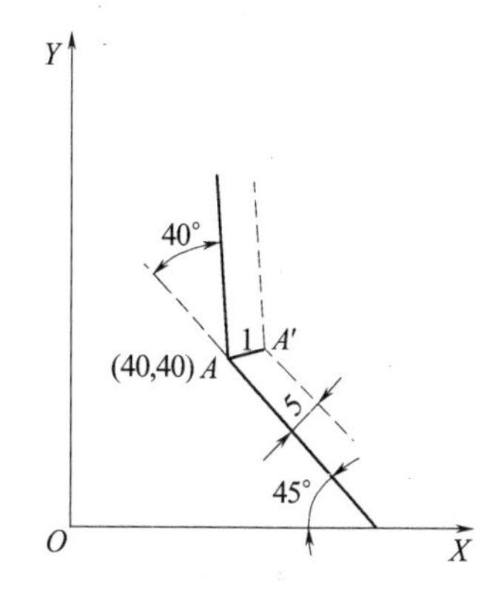

图2-21　直线段等距线交点计算

2. 直线段与圆弧段拐角处等距线交点坐标计算

在直线段与圆弧段拐角处，计算等距线交点坐标比较麻烦。此时可按2.3节所介绍的三角函数求解基点坐标的方法进行计算。

2.4.4 刀具轨迹设计中的几个优化问题

在进行编程之前，必须根据零件轮廓产生相应的刀具运动轨迹，刀具的尺寸不一样，设计产生的刀具轨迹也不一样，因此误差将产生于刀具的尺寸和刀具运动轨迹的设计算法两方面。

1. 刀具尺寸的影响

主要是以刀具公称尺寸作为刀具运动轨迹的设计参数而引起的。在进行刀具运动轨迹设计计算时，刀具尺寸应该是刀具的实际尺寸，这样就可以避免由于刀具尺寸有误而引起的误差。

2. 刀具运动轨迹设计算法的影响

主要是由算法设计者考虑不周而引起的：

(1) 刀具沿零件轮廓法向切入时，由于机床运动惯性引起的刀痕误差。

(2) 在加工零件的轮廓包围面时，为使加工能连续进行，同时避免在轮廓加工起点上出现交点的重合，引起计算机在数控编程时无法判定下一步的走向，往往采取分离加工轮廓的起点和终点的方法。但是当简单地采用打断轮廓面曲线的方式，就会产生轮廓加工误差。

（3）对于零件轮廓锐角外拐角尖角处的加工，为了使尖角能够很好地保留，若严格按照轮廓的尖角来设计，所产生的刀具轨迹会使加工消耗大量的时间做无意义的运动，而且还很有可能产生对零件其他部分的干涉，造成加工零件的报废。

（4）当采用复合轨迹加工时，如何设计出较优化的刀轨，既保证加工质量，又使加工路径最短，是值得研究的问题。

3. 解决刀具运动轨迹设计算法影响的优化方法

为了解决这一问题，这里提出了以下几方面优化。

（1）刀痕误差解决。对于减小刀具切入方向不同可能引起刀痕误差的解决办法是：尽量避免沿零件轮廓的法向切入，尽量沿零件轮廓的切向切入。对于有些有特殊加工起点要求的零件，一味地追求切向切入可能产生干涉（图2-22）。为此，在切入点的设计中我们采用了分别对待的办法。对于圆柱体，设置了自动优化为切向切入的功能；对于其他的轮廓采用在计算机的提示帮助下，用人机对话的方式来设定优化切入点。这样既避免了为追求某一目标而出现新的问题，又发挥了计算机和人的各自优势。

（2）外角外拐角处的尖角优化。如图2-23所示，刀具运动轨迹中心离开零件实际轮廓尖角处距离 D_S 为

$$D_S = R_0 \div \sin\alpha/2$$

式中：R_0 为刀具半径；α 为尖角角度。

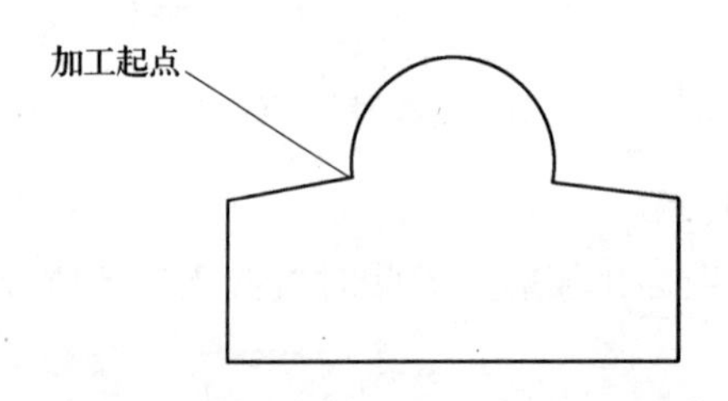

图2-22　切向切入会发生干涉的情况图

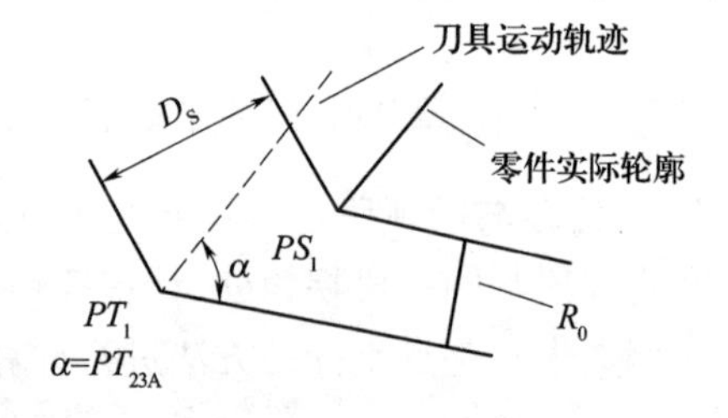

图2-23　尖角处情况

距离与尖角角度的关系如表2-1所列。从中可以看出当尖角角度小于60°（$D_S=2R_0$）以后，D_S 距离增加开始加快，这时采用优化刀具运动轨迹技术将起到很好的效果。

表2-1　距离与尖角角度的关系

α/(°)	70	60	50	40	30	20	10	5	2.5
D_S/R_0	1.73	2.0	2.37	2.92	3.86	5.76	11.5	22.9	45.8

算法简介：

第一步，找出刀具运动轨迹中“线与线”相连接点 PT_1。

第二步，测量接点 PT_1 到零件轮廓上“线与线”接点 PS_1 间距离 D_S，当 $D_S=R_0$（刀具半径）时，返回第一步，继续往下寻找，直到整个加工刀具运动轨迹查找完毕后，转到第七步。

第三步，$D_S > R_0$时，检查角 $PT_{23A} > 60°$，返回第一步。

第四步，以 PT_1 为圆心、$D_S - R_0$为半径作圆，使该圆内面截断删除。

第五步，用直线连接两个断点，形成优化刀具运动轨迹。

第六步，检查整个加工刀具运动轨迹是否查找完毕，若没有找完，则返回第一步。

第七步，停止工作。

(3) 复合刀具运动轨迹的优化设计。复合刀轨，是指在加工轮廓及其所包围的面时（包围面内可以有物体，如凸台等），为保证轮廓质量又能使轮廓面内得到完整加工，设计时先按轮廓加工，再按平行轨迹加工轮廓包围的面。为设计出最短距离的优化轨迹，采取了先离散各刀轨，然后用优化算法连续设计出优化刀轨。优化算法是：①从连接的起始点出发，检查各个需要连接的离散轨迹，从中找出距离起始点最近的轨迹端点。②用直线连接起始点及最近的轨迹端点，并设该段轨迹的另个端点为新的起始点。③判别是否还有需要连接的离散轨迹，有则返回①继续，否则结束优化设计工作。

2.5 一般非圆曲线节点坐标计算

2.5.1 概述

数控加工中把除直线与圆之外可以用数学方程式表达的平面廓形曲线，称为非圆曲线，其数学表达式的形式可以是以 $y = f(x)$ 的直角坐标的形式给出，也可以是以 $\rho = \rho(\theta)$ 的极坐标形式给出，还可以是以参数方程的形式给出。通过坐标变换，后面两种形式的数学表达式，可以转换为直角坐标表达式。这类零件的加工，以平面凸轮类零件为主，其他如样板曲线、圆柱凸轮以及数控车床上加工的各种以非圆曲线为母线的回转体零件等。其数值计算过程，一般可按以下步骤进行。

(1) 选择插补方式。即应首先决定是采用直线段逼近非圆曲线，还是采用圆弧段或抛物线等二次曲线逼近非圆曲线（参阅 2.5.5）。采用直线段逼近非圆曲线，一般数学处理较简单，但计算的坐标数据较多，且各直线段间连接处存在尖角，由于在尖角处，刀具不能连续地对零件进行切削，零件表面会出现硬点或切痕，使加工表面质量变差。采用圆弧段逼近的方式，可以大大减少程序段的数目，其数值计算又分为两种情况，一种为相邻两圆弧段间彼此相交；另一种则采用彼此相切的圆弧段来逼近非圆曲线。后一种方法由于相邻圆弧彼此相切，一阶导数连续，工件表面整体光滑，从而有利于加工表面质量的提高。采用圆弧段逼近，其数学处理过程比直线段逼近要复杂一些。

(2) 确定编程允许误差。即应使 $\delta \leqslant \delta_{允}$。

(3) 选择数学模型，确定计算方法。非圆曲线节点计算过程一般比较复杂。目前生产中采用的算法也较多。在决定采取什么算法时，主要应考虑的因素有两条，其一是尽可能按等误差的条件，确定节点坐标位置，以便最大程度地减少程序段的数目；其二是尽可能寻找一种简便的计算方法，以便计算机程序的制作，及时得到节点坐标数据。

(4) 根据算法，画出计算机处理流程图。

(5) 用高级语言编写程序，上机调试程序，并获得节点坐标数据。

2.5.2 用直线段逼近非圆曲线

用直线段逼近非圆曲线，目前常用的计算方法有等间距法、等程序段法和等误差法几种。

1. 等间距法直线段逼近的节点计算

（1）基本原理。等间距法就是将某一坐标轴划分成相等的间距。如图 2－24 所示，沿 X 轴方向取 Δx 为等间距长，根据已知曲线的方程 $y = f(x)$，可由 x_i 求得 $y_i, x_{i+1} = x_i + \Delta x, y_{i+1} = f(x_i + \Delta x)$。如此求得一系列点就是节点。

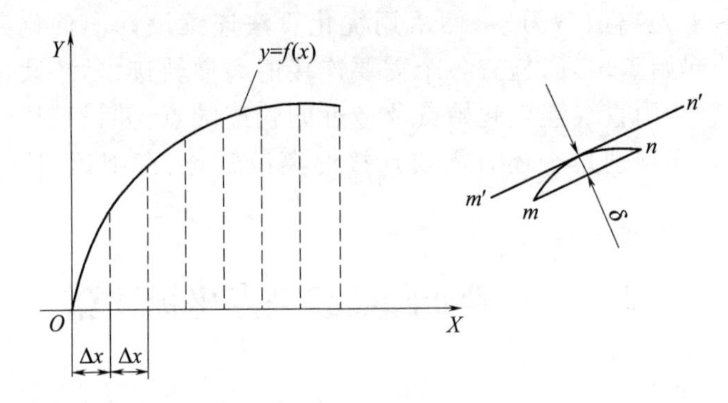

图 2－24　等间距法直线段逼近

由于要求曲线 $y = f(x)$ 与相邻两节点连线间的法向距离小于允许的程序编制误差 $\delta_{允}$，Δx 值不能任意设定。一般先取 $\Delta x = 0.1$ 进行试算。实际处理时，并非任意相邻两点间的误差都要验算，对于曲线曲率半径变化较小处，只需验算两节点间距离最长处的误差，而对曲线曲率半径变化较大处，应验算曲率半径较小处的误差，通常由轮廓图形直接观察确定校验的位置。

（2）差校验方法。设需校验的曲线为 mn，m 点 (x_m, y_m)、n 点 (x_n, y_n) 已求出，则 m, n 两点的直线方程为

$$\frac{x - x_n}{y - y_n} = \frac{x_m - x_n}{y_m - y_n}$$

令　　$A = y_m - y_n$，　$B = x_n - x_m$，　$C = y_m x_n - y_n x_m$

则 $Ax + By = C$ 即为过 m, n 两点的直线方程，距 mn 直线为 δ 的等距线 $m'n'$ 的直线方程可表示如下：

$$Ax + By = C \pm \delta \sqrt{A^2 + B^2}$$

式中，当所求直线 $m'n'$ 在 mn 上边时取"＋"号，在 mn 下边时取"－"号。δ 为 $m'n'$ 与 mn 两直线间的距离。联立方程求解

$$\begin{cases} Ax + By = C \pm \delta \sqrt{A^2 + B^2} \\ y = f(x) \end{cases}$$

求解时，δ 的选择有两种办法，其一为取 δ 为未知，利用联立方程组求解只有唯一解的条件，可求出实际误差 $\delta_{实}$，然后用 $\delta_{实}$ 与 $\delta_{允}$ 进行比较，以便修改间距值；其二为取 $\delta =$

$\delta_{允}$，若方程无解，则 $m'n'$ 与 $y=f(x)$ 无交点，表明 $\delta_{实}<\delta_{允}$。

2. 等程序段法直线段逼近的节点计算

（1）基本原理。等程序段法就是使每个程序段的线段长度相等。如图 2－25 所示，由于零件轮廓曲线 $y=f(x)$ 的曲率各处不等，因此首先求出该曲线的最小曲率半径 R_{min}，由 R_{min} 及 $\delta_{允}$ 确定允许的步长 l，然后从曲线起点 a 开始，按等步长 l 依次截取曲线，得 $b,c,d,\cdots$ 点，则 $ab=bc=\cdots=l$ 即为所求各直线段。

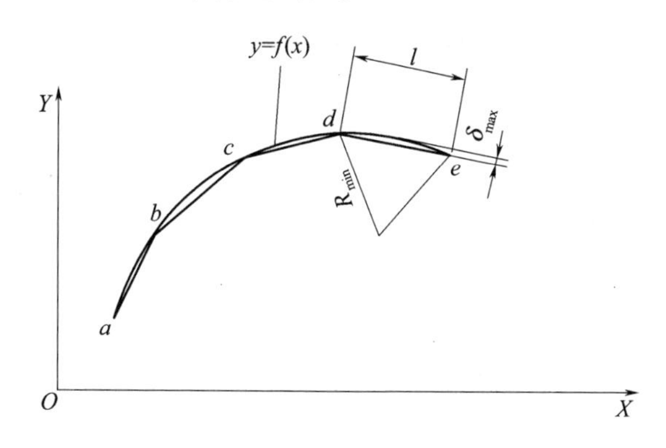

图 2－25　等程序段法直线段逼近

（2）计算步骤。

① 求最小曲率半径 R_{min}。设曲线为 $y=f(x)$，则其曲率半径为

$$R=\frac{(1+y'^2)^{3/2}}{y''} \tag{2-1}$$

取

$$\frac{\mathrm{d}R}{\mathrm{d}x}=0$$

即

$$3y'y''^2-(1+y'^2)y'''=0 \tag{2-2}$$

根据 $y=f(x)$ 依次求出 y',y'',y'''，代入式(2－2)求 x，再将 x 代入式(2－1)即得 R_{min}。

② 确定允许步长 l。以 R_{min} 为半径作的圆弧如图 2－25 中 de 段所示，由几何关系可知

$$l=2\sqrt{R_{min}^2-(R_{min}-\delta_{允})^2}\approx 2\sqrt{2R_{min}\delta_{允}}$$

③ 求出曲线起点 a 的坐标 (x_a,y_a)，并以该点为圆心，以 l 为半径，所得圆方程与曲线方程 $y=f(x)$ 联立求解，可求得下一个点 b 的坐标 (x_b,y_b)，再以 b 点为圆心进一步求出 c 点，直到求出所有节点。如通过

$$\begin{cases}(x-x_a)^2+(y-y_a)^2=l^2\\ y=f(x)\end{cases},\quad \begin{cases}(x-x_b)^2+(y-y_b)^2=l^2\\ y=f(x)\end{cases}$$

可分别求出 (x_b,y_b) 和 (x_c,y_c)。

3. 等误差法直线段逼近的节点计算

（1）基本原理。设所求零件的轮廓方程为 $y=f(x)$，如图 2－26 所示，首先求出曲线起点 a 的坐标 (x_a,y_a)，以点 a 为圆心，以 $\delta_{允}$ 为半径作圆，与该圆和已知曲线公切的直线，切点分别为 $P(x_P,y_P)$，$T(x_T,y_T)$，求出此切线的斜率；过点 a 作 PT 的平行线交曲线于 b

点，再以 b 点为起点用上法求出 c 点，依次进行，这样即可求出曲线上的所有节点。由于两平行线间距离恒为 $\delta_{允}$，因此，任意相邻两节点间的逼近误差为等误差。

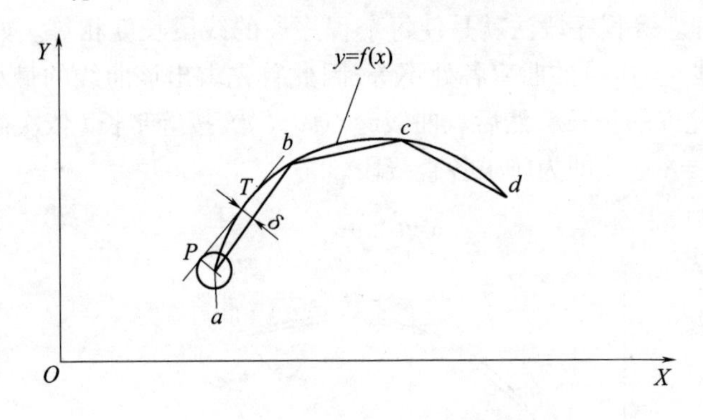

图 2－26　等误差法直线段逼近

(2) 计算步骤。

① 以起点 $a(x_a,y_a)$ 为圆心，$\delta_{允}$ 为半径作圆：

$$(x-x_a)^2+(y-y_a)^2=\delta_{允}^2$$

② 求圆与曲线公切线 PT 的斜率，用以下方程联立求 x_T, y_T, x_p, y_p：

$$\begin{cases} \dfrac{y_T-y_P}{x_T-x_P}=-\dfrac{x_P-x_A}{y_P-y_A} & \text{（圆切线方程）} \\ y_P=\sqrt{\delta^2-(x_P-x_A)^2+y_A} & \text{（圆方程）} \\ \dfrac{y_T-y_P}{x_T-x_P}=f'(x_T) & \\ y=f(x_T) & \text{（曲线切线方程）} \\ y=f(x_T) & \text{（曲线方程）} \end{cases}$$

则
$$k=\frac{y_T-y_P}{x_T-x_P}$$

③ 过 a 点与直线 PT 平行的直线方程为

$$y-y_a=k(x-x_a)$$

④ 与曲线联立求解 b 点 (x_b,y_b)

$$\begin{cases} y-y_a=k(x-x_a) \\ y=f(x) \end{cases}$$

⑤ 按以上步骤顺次求得 $c, d, \cdots$ 各节点坐标。

(3) 特点。各程序段误差 δ 均相等，程序段数目最少。但计算过程比较复杂，必须由计算机辅助才能完成计算。在采用直线段逼近非圆曲线的拟合方法中，是一种较好的拟合方法。

4. 用伸缩步长法求解节点坐标

伸缩步长法是一种用直线段逼近非圆曲线的方法。采用这种方法计算，数学模型简单，无需用计算机迭代法处理非线性方程组，也不必求曲线的曲率半径或计算曲线的切线方程,因此适用于各种非圆曲线。特别是在进行计算机处理时,是依给定的编程允差来确定节点位置,因此在采用直线段的逼近方法中,又具有等误差逼近的优点。

(1) 伸缩步长法节点计算的原理。设给定的平面轮廓曲线可用 $y=f(x)$ 表达其函数关系,如图 2-27 所示。曲线起点处的 X 方向坐标 x_A 及终点处 X 方向坐标 x_E 均为已知,并给出了编程允差 $\delta_{允}$(此处用 E 表示)。节点计算的过程是从 A 点开始逐步进行的,即从曲线的起点开始,在 X 方向上根据初定的步长,求出下一个节点 B,并由编程允差条件,逐步缩短步长,调整 B 点的位置,直到满足 $\delta \leqslant \delta_{允}$ 的条件,这样就确定了一个新的节点 B。以后又以 B 点为起点,并将 A,B 点间在 X 方向上的步长,伸长若干倍,得到一新的节点 C。重复前面过程,逐步缩小步长,直到 C 点也满足编程允差要求。重复以上的步骤,就能求出所有节点坐标数据。由于每计算一个新节点时,先使步长伸长以增大误差,然后再逐步缩短步长,使其进入编程允许误差的范围,故名为伸缩步长法。下面进行具体分析。

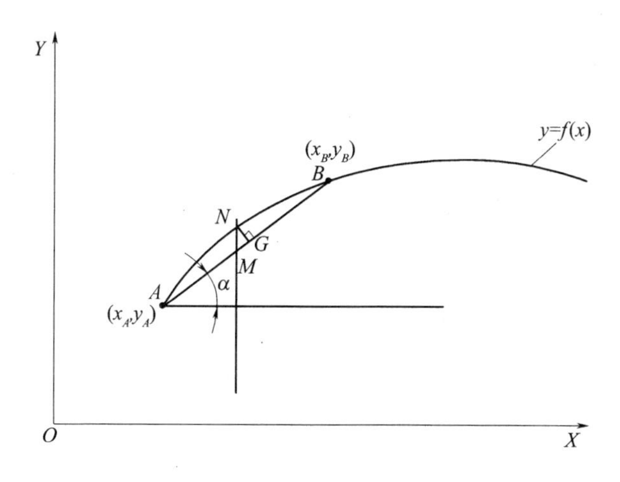

图 2-27 伸缩步长法直线段逼近原理

首先求出起点 A 的坐标为 (x_A, y_A),为求下一个节点 B,沿 X 轴方向初定一个步长 S 使 $x_B = x_A + S$,则 $y_B = F(x_B)$。用弦线联结 A,B 两点,然后求弦线与曲线在 A,B 两点间的最大误差。为使计算机求解弦线与曲线间的误差方便,沿弦线方向按等分弦线的方法取若干个点,求出与之对应的误差值,并从中取最大者,作为 A,B 点间用直线段逼近曲线的最大误差。若这个最大的误差小于 $\delta_{允}$,则该点可被采纳,若其误差大于给定的误差 $\delta_{允}$,则应逐步缩短步长,直到误差小于 $\delta_{允}$。假设图中 M 点是等分弦线 $\overline{AB}$ 后所求出的一点,则应对于 M 点,就有一个误差 $\overline{NG}$ 与之对应,$\overline{MN}$ 与 $\overline{NG}$ 之间具有以下关系,首先过 M 点作线段 $\overline{MN}$ 垂直于 X 轴,交曲线 $y=f(x)$ 于 N 点,过 N 作 $\overline{NG} \perp \overline{AB}$,则

$$\overline{NG} = \frac{\overline{MN}}{\sqrt{1+k^2}}$$

式中
$$k = \frac{y_B - y_A}{x_B - x_A}, \quad \overline{MN} = F(x_N) - k(x_M - x_A) - y_A$$

(2) 计算机算法流程图。计算机算法流程如图 2-28 所示。其中初选步长 S 时,可取 S 等于(5~10)倍 $\delta_{允}$,系数 S_1 用于缩短步长,可取 0.8~0.99,系数 S_2 用于伸长步长,

应根据曲线曲率变化规律等情况取 1～3。框图中 E_1 表示每次节点计算时的最大误差，即图 2－27 中不同 M 点时的 $\overline{NG}$ 最大值。

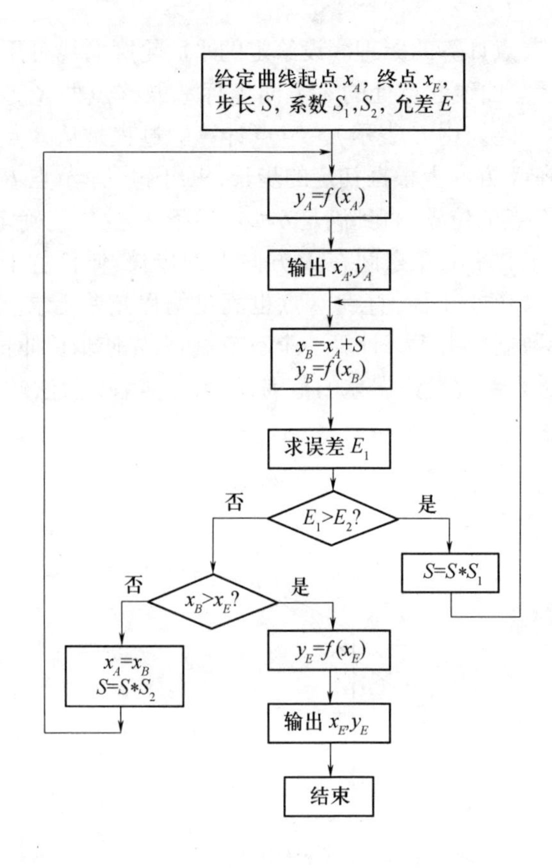

图 2－28　伸缩步长法计算流程图

2.5.3　用圆弧段逼近非圆曲线时的计算方法

用圆弧段逼近非圆曲线，目前常用的方法有曲率圆法、三点圆法和相切圆法。

1．曲率圆法圆弧逼近的节点计算

(1) 基本原理。已知轮廓曲线 $y=f(x)$ 如图 2－29 所示，曲率圆法是用彼此相交的圆弧逼近非圆曲线。其基本原理是，从曲线的起点开始，作与曲线内切的曲率圆，求出曲率圆的中心，以曲率圆中心为圆心，以曲率圆半径加(减)$\delta_{允}$ 为半径，所作的圆(偏差圆)与曲线 $y=f(x)$ 的交点为下一个节点，并重新计算曲率圆中心，使曲率圆通过相邻两节点。重复以上计算即可求出所有节点坐标及圆弧的圆心坐标。

(2) 计算步骤。

① 以曲线起点 (x_n,y_n) 开始做曲率圆：

圆心
$$\zeta_n=x_n-y'_n\frac{1+(y'_n)^2}{y''_n},\quad \eta_n=y_n+\frac{1+(y'_n)^2}{y''_n}$$

半径
$$R_n=\frac{[1+(y'_n)^2]^{3/2}}{y''_n}$$

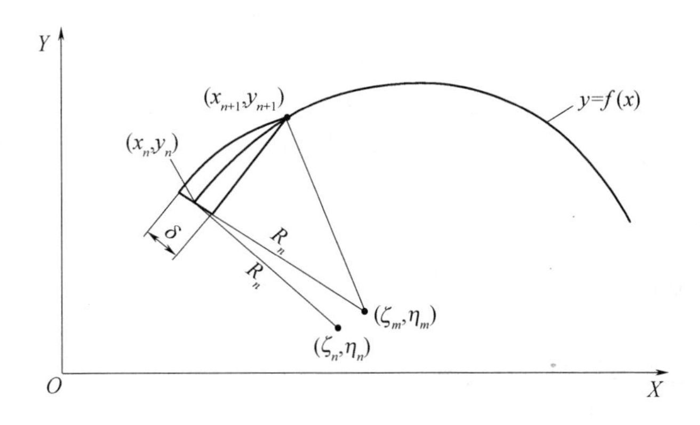

图 2－29　曲率圆法圆弧段逼近

② 偏差圆方程与曲线方程联立求解：

$$\begin{cases}(x-\zeta_n)^2+(y-\eta_n)^2=(R_n\pm\delta)^2\\ y=f(x)\end{cases}$$

得交点(x_{n+1},y_{n+1})。

③ 求过(x_n,y_n)和(x_{n+1},y_{n+1})两点，半径为R_n的圆的圆心：

$$\begin{cases}(x-x_n)^2+(y-y_n)^2=R_n^2\\ (x-x_{n+1})^2+(y-y_{n+1})^2=R_n^2\end{cases}$$

得交点ζ_m,η_m，该圆即为逼近圆。

④ 重复上述步骤，依次求得其他逼近圆。

2. 三点圆法圆弧逼近的节点计算

三点圆法是在等误差直线段逼近求出各节点的基础上，通过连续三点作圆弧，并求出圆心点的坐标或圆的半径。如图 2－30 所示，首先从曲线起点开始，通过P_1,P_2,P_3三点作圆。圆方程的一般表达式形式 0 为

$$x^2+y^2+Dx+Ey+F=0$$

其圆心坐标　$x_0=-\dfrac{D}{2},\quad y_0=-\dfrac{E}{2}$

半径　$R=\dfrac{\sqrt{D^2+E^2-4F}}{2}$

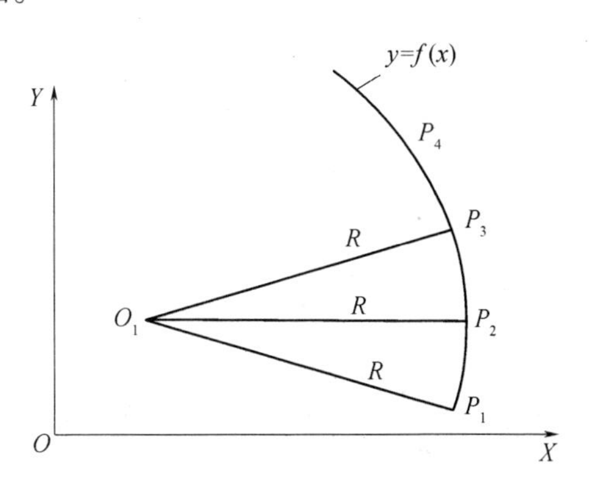

图 2－30　三点圆法圆弧段逼近

通过已知点$P_1(x_1,y_1),P_2(x_2,y_2),P_3(x_3,y_3)$的圆，其

$$D=\frac{y_1(x_3^2+y_3^2)-y_3(x_1^2+y_1^2)}{x_1y_2-x_3y_2}$$

$$E=\frac{x_3(x_2^2+y_2^2)-x_1(x_2^2+y_2^2)}{x_1y_2-x_3y_2}$$

$$F = \frac{y_3 x_2(x_1^2 + y_1^2) - y_1 x_2(x_3^2 + y_3^2)}{x_1 y_2 - x_3 y_2}$$

为了减少圆弧段的数目,应使圆弧段逼近误差$\delta = \delta_{允}$,为此应作进一步的计算,设已求出连续三个节点P_1, P_2, P_3处曲线的曲率半径分别为R_{P1}, R_{P2}, R_{P3},通过P_1, P_2, P_3三点的圆的半径为R,取$R_P = \frac{R_{P1} + R_{P2} + R_{P3}}{3}$,按$\delta = \frac{R\delta_{允}}{|R - R_P|}$算出$\delta$值,按$\delta$值再进行一次等误差直线段逼近,重新求得$P_1, P_2, P_3$三点,用此三点作一圆弧,该圆弧即为满足$\delta = \delta_{允}$条件的圆弧。

3. 相切圆法圆弧逼近的节点计算

(1) 基本原理。如图2-31所示,过曲线上A, B, C, D点作曲线的法线,分别交于M, N点,以M点为圆心,AM为半径作圆M,以N点为圆心,ND为半径作圆N,若使圆M和圆N相切,必须满足$\overline{AM} + \overline{MN} = \overline{DN}$,切点为$K$。

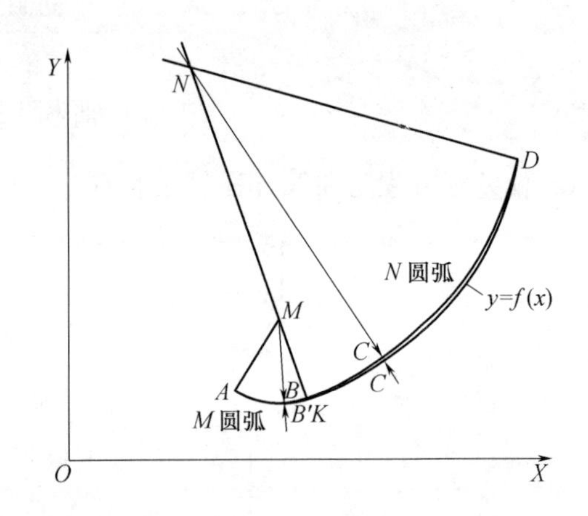

图2-31 相切圆法圆弧段逼近

由图$\overline{BB'}$与$\overline{CC'}$应为两段圆弧与曲线逼近误差的最大值,应满足

$$\overline{BB'} = |\overline{MA} - \overline{MB}| = \delta_{允}$$

$$\overline{CC'} = |\overline{ND} - \overline{NC}| = \delta_{允}$$

由以上条件确定的B, C, D三点可保证:①M, N圆相切条件;②$\delta_{允}$条件;③M, N圆弧在A, D点分别与曲线相切条件。

确定B, C, D后,再以D点为起点,确定E, F, G点,依次进行,即可实现整个曲线段的相切圆弧法逼近。

(2) 计算方法。

① 自起点A开始,任意选定B, C, D三点,求圆心坐标,点A和点B处曲线的法线方程为

$$(x - x_A) + k_A(y - y_A) = 0$$
$$(x - x_B) + k_B(y - y_B) = 0$$

式中:k_A和k_B为曲线在A和B处的斜率,$k = dy/dx$。

解上两式得两法线交点M的坐标为

$$x_M = \frac{k_A x_B - k_B x_A + k_A k_B(y_B - y_A)}{k_A - k_B}$$

$$y_M = \frac{(x_A - x_B) + (k_A y_A - k_B y_B)}{k_A - k_B}$$

同理可求N点坐标为

$$x_N = \frac{k_C x_D - k_D x_C + k_C k_D(y_D - y_C)}{k_C - k_D}$$

$$y_N = \frac{(x_C - x_D) + (k_C y_C - k_D y_D)}{k_C - k_D}$$

② B,C,D 三点坐标值计算。

$$\sqrt{(x_A - x_M)^2 + (y_A - y_M)^2} + \sqrt{(x_M - x_N)^2 + (y_M - y_N)^2} = \sqrt{(x_D - x_N)^2 + (y_D - y_N)^2}$$

$$\left| \sqrt{(x_A - x_M)^2 + (y_A - y_M)^2} - \sqrt{(x_B - x_M)^2 + (y_B - y_M)^2} \right| = \delta_{允}$$

$$\left| \sqrt{(x_D - x_N)^2 + (y_D - y_N)^2} - \sqrt{(x_C - x_N)^2 + (y_C - y_N)^2} \right| = \delta_{允}$$

式中：$y_A = f(x_A)$，$y_B = f(x_B)$，$y_C = f(x_C)$，$y_D = f(x_D)$。

用迭代法解此联立方程组，可求出 B,C,D 三点坐标。

③ B,C,D 求出后，利用上式求圆心 M,N 坐标，并求出 R_M,R_N。

(3) 特点。在圆弧逼近零件轮廓的计算中，采用相切圆法，每次可求得两个彼此相切的圆弧，由于在前一个圆弧的起点处与后一个圆弧终点处均可保证与轮廓曲线相切，因此，整个曲线是由一系列彼此相切的圆弧逼近实现的。可简化编程，但计算过程繁琐。

2.5.4 双圆弧法求节点坐标

采用双圆弧法逼近非圆曲线，在数学处理上也是用连续相切的圆弧，但计算过程比相切圆弧法要简单得多。通过适当的方式控制节点的位置，可以保证双圆弧逼近各区段插补误差小于而又接近于编程允差。由于数学描述简单，这就给求解节点程序的制作带来极大方便，因此在圆弧逼近非圆曲线的方法中，它是一种简单易行的方法。

1. 局部坐标系

采用双圆弧法逼近非圆曲线，双圆弧中各几何元素间的关系是在局部坐标系下计算完成的。但需在整体坐标系下，提供出双圆弧计算所需全部数据，计算完成后，再变换为整体坐标系下的坐标数据并输出。

如图 2－32 所示，在 OXY 坐标系中，曲线方程可用 $y=f(x)$ 表示。在曲线上任取两点 $P_i(x_i,y_i)$ 和 $P_{i+1}(x_{i+1},y_{i+1})$，若曲线存在拐点，则应在拐点处分开并分别计算。过 P_i 点与 P_{i+1} 点分别作曲线的切线 m_1,m_2 交于 G 点，并联结 P_i,P_{i+1} 两点，得到一个三角形。取 $\Delta P_iP_{i+1}G$ 的内心 T 作为两个圆弧相切的切点位置。并令左边所作圆弧在 P_i 点与 m_1 相切；右边所作圆弧在 P_{i+1} 点与 m_2 相切。这就实现了曲线上任意两点的非圆曲线双圆弧拟合。通过误差计算，可求出两点间用圆弧段逼近非圆曲线的最大误差，与编程允差 $\delta_{允}$ 进行比较，调整曲线上点的位置，可使实际误差小于并接近于编程允差。

在整体坐标系中，求出曲线在 P_i,P_{i+1} 点处的曲率，从而可求出 P_i 点处切线 m_1 与 X 轴的夹角，P_{i+1} 点处切线 m_2 与 X 轴的夹角，以及 P_iP_{i+1} 线段与 X 轴的夹角。以 P_i 点为原点，作 U_i 轴通过 P_{i+1} 点，并建立 $U_iP_iV_i$ 坐标系，则双圆弧计算可在局部坐标系下完成。

在局部坐标中，用 L_i 表示 P_i 与 P_{i+1} 两点之间的距离，则

$$L_i = \sqrt{(x_{i+1} - x_i)^2 + (y_{i+1} - y_i)^2}$$

局部坐标系与整体坐标系之间的关系可由下式确定。

由整体坐标系变换到局部坐标系：

$$u_c = (x_c - x_i)\cos\varphi_i + (y_c - y_i)\sin\varphi_i$$

$$v_c = (y_c - y_i)\cos\varphi_i - (x_c - x_i)\sin\varphi_i$$

由局部坐标系变换到整体坐标系：

$$x_c = u_c\cos\varphi_i - v_c\sin\varphi_i + x_i$$
$$y_c = u_c\sin\varphi_i + v_c\cos\varphi_i + y_i$$

2. 双圆弧坐标位置的确定

如图2-33所示，在$U_iP_iV_i$坐标系中，T点为$\triangle P_iP_{i+1}G$的内心，即TP_i为$\angle GP_iP_{i+1}$（图中用θ_1表示）的角平分线；TP_{i+1}为$\angle GP_{i+1}P_i$（图中用θ_2表示）的角平分线。过T作$\overline{P_iP_{i+1}}$的垂线与过P_i点$\overline{GP_i}$的垂线交于O_1，与过P_{i+1}点$\overline{GP_{i+1}}$的垂线交于O_2。以O_1为圆心，O_1P_i为半径作圆弧，圆弧起点为P_i，终点为T；以O_2为圆心，O_2P_{i+1}为半径作另一圆弧，圆弧起点为T，终点为P_{i+1}，这就是双圆弧法所确定的两个圆弧段。要保证两段圆弧均能通过T点，只需证明$\overline{O_1P_i}=\overline{O_1T}$，$\overline{O_2P_{i+1}}=\overline{O_2T}$，现简要说明如下。

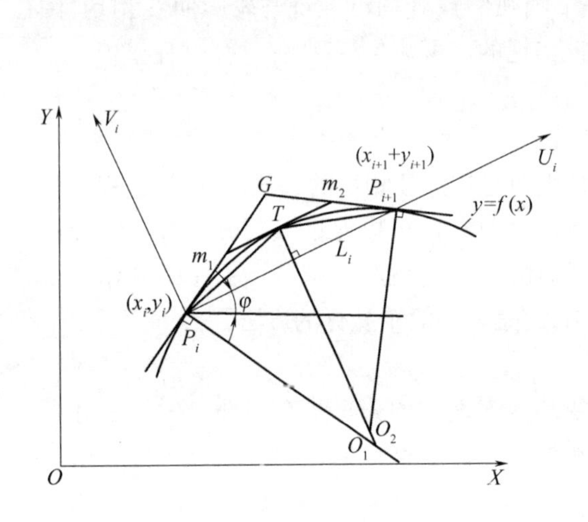

图2-32　双圆弧法逼近非圆曲线

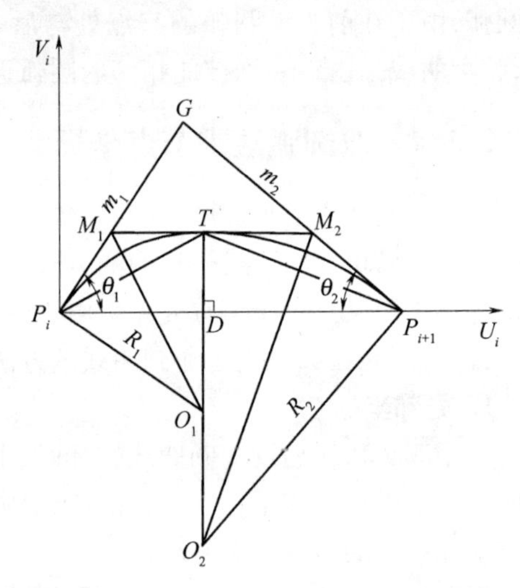

图2-33　双圆弧坐标位置的确定

首先过T作$\overline{P_iP_{i+1}}$的平行线交$\overline{GP_i}$于M_1，交$\overline{GP_{i+1}}$于M_2，连接$\overline{O_1M_1}$与$\overline{O_2M_2}$，根据$\overline{M_1M_2}$ // $\overline{P_iP_{i+1}}$，以及$\overline{TP_i}$为θ_1的角平分线，可知$\angle M_1TP_i=\angle M_1P_iT$，故$\overline{M_1P_i}=\overline{M_1T}$，进而可证$\triangle O_1P_iM_1\cong\triangle O_1TM_1$，从而可证$\overline{O_1T}=\overline{O_1P_i}$，同理可证$\overline{O_2T}=\overline{O_2P_{i+1}}$。又因$T$点在$\overline{O_1O_2}$连心线上，所以$T$点为两圆弧公切点。因$\overline{O_1P_i}\perp\overline{P_iG}$，所以圆$O_1$在$P_i$点与$m_1$相切。同理，圆$O_2$在$P_{i+1}$点与$m_2$相切。下面讨论计算切点$T$、圆弧圆心坐标以及圆弧半径的方法。在$\triangle P_iTP_{i+1}$中，根据正弦定理可得

$$\overline{P_iT}=\frac{\sin\theta_2/2}{\sin(\theta_1+\theta_2)/2}\overline{P_iP_{i+1}}$$

并可求得

$$\overline{P_iD}=\overline{P_iT}\cos\theta_1/2$$
$$\overline{DT}=\overline{P_iT}\sin\theta_1/2$$
$$\overline{DO_1}=\overline{P_iD}/\tan\theta_1$$
$$\overline{DO_2}=(L_i-\overline{P_iD})/\tan\theta_2$$

设圆O_1及圆O_2半径分别为R_1、R_2，则

$$R_1=\overline{DT}+\overline{DO_1}$$

2.5.5 NURBS 曲线插补技术

1. 关于 NURBS 曲线及应用

NURBS 被提出是为找到与描述自由型曲线曲面 B 样条方法(参阅 2.1)相统一的又能精确表示二次曲线曲面的数学方法。有关 NURBS 的详细内容请参阅专门文献。这里仅作简介。

NURBS 有如下定义:一条 k 次 NURBS 曲线可以表示为

$$P(u) = \sum_{i=0}^{n} \omega_i d_i B_{i,k}(u) / \sum_{i=0}^{n} \omega_i B_{i,k}(u) \tag{2-3}$$

式中:$\omega_i(i=0,1,\cdots,n)$称为权因子,分别与控制顶点 $d_i(i=0,1,\cdots,n)$相联系。首末权因子 $\omega_0,\omega_n>0$,其余 $\omega_i \geqslant 0$。

B 样条基函数的递推公式为

$$B_{i,0}(u) = \begin{cases} 1, & u_i \leqslant u \leqslant u_{i+1} \\ 0, & \text{其余} \end{cases}$$

$$B_{i,k}(u) = \frac{u-u_i}{u_{i+k}-u_i} B_{i,k-1}(u) + \frac{u_{i+k+1}-u}{u_{i+k+1}-u_{i+1}} B_{i+1,k-1}(u) \tag{2-4}$$

节点列 $U=[u_0,u_1,\cdots,u_{n+k+1}]$,对于非周期 NURBS 曲线将两端点的重复度取为 $k+1$,即 $u_0=u_1=\cdots=u_k, u_{n+1}=u_{n+2}=\cdots=u_{n+k+1}$。

由上可推出$\nabla_i^1=\nabla_i=(u_{i+1}-u_i)$,$\nabla_i^2=(u_{i+2}-u_i)$,$\nabla_i^3=(u_{i+3}-u_i)$,依次类推,特别地$\nabla_0^0=0$。对于节点列 u,生成 $D_u=\{\nabla_0,\nabla_1,\cdots,\nabla_n\}$,对于 $u\in[u_i,u_{i+1}]$,令 $t=\dfrac{u-u_i}{u_{i+1}-u_i}=\dfrac{u-u_i}{\nabla_i}$,则 $t\in[0,1]$。下面以第 i 段三次非均匀有理 B 样条为例写成矩阵形式:

$$P_i(t) = \frac{(1 \quad t \quad t^2 \quad t^3)\boldsymbol{M}_i \begin{bmatrix} \omega_i d_i \\ \omega_{i+1} d_{i+1} \\ \omega_{i+2} d_{i+2} \\ \omega_{i+3} d_{i+3} \end{bmatrix}}{(1 \quad t \quad t^2 \quad t^3)\boldsymbol{M}_i \begin{bmatrix} \omega_i \\ \omega i_{i+1} \\ \omega_{i+2} \\ \omega_{i+3} \end{bmatrix}} \quad (0 \leqslant t \leqslant 1; i=0,1,\cdots,n-3) \tag{2-5}$$

$$\boldsymbol{M}_i = \begin{bmatrix} m_{11} & m_{12} & m_{13} & m_{14} \\ m_{21} & m_{22} & m_{23} & m_{24} \\ m_{31} & m_{32} & m_{33} & m_{34} \\ m_{41} & m_{42} & m_{43} & m_{44} \end{bmatrix} =$$

$$\begin{bmatrix} \frac{(\nabla_i)^2}{\nabla_{i-1}^2\ \nabla_{i-2}^3} & 1-\frac{(\nabla_i)^2}{\nabla_{i-1}^2\ \nabla_{i-2}^3}-\frac{(\nabla_{i-1})^2}{\nabla_{i-1}^2\ \nabla_{i-1}^3} & \frac{(\nabla_{i-1})^2}{\nabla_{i-1}^2\ \nabla_{i-1}^3} & 0 \\ -3m_{11} & 3(m_{11}-m_{23}) & \frac{3\nabla_i\nabla_{i-1}}{\nabla_{i-1}^2\ \nabla_{i-1}^3} & 0 \\ 3m_{11} & -3(m_{11}-m_{33}) & \frac{3\nabla_i\nabla_{i-1}}{\nabla_{i-1}^2\ \nabla_{i-1}^3} & 0 \\ -m_{11} & m_{11}-m_{43}-m_{44} & -\left(\frac{m_{33}}{3}+m_{44}+\frac{\nabla_i^2}{\nabla_i^2\ \nabla_{i-1}^3}\right) & \frac{(\nabla_i)^2}{\nabla_i^2\ \nabla_i^3} \end{bmatrix}$$

NURBS 方法在绝大多数方面优于其他算法，因而在 ISO 颁布的 STEP 标准中将其作为产品数据交换的国际标准。

要实现 NURBS 曲线插补，NC 设备必须具有 NURBS 插补功能。目前具有 NURBS 插补功能的数控系统主要有：FANUC 的 15 – MB/16 – MC、牧野的超级 H_i^2 – NC、东芝机械的 TOSNUC888 及 SIEMENS，三菱的部分系统，而大多数数控系统只支持直线、圆弧或抛物线等二次曲线插补。

当进行高精度的曲面加工时，由微段直线或圆弧构成的零件程序非常庞大，从而造成加工信息量大增，另外直线或圆弧也不能真实、完整地反映 CAD/CAM 系统所产生的复杂曲面模型，从而造成制造精度偏离设计要求。在这方面国内外的学者做了大量的工作，如华中理工大学叶伯生等人提出的三次 B 样条高速插补算法等。

2. CNC 中的样条及 NURBS 插补

在 CNC 上实现 NURBS 插补功能，核心问题在于插补器的实现。由于 NURBS 样条函数其节点参数沿参数轴的分布是不等距的，因而不同节点矢量形成的 B 样条基函数各不相同，需要单独计算，另外算法中增加了权因子，以上两个原因使其插补计算量增大，从而影响其插补速度。

为解决插补速度的问题，可通过改进算法来加以解决。

假设，对于给定的一条自由曲线，其中 $d_0, d_1, \cdots, d_n$ 等 $n+1$ 个控制顶点已确定，采用三次 NURBS 进行曲线插补。这里对式(2 – 5)做以下处理：

$$a(t) = m_{11} + m_{21}t + m_{31}t^2 + m_{41}t^3$$
$$b(t) = m_{12} + m_{22}t + m_{32}t^2 + m_{42}t^3$$
$$c(t) = m_{13} + m_{23}t + m_{33}t^2 + m_{43}t^3$$
$$e(t) = m_{44}t^3$$

则有

$$P_i(t) = \frac{a(t)\omega_i d_i + b(t)\omega_{i+1}d_{i+1} + c(t)\omega_{i+2}d_{i+2} + e(t)\omega_{i+3}d_{i+3}}{a(t)\omega_i + b(t)\omega_{i+1} + c(t)\omega_{i+2} + e(t)\omega_{i+3}} \tag{2-6}$$

从式(2 – 6)可看出在进行插补计算时需要重复计算式(2 – 6)中上述 4 个多项式，因此必须将控制顶点、权因子同插补变量分离以增加插补速度。这里对式(2 – 6)重新整理：

$$a = m_{11}\omega_i d_i + m_{12}\omega_{i+1}d_{i+1} + m_{13}\omega_{i+2}d_{i+2} + m_{14}\omega_{i+3}d_{i+3}$$
$$b = m_{21}\omega_i d_i + m_{22}\omega_{i+1}d_{i+1} + m_{23}\omega_{i+2}d_{i+2} + m_{24}\omega_{i+3}d_{i+3}$$

$$c = m_{31}\omega_i d_i + m_{32}\omega_{i+1}d_{i+1} + m_{33}\omega_{i+2}d_{i+2} + m_{34}\omega_{i+3}d_{i+3}$$

$$e = m_{41}\omega_i d_i + m_{42}\omega_{i+1}d_{i+1} + m_{43}\omega_{i+2}d_{i+2} + m_{44}\omega_{i+3}d_{i+3}$$

$$a_1 = m_{11}\omega_i + m_{12}\omega_{i+1} + m_{13}\omega_{i+2} + m_{14}\omega_{i+3}$$

$$b_1 = m_{21}\omega_i + m_{22}\omega_{i+1} + m_{23}\omega_{i+2} + m_{24}\omega_{i+3}$$

$$c_1 = m_{31}\omega_i + m_{32}\omega_{i+1} + m_{33}\omega_{i+2} + m_{34}\omega_{i+3}$$

$$e_1 = m_{41}\omega_i + m_{42}\omega_{i+1} + m_{43}\omega_{i+2} + m_{44}\omega_{i+3}$$

于是 $P_i(t) = \dfrac{a + bt + ct^2 + et^3}{a_1 + b_1 t + c_1 t^2 + e_1 t^3}$。

由于控制顶点及权因子均已知，则 a,b,c,e,a_1,b_1,c_1,e_1 与参数无关，可在插补计算之前预先算出，插补计算时只需计算插补变化量 Δt，从而大大加快了计算速度。

基于上述算法可进一步推导 NURBS 插补的误差，加减速控制等算法，从而完善 CNC 的 NURBS 插补运算功能。

3. NURBS 插补的优点

在 NURBS 插补时，在 NC 程序指令中，只有三类定义 NURBS 的数值，没有必要用大量的微小直线段的指令。此外，由于不是直线插补，而 NC 自身可以进行 NURBS 曲线插补，可以得到光滑的加工形状，从根本上解决直线插补加工所带来的问题。表现为以下几方面：

（1）程序条变少；

（2）无需向 NC 进行高速的程序传输；

（3）因为能得到光滑的加工形状，因此可以减少手工光整加工时间；

（4）与直线插补相比，速度变化平滑，可以缩短加工时间。

2.6 列表曲线的节点坐标计算

2.6.1 列表曲线

在实际生产中（特别是航空工业），许多零件的轮廓形状是由实验方法来确定的，如飞机的机翼，它的形状是由风洞实验得到的。类似的还有发动机的叶片、机头罩、微波天线面板、各种模具及用来检测或安装这些零件或部件的样板、检验夹具与型架卡板等。图 2－34就是一种用列表曲线表述外缘轮廓的零件。

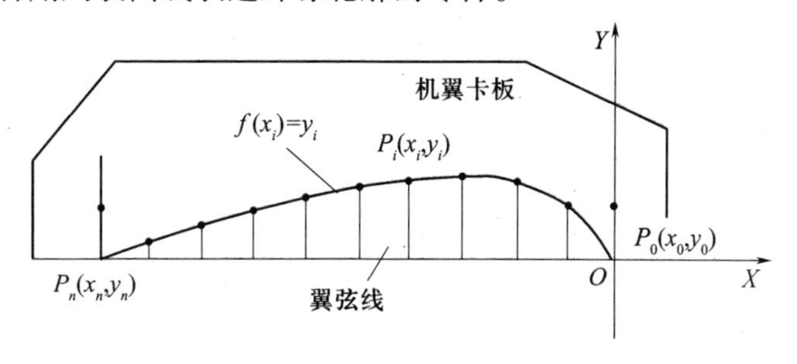

图 2－34　一种列表曲线零件

这种以列表坐标点来确定轮廓形状的零件，所确定的曲线(或曲面)称为列表曲线(或曲面)。其特点是列表曲线上各坐标点之间没有严格一定的联结规律，而在加工中往往要求曲线能平滑地通过各坐标点，并规定了加工精度，有的要求在 ±0.01mm 以下。

为了在给定的列表点之间得到一条光滑的曲线，对列表曲线逼近一般有以下要求：

(1) 方程式表示的零件轮廓必须通过列表点。

(2) 方程式给出的零件轮廓与列表点表示的轮廓凹凸性应一致，即不应在列表点的凹凸性之外增加新的拐点。

(3) 光滑性。为使教学描述不过于复杂，通常一个列表曲线要用许多参数不同的同样方程式来描述，希望在方程式的两两连接处有连续的一阶导数或二阶导数，若不能保证一阶导数连续，则希望连接处两边一阶导数的差值应尽量小。

这类列表轮廓零件在以传统的工艺方法加工时，加工质量完全取决于钳工的技术水平，且生产效率很低。目前广泛采用数控加工，但由于列表曲线在数学处理上的复杂性，使得在用数控机床加工此类工件的轮廓线不但比直线圆弧工件困难得多，而且比用数学方程描述的曲线轮廓工件更麻烦。因为，对于用数学方程描述的曲线或曲面，编程所必须进行的曲率、斜率(或法矢)、插值计算及等距线或等距面的计算与重新构造等的数学处理工作，可以直接用该方程作为原始方程来进行，而对于列表曲线(或曲面)则无此种方便。在处理列表曲线(或曲面)时，首先要选择一个或多个插值方程来描述它(常称为第一次逼近)，然后才能进行插值等各种计算。再者，由于目前大多数机床的数控系统只能进行简单的直线圆弧插补(也有能对二次非圆曲线和螺旋线插补的)，不能加工任意曲线，必须采用直线圆弧插补方法来逼近列表曲线或曲面(常称为第二次逼近)。在这种情况下，若用人工进行数学处理，再用手工编程几乎不大可能，一般均需借助计算机进行数学处理(前置处理)，再按各种数控机床的不同要求(功能指令代码和程序格式及插补方式等)进行后置处理，编出加工程序。目前国内外已有许多能对列表曲线直接进行数学处理的计算机自动编程实用软件相继进入商品市场，因此一般都可以通过转让、移植或通过再开发(主要是后置处理部分)来解决本单位的产品研制与生产中的此类实际问题，而无需再做那些繁琐、复杂的重复劳动。

因为计算机在对列表曲线进行数学处理时要经过插值、拟合与光顺三个步骤，为了使大家有一个全面了解，以下介绍一些相关基础知识。

2.6.2 插值

1. 插值的含义与基本思路

(1) 插值的含义。在许多场合下，产品或工件的轮廓形状往往很难找到一个具体的数学表达式把它们描述出来，通常只能通过实验或数学计算得到一系列互不相同的离散点 $x=(0,1,2,\cdots,n)$ 上的函数值 $f(x_i)=y_i(i=0,1,2\cdots,n)$，即得到一张 x_i 与 y_i 对应的数据表。通常把这种用数据表格形式给出的函数 $y=f(x)$ 称为列表函数。由于受某些条件的限制，实验观测得到的离散点常常满足不了实际加工的需要(如离散点给得太疏远，不够用等)，这时就必须在所给函数列表中再插入一些所需要的中间值，这就是通常所说的“插值”的含义。

(2) 插值的基本思路。先设法对列表函数 $f(x)$ 构造一个简单函数 $y=p(x)$ 作为近似表达式，然后再计算 $p(x)$ 的值来得到 $f(x)$ 的近似值。

常用的插值方法有：拉格朗日插值、牛顿插值、样条(spline)插值。

2. 拉格朗日插值

由于代数多项式具有人们所希望的插值函数尽可能简单、便于计算的优点，因此早就被人们用来近似地表达列表函数以解决实践中遇到的问题。拉格朗日插值就是一种利用代数多项式进行插值的方法。

3. 牛顿插值

牛顿插值也叫均差插值法，也是一种利用代数多项式进行插值的方法。与拉格朗日插值相比，插值多项式仅仅是形式不同。

4. 样条插值

样条插值通常采用3次样条函数通过给定的型值点来进行插值，它是目前数控加工中解决列表曲线插值拟合问题时最常用的一种方法。

2.6.3 拟合

拟合也称为逼近，上述插值方法实际也是对列表曲线进行逼近。

在实际工程中，因实验数据常带有测试误差，上述插值方法均要求所得曲线通过所有的型值点，反而会使曲线保留着一切测试误差，特别是当个别误差较大时，会使插值效果显得不理想。因此，在解决实际问题时，可以考虑放弃拟合曲线通过所有型值点的这一要求，而采用别的方法来构造近似曲线，只要求它尽可能反映出所给数据的走势即可。如常用拟合方法之一的最小二乘法，就是寻求将拟合误差的平方和达到最小值(最优近似解)来对曲线进行近似拟合的。但上面提到的插值、拟合过程等，在数控加工的编程工作中一般均被称为第一次逼近(或称第一次数学描述)，由于受数控机床控制功能的限制，第一次逼近所取得的结果一般不能直接用于编程，而必须获得逼近列表曲线的直线或圆弧的数据，这一过程被称为二次逼近。

除直线圆弧外，目前也常用双圆弧样条、参数样条曲线、B样条曲线等方法对列表曲线进行拟合插值。

2.6.4 光顺

1. 曲线光顺的概念

为了降低在流体中运动物体(如飞机、船舶、汽车等)的运动阻力，其轮廓外形不但要求做得更流线一些，而且要求美观，看上去舒服顺眼，因此就构成了光顺的概念。可见，“光顺”实际上是个工程上的概念，因光顺要求光滑，但光滑并不等于光顺，故不能与数学上的“光滑”概念等同。

光顺的必要条件包括两方面的要求，其一是光滑，至少是一阶导数连续，其二是曲线走势，其凹凸应符合设计目的。但大量实践表明，仅满足上述两必要条件，尚不能获得满意结果，故还应增加光顺的充分条件，即：曲线的曲率大小变化要均匀。

然而，上述光顺的充要条件仅指出了由一组型值点描述的曲线，不一定能满足设计在数学上提出的要求。原因在于，在工程实际中，设计的计算误差和实验误差常常是随机性的，可在局部范围内产生，也可在整体范围内产生，且有正有负，它将造成通过这些型值点的曲线在不该有拐点的地方出现了拐点(此外,设计数据在传递过程中,也会因人为因素产生上述问题),从而使加工出的工件轮廓形状不光顺。所以也必须在数控加工程序编制时,用光顺方法对提供的数据进行检查。

2. 曲线光顺方法

由于光顺问题是计算机辅助设计与制造(CAD/CAM)提出的专门课题,也是一个非常复杂、难度较高的问题。目前对曲线与曲面的光顺方法很多,这里仅介绍一种在数控加工实践中常用的简便方法:“局部回弹法”。

(1) 局部回弹法的基本原理。局部回弹法的基本原理来源于用样条绘制模线时的“光顺”操作实践。这一操作过程是,当用压铁强迫样条通过各型值点后,发现样条所形成的曲线上存在“不顺眼”的地方时,就把“最坏”的那点上的压铁松掉,让样条自由弹匀,再压上压铁,如此往复修正,直至基本“顺眼”为止。因这种操作过程,每次只对某一个型值点的纵坐标进行局部调整,故称为局部回弹法,它是对绘模线时光顺操作过程的一种数学模拟。

(2) 局部回弹法光顺曲线的步骤。为满足前述曲线光顺的充要条件,局部回弹法分两步进行:第一步,满足曲线的一阶导数连续,且曲率符号符合设计要求的两个曲线光顺必要条件,称为粗光顺;第二步,满足曲线的曲率大小变化均匀的曲线光顺充分条件,被称为精光顺。

用局部回弹法光顺列表曲线,其修改量较小,而且对给定的型值点是有选择的改动,一般不会改变设计的初衷,在工程实际中是许可的。但这种方法在目前仅限于小挠度曲线的光顺,而对挠度较大的曲线则不大适用。

对于大挠度曲线光顺处理,一般采用最小能量法。这种方法的光顺原理是,把通过给定的一组型值点的样条,看成一个弹性梁,压铁相当于作用于梁上的外载荷,弹性梁在外载作用下发生形变,同时产生弯曲弹性能。实践证明,当这种弹性能越小时,样条所构成的曲线越光顺,而通过移动压铁,能使梁的弯曲弹性能达到最小,从而得到光顺的曲线。由于这种方法在光顺处理时采用参数样条拟合曲线,故不受曲线挠度大小的限制。但另一方面,由于此方法在光顺处理中,修改量往往较大,除一些固定点外,全部型值点几乎均被修改,甚至会使曲线不符合设计要求,而超出数控加工工艺处理的职能范围(工艺不能更改设计,只能建议)。因此,最小能量光顺曲线的方法常被用在产品的初步设计阶段,数控加工工艺处理时最好少用,故这里不再作深入介绍。

2.7 曲面曲线加工刀位点轨迹的处理和计算

由于加工类型与加工方法繁多,且具体的精度、粗糙度要求不同,所以,对加工轨迹的计算要求也不同,应根据具体加工,选择适当的机床及计算方法。

2.7.1 曲面的数学处理

首先要说明的一点是,对数控铣削工艺来说,重要的是采用什么方法把已经设计出来的曲面加工出来,而不是研究用什么方法来构造曲面(即空间曲面构造理论)。通常,提供给工艺的曲面数学模型主要有两种:一种是数学方程表达式,以二次圆锥曲线旋转而成的曲面(如椭球面、抛物面及双曲面等)为多见;另一种是经过计算机处理过的点阵或直接从数据库中调出的数据点阵,以网格点阵为多见,同时给出每个点的三维坐标值(图2－35)。

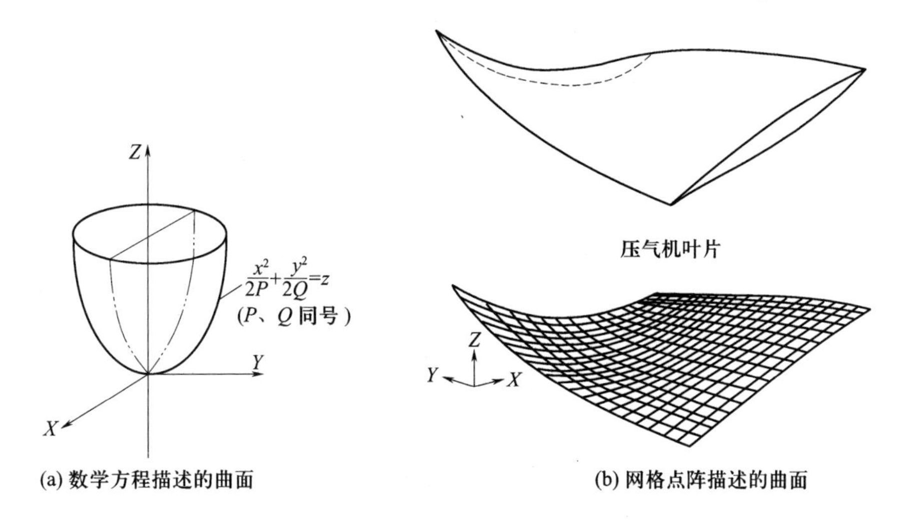

图2－35　曲面数学模型示例

1. 数控铣削空间曲面的方法

(1) 在二轴半坐标铣床上二坐标联动行切加工。图2－36(a)所示是按球头刀中心轨迹编程二坐标行切加工时的情况。在此情况下,球头刀中心轨迹为一平面折线,但刀刃与某行曲面的切点的连线则为一空间折线。这是由于切点在球头刀上的位置是随着曲率变化而改变的,为了避免铣切时产生“干涉”(过切),行切时要随着曲率变化情况有意识地在 Z 方向加一增量,其结果会在曲面上留下扭曲的沟纹。

(2) 在三坐标数控铣床上进行三坐标联动加工。图2－36(b)所示是按球头铣刀中心轨迹编程三坐标行切加工的情况。在这种情况下,球头刀中心轨迹为一空间折线,而刀刃与某行曲面的切点连线则为一平面折线,加工后在曲面上留的是较规则的沟纹。

对于曲率变化较平缓的曲面零件,为编程方便,通常可按轮廓编程而不采用刀具中心轨迹编程,如图2－37所示。

我们可以用一组平行于 ZOY 坐标平面并垂直于 X 轴的假想平面 $M_1,M_2,\cdots$,将曲面分为若干条窄条片(其宽度即为步长),因其剖线均为平面曲线,只要用三坐标中的任意二坐标联动的数控铣床就可以加工出来(编程时分别对每条平面曲线进行折线或圆弧逼近),这样得到的曲面是由平面曲线群构成的。

2. 曲面数学处理的主要内容

1) 等距曲面的计算

由于数控铣削曲面时,往往要求提供出球头铣刀的中心运动轨迹,有时又由于零件的内外形(如成型模具的凹、凸模),也存在着一个料厚问题,因此,仅有曲面数据还是解决不了加工问题,常常需要在提供的原曲面数据的情况下,再建立起供编程加工用的等距曲面。

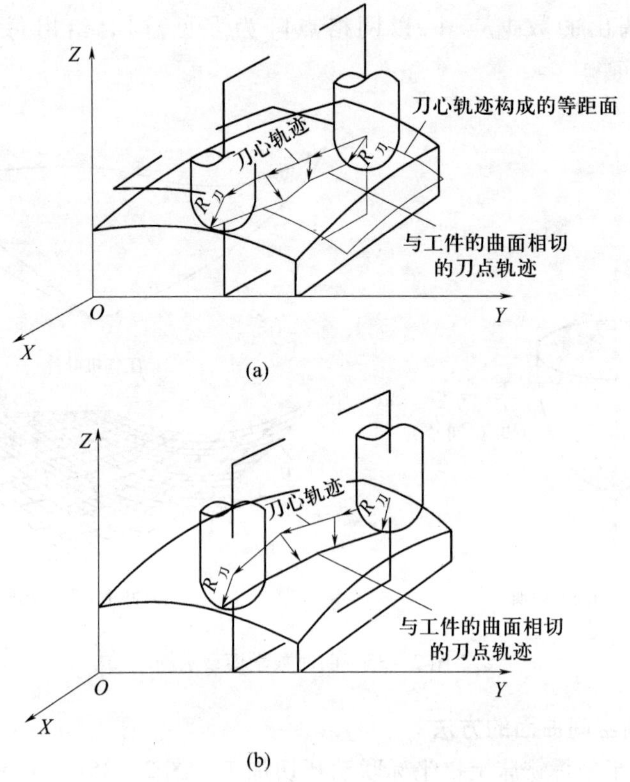

图 2-36　按球头刀中心轨迹编程行切曲面

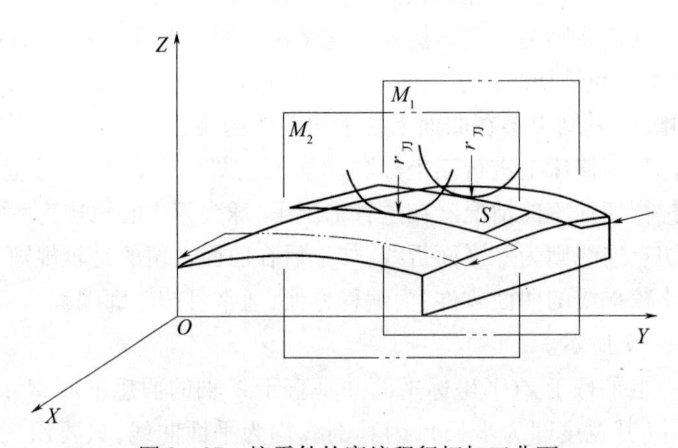

图 2-37　按零件轮廓编程行切加工曲面

建立等距曲面的关键在于求得原始曲面的法向矢量,不同形式的曲面方程算法也不同,下面介绍两种等距曲面建立的计算方法:

(1) 曲面方程为 $y=f(x,z)$,根据微分学,曲面上任一点的方向余弦为

$$\begin{cases}\cos\alpha = \dfrac{\partial f}{\partial x}/S \\ \cos\beta = -1/S \\ \cos\gamma = \dfrac{\partial f}{\partial z}/S\end{cases}$$

其中：$S = \pm\sqrt{1+\left(\frac{\partial f}{\partial x}\right)^2+\left(\frac{\partial f}{\partial z}\right)^2}$，其正负号按实际需要确定。

现设等距曲面的距离（料厚或铣刀半径，有时为料厚与铣刀半径之和或差）为 δ，原始曲面上任一点 P 的坐标为 (x,y,z)，其在等距曲面上的对应点 Q 的坐标为 (u,v,w)，如图2-38所示。则得到等距曲面的参数方程为

$$\begin{cases} u = x + \delta\cos\alpha \\ v = y + \delta\cos\beta \\ w = z + \delta\cos\gamma \end{cases}$$

若 $\cos\gamma > 0$，即 S 的正负号与 $\frac{\partial f}{\partial z}$ 一致，则 δ 值取正为原始曲面的外等距面，δ 取负为内等距面。

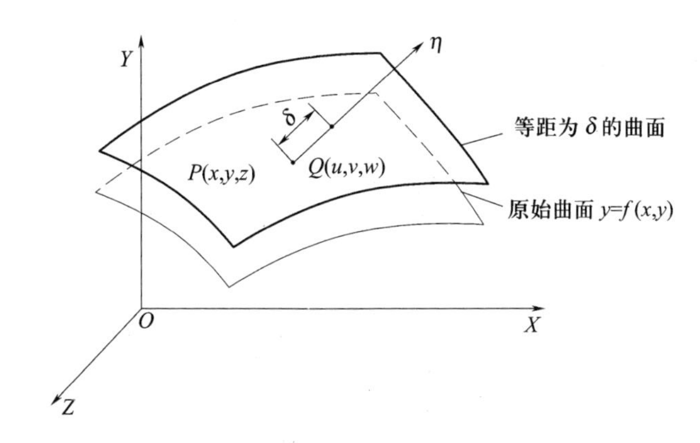

图2-38　等距曲面的建立方法

（2）原始曲面方程为参数形式：

$$\begin{cases} x = x(t,\lambda) \\ y = y(t,\lambda) \\ z = z(t,\lambda) \end{cases}$$

令原始曲面上任一点的 t 向切矢为 $\boldsymbol{U}$，λ 向的切矢为 $\boldsymbol{V}$，其法矢为 $\boldsymbol{N}$，则

$$\boldsymbol{U} = (x_t, y_t, z_t)$$
$$\boldsymbol{V} = (x_\lambda, y_\lambda, z_\lambda)$$

式中：x_t, y_t, z_t 及 $x_\lambda, y_\lambda, z_\lambda$ 分别为 x, y, z 对参数 t 及 λ 的偏导数，其法矢

$$\boldsymbol{N} = \boldsymbol{U} \times \boldsymbol{V} = \begin{vmatrix} \boldsymbol{i} & \boldsymbol{j} & \boldsymbol{k} \\ x_i & y_i & z_i \\ x_\lambda & y_\lambda & z_\lambda \end{vmatrix}$$

设
$$\boldsymbol{N} = (J_x, J_y, J_z)$$

则
$$J_x = \begin{vmatrix} y_t & z_t \\ y_\lambda & z_\lambda \end{vmatrix}, J_y = \begin{vmatrix} z_t & x_t \\ z_\lambda & x_\lambda \end{vmatrix}, J_z = \begin{vmatrix} x_t & y_t \\ x_\lambda & y_\lambda \end{vmatrix}$$

单位法矢
$$\boldsymbol{n} = \boldsymbol{N}/|\boldsymbol{N}| = (J_x/S, J_y/S, J_z/S)$$

式中 $$S=\sqrt{J_x^2+J_y^2+J_z^2}$$

即得等距曲面参数方程为 $$\begin{cases}u=x+\delta\cdot J_x/S\\ v=y+\delta\cdot J_y/S\\ w=y+\delta\cdot J_z/S\end{cases}$$

2）确定行距与步长（插步段的长度）

由于空间曲面一般都采用行切法加工，故无论三坐标还是二坐标联动铣削，都必须计算或确定行距与步长。

(1) 行距 S 的计算方法。由图 2-39 可以看出，行距 S 的大小直接关系到加工后曲面留沟纹高度 h（图上为 CE）的大小，大了则表面粗糙度大，无疑将增大钳修工作难度及零件最终精度。但 S 选得太小，虽然能提高加工精度，减少钳修困难，但程序冗长，占机加工成倍增加，效率降低。因此，行距 S 的选择应力求做到恰到好处。

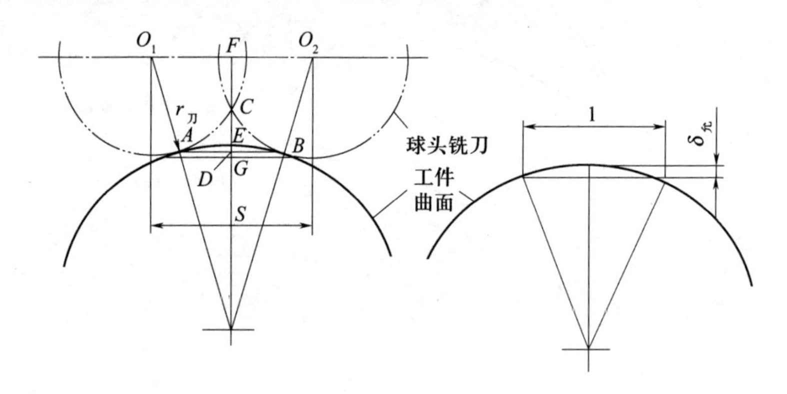

图 2-39　行距与步与的计算

一般来说，行距 S 的选择取决于铣刀半径 $r_刀$ 及所要求或允许的刀峰高度 h 和曲面的变化情况。在计算时，可考虑用下列方法来进行：

取 A 点或 B 点的曲率半径作圆，近似求行距 S。$S=2AD$，而 $AD=O_1F\cdot\dfrac{\rho}{r_刀\pm\rho}$，当球头刀半径 $r_刀$ 与曲面上曲率半径 ρ 相差较大，并达到一定的表面粗糙度要求及 h 较小时，可以取 O_1F 的近似值，即

$$O_1F=\sqrt{r_刀^2-(FC)^2}=\sqrt{r_刀^2-(FG-CG)^2}\approx\sqrt{r_刀^2-(r_刀-h)^2}$$

则行距 $$S=2\sqrt{h(2r_刀-h)}\cdot\frac{\rho}{r_刀\pm\rho}$$

上式中，当零件曲面在 AB 段内是凸时取正号，凹时取负号。

实际编程时，如果零件曲面上各点的曲率变化不太大，可取曲率最大处作为标准，计算时为了避免曲率计算的麻烦，也不妨用下列近似公式来计算行距：

$$S\approx 2\sqrt{2r_刀\cdot h}$$

如从工艺角度考虑，在粗加工时，行距 S 可选得大一些，精加工时选得小一些。有时为了减少刀峰高度 h，也可以在原来的两行距之间（刀峰处）加密行切一次去刀峰处理，这

样相当于将 S 减小一倍，实际效果更好些。

(2) 确定步长 L。步长 L 的确定方法与平面轮廓曲线加工时步长的计算方法相同，取决于曲面的曲率半径与插补误差 $\delta_{允}$（其值应小于零件加工精度）。如设曲率半径为 ρ，则

$$L = 2\sqrt{\delta_{允}(2\rho - \delta_{允})} \approx 2\sqrt{2\rho \cdot \delta_{允}}$$

实际应用时，可按曲率半径最大处作近似计算，然后用等步长法编程，这样做要方便得多。此外，若能将曲面的曲率变化划分几个区域，也可以分区域确定步长，而各区插补段长不相等，这对于在一个曲面上存在着若干个凸出或凹陷面（即曲面有突变区）的情况是十分必要的。

由于空间曲面一般比较复杂，数据处理工作量大，涉及的许多计算工作是人工无法承担的，通常需用计算机进行处理，最好是自动编程。

2.7.2 多坐标点位加工刀具轨迹设计

多坐标点位加工主要是指在曲面上钻孔（一般为斜孔，包括扩孔和铰孔），要求在五坐标数控机床上用3轴联动的方式进行加工。钻孔过程一般是这样（图2-40）：

(1) 让钻头走到曲面上方一点 P_0（P_0 位于孔的中心线上）；

(2) 在 P_0 点摆角，使刀轴（钻轴）与孔的中心线平行；

(3) 保持摆角（一般为两个角度）不变，按钻孔工艺要求钻孔，每钻一次退刀到 P_1 点，以便排屑，直至钻孔完毕；

(4) 退刀至 P_0 点，使摆角归零，刀具回零点。

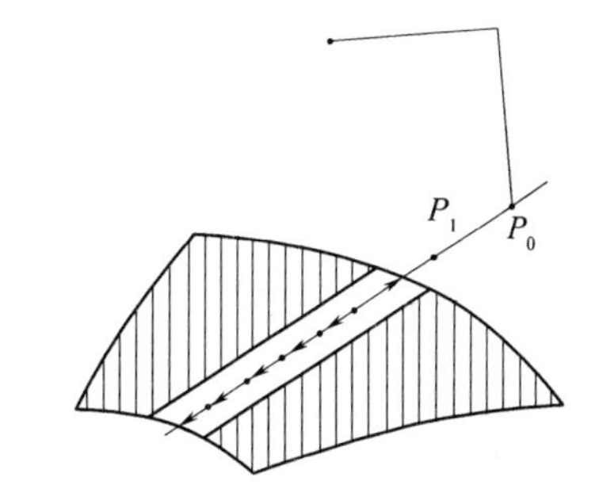

图2-40 多坐标钻孔刀具轨迹示意图

其刀位点的计算方法如下：

$$P_0 = r + aRn$$

$$P_1 = r + bn$$

$$P_2 = r - d_i n \quad (i = 1,2,\cdots)$$

式中：R 为钻头半径；d_i 为每一次钻孔深度；r 为曲面上孔的位置；n 为孔中心线上的单位向量；a 为安全距离；b 为接近间隙。a、b 的大小视加工零件的工艺而定，一般可取 $a=10$，$b=3$。

需要指出的是，尽管多坐标钻斜孔的刀具轨迹计算方法比较简单，但其工艺问题非常重要，包括钻孔进给速度，退孔速度，每一次钻孔深度 d，钻孔总深度 D（主要是针对深孔加工）等问题。另外，由于在曲面上钻孔比在平面上钻孔难度大，容易钻偏，不容易定位等，因此，在钻头接触曲面时，进给速度不宜太大；在孔快要钻穿时应停止自动进给，避免损坏钻头。

2.7.3 三坐标球刀多面体曲面加工

对于三角域曲面和散乱数据描述的曲面来说，不能采用参数线法生成刀具轨迹，但截

面线法可以采用。这里再介绍一种更为直接的多面体曲面加工方法。

任何多面体曲面或散乱数据描述的曲面，都可以找到一种划分方法，将该曲面划分成为三角域曲面或三角网多面体，如图 2-41 所示。

1. 三角域曲面加工方法

对于三角域曲面来说，每一曲面片在边界（包括边界线和边界点）上至少 G^1（一阶几何）连续，就是说整个曲面在任何位置的法向矢量方向唯一，从而可以采用离散几何方法构造曲面的等距面网孔，继而可以采用截面线法，用一系列截面去截取加工表面的等距面，生成的一系列截交线作为数控加工的刀具轨迹。

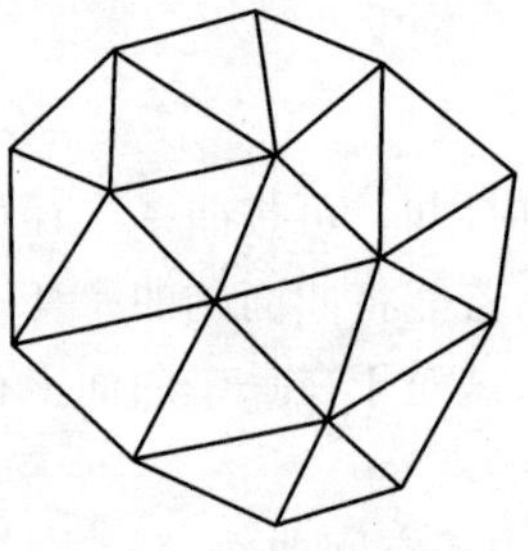

图 2-41　三角域曲面

2. 三角网多面体加工方法

对于三角网多面体来说，每一曲面片在边界上一般为 0 阶连续，无法构造等距面，用截面线法无法生成数控加工的刀具轨迹。

对于这类多面体的加工，一般采用平行截面法，即先用一系列平行截面去截取待加工表面，生成一系列截交线，然后设法使刀具与加工表面的切触点沿截交线运动，从而将曲面加工出来。下面着重介绍其刀具轨迹的计算方法。

如图 2-41 所示，三角网多面体曲面中的任何一条内边界线都是由两个小三角平面片相交而成，因而在该边界线上的任何点处（不包括顶点）曲面有两个法矢方向，且一般情况下这两个法向矢量的方向与上述截平面不共面。图 2-42 为任一截平面内边界线上两三角平面片法向矢量示意图。

在同一平面片内，曲面的法向矢量方向是一致的，刀心的计算很容易，但由于在边界线上法向矢量方向不一致，且与截平面不共面，显然，直接将不同平面片内的刀心用直线连接起来作为刀具中心轨迹是不合理的。

为了不啃切曲面边界，可以在截平面与平面片边界的交点 P（图 2-43）处作该边界的垂直面，该垂直面一定通过两平面片在 P 点处的法线，在该垂面内，以 P 点为圆心，以球形刀刀具半径 R 为半径，作连接两法线的圆弧，作为跨越平面片边界的刀具中心轨迹。

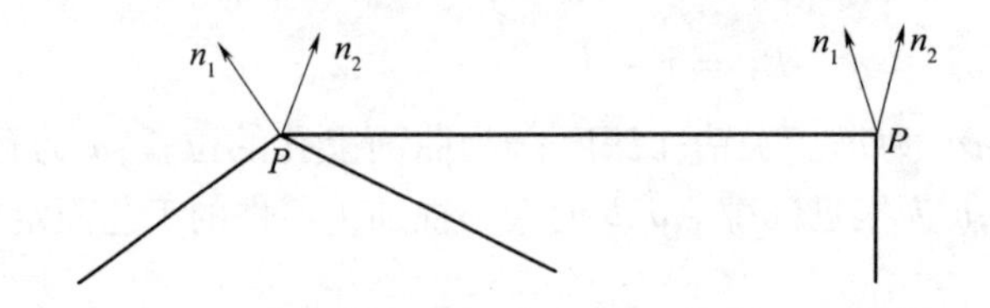

图 2-42　截平面内边界线上两三角平面片的法向矢量

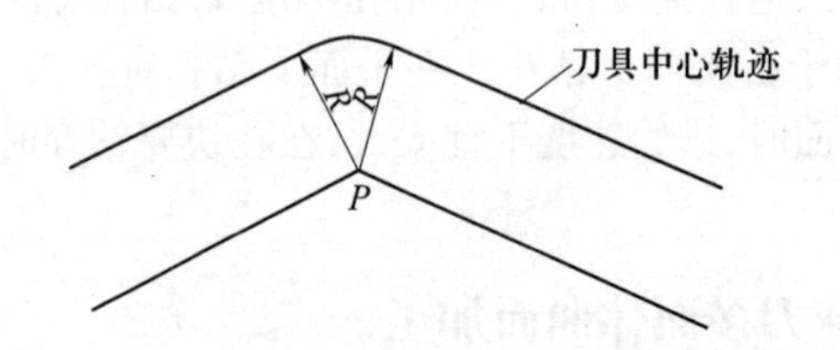

图 2-43　三角网多面体曲面刀具轨迹生成

从以上分析可以看出,这种方法生成的刀具中心轨迹不在同一平面内。

当截平面通过多个三角平面片的顶点时,顶点处的法向矢量计算以截平面相交的两个平面片为依据。

当截平面通过某两个平面片的交线边界时,以前趋平面片作为有效平面片进行计算。

2.7.4 曲面交线的加工

1. 曲面交线加工概述

曲面交线加工刀具轨迹的计算,是多坐标数控加工时刀具轨迹计算中最复杂的问题之一,同时也是应用最广泛的计算方法之一。

曲面交线加工的典型情况是刀具沿零件面 *PS* 和导动面 *DS* 的交线,以一定的步长控制方式,走到检查面 *CS*。

对于三坐标数控加工,曲面交线加工中刀轴不受其他临界线或边界约束面的影响。但对于多坐标(主要是指五坐标)数控加工,曲面交线加工中,除了以上三个控制面外,可能还有其他临界线或边界约束面的约束。

曲面交线加工的复杂性主要表现在以下两个方面:

(1) 在多坐标数控加工的情况下,除球形刀外,刀心的位置与刀轴方向有关,因此不可能通过构造等距面的交线生成交线加工刀具轨迹。

(2) 曲面交线加工必须处理刀具与复杂的控制表面和约束表面之间的关系,不仅要保证刀具头部切削刃与曲面之间的误差,而且刀杆也不能与约束表面发生干涉和碰撞。

按交线形式进行分类,曲面交线加工可分为曲面交线清根加工及曲面间过渡区域交线加工。本节分三坐标及五坐标数控加工方式讨论曲面交线清根加工刀具轨迹计算方法,曲面间过渡区域交线加工在下节介绍。

2. 曲面交线三坐标数控加工处理过程

由于三坐标数控加工刀轴是固定的,不受其他因素的影响,一般只能采用球形刀(某些特殊情况下可以采用环形刀或端铣刀),这样一来,两张曲面交线的最终状态只能是在相交处留有工艺上所允许的最小刀具圆角半径,而不可能加工出严格的交线。

采用球形刀三坐标数控加工曲面交线,可以采用构造加工表面等距面的交线的计算方法生成交线加工刀具轨迹,处理过程如下:

(1) 根据曲面交线加工工艺要求及相交曲面形态,选择刀具半径 R 尽可能大的球形刀。

(2) 构造两加工表面(也可以是零件面和导动面)的等距面,距离等于刀具半径 R。

(3) 求两等距面的交线,由于目前三次 B 样条曲面(或三次 NURBS 曲面)的等距面还没有成熟的表示方法,在数控编程系统中,一般均采用离散网孔表示,因此其交线也以离散交线点列 $\{P_i\}_i^n$ 表示。

(4) 以交线点列 $\{P_i\}_i^n$ 为基础,采用参数筛选法生成交线加工刀具轨迹,也可以直接采用交线点列作为交线加工刀具轨迹。

(5) 按交线两端处的检查面终止刀具运动,对交线加工刀具轨迹进行裁剪。

3. 曲面交线五坐标数控加工处理过程

对于五坐标数控加工,由于刀轴可以控制,曲面交线清根加工不仅可以采用球形刀,也可以根据相交曲面及约束面形态采用环形刀或端铣刀，下面分别进行讨论。

(1) 曲面交线球形刀五坐标数控加工处理过程。球形刀五坐标加工曲面交线应分为两种情况讨论：一种是与球形刀三坐标加工曲面交线类似的情况，即刀心沿加工表面等距面的交线运动，而不受其他因素的影响；另一种情况是，交线加工是在零件面（或导动面）的加工中同时被加工出来的，刀轴主要受控于零件面（或导动面）的加工，刀心被约束在导动面（或零件面）的等距面上，且受刀轴位置和刀轴方向的影响，典型的例子是整体叶轮叶型的精加工与清根交线加工同时完成。在此只讨论第一种情况，其处理过程如下（图2-44）。

① 按球形刀三坐标数控加工曲面交线的处理过程生成五坐标加工切心轨迹。

② 在每一刀心点 P_i 处作刀心轨迹的法截面，此截面作为刀心点 P_i处的摆刀平面。

③ 求摆刀平面与两加工表面临界线的交点 C_i^1 和 C_i^2，一般来说，加工表面临界线可直接取为加工表面的边界线，当然也有一些特殊例子，可通过构造加工表面临界线的方法产生。

④ 过 P_i 作 $\angle C_i^1 P_i C_i^2$ 的对角平分线 T_a^i，T_a^i 即为 P_i 点处的刀轴矢量。

值得说明的是，采用球形刀五坐标加工曲面交线，一般均为闭斜角曲面交线，无法采用三坐标加工时才用到，其计算处理过程要比三坐标加工处理过程复杂得多。

(2) 曲面交线环形刀五坐标数控加工处理过程。在五坐标数控加工中，采用环形刀加工曲面交线，每个控制表面与刀具的切触点均被限制在刀刃圆环面上，每个控制表面与刀刃表面的公法线均通过刀刃圆环中心线，而不是通过刀心点，如图2-45所示。下面介绍其刀具轨迹计算方法。

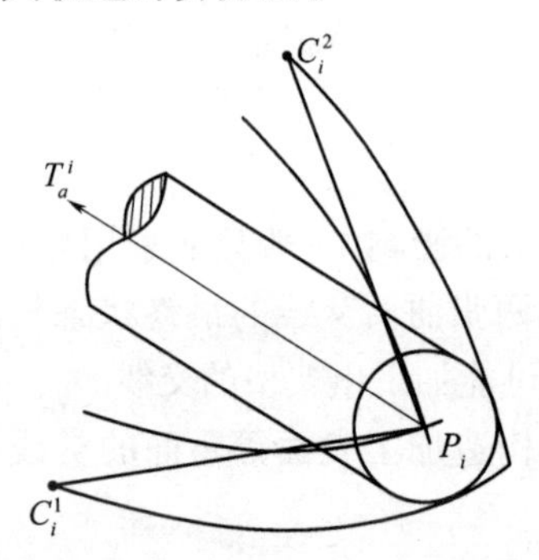

图2-44 球形刀五坐标加工曲面交线处理过程

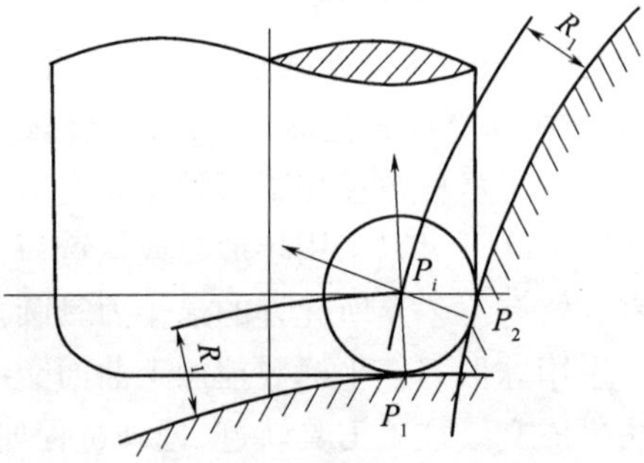

图2-45 交线加工中环形刀与控制面的关系

① 据曲面交线加工工艺要求及相交曲面形态，选择刃半径 R_1 及刀具半径 R 的环形刀。

② 构造两加工表面（或控制面）的等距面，距离等于刀刃半径 R_1。

③ 求两等距面的交线 C，并以离散点列 $\{P_i\}_i^n$ 表示。

④ 求 P_i 到两控制面的垂足 P_1 和 P_2，$P_1P_iP_2$ 形成的平面作为该点处的摆刀平面。采用环形刀加工曲面交线，要求 $\angle P_1P_iP_2 < 90°$，如果不满足这个要求，则不宜采用环形刀加工。

⑤ 解该点处的刀轴矢量及刀心坐标。

第3章　数控车床编程

3.1　数控车床编程基础

3.1.1　数控车床的分类与特点

数控车床与普通车床一样，也是用来加工零件的旋转表面的。一般能够自动完成内外圆柱面、圆锥面、球面以及螺纹的加工，还能加工一些复杂的回转面，如双曲面等。数控车床和普通车床的工件安装方式基本相同，为了提高加工效率，数控车床多采用了液压、气动和电动卡盘。

从总体上看数控车床的外形与普通车床相似，即由床身、主轴箱、刀架、进给系统、液压系统、冷却和润滑系统等部分组成。数控车床的进给系统与普通车床有质的区别，它没有传统的进给箱和交换齿轮架，而是直接用伺服电机通过滚珠丝杠驱动溜板和刀架，实现进给运动，因而进给系统的结构大为简化。

数控车床品种繁多，规格不一，可按如下方法进行分类。

1. 按车床主轴位置分类

(1) 立式数控车床。立式数控车床简称为数控立车，其车床主轴垂直于水平面，并有一个直径很大的圆形工作台，供装夹工件用。这类机床主要用于加工径向尺寸大、轴向尺寸相对较小的大型复杂零件。

(2) 卧式数控车床。卧式数控车床又分为数控水平导轨卧式车床和数控倾斜导轨卧式车床。倾斜导轨结构可以使车床具有更大的刚性，并易于排除切屑。

2. 按刀架数量分类

(1) 单刀架数控车床。普通车床一般都配置有各种形式的单刀架，如四工位卧式自动转位刀架或多工位转塔式自动转位刀架。

(2) 双刀架数控车床。这类车床的双刀架配置(即移动导轨分布)可以是如图3-1(a)所示的平行分布，也可以是如图3-1(b)所示的相互垂直分布，以及同轨结构。

3. 其他分类方法

按数控系统的不同控制方式等指标，数控车床可以分很多种类，如直线控制数控车床，两主轴控制数控车床等；按特殊或专门工艺性能可分为螺纹数控车床、活塞数控车床、曲轴数控车床等多种。

数控车床一般具有以下特点：

(1) 数控车床可以自动完成的操作有：主轴变速、正反转、启动或停止，两个坐标方向的进给速度和快速移动，刀架的松开、转位和夹紧，切削液的开、关等。

(2) 刀架的进给必须与主轴的旋转建立联系。因为数控车床车削时是以主轴转一圈刀架移动多少脉冲当量来计算的。

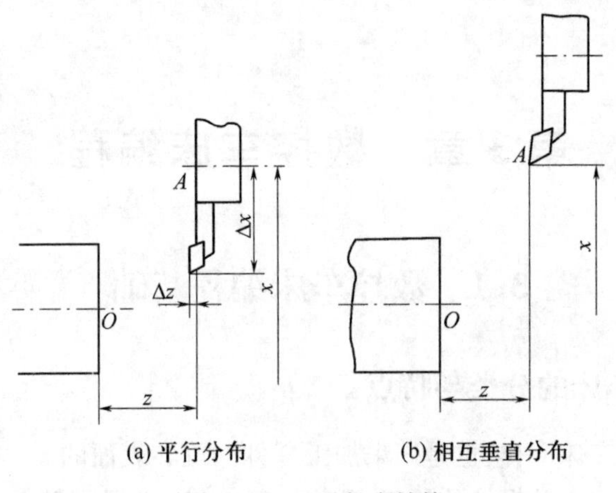

(a) 平行分布　　(b) 相互垂直分布

图 3－1　刀具长度补偿

(3) 数控车床加工时,由于精度和频率的需要,主轴必须有一个较大的调速范围。

(4) 具有刀具补偿功能和具有执行跳步指令功能。

(5) 一般数控车床通常是二坐标机床,并且二坐标(X,Z)常常可以联动加工轮廓零件。

3.1.2　数控车床的编程特点

(1) 在一个程序段中,根据图纸标注尺寸,可以是绝对值或增量值编程,也可以是二者的混合编程。

(2) 由于图纸尺寸的测量都是直径值,因比,为了提高径向尺寸精度和便于编程与测量,X 向脉冲当量取为 Z 向的一半,故直径方向用绝对值编程时,X 以直径值表示。用增量编程时,以径向实际位移量的两倍编程,并附上方向符号(正向省略)。

(3) 由于毛坯常用棒料或铸锻件,加工余量较大,所以数控车床常具备不同形式的固定循环功能,可进行多次重复循环切削。

(4) 为了提高刀具的使用寿命和降低表面粗糙度,车刀刀尖常磨成半径较小的圆弧,为此当编制圆头车刀程序时需要对刀具半径进行补偿。对具备 G41,G42 自动补偿功能的机床,可直接按轮廓尺寸进行编程;对不具备以上功能的机床编程时需要人工计算补偿量,这种计算比较复杂,有时是相当繁琐的。

(5) X,Z 和 U,W 分别为绝对坐标指令和增量坐标指令,其后的数值为刀尖在程序段中终点的坐标位置,$X(U)$方向的脉冲当量为 $Z(W)$方向的一半。

(6) 第三坐标指令 I,K 在不同的程序中作用也不相同。I,K 在圆弧切削时表示圆心相对圆弧起点的坐标位置,此时 I,K 方向的脉冲当量与 Z 向一致;而在有自动循环的指令中,I,K 坐标则用来表示每次循环的进刀量,此时 I 方向的脉冲当量与 X 方向的脉冲当量一样为 Z 方向的一半(即 I 以两倍值编程),而 K 方向的脉冲当量与 Z 方向一致。

3.1.3　数控系统的功能

由于我国目前数控机床的形式和数控系统的种类较多,其指令代码的定义尚未完全统一。所以编程人员在编程之前要对数控系统的功能仔细加以研究,以免发生错误。

下面以 FANUC 系统(FANUC－6T 和 FANUC－oi－TB)为例说明数控车床数控系统功能。

1. 准备功能 G 指令

FANUC 系统常用准备功能 G 指令见表 3－1。

表 3－1 FANUC 系统准备功能 G 指令

代 码	组 别	功 能	代 码	组 别	功 能	附 注
FANUC－6T			FAUNC－oi－TB			
G00 G01 G02 G03	01	快速点定位 直线插补 顺时针圆弧插补 逆时针圆弧插补	G00① G01 G02 G03	01	快速点定位(快速移动) 直线插补(切削进给) 圆弧插补(顺时针) 圆弧插补(逆时针)	模态
G04 G10	00	延迟(暂停) 补偿值设定	G04 G07.1 G10① G11	00	暂停 圆柱插补 可编程数据输入 可编程数据输入注销	非模态 模态 模态
—	—	—	G12.1 G13.1①	21	极坐标插补方式 极坐标插补方式注销	
—	—	—	G17 G18① G19	16	*X*－*Y* 平面选择 *Z*－*X* 平面选择 *Y*－*Z* 平面选择	模态
G20 G21	02	英制输入 米制输入	G20 G21	06	英制数据输入 公制数据输入	模态
G22 G23		存储型行程限位接通 存储型行程限位断开	G22① G23	09	存储行程检查接通 存储行程检查断开	模态
—	—	—	G25① G26	08	主轴速度波动检测断开 主轴速度波动检测接通	模态
G27 G28 G29	00	返回参考点确认 返回参考原点 从参考点回到切削点	G27 G28 G30 G31	00	参考位置返回检查 返回参考位置 第 2,3,4 参考位置返回 跳过功能	非模态
G32	01	螺纹切削	G33 G34	01	螺纹切削 变螺距螺纹切削	模态
G36 G37	01	自动刀具补偿 *X* 自动刀具补偿 *Z*	G36 G37	00	自动刀具补偿 *X* 自动刀具补偿 *Z*	非模态
G40 G41 G42	07	刀具半径补偿取消 刀尖圆弧半径左补偿 刀尖圆弧半径右补偿	G40① G41 G42	07	刀尖半径补偿注消 刀尖半径补偿左消 刀尖半径补偿右消	模态
G50	00	坐标系设定或最高 主轴速度限定	G50.2① G51.2	20	多边形车削注销 多边型车削	

（续）

代码	组别	功能	代码	组别	功能	附注
—	—	—	G52	00	局部坐标系设事实上	非模态
			G53		机床坐标系设定	
—	—	—	G54①	14	工件坐标系选择 1	模态
			G55		工件坐标系选择 2	
			G56		工件坐标系选择 3	
			G57		工件坐标系选择 4	
			G58		工件坐标系选择 5	
			G59		工件坐标系选择 6	
—	—	—	G65	00	宏程序调用	非模态
—	—	—	G66	12	模态宏调用	模态
			G67①		模态宏调用注销	
—	—	—	G68	04	双刀架镜像打开	非模态
			G69		双刀架镜像打闭	
G70	00	精车循环	G70	01	精加工循环	非模态
G71		粗车外圆复合循环	G71		外圆粗加工复合循环	
G72		粗车端面复合循环	G72		端面粗加工复合循环	
G73		固定形状粗加工复合循环	G73		固定形状加工复合循环	
G74		*Z* 向深孔钻削循环	G74		端面间断加工循环（钻孔）	
G75		切槽（在 *X* 向）	G75		横向间断加工循环（切槽）	
G76		螺纹切削复合循环	G76		螺纹切削复合循环	
—	—	—	G77	01	外（内）圆切削固定循环	
			G78		螺纹切削固定循环	
			G79		端面切削固定循环	
—	—	—	G80①	10	循环加工指令取消	模态
			G83		纵向深孔钻孔循环 1（*Z* 轴）	
			G84		纵向攻丝循环（*Z* 轴）	
			G85		纵向镗孔循环（*Z* 轴）	
			G87		横向深孔钻孔循环 1（*X* 轴）	
			G88		横向攻丝循环（*X* 轴）	
			G89		横向镗孔循环（*X* 轴）	
—	—	—	G92	00	坐标系或主轴限速设定	模态
			G92.1		工件坐标系预置	
G90	01	单一形状固定循环	G94	05	每分钟进给量设定	模态
G92		螺纹切削循环	G95①		每转进给量设定	
G96	02	恒速切削控制有效	G96	02	主轴恒线速控制	模态
G97		恒速切削控制取消	G97①		取消主轴恒线速控制	
G98	05	进给速度按每分钟设定	G98	11	返回到起始点	模态
G99		进给速度按每转设定	G99		返回到 *R* 点	

① 通电时同组别 G 代码初始状态

2. 辅助功能 M 指令

FANUC 数控系统常用辅助功能 M 指令见表 3－2。

表 3－2 FANUC 系统辅助功能 M 指令

代 码	功 能	代 码	功 能	附 注
FANUC－6T		FAUNC－oi－TB		
M00	程序暂停	M00	程序停止	非模态
M01	任选停止	M01	计划停止	非模态
M02	程序结束	M02	程序结束	非模态
M03	主轴正转	M03	主轴顺时针旋转	模态
M04	主轴反转	M04	主轴逆时针旋转	模态
M05	主轴停止	M05	主轴停止	模态
M08	切削液开	M08	切削液开	模态
M09	切削液停	M09	切削液关	模态
M10	车螺纹 45°退刀	M10	接料器前进	模态
M11	车螺纹直退刀	M11	接料器退加	模态
M12	误差检测	M13	1 号压缩空气吹管打开	模态
M13	误差检测取消	M14	2 号压缩空气吹管打开	模态
M19	主轴停止	M15	压缩空气吹管关闭	模态
M20	ROBOT 工作启动	M17	2 轴变换	模态
M23	自动螺纹倒角	M18	3 轴变换	模态
M24	螺纹倒角关断	M19	主轴定向	模态
		M20	自动上料器工作	模态
M30	程序结束	M30	程序结束并返回	非模态
		M31	互锁旁路	非模态
		M38	右中心架夹紧	模态
		M39	右中心架松开	模态
M40	主轴低速范围	M50	棒料送料器夹送进	模态
M41	主轴高速范围	M51	棒料送料器松开并退回	模态
		M52	自动门打开	模态
		M53	自动门关闭	模态
		M58	左中心架夹紧	模态
		M59	左中心架松开	模态
		M68	液压卡盘夹紧	模态
		M69	液压卡盘松开	模态
		M74	错误检测功能打开	模态
		M75	错误检测功能关闭	模态
		M78	尾架套管送进	模态
		M79	尾架套管退回	模态

（续）

代　码	功　能	代　码	功　能	附　注
		M98	主轴低压夹紧	模态
		M99	主轴高压夹紧	模态
		M90	主轴松开	模态
M98	调用子程序	M98	子程序调用	模态
M99	子程序结束	M99	子程序调用返回	模态

3. N、F、T、S 功能

1）N 功能

程序段号由字母（称为地址符）N 和后面的四位数字来表示的。通常是按顺序在每个程序段前加上编号（顺序号），但也可以只在需要的地方编号。

2）F 功能

F 功能是表示进给速度的功能，是由字母（称为地址符）F 和其后面的若干位数字来表示的。

（1）每分钟进给量（G98）。系统在执行了有 G98 的程序段后，在遇到 F 指令时，便认为 F 所指定的进给速度单位为 mm/min。例如 F25.54，即为 25.54mm/min。G98 被执行一次后，系统将保持 G98 状态，即使断电也不受影响。直至系统又执行了含有 G99 的程序段，此时 G98 便被否定，而 G99 将发生作用。

（2）每转进给量（G99）。若系统处于 G99 状态，则认为 F 所指定的进给速度单位为 mm/r。例如 F0.15，即为 0.15mm/r。要取消 G99 状态，必须重新指定 G98。

3）T 功能

根据加工需要，指令数控系统进行选刀或换刀，是用字母 T 和其后的四位数字表示的。其中前两位表示刀具号，后两位表示刀具补偿号。在实际工作时，同时要求在每一刀具加工结束后必须取消其刀具补偿。例如：

N1　G00　X100　Z100
N2　T0102（1 号刀具，2 号刀补）
N3　G01　X80　Z200　S1000　M03
N4　T0100（取消 1 号刀具补偿）

4）S 功能

S 功能是表示主轴功能。主要表示主轴转速或线速度。主轴功能是由字母（称为地址符）S 和其后面的数字来表示的。

（1）线速度控制（G96）。G96 是接通恒线速度控制的指令。系统执行 G96 后，便认为用 S 指定的数值表示切削速度。例如 G96 S200，表示切削速度为 200m/min。在恒线速度控制中，数控系统根据刀尖所在处的 X 坐标值，作为工件的直径值来计算主轴速度，所以在使用 G96 指令前必须正确地设定工件坐标系。

（2）主轴转速控制（G97）。G97 是取消恒线速度控制的指令。此时，S 指定的数值表示主轴每分钟的转速。例如 G97 S1200，表示主轴转速为 1200r/min。

（3）最高速度限定（G50）。G50 除有坐标系设定功能外，还有主轴最高转速设定功能，即用 S 指定的数值设定主轴每分钟的最高转速。例如 G50 S2000，表示把主轴最高转速设定为2000r/min。用恒定速度控制加工端面、锥度和圆弧时,由于 X 坐标不断变化,故当刀具逐渐移近工件旋转中心时,主轴转速会越来越高,工件有可能从卡盘中飞出。为了防止出现事故,必须限定主轴最高转速。

3.1.4 数控车床刀具补偿

数控机床在切削过程中不可避免地存在刀具磨损问题,例如车刀刀尖圆弧半径变化等,这时加工出的零件尺寸也随之变化。如果系统功能中有刀具尺寸补偿功能,可在操作面板上输入相应的修正值,使加工出的零件尺寸仍然符合图样要求,否则就得重新编写数控加工程序。有了刀具尺寸补偿功能后,使数控编程大为简便,在编程时可以完全不考虑刀具中心轨迹计算,直接按零件轮廓编程。启动机床加工前,只需输入使用刀具的参数,数控系统会自动计算出刀具中心的运动轨迹坐标,为编程人员减轻了劳动强度。另外,试切和加工中工件尺寸与图样要求不符时,可借助相应的补偿加工出合格的零件。车刀的刀具补偿通常有两种:刀具位置尺寸补偿和刀具半径尺寸补偿。

1. 刀具位置补偿

当采用不同尺寸的刀具加工同一轮廓尺寸的零件,或同一名义尺寸的刀具因换刀重调、磨损以及切削力使工件、刀具、机床变形引起工件尺寸变化时,为加工出合格的零件,必须进行刀具位置补偿。

如图3-2所示,车床的刀架装有不同尺寸的刀具。设图示刀架的中心位置P为各刀具的换刀点,并以1号刀具的刀尖 B 点为所有刀具的编程起点。当1号刀具从 B 点运动到 A 点时其增量值为

$$u_{BA} = x_A - x_1$$
$$w_{BA} = z_A - z_1$$

当换2号刀具加工时,2号刀具的刀尖在 C 点位置,要想运用 A,B 两点的坐标值来实现从 C 点到 A 点的运动,就必须知道 B 点和 C 点的坐标差值,利用这个差值对 B 到 A 的位移量进行修正,就能实现从 C 到 A 的运动。为此,将 B 点(作为基准刀尖位置)对 C 点的位置差值用以 C 为原点的直角坐标系 I,K 来表示,如图3-2所示。当从 C 到 A 时:

$$u_{CA} = (x_A - x_1) + i_\Delta$$
$$w_{CA} = (z_A - z_1) + k_\Delta$$

式中:i_Δ,k_Δ 分别为 X 轴、Z 轴的刀补量,可由键盘输入数控系统。由上式可知,从 C 到 A 的增量值等于从 B 到 A 的增量值加上刀补值。

当2号刀具加工结束时,刀架中心位置必须回到 P 点,也就是2号刀的刀尖必须从 A 点回到 C 点,但程序是以回到 B 点来编制,只给出了 A 到 B 的增量,因此,也必须用刀补值来修正:

$$u_{AC} = (x_1 - x_A) - i_\Delta$$
$$w_{AC} = (z_1 - z_A) - k_\Delta$$

从以上分析可以看出,数控系统进行刀具位置补偿,就是用刀补值对刀补建立程序段的增量值进行加修正,对刀补撤销段的增量值进行减修正。

这里的1号刀是标准刀,我们只要在加工前输入与标准刀的差 i_Δ,k_Δ 就可以了。在这种情况下,标准刀磨损后,整个刀库中的刀补都要改变。为此,有的数控系统要求刀具位置补偿的基准点为刀具相关点。因此,每把刀具都要输入 i_Δ,k_Δ,其中 i_Δ,k_Δ 是刀尖相

对刀具相关点的位置差(图3-3)。

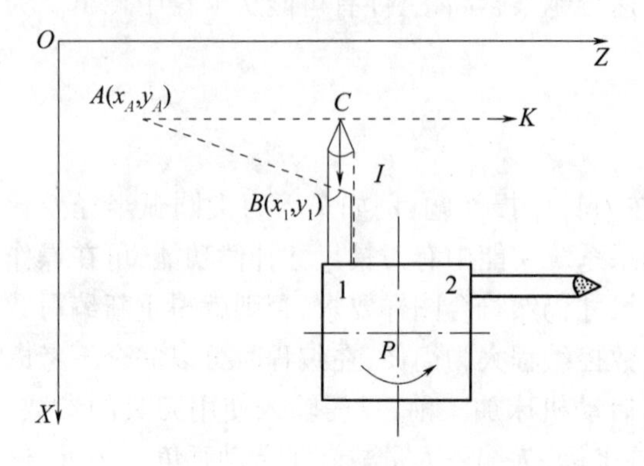

图3-2　刀具位置补偿示意

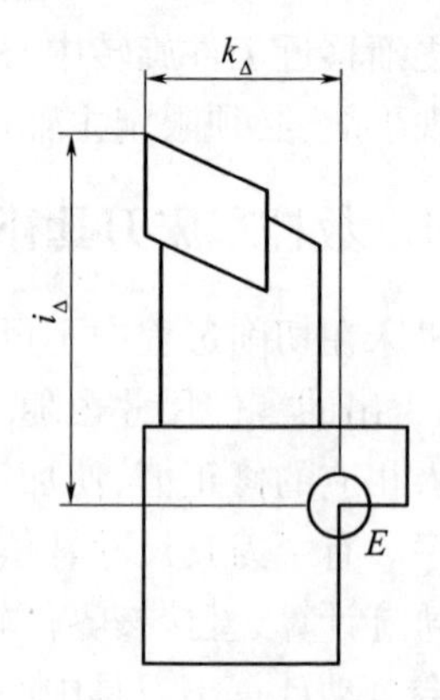

图3-3　刀具位置补偿

2. 刀具半径补偿

1）不具备刀具半径补偿功能的系统补偿

在通常的编程中,将刀尖看作是一个点,然而实际数控切削加工中为了提高刀尖的强度,降低加工表面粗糙度,刀尖处成圆弧过渡刃。在切削内孔、外圆及端面时,刀尖圆弧不影响其尺寸、形状,但在切削锥面和圆弧时,则会造成过切或少切现象(图3-4)。此时可以用刀尖半径补偿功能来消除误差。

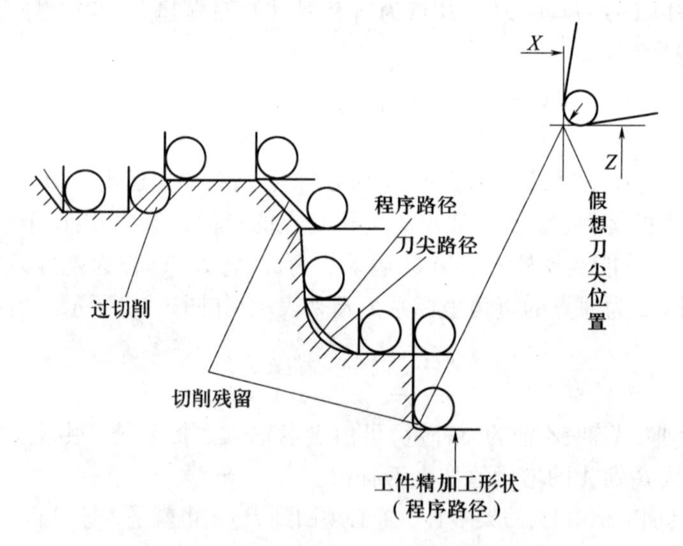

图3-4　刀尖圆弧产生过切和少切的现象

但有些简易数控系统不具备刀具半径补偿功能,因此,当零件精度要求较高且又有圆锥或圆弧表面时,要么按刀尖圆弧中心编程,要么在局部进行补偿计算,来消除刀尖半径引起的误差。

(1) 按假想刀尖编程加工锥面。数控车床总是按"假想刀尖"点来对刀,使刀尖位置与程序中的起刀点(或换刀点)重合。所谓假想刀尖如图3-5所示,(b)图为圆头车刀,P点为圆头刀假想刀尖,相当于(a)图中尖头刀的刀尖点。

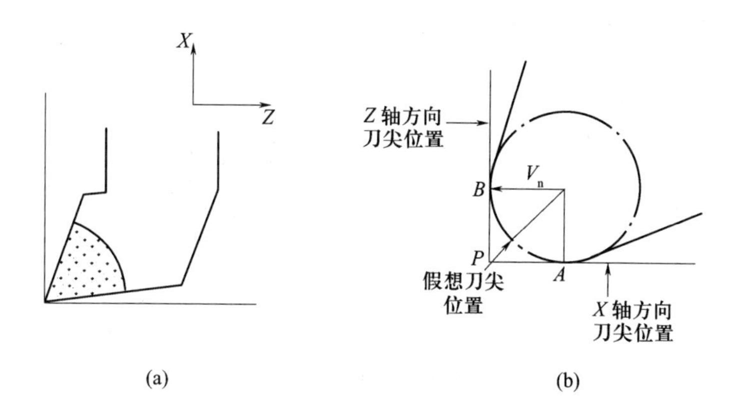

图 3－5　圆头车刀刀尖半径和假象刀尖

若假想刀尖沿图 3－6 所示工件轮廓 AB 移动，即 P_1P_2 与 AB 重合，并按 AB 尺寸编程，则必然产生图(a)中欠切的区域 $ABCD$，造成残留误差。因此按图(b)所示，使车刀的切削点移至 AB，并沿 AB 移动，从而可避免残留误差，但这时假想刀尖轨迹 P_3P_4 与轮廓在 X 方向和 Z 方向分别产生误差 ΔX 和 ΔZ，其中

$$\Delta x = \frac{2r}{1 + \cot\frac{\theta}{2}}, \Delta z = \frac{2r}{1 + \tan\frac{\theta}{2}}$$

式中：r 为刀具圆弧半径；θ 为锥面斜角。

因此可直接按假想刀尖轨迹 P_3P_4 的坐标值编程，在 X 方向和 Z 方向予以补偿 ΔX 和 ΔZ 即可。如图 3－6(b)所示。

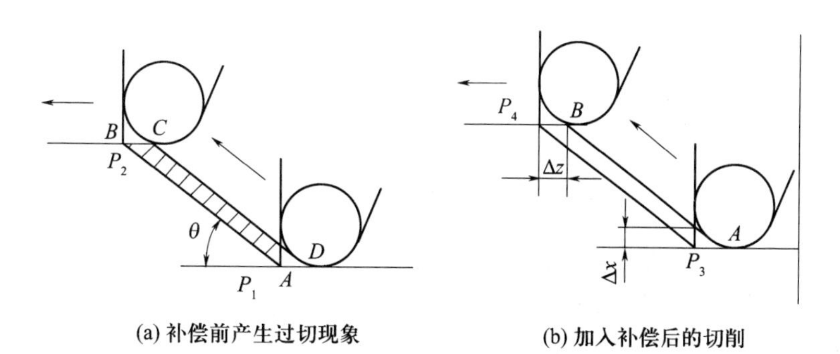

图 3－6　圆头车刀加工锥面补偿示意图

(2) 按假想刀尖编程加工圆弧。如果按假想刀尖编程车削半径为 R 的凸凹圆弧表面 AB 时，会出现如图 3－7 所示的情况。图中(a)为车削半径为 R 的凸圆弧，由于 r 的存在，则刀尖 P 点所走的圆弧轨迹并不是工件所要求的圆弧形状。其圆心为"O'"，半径为"$R+r$"，此时编程人员仍按假想刀尖 P 点进行编程，不考虑刀尖圆弧半径的影响，即粗实线轮廓应按图中虚实线参数进行编程。但要求加工前应在刀补拨码盘上给 Z 向和 X 向分别加一个补偿量 r。同理，在切削凹圆弧，如图 3－7(b)时，则在 X 向和 Z 向分别减一个补偿量 r。

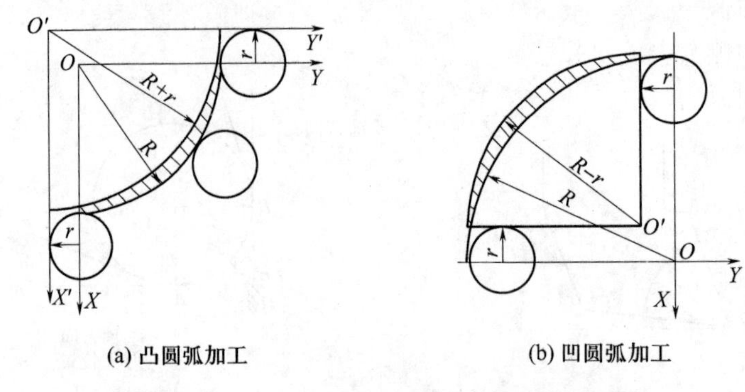

(a) 凸圆弧加工　　(b) 凹圆弧加工

图 3－7　圆头车刀加工凸凹圆弧刀补示意图

(3) 按刀尖圆弧中心轨迹编程。不具备刀具半径补偿功能的数控系统，除按假想刀尖轨迹数据编程外，还可以按刀心轨迹编程。如图 3－8 所示手柄零件是由三段凸圆弧和凹圆弧构成的，这时可用轮廓虚线轨迹所示的 3 段等距线迹进行编程，即 O_1 圆半径为 R_1+r，O_2 圆半径为 R_2+t，O_3 圆半径为 R_3-r，三段圆弧的终点坐标由等距的切点关系求得。这种方法编程比较直观，常被使用。

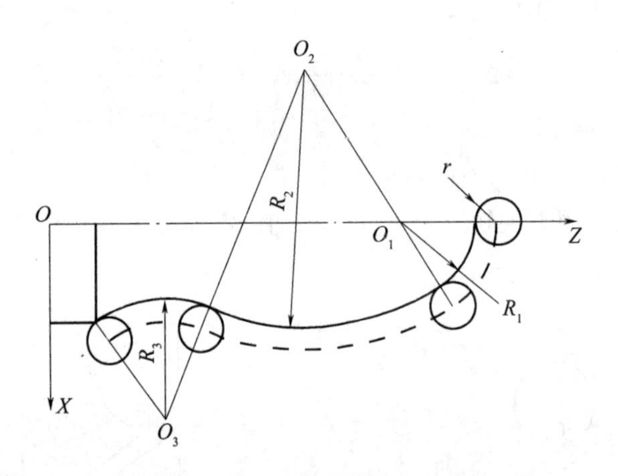

图 3－8　按刀尖圆弧中心轨迹编程

用假想刀尖轨迹和刀心轨迹编程方法的共同缺点是当刀具磨损或重磨后，需要重新计算编程参数，否则会产生加工误差。

2) 具有刀具半径补偿功能的系统补偿

在现在的高级数控车床控制系统中，为使编程简单方便，一般都设置了刀尖圆弧半径补偿功能，而且可以根据刀尖的实际情况，选择刀位点轨迹，编程和补偿都十分方便。对于具有刀具半径补偿功能的数控系统，在编程时，只要按零件的实际轮廓编程即可，而不必按照刀具中心运动轨迹编程。使用刀具半径补偿指令，并在控制面板上手工输入刀具半径，数控装置便能自动地计算出刀具中心轨迹，并按刀具中心轨迹运动。即执行刀具半径补偿后，刀具自动偏离工件轮廓一个刀具半径值，从而加工出所要求的工件轮廓。

(1) 假定刀尖位置方向。具备刀具半径补偿功能的数控系统，除利用刀具半径补偿指令外，还应根据刀具在切削时所摆的位置，选择假想刀尖的方位。按假想刀尖的方位确定补偿量。车刀假想刀尖形状和方位有 L1 ~ L8，共 8 种位置可以选择。图 3 - 9 即是以刀架在操作者内侧为例的车刀形状和方位，P 代表刀具刀位点，S 代表刀尖圆弧圆心。箭头表示刀尖方向，如果按刀尖圆弧中心编程，则选用 L10 或 L9。刀架在操作者外侧时 L1，L6，L2 分别与 L4，L8，L3 相反，L5，L7，L9，L10 则不变。

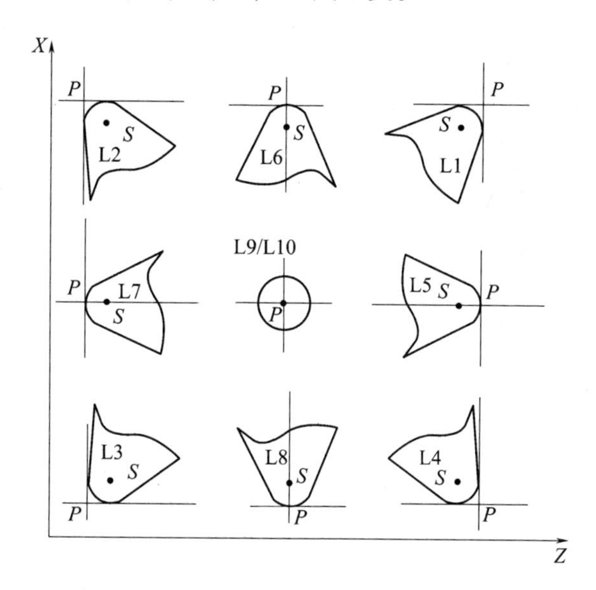

图 3 - 9　车刀形状和方位

典型的车刀形状、方位和参数的关系可参考表 3 - 3。

表 3 - 3　典型车刀形状、位置与参数关系

走刀方向	刀位代码	刀尖圆弧位置	典型车刀形状
←	T3	L3 S	
← →	T8	L8 S	
→	T4	L4 S	
↑ ↓	T5	L5 S	

（续）

走刀方向	刀位代码	刀尖圆弧位置	典型车刀形状
→	T1		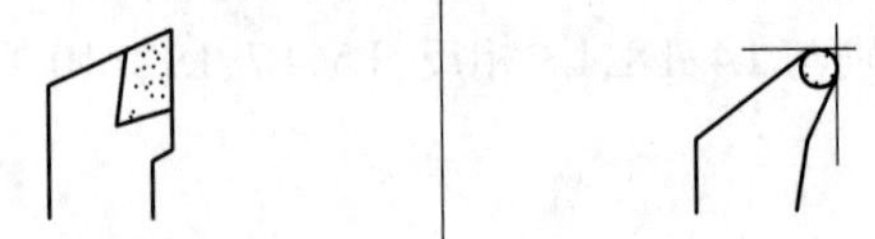
← →	T6	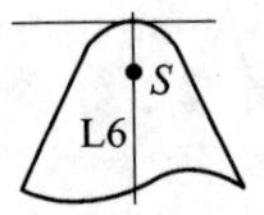	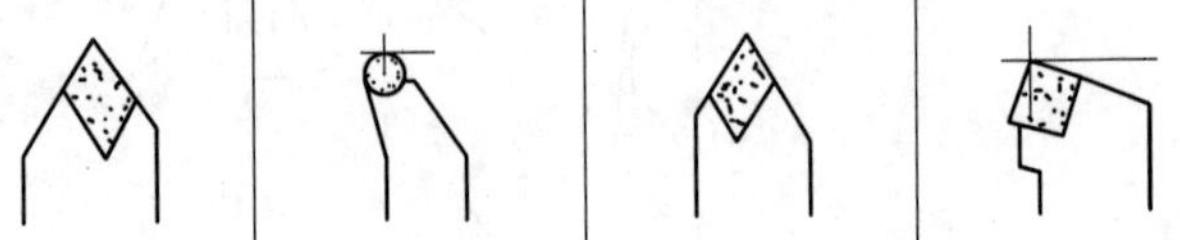
←	T2	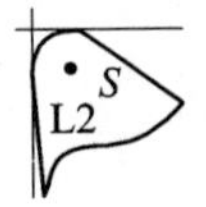	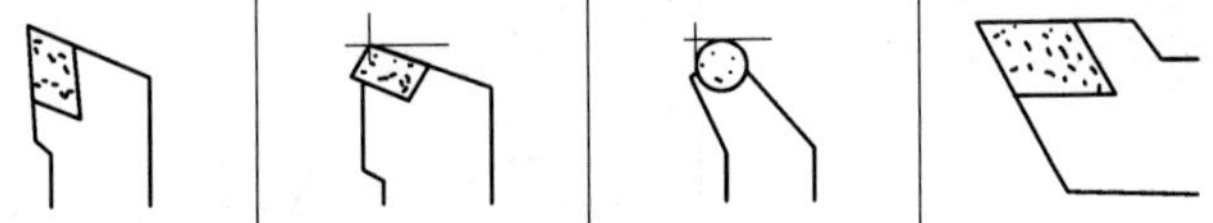
↑↓	T7	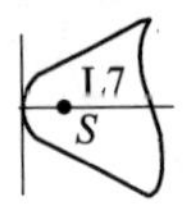	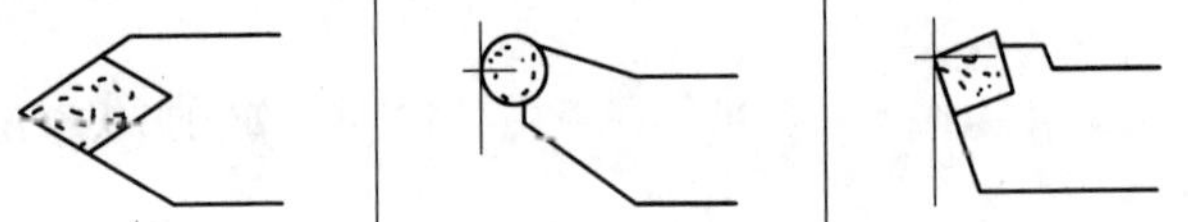

（2）刀具补偿量的确定。综上所述，一般数控装置都有刀具半径补偿功能，为编制程序提供了方便。对有刀具半径补偿功能的数控系统，使用刀具半径补偿指令（G41/G42，G40 使用在后面介绍），并在控制面板上手工输入刀具半径。

对应每一个刀具补偿号，都有一组偏置量 X、Z、刀尖半径补偿量 R 和刀尖方位号 T。根据装刀位置、刀具形状确定刀尖方位号。通过机床面板上的功能键 OFFSET 分别设定、修改这些在刀具数据库（TOOL DATA）参数，数控加工中，根据相应的指令进行调用，提高零件的加工精度。图 3-10 为控制面板上的刀具偏置与刀具方位画面。

3.1.5　数控车床坐标系统

数控车床是以机床主轴线方向为 Z 轴方向，刀具远离工件的方向为 Z 轴的正方向。X 轴位于与工件安装面平行的水平面内，垂直于工件旋转轴线的方向，且刀具远离主轴轴线的方向为 X 轴的正方向。

数控车床坐标系统可分为机床坐标系统和工件坐标系统。

1. 原点、参考点和机床坐标系

机床原点为机床上固定点。车床的机床原点定义为主轴旋转中心线与车头端面的交点，见图 3-11，O 点即为机床原点。

OFFSET		01		O000
N0040				
NO.	X	Z	R	T
01	025.036	002.006	000.400	1
02	024.052	003.500	000.800	2
03	015.036	004.082	001.000	0
01	010.030	-002.006	000.602	4
05	002.030	002.400	000.350	3
06	012.450	000.220	001.008	5
07	004.000	000.506	000.300	6
ACUTUAL		POSITION	(RELATIVE)	

图 3－10　刀具补偿参数偏置量输入界面

参考点也是机床上的一固定点。该点与机床原点的相对位置如图 3－11 所示(点 O' 即为参考点)。其位置由 Z 向与 X 向的机械挡块来决定。当进行回参考点的操作时,安装在纵向和横向滑板上的行程开关碰到相应的挡块后数控系统发出信号,由系统控制滑板停止运动,完成回参考点的操作。

如果以机床原点为坐标原点,建立一个 Z 轴与 X 轴的直角坐标系,则此坐标系就称为机床坐标系。

机床通电之后,不论刀架位于什么位置,此时显示器上显示的 Z 与 X 的坐标值均为零。当完成回参考点的操作后,则马上显示此时刀架中心(对刀参考点)在机床坐标系中的坐标值,就相当于数控系统内部建立了一个以机床原点为坐标原点的机床坐标系。

2. 工件原点和工件坐标系

工件坐标系是在编程时使用的坐标系,所以又称为编程坐标系。数控编程时,应该首先确定工件坐标系和工件原点。

零件在设计中有设计基准,在加工过程中有工艺基准,同时要尽量将工艺基准与设计基准统一,该基准点通常称为工件原点。

以工件原点为坐标原点建立的 X,Z 轴直角坐标系,称为工件坐标系,工件坐标系是人为设定的,设定的依据是符合图样要求。从理论上讲,工件原点选在任何位置都是可以的,但实际上,为了编程方便以及各尺寸较为直观,应尽量把工件原点的位置选得合理些。在车床上工件原点的选择如图 3－12 所示,Z 向应取在工件的回转中心即主轴的轴线上,X 向一般在左端面或右端面两者之中选择,即工件的原点可选在主轴回转中心与工件右端面的交点 O 上,也可选在主轴回转中心与工件左端面的交点 O' 上。

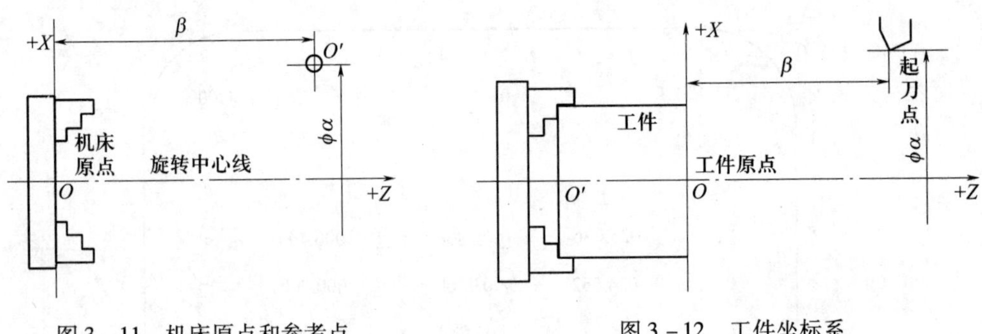

图 3-11　机床原点和参考点　　　　图 3-12　工件坐标系

3. 工件坐标系设定

编程人员在确定起刀点的位置(X_0Z_0)后,还应通过 G50 坐标设定指令(有的机床用 G92 指令)告诉系统,刀尖相对于工件原点的位置,即设定一个工件坐标系。G50 是一个非运动指令,只起预置寄存作用,一般作为第一条指令放在整个程序的前面。其指令格式为

G50　X(α)Z(β);

式中:α,β 分别为刀尖的起始点距工件原点在 X 向和 Z 向的尺寸。

执行　G50　X(α)Z(β)后,系统内部即对(α,β)进行记忆,并显示在显示器上,这样就相当于在工件内部建立了一个以工件原点为坐标原点的工件坐标系。

下面举例说明。如图 3-13 所示,若选工件右端面 O 点为坐标原点时,坐标系设定为

G50　X150.0　Z20.0;

若选工件左端面O'为坐标原点时,则坐标设定为

G50　X150.0　Z100.0;

由上可知,同一工件由于工件原点变了,所以程序段中的坐标尺寸也随之改变,因此,在编制加工程序前必须首先确定工件坐标系(编程坐标系)和工件原点(编程原点)。

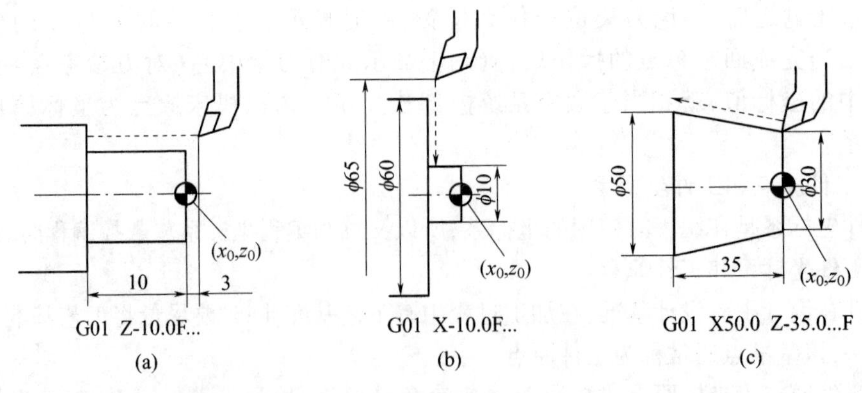

图 3-13　工件坐标系设定

4. 绝对编程法和增量编程法

X 轴和 Z 轴移动量的指令方法有绝对指令和增量指令两种。绝对指令是对各轴移动到终点的坐标值进行编程的方法,称为绝对编程法。增量指令是用各轴的位移量直接编程的方法,称为增量编程法。

绝对编程时,用 X,Z 表示 X 轴与 Z 轴的坐标值;增量编程时,用 U,W 表示在 X 轴和

Z 轴上的移动量。如图 3－14 所示，增量指令时为 U40.0，W－60.0，绝对指令时为 X70.0，Z40.0。绝对编程和增量编程可在同一程序中混合使用，这样可以免去编程时一些尺寸值的计算，如 X70.0，W－60.0。

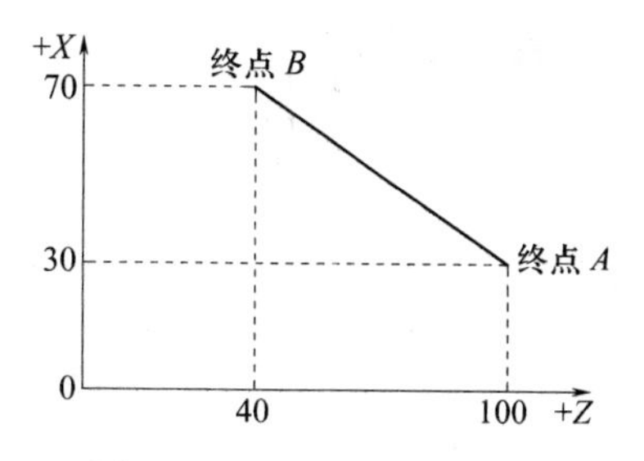

图 3－14　增量值与绝对值

5. 直径编程法和半径编程法

编制轴类工件的加工程序时，因其截面为圆形，所以尺寸有直径指定和半径指定两种方法，采用哪种方法要由系统的参数决定。采用直径编程时称为直径编程法；采用半径编程时称为半径编程法。车床出厂时均设定为直径编程，所以在编程时与 X 轴有关的各项尺寸一定要用直径编程。如果需要用半径编程，则要改变系统中相关的几项参数，使系统处于半径编程状态。

3.2　数控车床常用编程方法

1. 快速点定位 G00

G00 指令命令机床以最快速度运动到下一个目标位置，运动过程中有加速和减速，该指令对运动轨迹没有要求。其书写格式：

G00　X(U)__　Z(W)__；

因为 X 轴和 Z 轴的进给速率不同，因此机床执行快速运动指令时两轴的合成运动轨迹并不一定是直线，因此在使用 G00 指令时，一定要注意避免刀具和工件及夹具发生碰撞。如果忽略这一点，就容易发生碰撞，而快速运动状态下的碰撞就更加危险。

如图 3－15 所示，工件采用卡盘夹持。不用尾座，让刀具从 a 点快速移动到 b 点，可以命令刀具同时沿 X 轴和 Z 轴向 b 点运动。

如图 3－16 所示，工件采用卡盘夹持，使用尾座顶点时，因为有尾座顶尖干涉。如果命令刀具从 a 点移动到 b 点时，就只能指令刀具先沿一个轴运动，再沿另一个轴运动。即先从 a 点到 c 点到 b 点。

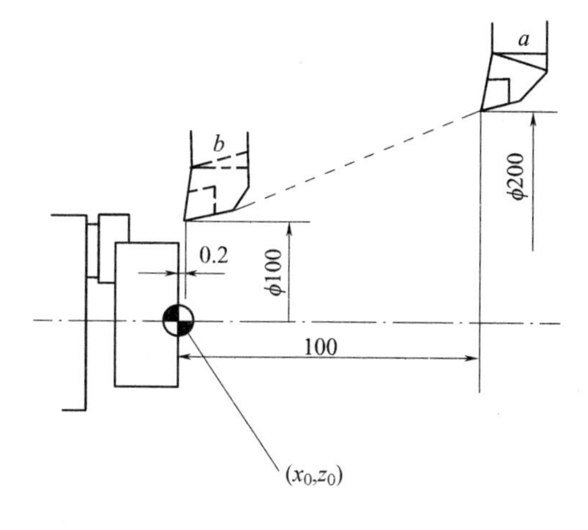

图 3－15　快速点定位

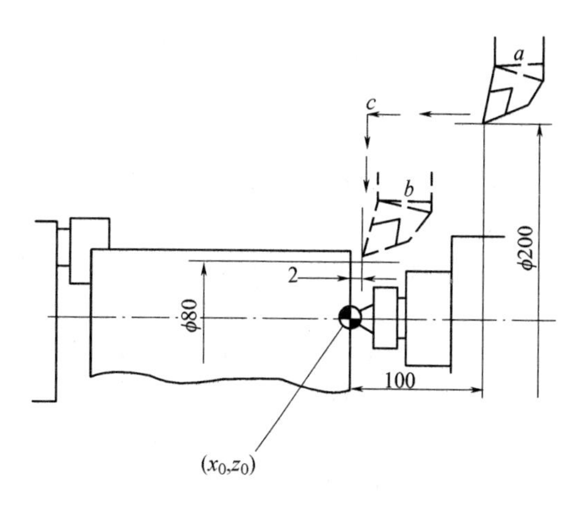

图 3－16　快速点定位

2. 直线插补 G01

G01 指令命令刀具在二坐标或三坐标间以 F 指令的进给速度进行直线插补运动。其指令书写格式是:

G01 X(U)_ Z(W) _ F_;

使用 G01 指令可以实现纵切、横切、锥切等形式的直线插补运动,如图 3-17 所示。

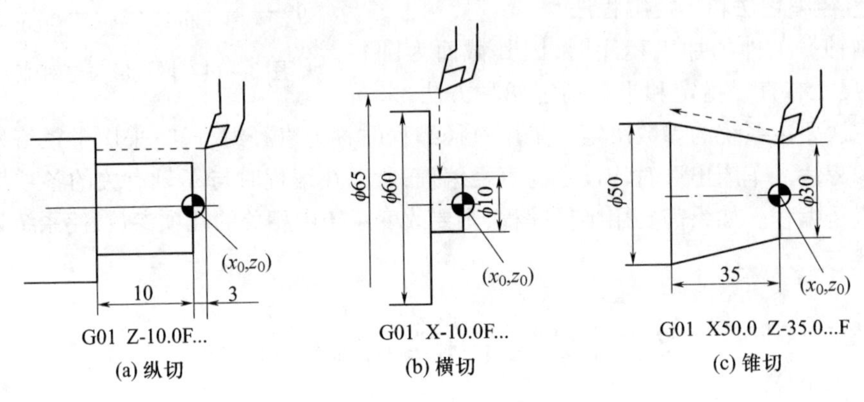

图 3-17 直线插补

使用 G01 指令时可以采用绝对坐标编程,也可采用相对坐标编程。当采用绝对坐标编程时,数控系统在接受 G01 指令后,刀具将移至坐标值为 X,Z 的点上;当采用相对坐标编程时,刀具移至距当前点的距离为 U,W 值的点上。如图 3-18 所示,要求刀具从 P_0 快速移动到 P_1,再从 P_1 直线插补到 P_2,最后从 P_2 直线插补到 P_3。

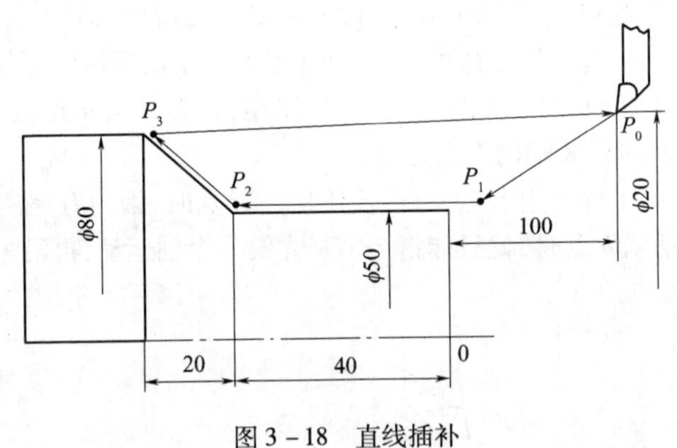

图 3-18 直线插补

采用绝对坐标编程,其程序为

… …

N03 G00 X50.0 Z2.0 S800 T01 M03;(P_0—P_1 点)

N04 G01 Z-40.0 F80;(刀尖从 P_1 点按 F 值运动到 P_2 点)

N05 X80.0 Z-60;(P_2—P_3 点)

N06 G00 X200.0 Z100.0;(P_3—P_0 点)

… …

采用相对坐标编程,其程序为

… …

```
N03   G00   U-150.0    W-98.0   S800   T01   M03;
N04   G01   W-42.0     F80;
N05         U30.0      W-20;
N06   G00   U120.0     W160.0;
…     …
```

3. 圆弧插补 G02,G03

圆弧插补指令命令刀具在指定平面内按给定的 F 进给速度做圆弧插补运动,用于加工圆弧轮廓。圆弧插补命令分为顺时针圆弧插补指令 G02 和逆时针圆弧插补指令 G03 两种。其指令书写格式如下:

用圆弧半径 R 指定圆心位置:

$$\begin{Bmatrix} G02 \\ G03 \end{Bmatrix} X(U)\_\ Z(W)\_\ R\_\ F\_;$$

用 i、k 指定圆心位置:

$$\begin{Bmatrix} G02 \\ G03 \end{Bmatrix} X(U)Z(W)\_\ I\_K\_\ F\_\ ;$$

圆弧插补的顺逆判定方法是沿圆弧所在平面(如 XZ 平面)的垂直轴的负方向($-Y$)看去,顺时针方向用 G02,逆时针方向用 G03,如图 3-19 所示。

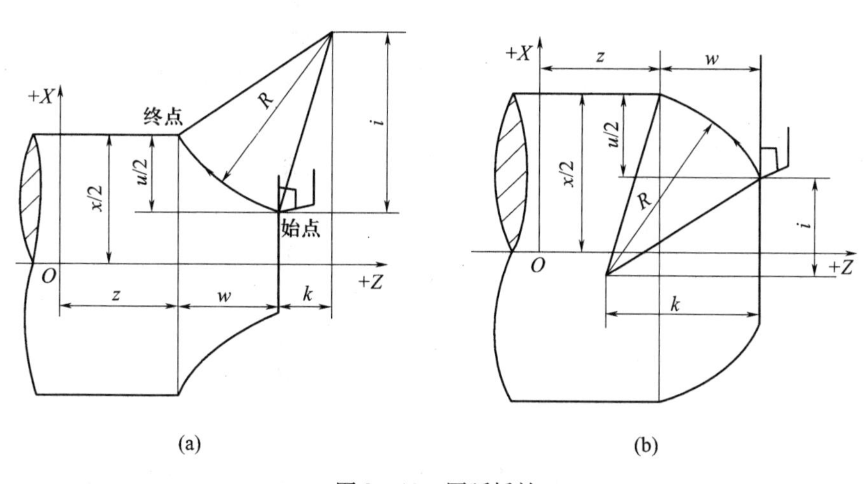

图 3-19 圆弧插补

使用圆弧插补指令,可以用绝对坐标编程,也可以用相对坐标编程。绝对坐标编程时,x,z 是圆弧终点坐标值;增量编程时,u,w 是终点相对始点的距离。

圆心位置的指定可以用 R,也可以用 i,k,r 为圆弧半径值;i,k 为圆心在 X 轴和 Z 轴上相对于圆弧起点的坐标增量。

圆弧插补指令应用举例如下:

(1) 如图 3-20(a)所示,当从 A 点运动到 B 点时,用 i,k 表示圆心位置,采用绝对坐标编程,指令为

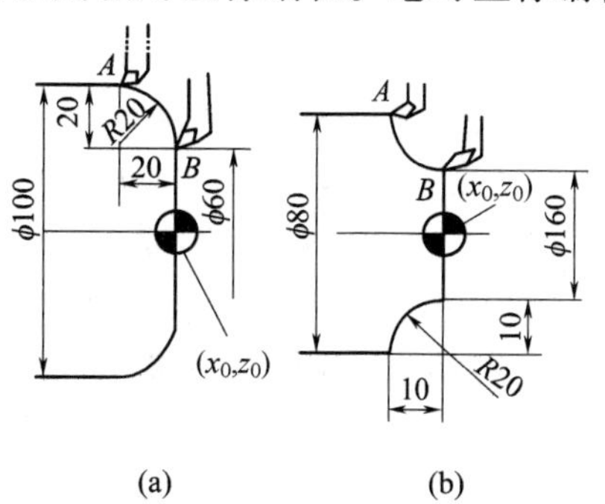

图 3-20 圆弧插补举例

G02　X60.0　Z0　I-20.0　K0　F60

采用相对坐标编程,指令为

G02　U-40.0　W20.0　I-20.0　K0　F60;

用 R 表示圆心位置,采用绝对坐标编程,指令为

G02　X60.0　Z0　R20.0　F60;

当从 B 点运动到 A 点时用 i,k 表示圆心位置,采用绝对坐标编程,指令为

G03　X100.0　Z20.0　I0　K-20.0　F60;

采用相对坐标编程,指令为

G03　U40.0　W-20.0　I0　K-20.0　F60;

用 R 表示圆心位置,采用绝对坐标编程,指令为

G03　X100.0　Z-20.0　R20.0　F60;

(2) 如图 3-20(b)所示,当从 A 点运动到 B 点时,用 i,k 表示圆心位置,采用绝对坐标编程,指令为

G03　X60.0　Z0　I0　K20.0　F60;

采用相对坐标编程,指令为

G03　U-40.0　W20.0　I0　K20.0　F60;

用 R 表示圆心位置,采用绝对坐标编程,指令为

G03　X60.0　Z0　R20.0　F60;

当从 B 点运动到 A 点时,用 i,k 表示圆心位置,采用绝对坐标编程,指令为

G02　X100.0　Z-20.0　I20.0　K0　F60;

采用相对坐标编程,指令为

G02　U40.0　W-20.0　I20.0　K0　F60;

用 R 表示圆心位置,采用绝对坐标编程,指令为

G02　X100.0　Z-20.0　R20.0　F60;

4. 暂停 G04

G04 指令用于中断进给,其指令书写格式是:

$$G04\begin{Bmatrix}P\_\_\_\_\\X(U)\_\_\_\_\end{Bmatrix}$$

中断时间的长短可以通过地址 X(U)或 P 来指定。其中 P 后面的数字为整数,单位是 ms;X(U)后面的数字为带小数点的数,单位为 s。有些机床,X(U)后面的数字表示刀具或工件空转的圈数。

该指令可以使刀具做短时间的无进给光整加工,在车槽、钻镗孔时使用,也可用于拐角轨迹控制。例如,在车削环槽时,若进给结束立即退刀,其环槽外形为螺旋面,用暂停指令 G04 可以使工件空转几秒钟,即能将环形槽外形光整圆,例如欲空转 2.5s 时其程序段为

G04　X2.5 或 G04　U2.5 或 G04　P1500;

G04 为非模态指令,只在本程序段中才有效。

5. 英制和米制输入 G20,G21

G20 表示英制输入,G21 表示米制输入。G20 和 G21 是两个可以互相取代的代码。机床出厂前一般设定为 G21 状态,机床的各项参数均以米制单位设定,所以数控车床一般适用于米制尺寸工件加工,如果一个程序开始用 G20 指令,则表示程序中相关的一些

数据均为英寸制(单位为 in);如果程序用 G21 指令,则表示程序中相关的一些数据均为米制(单位为 mm)。在一个程序内,不能同时使用 G20 或 G21 指令,且必须在坐标系确定前指定。G20 或 G21 指令断电前后一致,即停电前使用 G20 或 G21 指令,在下次开机后仍有效,除非重新设定。

6. 返回参考点确认 G27,返回参考原点 G28,从参考点返回切削点 G29

(1) 返回参考点确认 G27。G27 用于检验 *X* 轴与 *Z* 轴是否正确返回参考点。指令书写格式为

G27 X(U)____Z(W)____ T0000

X(U),Z(W)为参考点的坐标。执行 G27 指令的前提是机床通电后必须手动返回一次参考点。

执行该指令时,各轴按指令中给定的坐标值快速定位,且系统内部检查检验参考点的行程开关信号。如果定位结束后检测到开关信号发令正确,则参考点的指示灯亮,说明滑板正确回到了参考点位置;如果检测到的信号不正确,系统报警,说明程序中指令的参考点坐标值不对或机床定位误差过大。在使用 G27 指令时,必须取消刀具补偿,选用 T0000。

执行该指令后,如果欲使机床停止,则必须加入一辅助功能 M00 指令。否则,机床将继续执行下一程序段。

(2) 返回参考原点 G28。G28 指令控制刀具快速运动到程序段所指定的中间点位置,然后自动返回参考原点。指令书写格式为

G28 X(U)____Z(W)____ T0000

X(U),Z(W)为中间点的坐标,如图 3-21 所示。刀具到达参考点后,相应坐标方向的指示灯亮。

在使用 G28 指令,必须取消刀具补偿,选用 T0000。

(3) 从参考点回到切削点 G29。G29 指令控制各轴由参考点经中间点,运动到指定切削点位置。指令书写格式为

G29 X(U)____Z(W)____

采用绝对坐标编程时 *x*,*z* 为切削点的坐标;采用相对坐标编程时,*u*,*w* 是从中间点到切削点的位移在 *X*,*Z* 轴方向上坐标的增量,执行 G29 指令时,被指令的各轴快速运动到 G28 所指定的中间点,然后再运动到 G29 所指定的切削点定位。如图 3-22 所示,其程序为

```
G28    U40.0   W100.0    T0000      (A→B→R)
T0303                               (换刀)
G29    U-80.0  W50.0                (R→B→A)
```

7. 螺纹加工

1) 单一导程螺纹加工 G32

G32 指令用于加工单一导程螺纹。其指令书写格式为

G32X(U)____Z(W)____F ____

x,*z* 为螺纹切削结束点的坐标;*F* 为螺纹导程。螺纹加工时应注意在两端设定足够的升速进刀段 δ_1 和降速退刀段 δ_2,如图 3-23 所示,其数值可以由主轴转速和螺纹导程来确定。

$$\delta_1 = 0.0015nP, \delta_2 = 0.00042nP$$

式中:*n* 为主轴转速(r/min);*P* 为加工螺纹导程(mm)。

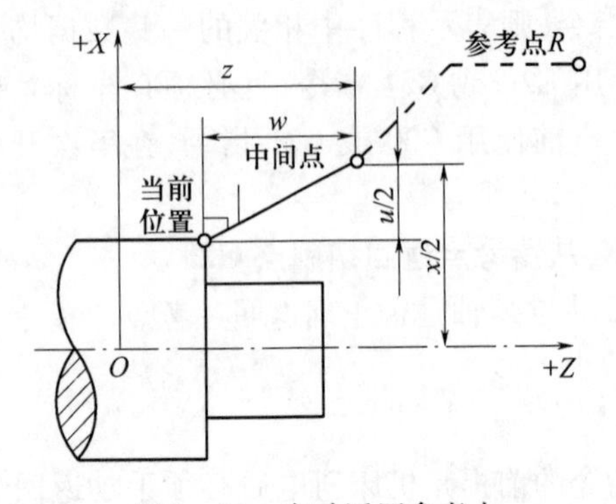

图 3-21　自动返回参考点

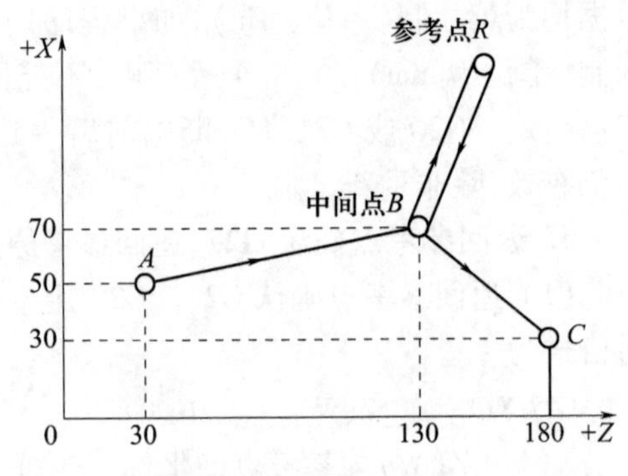

图 3-22　从参考点返回

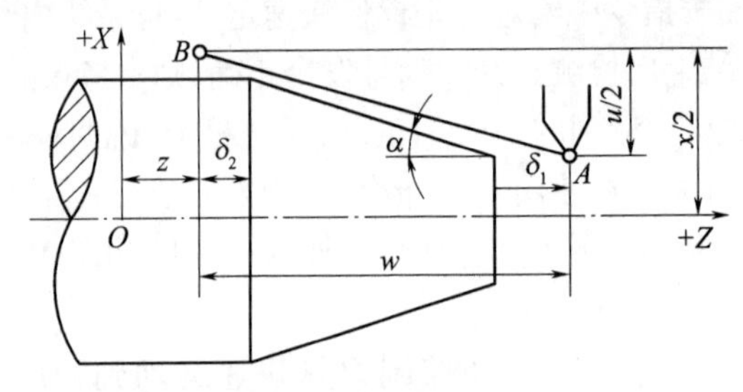

图 3-23　螺纹加工

在螺纹加工编程中，还应分别计算螺纹起点和螺纹终点的径向尺寸。径向起点（编程大径）的确定决定于螺纹大径。例如要加工 M30×2-6g 外螺纹，由 GB 197—2003 知：螺纹大径基本偏差为 ES=-0.038mm；公差为 Td=0.28mm；则螺纹大径尺寸为 $30_{-0.318}^{-0.038}$mm 所以螺纹大径应在此范围内选取，并在加工螺纹前，由外圆车削来保证。

径向终点（编程小径）的确定决定于螺纹小径。因为编程大径确定后，螺纹总切深在加工中是由编程小径（螺纹小径）来控制的。螺纹小径的确定应考虑满足螺纹中径公差要求，设牙底由单一圆弧形状构成（圆弧半径为 R），则编程小径可用下式计算：

$$d' = d - 2(7/8 - R - \mathrm{es}/2 + 1/2 \times \mathrm{Td}_2/2) = d - 1.75H + 2R + \mathrm{es} - \mathrm{Td}_2/2$$

式中：d 为螺纹公称直径（mm）；H 为螺纹原始三角形高度（mm），一般取为螺距的 0.866倍；R 为牙底圆弧半径（mm），一般取 $R=(1/8\sim1/6)H$；es 为螺纹中径基本偏差（mm）；Td_2 为螺纹中径公差（mm）。

本题取 $R=1/8H=(1/8\times0.866\times2)\mathrm{mm}=0.2165\approx0.2\mathrm{mm}$，则编程小径为

$$d' = (30 - 1.75\times0.866\times2 + 2\times0.2 - 0.038 - 0.17/2)\mathrm{mm} = 27.246\mathrm{mm}$$

在编写螺纹加工程序时，车刀的切入、切出和返回均要编入程序。如果螺纹牙型深度较深，螺距较大时，可分为数次进给，每次进给背吃刀量用螺纹深度减精加工背吃刀量所得的差按递减规律分配（图 3-24）。常用的螺纹切削进给次数与背吃刀量见表 3-4。

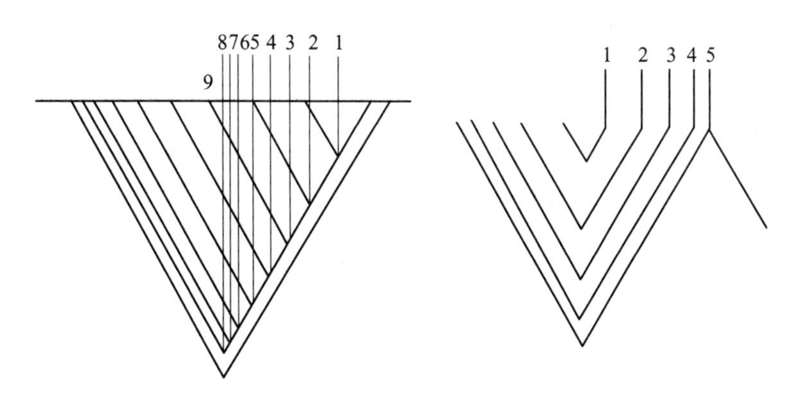

图 3-24　螺纹加工进刀方法

表 3-4　常用的螺纹加工进给次数与背吃刀量

米制螺纹/mm								
螺距		1.0	1.5	2.0	2.5	3.0	3.5	4.0
牙深		0.649	0.947	1.299	1.624	1.949	2.273	2.598
吃刀量及切削次数	1 次	0.7	0.8	0.9	1.0	1.2	1.5	1.5
	2 次	0.4	0.6	0.6	0.7	0.7	0.7	0.8
	3 次	0.2	0.4	0.6	0.6	0.6	0.6	0.6
	4 次	—	0.16	0.4	0.4	0.4	0.6	0.6
	5 次	—	—	0.1	0.4	0.4	0.4	0.4
	6 次	—	—	—	0.15	0.4	0.4	0.4
	7 次	—	—	—	—	0.2	0.2	0.4
	8 次	—	—	—	—	—	0.15	0.3
	9 次	—	—	—	—	—	—	0.2
		—	—	—	—	—	—	—
英制螺纹/英寸								
牙/英寸		24 牙	18 牙	16 牙	14 牙	12 牙	10 牙	8 牙
牙深		0.678	0.904	1.016	1.162	1.355	1.626	2.033
吃刀量及切削次数	1 次	0.8	0.8	0.8	0.8	0.9	1.0	1.2
	2 次	0.4	0.6	0.6	0.6	0.6	0.7	0.7
	3 次	0.16	0.3	0.5	0.5	0.6	0.6	0.6
	4 次	—	0.11	0.14	0.3	0.4	0.4	0.5
	5 次	—	—	—	0.13	0.21	0.4	0.5
	6 次	—	—	—	—	—	0.16	0.4
	7 次	—	—	—	—	—	—	0.17

如图 3-25 所示，要车削 M50×4 的圆柱形普通螺纹，经计算编程大径为 49.72mm，编程小径为 46.52mm，进刀段 $\delta_1=4$mm，退刀段 $\delta_2=2$mm。加工程序及说明见表 3-5。

2）变导程螺纹加工 G34

G34 指令可用于加工如图 3－26 所示变导程螺纹。指令书写格式为

G34　X(U)___　Z(W)___　F___　K___

G34 指令是通过增加或减少螺纹每扣导程量来完成变导程螺纹加工的。x,z 为螺纹结束点的坐标,F 为螺纹起点沿轴向的螺距,k 为螺纹每个导程的增量或减量,单位是 mm/r。

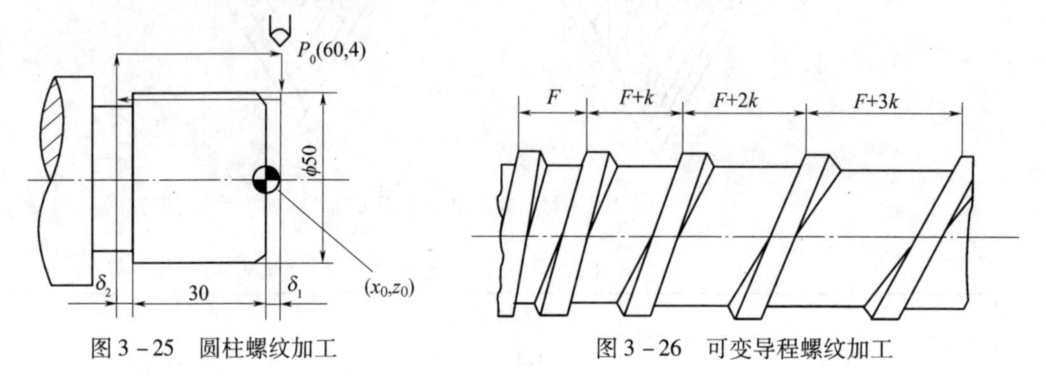

图 3－25　圆柱螺纹加工　　　图 3－26　可变导程螺纹加工

表 3－5　加工程序及说明

程　序	说　明
N01　G00　X60.0　Z4.0　M03　S600　T0101	到起始点、主轴正转
N02　X49.72	切进
N03　G32　Z－32.0　F4	切削螺纹
N04　G00　X60.0	退刀
N05　Z4.0	返回
N06　X48.72	切进
N07　G32　Z－32.0	切削螺纹
N08　G00　X60.0	退刀
N09　Z4.0	返回
N10　X48.12	切进
N11　G32　Z－32.0	切削螺纹
N12　G00　X60.0	退刀
N13　Z4.0	返回
N14　X47.52	切进
N15　G32　Z－32.0	切削螺纹
	X 向尺寸按每次吃刀深度递减
	直到终点尺寸 φ46.52mm
N25　X46.52	切进
N26　G32　Z－32.0	切削螺纹
N27　G00　X60.0	退刀
N28　X200.0　Z200.0　M09　T0000	回到换刀点、刀削液停
N29　M30	程序结束

3）螺纹加工循环 G92

通过前面的例题可以看出,由于螺纹加工需要多次进刀,所以程序较长,而且在编写过程中容易出错。为解决这一问题,数控车床一般均在数控系统中设置了螺纹加工循环指令 G92。G92 指令用于简单螺纹循环加工,其循环路线与单一形状固定循环基本相同。其指令书写格式为

G92　X(U)___　Z(W)___　I___　F___

G92 是一种模态指令,在螺纹加工循环结束后用 G00 指令清除。如图 3-27 所示,G92 指令可以加工锥螺纹和圆柱螺纹,刀具从循环起点开始按梯形循环,最后又回到循环起点。图中虚线表示按 R 快速移动;实线表示按 F(或 E)指令的工件导程进给速度移动,x,z 为终点坐标值,u,w 为螺纹终点相对循环起点的坐标增量,i 为锥螺纹始点与终点的半径差。加工圆柱螺纹时,i 值为零,可省略。

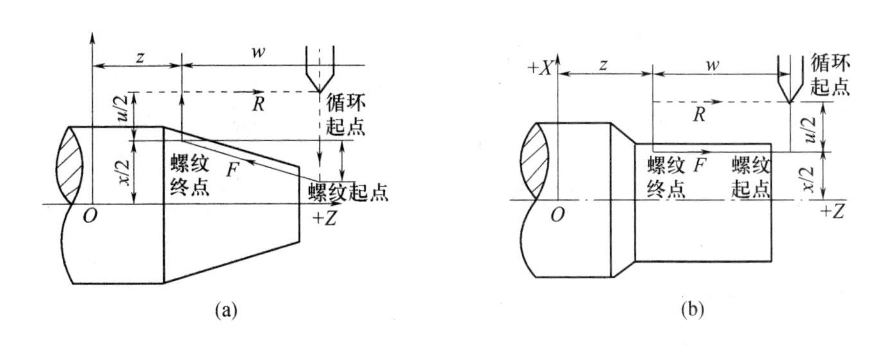

图 3-27　螺纹加工循环

如图 3-28 所示,要加工 M30×2 的普通螺纹,使用 G92 指令,编写的程序及说明见表 3-6。

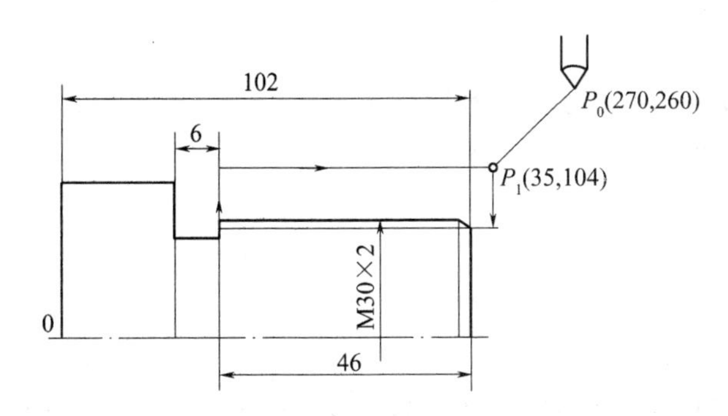

图 3-28　使用 G92 指令加工螺纹

表 3-6　加工程序及说明

程　序	说　明
N01　G50　X270.0　Z260.0	坐标系设定
N02　G00　X35.0　Z104.0　M03　S800　T0101	快速移动、对刀
N03　G92　X28.9　Z53.0　F2	螺纹加工第一次循环
N04　X28.2	螺纹加工第二次循环
N05　X27.7	螺纹加工第三次循环
N06　X27.3	螺纹加工第四次循环
N07　G00　X270.0	退刀
N08　Z260.0　T0000	回到换刀点
N09　M30	程序结束

4）螺纹加工复合循环 G76

G76 指令功能比 G32,G92 简单,可以简化编程计算,缩短程序。其指令书写格式为

G76　X(U)___　Z(W)___　I___　K___　D___　F___　A___　;

图 3－29 所示为螺纹加工复合循环走刀路线及进刀方法。

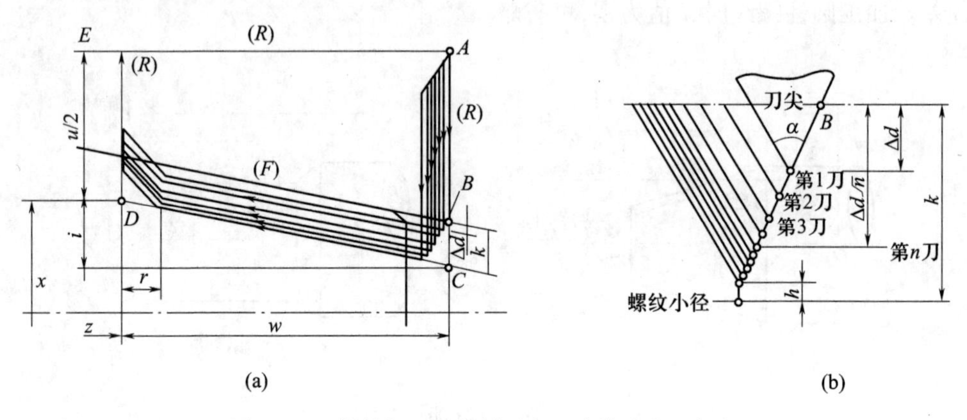

图 3－29　螺纹加工复合循环走刀路线及进刀方法

其中:x,z 为螺纹终点坐标值;u,w 为螺纹终点相对螺纹起点的坐标增量;i 为螺纹起点与终点的半径差;k 为螺纹牙形高度(半径值);D 为第一刀的切削深度;F 为螺纹导程;A 为螺纹牙形角。

例如:图 3－30 所示的螺纹加工程序段为

G76　X55.564　Z25.0　K3.68　D1.8　F6　A60

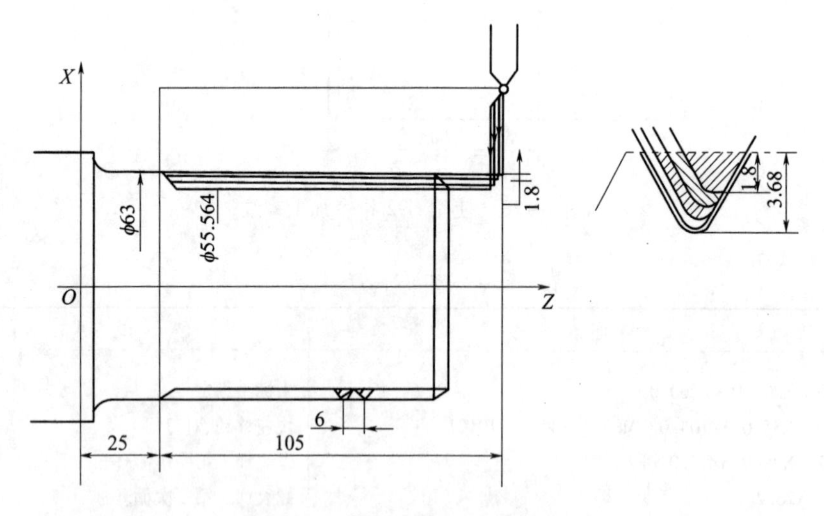

图 3－30　螺纹复合加工循环举例

8. 单一形状固定循环 G90

固定循环是预先给定一系列操作,用来控制机床位移或主轴运转,从而完成各项加工。对非一刀加工完成的轮廓表面,即加工余量较大的表面,采用循环编程,可以缩短程序段的长度,减少程序所占内存。

G90 指令主要用于圆柱面和圆锥面的循环切削。例如切入→切削→退刀→返回四个动作,用常规编程方法,需要四个程序段,若用 G90 指令可以简化为一个程序段。其指令书写格式为

G90　X(U)＿＿　Z(W)＿＿　I＿＿　F＿＿ ;

x,z 为每层切削终点的坐标;u,w 为切削终点相对循环起点的增量坐标;i 为锥体大小端的半径差,圆柱体为零,可以省略;F 为进给速度。

1) 柱面切削循环

如图 3－31 所示,要加工圆柱面,刀具运动的一般顺序是刀具先快进至工件,再分别沿 Z 轴和 X 轴工作进给,最后快退到起点。当加工余量比较大时,需要多次进刀,重复上述循环动作。图中 R 表示快速进刀,F 表示按工作进给速度运动。刀具运动循环轨迹为矩形,所以也称为矩形循环。

如图 3－32 所示,加工一个 ϕ50mm 的工件,起始点在 X55、Z2 的位置,吃刀量为 2.5mm,采用常规编程方法,其程序为

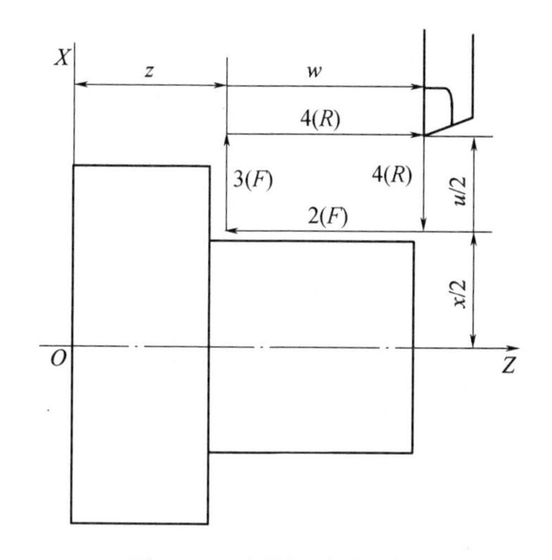

图 3－31　圆柱面切削循环

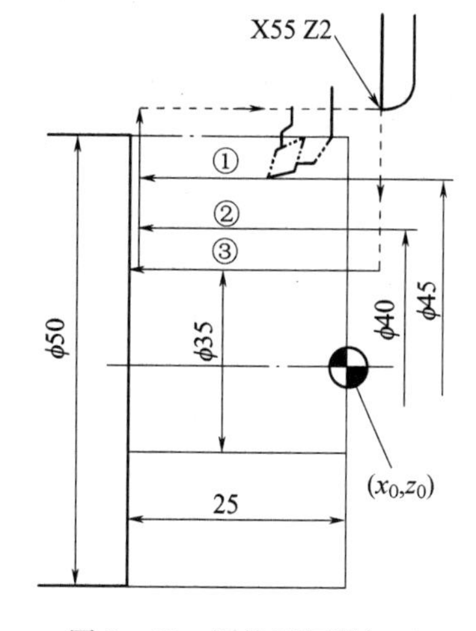

图 3－32　圆柱面切削加工

```
N01　G00　X55.0　Z10.0　S700　M03
N02　X45.0　Z2.0
N03　G01　Z－25.0　F0.35
N04　X＋55.0
N05　G00　Z2.0
N06　X40.0
N07　G01　Z－25.0
N08　X＋55.0
N09　G00　Z2.0
N10　X35.0
N11　G01　Z－25.0
N12　X55.0
N13　G00　Z100
N14　M03
```

用 G90 加工循环指令，其程序为

```
N01  G00  X55.0  Z2.0  S700  M03
N02  G90  X45.0  Z-25.0  F0.35
N03  X45.0
N04  X35.0
N05  G00  Z10.0
N06  M30
```

G90 是一种模态代码，所以一旦被规定，以下程序段一直有效，在完成固定切削循环后，用另外一个 G 代码（例如 G00）来删除 G90。

2）圆锥面切削循环

在车床上车外圆锥时可分为车正锥和车倒锥两种情况，而每一种情况又有两种加工路线。图 3-33 为车正锥的两种加工路线，当按图 3-33(a) 的加工路线车正锥时需要计算终刀距 S，假设圆锥大径为 D，小径为 d，锥长为 L，背吃刀量为 a_p，则由相似三角形可得：

$$(D-d)/2L = a_p/S, S = 2La_p/(D-d)$$

当按图 3-33(b) 走刀路线车正锥时，则不需要计算终刀距 S，只要确定了吃刀量 a_p 即可车出圆锥轮廓，但在每次切削中背吃刀量是变化的。

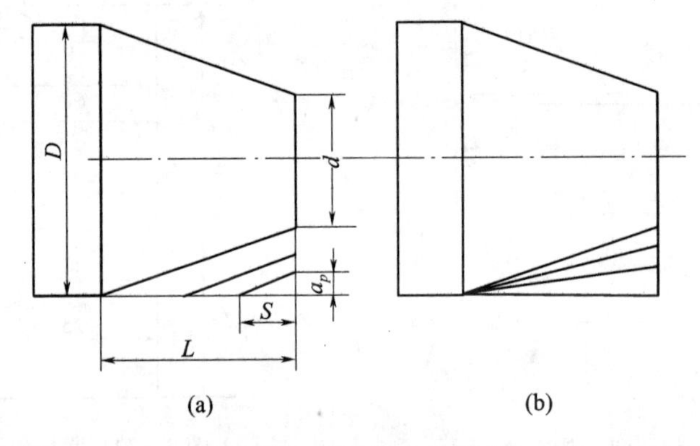

图 3-33　车正锥加工路线

图 3-34 为车倒锥的两种加工路线，车锥原理与正锥相同。

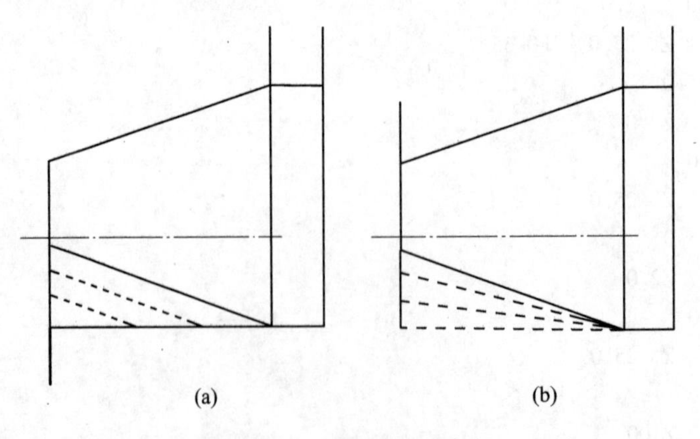

图 3-34　车倒锥加工路线

按照常规编程方法，如图 3－35 所示车削锥面要按照快进、工进、快退的顺序分段编写加工程序，如果采用 G90 指令则可简化为一个程序段。

如图 3－36 所示，要加工圆锥面，分三次走刀，每次背吃刀量 $a_p = 2.5\text{mm}$。采用常规编程方法，其加工程序为

```
N01   G00   X60.0   Z8.0   S800   T0101   M03;
N02   X28.0;
N03   G01   X40.0   Z-40.0   F50;
N04   X60.0;
N05   G00   Z8.0;
N06   X23.0;
N07   G01   X35.0   Z-40.0;
N08   X60.0;
N09   G00   Z8.0;
N10   X18.0;
N11   G01   X30.0   Z-40.0;
N12   X60.0;
N14   G00   Z8.0;
N14   M30;
```

采用 G90 加工循环指令，程序为

```
N01   G00   X60.0   Z8.0   S800   T0101   M03;
N02   G90   X40.0   Z-40.0   I-5.0   F50;
N03         X35.0;
N04         X30.0;
N05   M30;
```

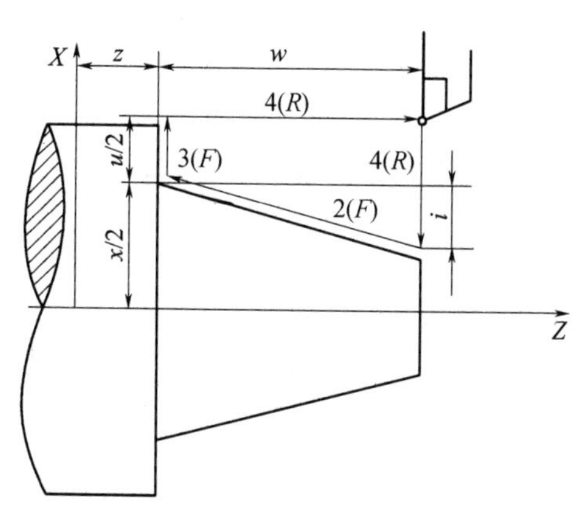

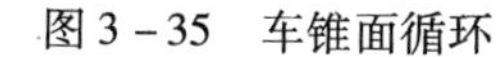
图 3－35　车锥面循环

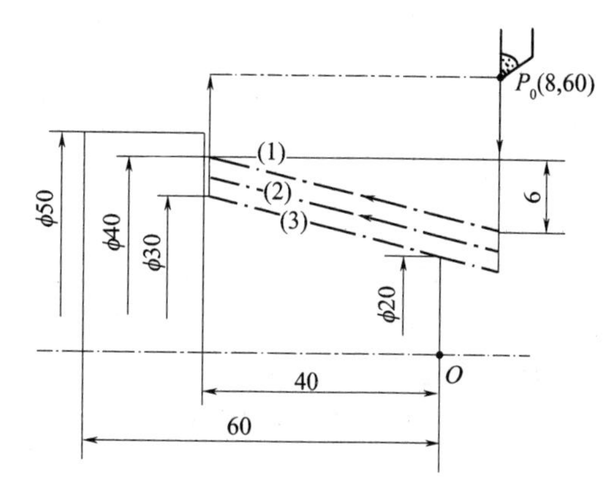

图 3－36　锥面切削循环加工实例

9．多重复合循环 G70～G76

应用 G90，G92，G94 这些固定循环还不能有效地简化加工程序。如果应用多重复合循环，只须指定精加工路线和粗加工的背吃刀量，系统就会自动计算出粗加工路线和加工次数，因此可以进一步简化加工程序和编制工作。它应用于切除非一次性加工即能加工到规定尺寸的场合。主要在粗车和多次加工切削螺纹的情况下使用。如用棒料毛坯车削

阶梯相差较大的轴,或切削铸件、锻件的毛坯余量时都有一些多次重复进行的动作。每次加工的轨迹相差不大。利用复合固定循环功能,只要编出最终加工路线,给出每次切除的余量深度或循环次数,机床即可自动重复切削直到工件加工完为止。

常用的多重复合循环代码如表 3-7 所列。表中指令均属于非模态指令,只在本程序段有效,执行后即自动取消。

表 3-7　多重复合循环代码

<table>
<tr><th>代码号</th><th>名　称</th><th>备　注</th></tr>
<tr><td>G70</td><td>精加工循环</td><td></td></tr>
<tr><td>G71</td><td>外径粗加工循环</td><td rowspan="3">应用 G70 进行精加工,能够进行刀尖半径补偿</td></tr>
<tr><td>G72</td><td>端面粗加工循环</td></tr>
<tr><td>G73</td><td>固定形状粗加工循环</td></tr>
<tr><td>G74</td><td>间断纵面切削循环</td><td rowspan="3">不能进行刀尖半径补偿</td></tr>
<tr><td>G75</td><td>间断端面切削循环</td></tr>
<tr><td>G76</td><td>自动螺纹加工循环</td></tr>
</table>

1) 外圆粗加工循环 G71

G71 指令用于粗车圆柱棒料,以切除较多的加工余量。其指令书写格式为

G71　P(ns)　Q(nf)　U(Δu)　W(Δw)　D(Δd)　F_　S_　T_　;

其中:*ns* 为指定精加工路线的第一个程序段顺序号;*nf* 为指定精加工路线的最后一个程序段顺序号;Δu 为 X 轴方向上的精加工余量(直径值);Δw 为 Z 轴方向上的精加工余量;Δd 为背吃刀量(半径值),无正负号。

如图 3-37 所示,为用 G71 粗车外圆的加工路线。C 是粗车循环的起点,A 是毛坯外径与轮廓端面的交点。Δw 是轴向精车余量;$\Delta u/2$ 是径向精车余量。Δd 是切削深度,e 是退刀量。(R)表示快速进给,(F)表示工作进给。假设某程序段中指定了由 A—A'—B 的精加工路线,只要用 G71 指令,就可以实现背吃刀量为 Δd,精加工余量为 $\Delta u/2$ 和 Δw 的粗加工循环。首先以切削深度 Δd 在和 Z 轴平行的部分进行直线加工,再用锥面加工指令完成锥面加工。

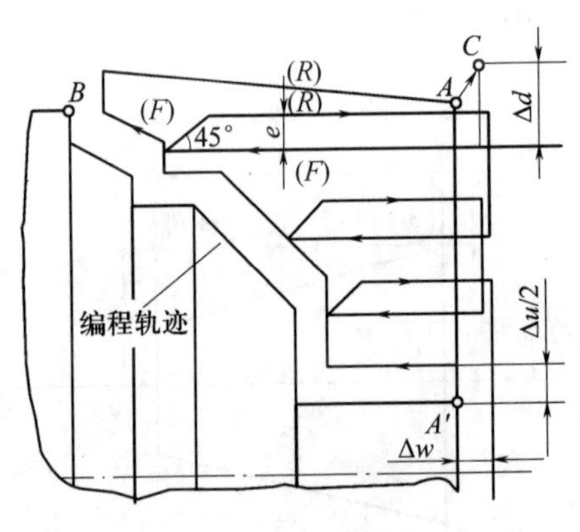

图 3-37　外径粗车循环 G71

如图 3-38 所示,毛坯为圆柱形棒料,切削用量为:粗加工切削深度 5mm,进给量 0.3mm/r,主轴转速 450r/min。精加工余量 X 向为 2mm(半径上),Z 向为 2mm,进给量为 0.1mm/r,主轴转速为 750r/min。使用 G71 指令编程,其加工程序为

```
N01  G50  X220.0  Z230.0;
N02  G00  X170.0  Z180.0  S750  T0200  M03;
N03  G71  P04  Q10  U4.0  W2.0  D5.0  F0.3  S450;
```

```
N04    G00    X45.0    S750;
N05    G01    Z140.0    F0.1;
N06    X65.0    Z110;
N07    Z90.0;
N08    X110.0    Z80.0;
N09              Z60.0;
N10    X150.0    Z40.0;
N11    G70    P04    Q10;
N12    G00    X220.0    Z230.0;
N13    M05;
N14    M30;
```

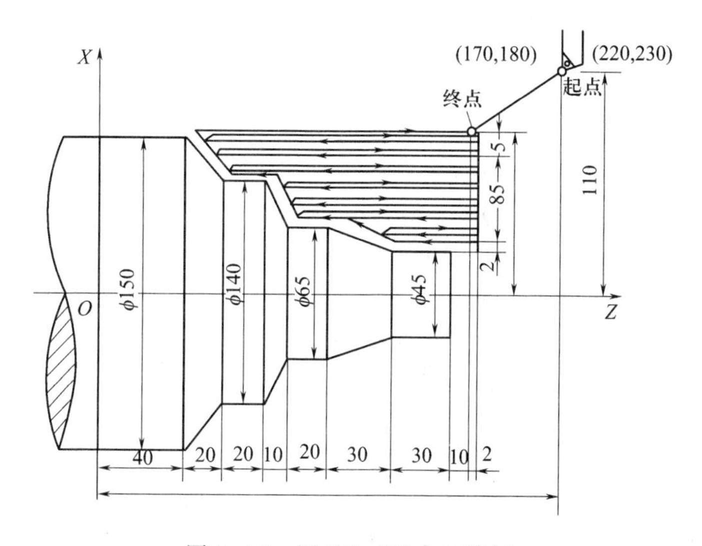

图 3－38　用 G71,G70 加工实例

执行上述加工路线时,刀具从起始点(X220,Z230)出发,执行到 N02 走刀到(X120,Z180)这一点。从 N03 开始,进入 G71 固定循环,该程序段中的内容,并没有直接给出刀具下一步的运动路线,而是"通知"控制系统如何计算循环过程中的运动路线。G71 表示开始执行本循环;U4 和 W2 表示粗加工的最后一刀应留出的精加工余量;D5 表示粗加工切削深度,每一刀都完成一个矩形循环,直到按工件小头尺寸已不能再进行完整的循环为止。接着执行 N11 程序段(精加工固定循环)。P04 和 Q10 表示精加工的轮廓尺寸按 P04 至 Q10 程序段的运动指令确定。刀具顺工件轮廓完成终加工后返回到(X170,Z180)这一点。

2) *端面粗加工循环 G72*

G72 指令适用于圆柱毛坯的端面方向粗车。如图 3－39 所示,为从外径方向往轴心方向端面车削循环。首先做平行于 *X* 轴的直线运动,完成直线加工,然后再执行锥面加工指令完成锥面加工。程序段中的地址含义与 G71 的相同。指令书写格式为

G72　P(ns)　Q(nf)　U(Δu)　W(Δw)　D(Δd)　F＿　S＿　T＿;

如图 3－40 所示,毛坯为棒料,粗加工切削深度为 2mm,进给量为 0.3mm/r,主轴转速

220r/min，精加工余量为：X 向 2mm（直径上），Z 向 2mm。进给量为 0.15mm/r，主轴转速为 150r/min。使用 G72 指令编程，其加工程序为

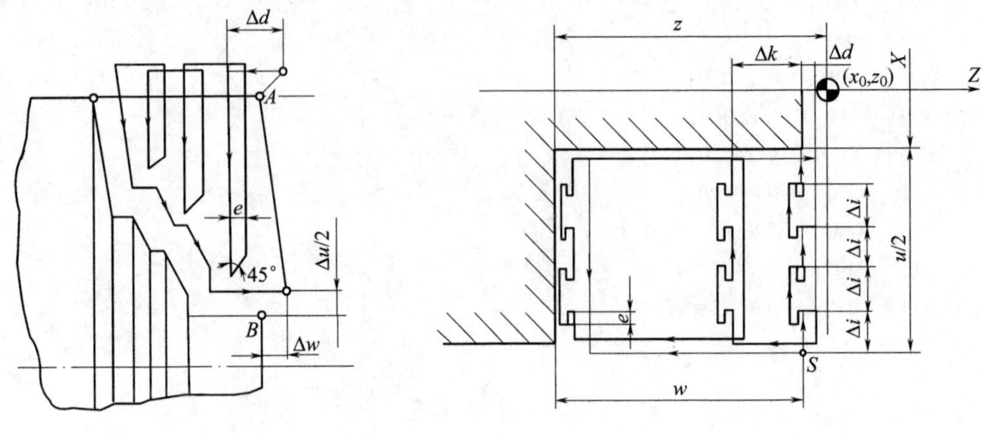

图 3-39　端面粗车循环 G72　　　　图 3-40　端面粗加工循环举例

```
N01   G50   X200.0   Z26.0;
N02   G00   X176.0   Z2.0    S220.0   M03;
N03   G71   P04   Q09   U2.0   W2.0   D2.0   F0.3;
N04   G00   Z-70.0   S150;
N05   G01   X120.0   Z-60.0   F0.15;
N06                  Z-50.0;
N07         X80.0    Z-40.0;
N08                  Z-20.0;
N09         X36.0    Z2.0;
N10   G70   P04   Q09;
N11   G00   X200.0   Z26.0;
N12   M05;
N13   M30;
```

3）*固定形状粗加工循环 G73*

G73 适用于毛坯轮廓形状与零件轮廓形状基本接近的毛坯的粗车，例如一些锻件和铸件的粗车。如图 3-41 所示，是端面外径方向轮廓从右向左加工的走刀路线。图中 Δi 是径向退刀的距离，Δk 是轴向退刀的距离。其指令书写格式为

G73　P(ns)　Q(nf)　I(Δi)　K(Δk)　U(Δu)　W(Δw)　D(Δd)　F__　S__　T__；

其中：*ns* 为精加工程序组的第一个程序段的顺序号；*nf* 为精加工程序组的最后一个程序段顺序号；Δi 为 X 轴上的退刀距离和方向（半径值）；Δk 为 Z 轴上的退刀距离和方向；Δu 为 X 轴方向上的精加工余量（直径值）。Δw 为 Z 轴方向上的精加工余量；Δd 为粗加工的重复加工次数。

如图 3-42 所示，毛坯为铸件，粗加工分三次走刀，第一刀在 X 向（半径上）留下的加工余量为 10mm。精加工余量：X 向（半径上）为 1mm，Z 向上为 2mm。粗加工时进给量为 0.4mm/r，主轴转速为 450r/min。精加工时进给量为 0.15mm/r，主轴转速为 720r/min。用 G73 指令编程，其加工程序如下：

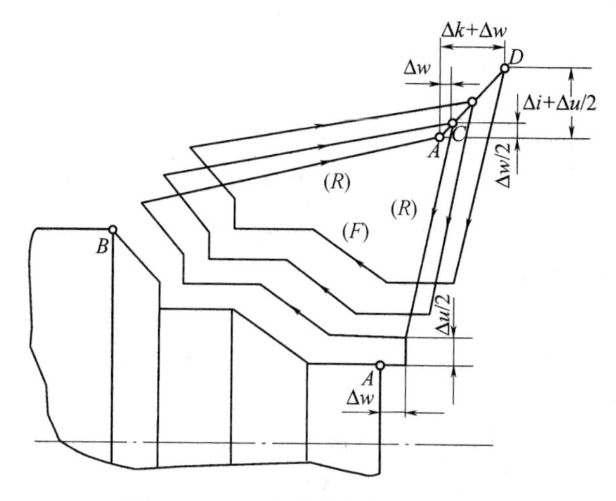

图 3-41　固定形状粗车循环 G73

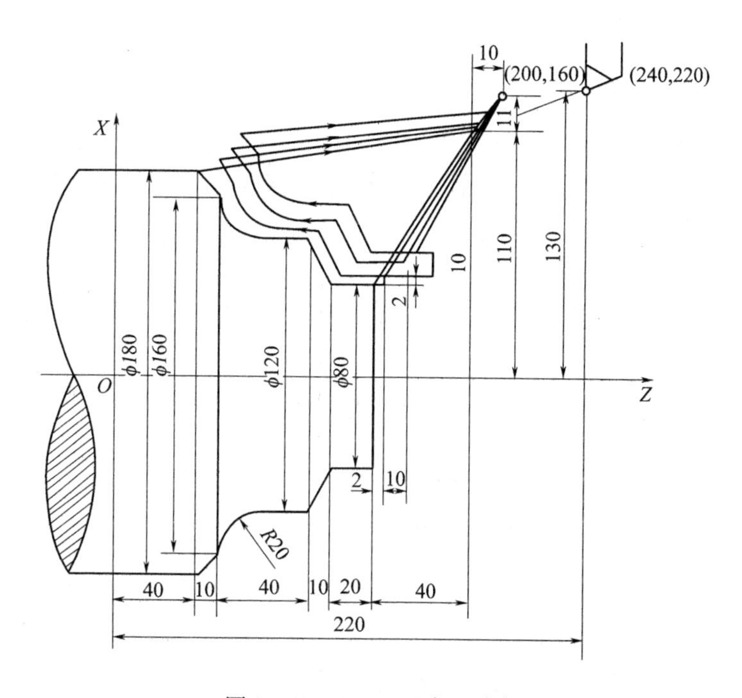

图 3-42　G73,G70 加工实例

```
N01  G50  X240.0  Z220;
N02  G00  X200.0  Z160.0  M03  S720  T0202;
N03  G73  P04  Q09  I10.0  K10  U2.0  W2.0  D3  F0.4  S450;
N04  G00  X80.0  W-40.0;
N05  G01  W-20.0  F0.15  S720;
N06  X120.0  W-10.0;
N07  W-20.0;
N08  G02  X160.0  Z50.0  R20.0;
N09  G01  X180.0  W-10.0;
```

N10　G70　P04　Q09；

N11　G00　X240.0　Z220.0；

N12　M30；

4）精加工复合循环 G70

在采用 G71，G72，G73 指令进行粗车后，用 G70 指令可以做精加工循环切削，其编程规定是在 G71 或 G72 或 G73 指令程序及其紧接着的指令零件轮廓若干程序之后，使用 G70 指令。其指令书写格式为

G70　P(ns)　Q(nf)

其中：*ns* 为精加工程序组的第一个程序段的顺序号；*nf* 为精加工程序组的最后一个程序段顺序号。

在执行 G70 指令时 F，S，T 自动采用指令零件轮廓线程序段中的 F，S，T 指令，即（*ns*）至（*nf*）程序组中指定的 F，S，T 有效，而不是使用 G71 或 G72 程序段中的 F，S，T 指令。当（*ns*）至（*nf*）程序组中不指定 F，S，T 时，粗车循环中指定的 F，S，T 有效。

5）*Z* 向深孔钻削循环 G74

G74 可以用于间断纵向加工，以便断屑与排屑。其指令书写格式为

G74　X(u)　Z(w)　P(Δi)　Q(Δk)　R(Δd)F__　S__　T__　；

其中：*X* 为精车外圆柱表面的直径；*Z* 为从工件零点到端面的尺寸；*U*/2 为从起点 *B* 测得的端面加工深度；*W* 为从起点 *B* 测得的纵向加工深度；*B* 为起点；Δi 为 *X* 方向间断切削深度；Δk 为 *Z* 方向间断走刀长度；Δd 为切削终点退刀量；*e* 为参数值，进刀方向的退刀量。

如果程序段中 X（*u*），P 和 R 值为零，则仅有 *Z* 向运动，可以用于深孔加工的循环加工。

如图 3－43 所示，要在车床上钻削直径为 ϕ5mm 长为 100mm 的深孔，使 G74 指令，其加工程序为

N01　G00　X0　Z5.0　S400　T0101　M03；

N02　G74　Z－100.0　Q25.0　F0.2；

N03　G00　Z100.0；

N04　M05；

N05　M30；

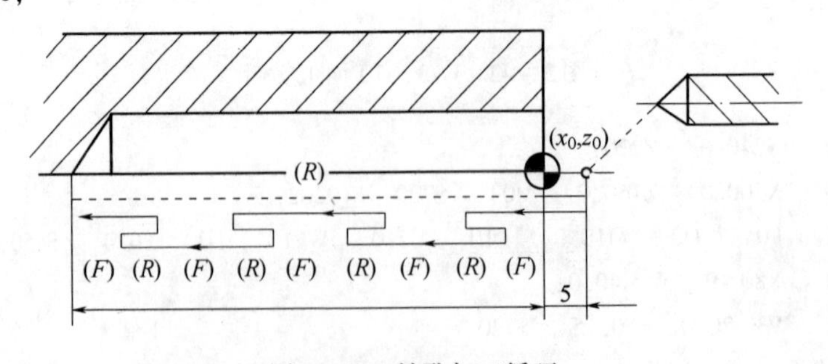

图 3－43　钻孔加工循环

6）外圆槽断续加工循环 G75

G75 指令可用于端面间断加工，以利于断屑和排屑。其指令书写格式为

G75　X(u)　Z(w)　P(Δi)　Q(Δk)　R(Δd)　F＿　S＿　T＿；

如图3-44所示程序段中地址含义与G74相同。如果程序段中Z(w)，Q和R的值为零，仅有X轴方向运动，则可以用于外圆槽的循环加工。

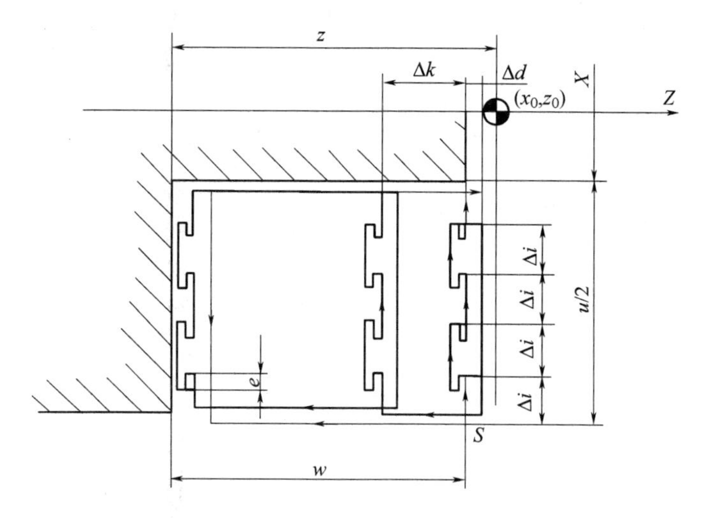

图3-44　间断端面加工循环

如图3-45所示，要加工一深槽，分三次进刀，进给量为0.2mm/r，采用G75指令编程，其加工程序如下：

```
N01    G50    X160.0    Z10.0;
N02    G00    X56.0     Z-50.0    S720.0    M03;
N03    G75    X20.0     P5.0      F0.2;
N04    G00    X160;
N05    Z60;
N06    M05;
N07    M30;
```

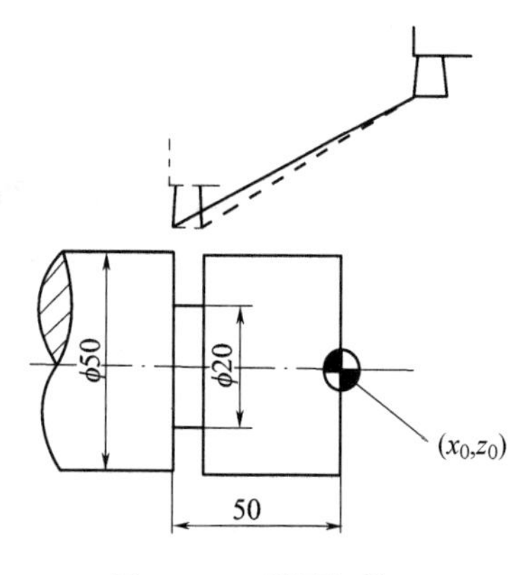

图3-45　外圆切槽

3.3　数控车床典型编程实例

3.3.1　数控车床典型加工编程实例

以轴类零件加工编程为例，如图3-46所示工件，需要进行精加工，其中ϕ85mm外圆不加工。毛坯为ϕ85mm×340mm棒材，材料为45钢。

1. 确定工艺过程

以ϕ85mm外圆及右中心孔为工艺基准，用三爪自定心卡盘夹持ϕ85mm外圆，用机床尾座顶尖顶住右中心孔。工步顺序：

(1) 自右向左进行外轮廓面加工：倒角—切削螺纹外圆—切削锥螺纹—车ϕ62mm外圆—倒角—车ϕ80mm外圆—车R70mm圆弧—车ϕ80mm外圆；

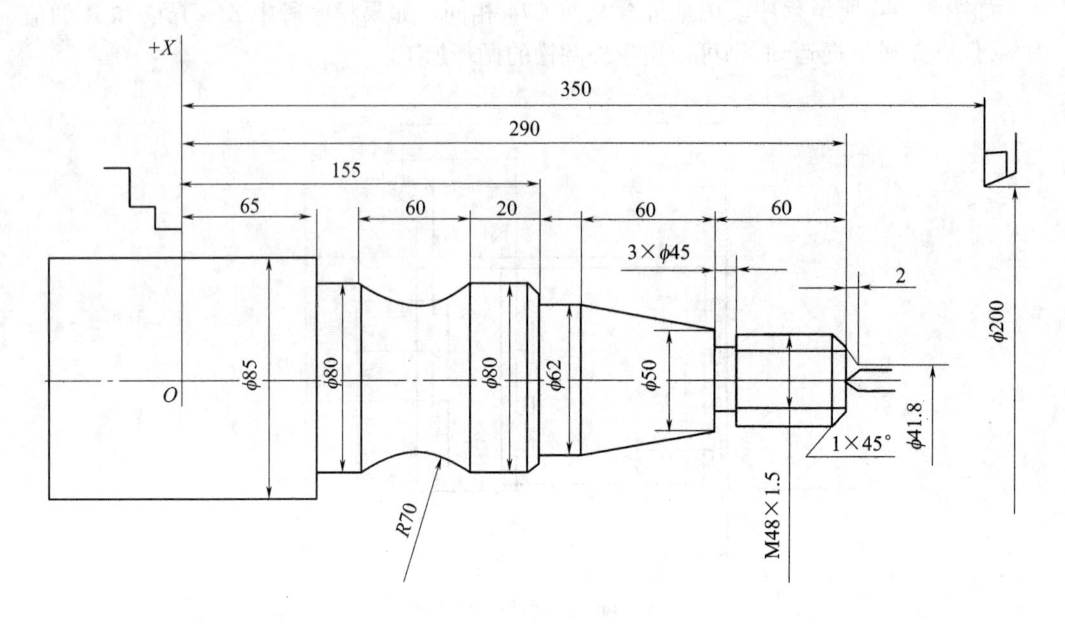

图 3-46　带中心孔轴

（2）切槽；

（3）车螺纹。

2. 选择刀具，画出刀具布置图（图 3-47）

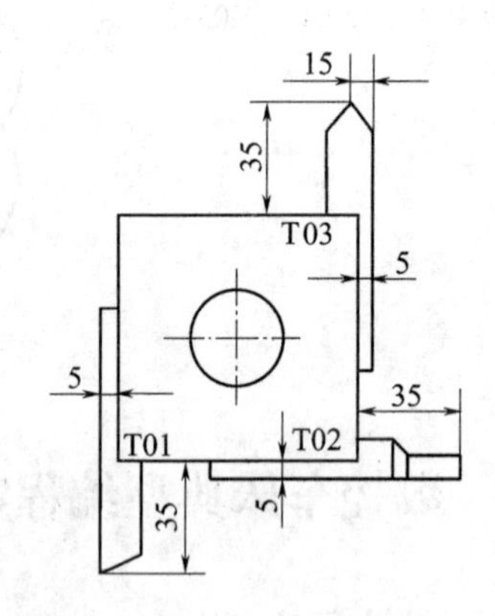

图 3-47　刀具布置图

根据加工要求，选用三把刀具，一号刀车外圆，二号刀切槽，三号刀车螺纹。

3. 确定切削用量

切削用量详见加工程序。

4. 编制程序

确定以三爪自定心卡爪前端面中心 O 点为工件原点，并将点 A 作为换刀点。该工件的加工程序及说明见表 3-8。

表 3 - 8 加工程序及说明

程 序	说 明
U003	程序代号
N001 G50 X200.0 Z350.0 T0101	建立工件坐标系，调第一号刀，并进行刀补
N002 S630 M03	主轴转速为 630r/min，主轴正转
N003 G00 X41.8 Z292.0 M08	快速接近工件，切削液开
N004 G01 X48.34 Z289.0 F0.15	进给至 $x=48.34$mm、$z=289$mm，进给量为 0.15mm/r（倒角）
N005 Z230.0	精车 ϕ48.34mm 螺纹外径
N006 X50.0	X 向退刀至 $x=50$mm
N007 X62.0 W-60.0	车锥面
N008 Z155.0	车 ϕ62mm 外圆
N009 X78.0	X 向退刀
N010 X80.0 W-1.0	倒角
N011 W-19.0	车 ϕ80mm 外圆
N012 G02 W-60.0 I3.25 K-30.0	顺时针圆弧插补，车 R70mm 圆弧
N013 G01 Z65.0	车 ϕ80mm 外圆
N014 X90.0	X 向退刀，车小台阶端面
N015 G00 X200.0 Z350.0 T0100 M09	返回换刀点，取消刀补，切削液关
N016 T0202 M06	调二号刀，并进行刀补
N017 S315 M03	主轴正转，转速为 315r/min
N018 G00 X51.0 Z227 M08	快速移动至切槽处，切削液开
N019 G01 X45.0 F0.16	切空刀槽
N020 G04 O5.0	暂停进给 5s
N021 G00 X51.0	退刀
N022 X200.0 Z350.0 T0200 M09	快速返回换刀点，取消刀补，切削液停
N023 T0303 M06	调三号刀，并进行刀补
N024 S200 M03	主轴正转，转速为 200r/min
N025 G00 X62.0 Z296.0 M08	快速接车螺纹进给刀起点，切削液开
N026 G92 X47.54 Z228.5 F1.5	螺纹切削循环，螺距为 1.5mm
N027 X46.94	螺纹切削循环，螺距为 1.5mm
N028 X46.54	螺纹切削循环，螺距为 1.5mm
N029 X46.38	螺纹切削循环，螺距为 1.5mm
N030 G00 X200.0 Z350.0 T0300 M09	快速返回换刀点，取消刀具补偿，切削液关
N031 M05	主轴停止
N032 M30	程序结束

3.3.2 FANUC 系统编程与加工实例

以盘类零件加工编程为例。如图 3-48 所示工件，材料为 45 钢，毛坯为圆钢，左侧端面 ϕ95mm 外圆已加工，ϕ55mm 内孔已钻出为 ϕ54mm。

1. 根据图样要求、毛坯及前道工序加工情况，确定工艺方案及加工路线

以已加工出的 ϕ95mm 外圆及左端面为工艺基准，用三爪自定心卡盘夹持工件；工步顺序：

(1) 粗车外圆及端面(图 3-49)；

(2) 粗车内孔(图 3-50)；

(3) 精车外轮廓及端面(图 3-51)；

(4) 精车内孔(图 3-52)。

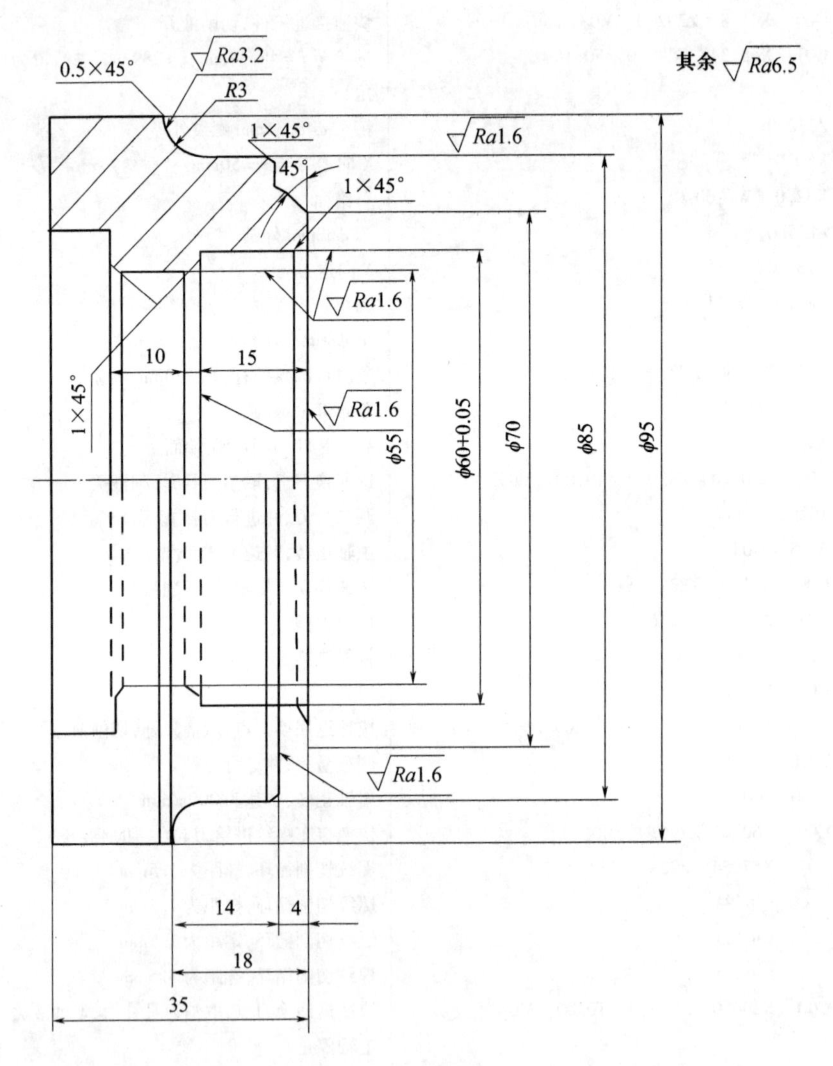

图 3-48　带孔圆盘

2. 刀具选择及刀位号

选择刀具及刀位号如图 3-53 所示。

3. 确定切削用量

切削用量详见加工程序单。

4. 编写程序单

以工件右端面为工件原点(见各工步加工图)，换刀点定为 X200，Z200。加工程序及说明见表 3-9。

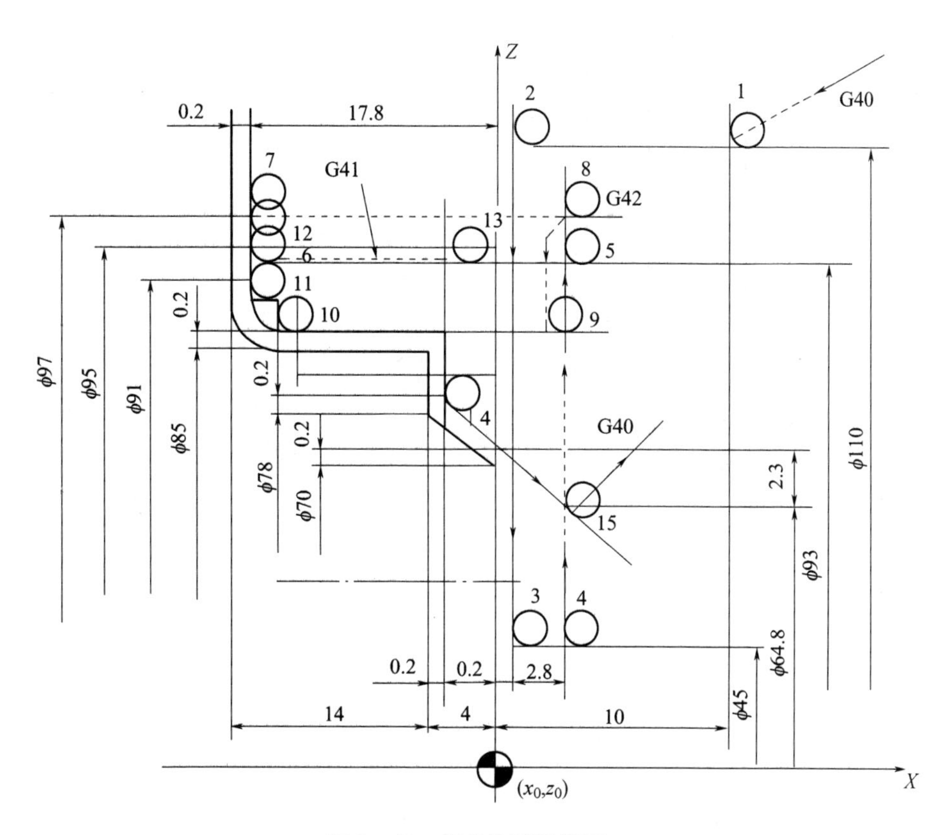

图 3－49　粗车外圆及端面

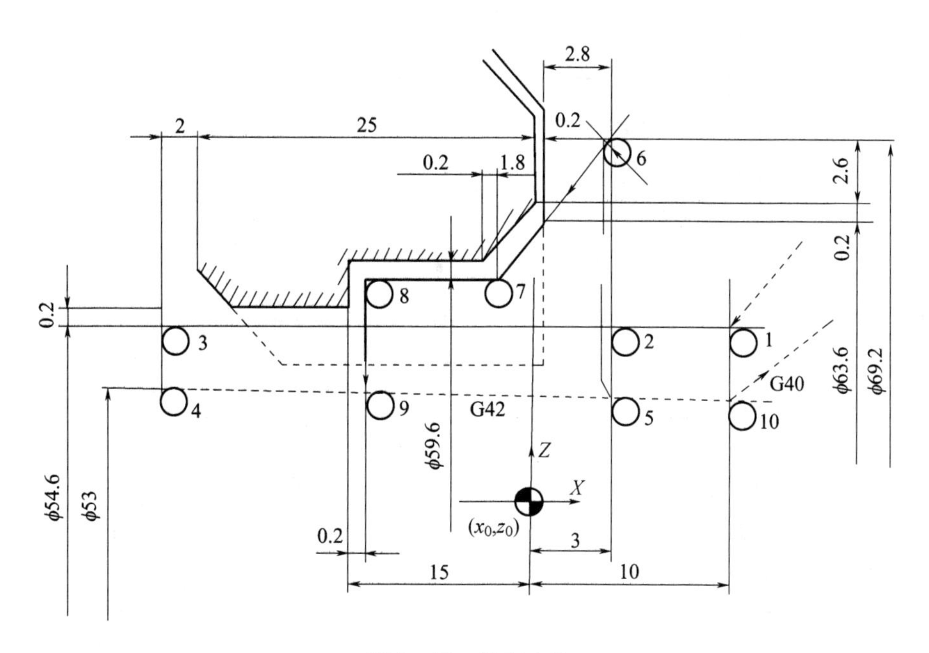

图 3－50　粗车内孔

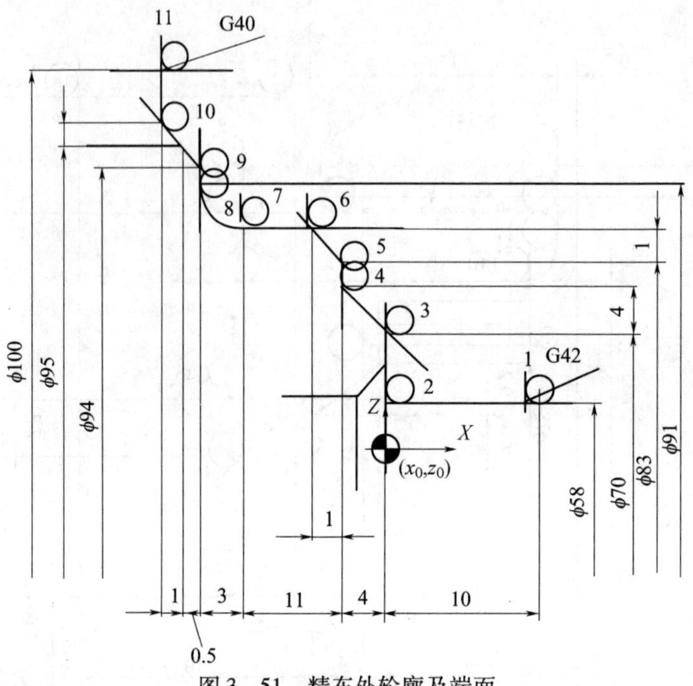

图 3－51　精车外轮廓及端面

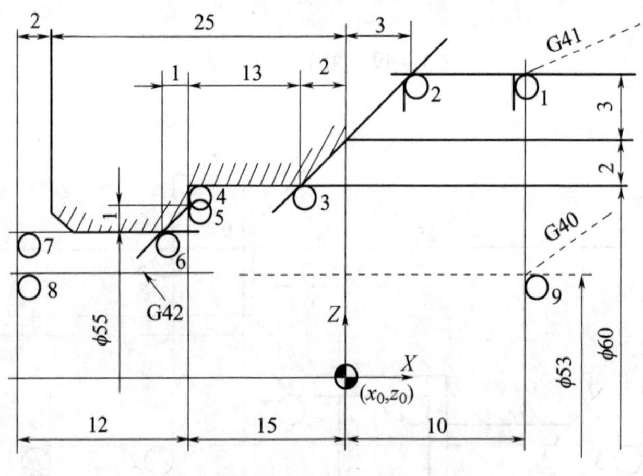

图 3－52　精车内孔

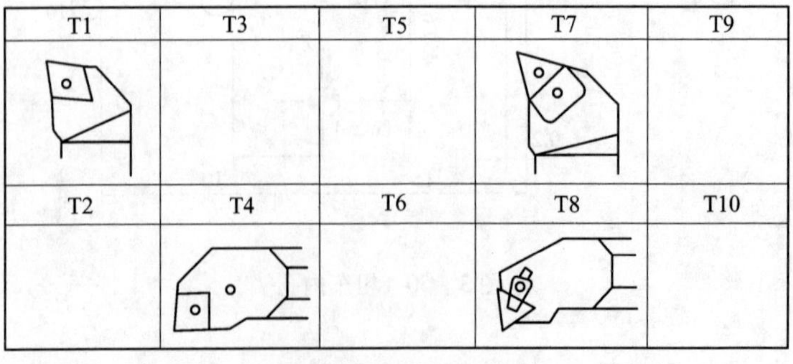

T1	T3	T5	T7	T9
T2	T4	T6	T8	T10

图 3－53　刀具及刀位号

表3-9　加工程序及说明

程　序	说　明
O0052	程序代号
N001　G50　X200.0　Z200.0　T0100	建立工件坐标系
N002　G50　S2000	最高主轴转速设定
N101　T0101　M40	调第1号刀,并进行刀补,主轴为低速范围
N102　G40　G97　S350　M08	取消主轴恒线速度控制,主轴转速为350r/min,注入切削液
N103　G00　X110.0　Z10.0　M03	刀具快速接近工件,主轴正转
N104　G01　G96　Z0.2　F3.0　S120	刀具工进至 $x=110mm$、$z=0.2mm$,进给量为3mm/r,主轴恒速控制 $v_c=120m/min$
N105　X45.0　F0.2	粗车端面,X 向进给至 $x=\phi45mm$,进给量为0.2mm/r
N106　Z3.0	向 Z 向退刀至 $z=3mm$
N107　G00　G97　X93.0　S400	向 X 向快退刀至 $x=\phi93mm$,取消主轴恒速控制,主轴转速为400r/min
N108　G01　Z-17.8　F0.3	向 Z 向进给至 $z=-17.8mm$,进给量为0.3mm/r
N109　X97.0	向 X 向进给 $x=\phi97mm$
N110　G00　Z3.0	快速退刀至 $z=3mm$,刀尖半径补偿启动,右偏移
N111　G42　X85.4	刀具从⑧至⑨
N112　G01　Z-15.0	向 Z 向进给 $z=-15mm$
N113　G02　X91.0　Z-17.8　R2.8	圆弧顺时针插补,粗车 $R3mm$ 到 $R2.8mm$
N114　G01　X95.0	向 X 向进给至 $x=\phi95mm$,改变刀尖半径补偿方向,左偏移
N115　G00　G41　Z-1.8	刀具从⑫至⑬
N116　G01　Z78.4　F0.3	进给至 $x=\phi78.4mm$,进给量为0.3mm/r
N117　X64.8　Z3.0	车锥面
N118　G00　G40　T0100　X200.0　Z200.0　M09	快退至换刀点,取消刀补,取消刀尖半径补偿,切削液关
N119　M01	选择停
N401　T0404　M40	调第4号刀,并进行刀补,主轴为低速范围
N402　G40　G97　S650　M08	取消主轴恒线速度控制,主轴转速为350r/min,切削液开
N403　G00　X54.6　Z10.0　M03	刀具快进接近零件,主轴正转
N404　G01　Z3.0　F2.0	刀具进给至 $z=3mm$,进给量为2mm/r
N405　G01　Z-27.0　F0.4	进给至 $z=-27.0mm$,进给量为0.4mm/r,车孔
N406　X53.0	退刀至 $x=\phi53mm$
N407　G00　Z3.0	快退刀至 $z=3mm$,刀尖半径补偿启动,左偏移
N408　G41　X69.2	刀具从⑤至⑥
N409　X59.6　Z-1.8　F0.3	车锥面,进给量为0.3mm/r
N410　Z-14.8　F0.4	车台阶孔,进给量为0.4mm/r
N411　X53.0	退刀至 $x=\phi53mm$,改变刀尖半径补偿方向,右偏移
N412　G00　G42　Z10.0	快退刀至 $z=10mm$,刀具从⑨至⑩
N413　G40　X200.0　Z200.0　T0400　M09	快退至换刀点,取消刀具补偿,取消刀尖半径补偿,切削液关
N414　M01	选择停
N701　T0707　M41	调第7号刀具,并进行刀补,主轴转速为高速范围
N702　G40　G97　S1100　M0	取消恒线速度控制,主轴转速为1100r/min,切削液开
N703　G00　G42　X58.0　Z10.0　M03	刀具快速接近工件,主轴正转
N704　G01　G96　F1.5　S200	刀尖半径补偿启动,右偏移
N705　X70.0　F0.2	精车端面,进给量为0.2mm/r
N706　X78.0　Z-4.0	精车锥面

（续）

程　序	说　明
N707　X83.0	精车台阶端面
N708　X85.0　Z-5.0	精车1mm×1mm倒角
N709　Z-15.0	精车ϕ95mm外圆
N710　G02　X91.0　Z-18.0　R3.0	精车R3mm圆弧
N711　G01　X94.0	精车ϕ94mm台阶端面
N712　X97.0　Z-19.5	精车0.5mm×0.5mm倒角
N713　X100.0	退刀至$x=\phi$100mm
N714　G00　G40 X200.0 Z200.0 T0400 M09	快速返回至换刀点，取消刀具补偿，取消刀尖半径补偿，切削液关
N715　M01	选择停
N801　T0808　M41	调第8号刀并进行刀补，主轴为高速范围
N802　G40　G97　S1000　M08	取消主轴恒线速度控制，主轴转速为1000r/min，切削液开
N803　G00　G41　X70.0　Z10.0　M03	刀具快速接近工件，主轴正转，刀尖半径补偿启动，左偏移
N804　G01　Z3.0　F1.5	刀具进给至$z=3$mm，进给量为1.5mm/r
N805　X60.0　Z-2.0　F0.2	车2mm×2mm倒角，进给量为0.2mm/r
N806　Z-15.0　F0.15	精车ϕ60mm外圆，进给量为0.15mm/r
N807　X57.0　F0.2	精车ϕ57mm小台阶端面，进给量为0.2mm/r
N808　X55.0　Z-16.0	精车1mm×1mm倒角
N809　Z-27.0	精车ϕ55mm内孔
N810　X53.0	退刀至$x=\phi$53mm
N811　G00　G42　Z10.0　M09	Z向快速返回$z=10$mm，变更刀尖半径补偿方向，右偏移
N812　G40　X200.0　Z200.0　T0800　M09	快速返回至换刀点，取消刀具补偿，取消刀尖半径补偿，冷却液关
N813　M05	主轴停止
N814　M30	程序结束

3.3.3　SIEMENS系统编程与加工实例

编制图3-54所示零件的加工程序，材料为45钢，棒料直径为40mm。

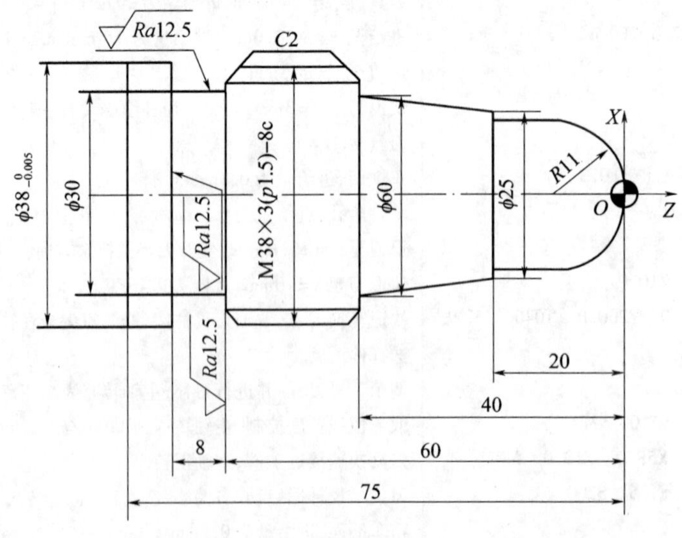

图3-54　SIEMENS数控车床加工示例零件图

1. 刀具设置

1 号刀:93°正偏刀;2 号刀:宽 4mm 的切槽刀;3 号刀:60°外螺纹车刀。

2. 工艺路线

(1)棒料伸出卡盘约 85mm,找正后夹紧。

(2)用 93°外圆车刀车工件右端面,粗车外圆至 ϕ38.5mm × 80mm。

(3)先车出 ϕ30.5mm × 40mm 圆柱,再车出 ϕ22.5mm × 20mm 圆柱。

(4)用车圆法车右端圆弧,车圆锥,分别留 0.5mm 精车余量。

(5)精车外形轮廓至尺寸。

(6)切退刀槽,并用切槽刀右刀尖倒出 M38 × 3 螺纹左端 $C2$ 倒角。

(7)换螺纹刀车双头螺纹。

(8)切断工件。

3. 相关计算

(1)计算双头螺纹 M38 × 3(p1.5)的底径:

$$d' = d - 2 \times 0.62p = (38 - 2 \times 0.62 \times 1.5)\text{mm} = 36.14\text{mm}$$

(2)确定背吃刀量分布:1mm,0.5mm,0.3mm,0.06mm。

4. 加工程序

%_N_SL1_MPF	程序名
;$PATH=/_N_MPF_DIR	SIEMENS-802S 传输格式
N10 G90 G94 G54;	用 G54 指定工件坐标系、分进给、绝对值编程
N20 S600 M3;	主轴正转,转速为 600r/min
N30 T1 D1 M08;	换 1 号外圆刀,切削液开
N40 G00 X45 Z0;	快速进刀
N50 G01 X0 F80;	车端面
N60 G00 X38.5 Z2;	快速退刀
N70 G01 Z-80 F150;	粗车外圆
N80 G00 X42 Z2;	快速退刀
N90 G00 X34;	快速进刀
N100 G01 Z-40;	粗车外圆
N110 G00 X42 Z2;	快速退刀
N120 G00 X30.5;	快速进刀
N130 G01 Z-40;	粗车外圆
N140 G00 X42 Z2;	快速退刀
N150 G00 X26;	快速进刀
N160 G01 Z-20;	粗车外圆
N170 G00 X30 Z2;	快速退刀
N180 G00 X22.5;	快速进刀
N190 G01 Z-20;	粗车外圆
N200 G00 X30 Z2;	快速退刀
N210 G00 X0;	快速进刀
N220 G03 X26 Z-11 R=13 F100;	车 R13 圆弧
N230 G00 Z0.5;	快速退刀

```
N240  G00  X0;                          快速进刀
N250  G03  X23  Z-11  CR=11.5;          车 R11.5 圆弧
N260  G00  X25.5  Z-18;                 快速进刀
N270  G01  X25.5  Z-20;
N280  X30.5  Z-40;                      车圆锥
N290  G00  X100  Z100;                  快退至换刀点
N295  S1200  M03;                       主轴变速,转速 1200r/min
N300  G00  X2  Z2;                      快速进刀
N310  G01  X0  Z0  F60;                 进刀至(0,0)点
N320  G03  X22  Z-11  CR=11;            精车 R11mm 圆弧
N330  G01  Z-20;                        精车 φ22mm 圆弧
N340  X25;                              精车台阶
N350  X30  Z-40;                        精车圆锥
N360  X34;                              精车台阶
N370  X37.8  Z-42;                      倒角
N380  Z-60;                             精车 M38 螺纹外圆至 φ37.8mm
N390  X37.975;
N400  -80;                              以公差中间值精车 φ38mm 外圆
N410  G00  X100  Z100;                  快退至换刀点
N420  T2  D1;                           换 2 号切槽刀
N430  S420  M03;                        主轴变速,转速 420r/min
N435  G00  X40  Z-64                    快速进刀进刀至(X40,Z-64)
N440  G01  X30.2  F30;                  切槽至 φ30.2mm
N450  G00  X40;                         快速退刀
N455  G00  Z-68;                        向左移动 4mm
N460  G01  X30  F30;                    切槽至 φ30mm
N470  Z-64;                             向右横拖 4mm,削除切刀接缝线
N480  G00  X40;                         快速退刀
N490  G00  Z-61;                        快速进刀
N500  G01  X34  Z-64  F30;              用切槽刀右刀尖倒 M38×3 螺纹左端 C2 倒角
N510  G00  X100;                        快退至换刀点
N520  Z100;
N530  T3  D1;                           换 3 号螺纹刀
N540  S600  M03;                        主轴变速,转速 600r/min
N550  G00  X37  Z-34;                   快速进刀
N560  LWJG;                             调子程序车第一条螺纹
N570  G00  X36.5;                       快速进刀
N580  LWJG;                             调子程序车第一条螺纹
N590  G00  X36.2;                       快速进刀
N600  LWJG;                             调子程序车第一条螺纹
N610  G00  X36.14;                      快速进刀
N620  LWJG                              调子程序车第一条螺纹
N630  G00  X37  Z-35.5                  进刀,与第一条螺纹的起刀点错开一个螺距
```

N640　LWJG；	调子程序车第二条螺纹
N650　G00　X36.5；	快速进刀
N660　LWJG；	调子程序车第二条螺纹
N670　G00　X36.2；	快速进刀
N680　LWJG；	调子程序车第二条螺纹
N690　G00　X36.14；	快速进刀
N700　LWJG；	调子程序车第二条螺纹
N710　G00　X100　Z100；	快退至换刀点
N720　T2　D1　S420　M03；	换 2 号切槽刀，主轴变速，转速 420r/min
N730　G00　X42　Z－79	快速进刀
N740　G01　X0　F30；	切断
N750　G00　X100；	
N760　Z100　M09；	退回换刀点，切削液关
N770　M05；	主轴停转
N780　M02；	主程序结束
%LWJG；	车螺纹子程序
N800　G91　G33　Z－28　K3；	车削螺纹
N810　G00　X10；	快速退刀
N820　G00　Z28	返回
N830　G90；	换回绝对坐标编程
N840　M17；	子程序结束

第4章　数控铣床和加工中心的编程

数控铣床是目前广泛采用的数控机床之一，主要用于各类较复杂的平面、曲面和壳体类零件的加工，如各类模具、样板、叶片、凸轮、连杆和箱体等，并能进行铣槽、钻、扩、铰、镗孔的加工，特别适合于加工具有复杂曲线轮廓及截面的零件，尤其是进行模具加工。

加工中心(Machining Center,MC)，是从数控铣床发展而来的，是机械设备与数控系统组成的适用于复杂零件加工的高效自动化机床。由于它带有刀库和自动换刀装置，工件经一次装夹后，数控系统能控制机床按不同工序自动选择和更换刀具，自动对刀、自动改变机床主轴转速、进给量和刀具相对工件的运动轨迹及其他辅助功能，连续地对工件各加工表面自动进行铣(车)、钻、扩、铰、镗、控制机床攻螺纹等多种工序的加工；可减少工件装夹、测量、机床调整、工件周转等许多非加工时间，对加工形状比较复杂、工序多、精度要求较高的凸轮、箱体、支架、盖板、模具等各种复杂型面的零件。加工中心使切削利用率高于普通数控机床2~3倍，从而大大降低操作者的劳动强度，且加工精度高，具有良好的经济效果。

数控铣床和加工中心密切联系，但加工中心又不等同于数控铣床，二者的主要区别在于加工中心带有刀库和自动换刀装置，利用刀库中不同用途的刀具，能连续进行多种工序加工，可在一次装夹中通过自动换刀装置改变主轴上的加工刀具，实现钻、镗、铰、攻螺纹、切槽等多种加工功能。因此，本章把二者结合在一起介绍编程指令和功能。就一般编程指令和功能而言，二者是相同的。

4.1　数控铣床和加工中心概述

4.1.1　数控铣床的组成与分类

数控铣床一般由数控系统、主传动系统、进给伺服系统、冷却润滑系统等几大部分组成。

(1) 主轴箱。包括主轴箱体和主轴传动系统，用于装夹刀具并带动刀具旋转，主轴转速范围和输出扭矩对加工有直接的影响。

(2) 进给伺服系统。由进给电机和进给执行机构组成，按照程序设定的进给速度实现刀具和工件之间的相对运动，包括直线进给运动和旋转运动。

(3) 控制系统。数控铣床运动控制的中心，执行数控加工程序控制铣床进行加工。

(4) 辅助装置。如液压、气动、润滑、冷却系统和排屑、防护等装置。

(5) 铣床基础件。通常是指底座、立柱、横梁等，它是整个铣床的基础和框架。

1. 按主轴布置形式分类

1) 立式数控铣床

立式数控铣床的主轴轴线垂直于水平面，是数控铣床中最常见的一种布局形式，应用范围也最广泛,图 4 -1 所示为立式升降台铣床。立式数控铣床中又以三坐标(X,Y,Z)联动铣床居多,其各坐标的控制方式主要有以下几种:

(1) 工作台纵、横向移动并升降,主轴不动方式。目前小型数控铣床一般采用这种方式。

(2) 工作台纵、横向移动,主轴升降方式。这种方式一般运用在中型数控铣床中。

(3) 龙门架移动式,即主轴可在龙门架的横向与垂直导轨上移动,而龙门架则沿床身做纵向移动。许多大型数控铣床都采用这种结构,又称为龙门数控铣床(图 4 -2)。

图 4 -1　立式升降台铣床

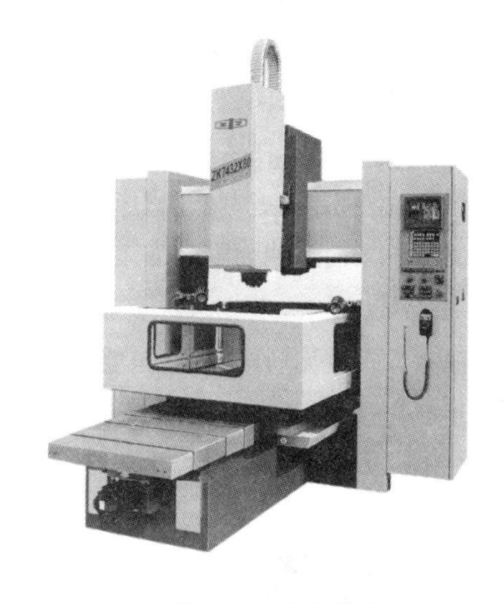

图 4 -2　龙门铣床

2) 卧式数控铣床

卧式数控铣床(图 4 -3)的主轴轴线平行于水平面,主要用来加工箱体类零件。为了扩大功能和加工范围,通常采用增加数控转盘来实现 4 轴或 5 轴加工。这样,工件在一次加工中可以通过转盘改变工位,进行多方位加工,使配有数控转盘的卧式数控铣床在加工箱体类零件和需要在一次安装中改变工位的零件时具有明显的优势。

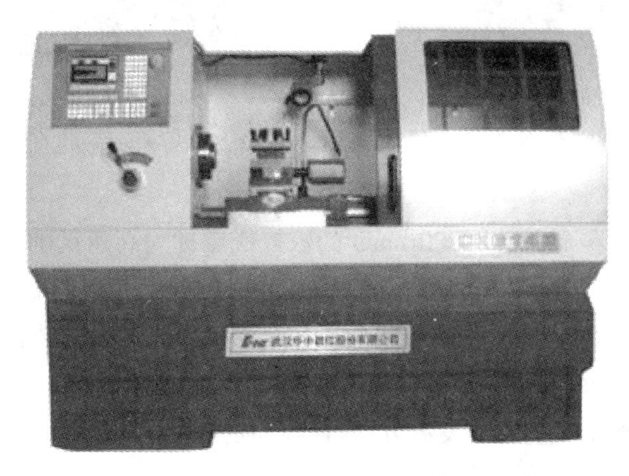

图 4 -3　卧式数控铣床

3）立卧两用数控铣床

立卧两用数控铣床的主轴轴线方向可以变换，使一台铣床具备立式数控铣床和卧式数控铣床的功能，这类铣床适应性更强，使用范围更广，生产成本也低。所以，目前立卧两用数控铣床的数量正在逐渐增多。立卧两用数控铣床靠手动和自动两种方式更换主轴方向。有些立卧两用数控铣床采用主轴头可以任意方向转换的万能数控主轴头，使其可以加工出与水平面呈不同角度的工件表面。这可以在这类铣床的工作台上增设数控转盘，以实现对零件的“五面加工”。

2. 按数控系统的功能分类

1）经济型数控铣床

经济型数控铣床（图4－4）一般是在普通立式铣床或卧式铣床的基础上改造而来的，采用经济型数控系统，成本低，机床功能较少，主轴转速和进给速度不高，主要用于精度要求不高的简单平面或曲面零件加工。

2）全功能数控铣床

全功能数控铣床（图4－5）一般采用半闭环或闭环控制，控制系统功能较强，数控系统功能丰富，一般可实现四坐标或以上的联动，加工适应性强，应用最为广泛。

图4－4　经济型数控铣床

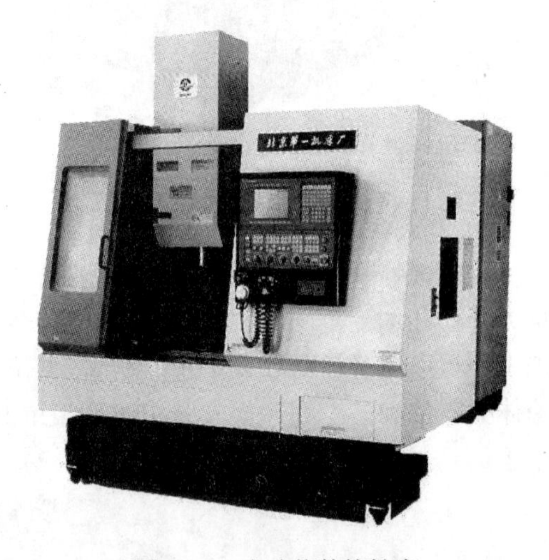

图4－5　全功能数控铣床

3）高速铣削数控铣床

一般把主轴转速在8000～40000r/min的数控铣床称为高速铣削数控铣床，其进给速度可达10～30m/min，如图4－6所示。这种数控铣床采用全新的机床结构（主体结构及材料变化）、功能部件（电主轴、直线电机驱动进给）和功能强大的数控系统，并配以加工性能优越的刀具系统，可对大面积的曲面进行高效率、高质量的加工。

高速铣削是数控加工的一个发展方向，目前，其技术正日趋成熟，并逐渐得到广泛应用，但铣床价格昂贵，使用成本较高。

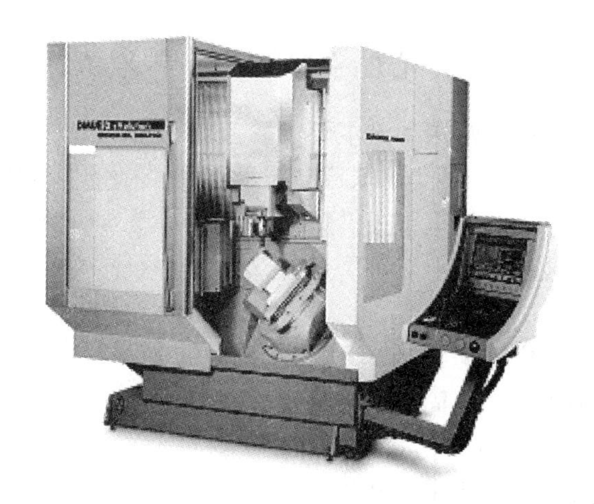

图 4-6　高速铣削数控铣床

4.1.2　数控铣床和加工中心的主要功能

各种类型数控铣床所配置的数控系统，虽然功能各有不同，但其主要功能基本相同。加工中心也能实现这些功能。

(1) 点位控制功能。此功能可以实现对相互位置精度要求很高的孔系加工。

(2) 连续轮廓控制功能。数控铣床一般应具有三坐标以上联动功能，此功能可以实现直线、圆弧的插补功能及非圆曲线的逼近加工，自动控制旋转的铣刀相对于工件运动进行铣削加工。坐标联动轴数越多，对工件的装夹要求就越低，加工工艺范围越大。

(3) 刀具半径补偿功能。此功能可以根据零件图样的标注尺寸来编程，而不必考虑所用刀具的实际半径尺寸，从而减少编程时的复杂数值计算。

(4) 刀具长度补偿功能。此功能可以自动补偿刀具的长短，以适应加工中对刀具长度尺寸调整的要求。

(5) 比例及镜像加工功能。比例功能可将编好的加工程序按指定比例改变坐标值来执行。镜像加工又称轴对称加工，如果一个零件关于坐标轴对称，那么只要编出一个或两个象限的程序，其余象限的轮廓就可以通过镜像加工来实现。

(6) 旋转功能。该功能可将编好的加工程序在加工平面内旋转任意角度来执行。

(7) 米制、英制单位转换。可以根据图样的标注选择米制单位(mm)和英制单位(in)进行程序编制，以适应不同企业的具体情况。

(8) 子程序调用功能。有些零件需要在不同的位置上重复加工同样的轮廓形状，将这一轮廓形状的加工程序作为子程序，在需要的位置上重复调用，就可以完成对该零件的加工。

(9) 宏程序功能。该功能可用一个总指令代表实现某一功能的一系列指令，并能对变量进行运算，使程序更具灵活性和方便性。

(10) 数据输入输出及 DNC 功能。

(11) 数据采集功能。

(12) 自诊断功能。

4.1.3 数控铣床和加工中心的主要加工对象

数控铣削是机械加工中最常用和最主要的数控加工方法之一，它除了能铣削普通铣床所能铣削的各种零件表面外，还能铣削普通铣床不能铣削的需要两坐标至五坐标联动的各种平面轮廓和立体轮廓。根据数控铣床的特点，从铣削加工角度考虑，适合数控铣削的主要加工对象有以下几类。

1. 平面类零件

加工面平行或垂直于定位面，或加工面与水平面的夹角为定角的零件为平面类零件。平面类零件是数控铣削加工中最简单的一类零件，一般只需用三坐标数控铣床的二坐标联动（即二轴半坐标联动）就可以把它们加工出来。目前在数控铣床上加工的大多数零件属于平面类零件，如图4－7所示零件均为平面类零件。

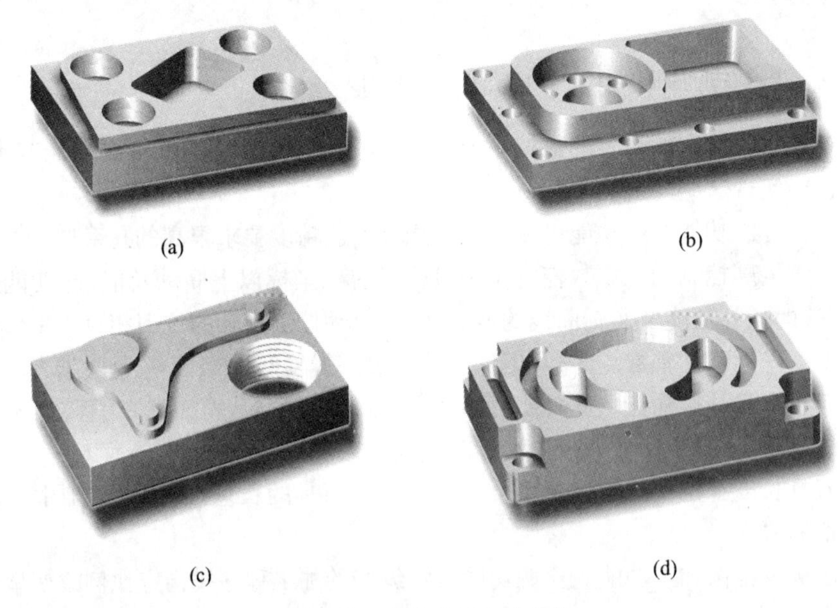

图4－7 典型的平面类零件

2. 变斜角类零件

加工面与水平面的平角呈连续变化的零件称为变斜角零件，如图4－8所示的飞机变斜角梁缘条。

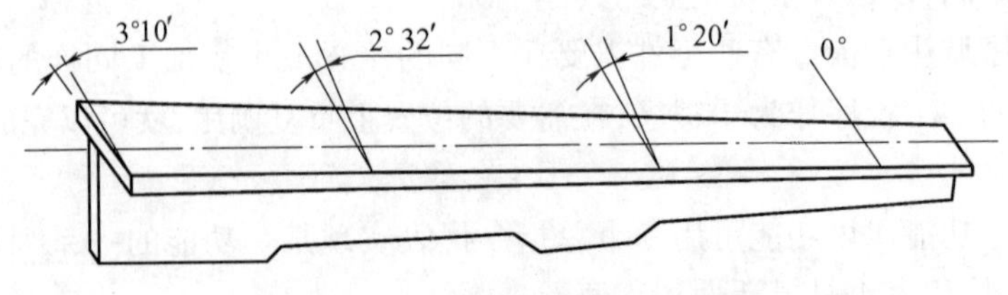

图4－8 飞机上的变斜角梁缘条

3. 曲面类零件

加工面为空间曲面的零件称为曲面类零件，如模具、叶片、螺旋桨等（图4－9）。曲面类零件不能展开为平面。加工时,铣刀与加工面始终为点接触,一般采用球头刀在3轴数控铣床上加工。当曲面较复杂、通道较狭窄、会伤及相邻表面及需要刀具摆动时,要采用四坐标或五坐标铣床加工。

4. 箱体类零件

箱体类零件一般是指具有一个以上孔系,内部有一定型腔或空腔,在长、宽、高方向有一定比例的零件。此类零件一般都需要进行多工位孔系、轮廓及平面加工,公差要求较高,特别是形位公差要求较为严格,通常要经过铣、钻、扩、镗、铰、锪,攻丝等工序,需要刀具较多,在普通铣床上加工难度大,工装套数多,费用高,加工周期长,需多次装夹、找正,手工测量次数多,加工时必须频繁地更换刀具,工艺难以制订,更重要的是精度难以保证。这类零件在加工中心上加工,一次装夹可完成普通铣床60% ~95%的工序内容,零件各项精度一致性好,质量稳定,同时节省费用,缩短生产周期。

图4-9　数控铣削叶轮

4.1.4　加工中心的自动换刀装置

加工中心是带有刀库和自动换刀装置的数控机床,又称为自动换刀数控机床或多工序数控机床。其特点是数控系统能控制机床自动地更换刀具,连续地对工件各加工表面自动进行铣(车)、钻、扩、铰、镗、攻螺纹等多种工序的加工;适用于加工凸轮、箱体、支架、盖板、模具等各种复杂型面的零件。

自动换刀装置的用途是按照加工需要,自动地更换装在主轴上的刀具。自动换刀装置是一套独立、完整的部件。

1. 自动换刀装置的形式

自动换刀装置的结构取决于机床的类型、工艺范围及刀具的种类和数量等。自动换刀装置主要有回转刀架和带刀库的自动装置两种形式。

回转刀架换刀装置的刀具数量有限,但结构简单,维护方便。如数控车床上的回转刀架。

带刀库的自动换刀是由刀库和机械手组成,它是多工序数控机床上应用最广泛的换刀装置,其整个换刀过程较复杂,首先把加工过程中需要使用的全部刀具分别安装在标准刀柄上,在机外进行尺寸预调后,按一定的方式放入刀库;换刀时,先在刀库中进行选刀,由机械手从刀库和主轴上取出刀具,在进行刀具交换之后,将新刀具装入主轴,把旧刀具放回刀库。存放刀具的刀库具有较大的容量,它既可以安装在主轴箱的侧面或上方,也可以作为独立部件安装在机床以外。

2. 刀库的形式

刀库的形式很多,结构各异。加工中心常用的刀库有鼓轮式和链式刀库两种。

鼓轮式刀库的结构简单、紧凑,应用较多。一般存放刀具不超过 32 把,见图 4 - 10。

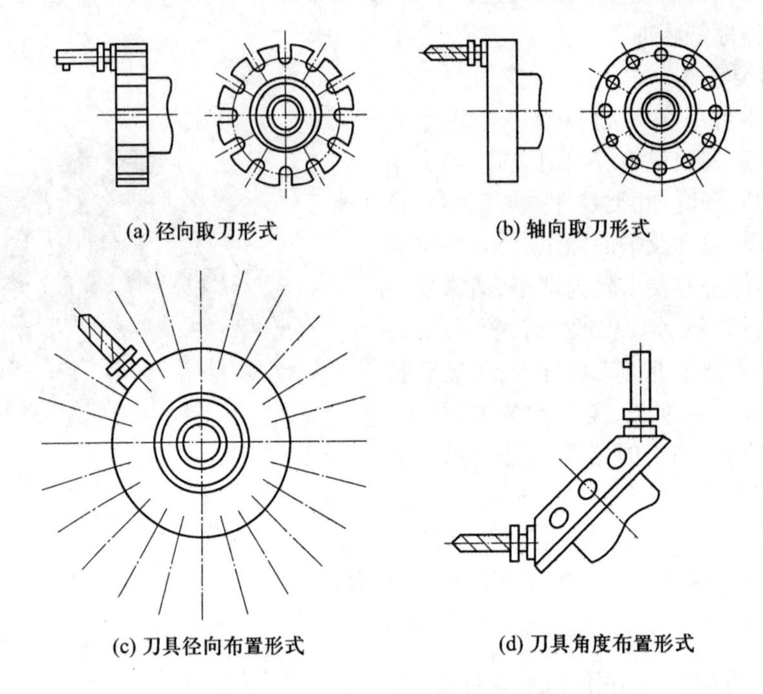

(a) 径向取刀形式　(b) 轴向取刀形式

(c) 刀具径向布置形式　(d) 刀具角度布置形式

图 4 - 10　鼓轮式刀库

链式刀库多为轴向取刀,适用于要求刀库容量较大的数控机床,见图 4 - 11。

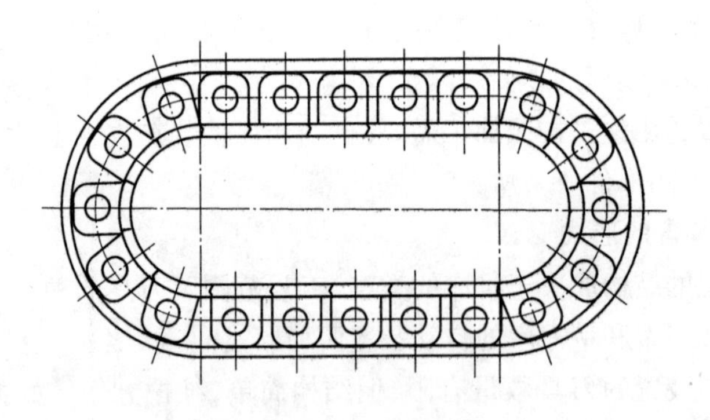

图 4 - 11　链式刀库

3. 机床自动换刀过程

自动换刀装置的换刀过程由选刀和换刀两部分组成。选刀即是刀库按照选刀命令(或信息)自动将要用的刀具移动到换刀位置,完成选刀过程,为下面换刀做好准备;换刀即是把主轴上用过的刀具取下,将选好的刀具安装在主轴上。

机床的自动换刀装置是一套独立、完整的部件,安装在主轴箱的左侧面,随同主轴箱一起运动。它由刀库、机械手、刀库底座组成。其换刀过程见图 4 - 12。

(1) 主轴箱回到最高处(Z 坐标零点),同时主轴停止回转并准确停止在规定的角度方位。

（2）机械手抓住主轴和刀库上的刀具（图4－12（a））。

（3）把卡紧在主轴和刀库上的刀具松开。

（4）从主轴和刀库上取出刀具（图4－12（b））。

（5）机械手回转180°，换刀（图4－12（c））。

（6）将更换后的刀具装入主轴和刀库（图4－12（d））。

（7）分别夹紧主轴和刀库上的刀具。

（8）机械手放开主轴和刀库上的刀具。

（9）当机构手放开刀具后，限位开关发出“换刀完毕”的信号，主轴自由，可以开始加工或其他程序动作。

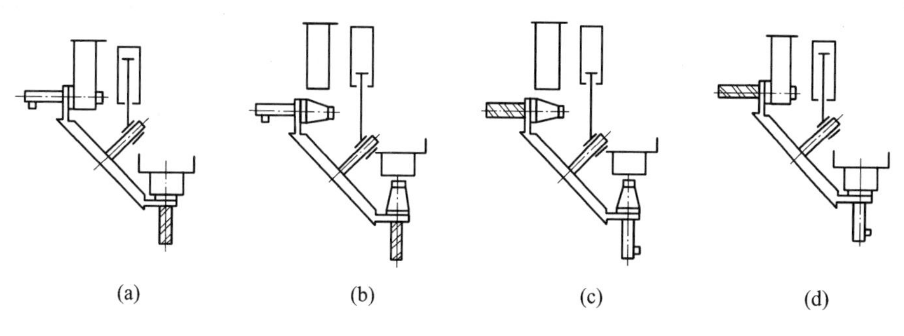

图4－12　换刀过程

在自动换刀的整个过程中，各项运动均由限位开关控制，只有前一个动作完成后，才能进行下一个动作，从而保证了运动的可靠性。

自动换刀时间为：刀具→刀具约5s。

4. 刀具的选择方法

数控机床常用的选刀方式有顺序选刀方式和任选方式两种。

顺序选刀方式是将加工所需要的刀具，按照预先确定的加工顺序依次安装在刀座中，换刀时，刀库按顺序转位。这种方式的控制及刀库运动简单，但刀库中刀具排列的顺序不能错。

任选方式是对刀具或刀座进行编码，并根据编码选刀。它可分为刀具编码和刀座编码两种方式。

刀具编码方式是利用安装在刀柄上的编码元件（如编码环、编码螺钉等）预先对刀具编码后，再将刀具放入刀座中；换刀时，通过编码识别装置根据刀具编码选刀。采用这种方式编码的刀具可以放在刀库的任意刀座中；刀库中的刀具不仅可以在不同的工序中多次重复使用，而且换下来的刀具也不必放回原来的刀座中。

刀库编码方式是预先对刀库中的刀座（用编码钥匙等方法）进行编码，并将与刀座编码相对应的刀具放入指定的刀座中；换刀时，根据刀座编码选刀。如程序中指定为T13的刀具必须放在编码为13的刀座中。使用过的刀具也必须放回原来的刀座中。

目前计算机控制的数控机床都普遍采用计算机记忆方式选刀。这种方式是通过可编程序控制器PC（Programmable Controller）或计算机，记忆每把刀具在刀库中的位置，自动选取所需要的刀具。

4.2 数控铣床和加工中心编程基础

4.2.1 数控系统的功能

1. 准备功能(G代码功能)

准备功能代码是用地址字G和后面的两位数字来表示的,它规定了该程序段指令的功能。具体G代码见表4-1。

表4-1 准备功能G代码

FANUC 3MA/10M/11M/12M						
B:基本功能;O:选择功能;X:无此功能						
G代码	组号	意义	3MA	10M	11M	12M
G00	01	点定位	B	B	B	B
G01		直线插补	B	B	B	B
G02		顺时针圆弧插补	B	B	B	B
G03		逆时针圆弧插补	B	B	B	B
G04	00	暂停	B	B	B	B
G07		假想轴插补	X	X	O	O
G09		准停检验	X	B	B	B
G10		偏移量设定	O	O	O	O
G15	18	极坐标指令取消	X	X	O	O
G16		极坐标指令	X	X	O	O
G17	02	*XY*平面指定	B	B	B	B
G18		*ZX*平面指定	B	B	B	B
G19		*YZ*平面指定	B	B	B	B
G20	06	英制输入	B	B	B	B
G21		米制输入	B	B	B	B
G23	04	存储行程极限	X	O	O	O
G27	00	返回参考点检验	B	B	B	B
G28		返回参考点	B	B	B	B
G29		从参考点返回	B	B	B	B
G30		第二参考点返回	X	O	O	O
G31		跳跃功能	O	X	X	X
G39		尖角圆弧插补	B	X	X	X
G40	07	取消刀具半径补偿	B	B	B	B
G41		刀具半径左补偿	B	B	B	B
G42		刀具半径右补偿	B	B	B	B

（续）

FANUC 3MA/10M/11M/12M						
B:基本功能;O:选择功能;X:无此功能						
G代码	组号	意义	3MA	10M	11M	12M
G43	08	刀具半径正补偿	B	B	B	B
G44		刀具半径负补偿	B	B	B	B
G45	00	刀具偏置增加	X	B	B	B
G46		刀具偏置减少	X	B	B	B
G47		刀具偏置二倍增加	X	B	B	B
G48		刀具偏置二倍减少	X	B	B	B
G49	08	取消刀具长度补偿	B	B	B	B
G50	11	比例取消	X	X	O	O
G51		比例	X	X	O	O
G52	00	局部坐标系统	X	B	B	B
G53		机床坐标系选择	X	B	B	B
G54	12	加工坐标系1	X	B	B	B
G55		加工坐标系2	X	B	B	B
G56		加工坐标系3	X	B	B	B
G57		加工坐标系4	X	B	B	B
G58		加工坐标系5	X	B	B	B
G59		加工坐标系6	X	B	B	B
G60	00	单一方向定位	X	X	O	O
G61	13	准停	X	B	B	B
G62		自动角度超弛	X	X	O	O
G63		攻螺纹模式	X	B	B	B
G64		切削模式	X	B	B	B
G65	00	宏指令	O	O	O	O
G66	14	调用宏指令A	X	O	O	O
G67		调用宏指令A取消	X	O	O	O
G68	16	坐标系旋转	X	X	O	O
G69		坐标系旋转取消	X	X	O	O

（续）

FANUC 3MA/10M/11M/12M						
B:基本功能;O:选择功能;X:无此功能						
G代码	组号	意义	3MA	10M	11M	12M
G73	09	钻孔循环	B	B	B	B
G74		反攻螺纹	B	B	B	B
G76		精镗	B	B	B	B
G80		取消固定循环	B	B	B	B
G81		钻孔循环	B	B	B	B
G82		钻孔循环镗阶梯孔	B	B	B	B
G83		钻孔循环	B	B	B	B
G84		攻螺纹循环	B	B	B	B
G85		镗孔循环	B	B	B	B
G86		镗孔循环	B	B	B	B
G87		反镗孔循环	B	B	B	B
G88		镗孔循环	B	B	B	B
G89		镗孔循环	B	B	B	B
G90	03	绝对值输入	B	B	B	B
G91		增量值输入	B	B	B	B
G92	00	设定工件坐标系	B	B	B	B
G94	05	进给速度	B	B	B	B
G95		每转进给	B	B	B	B
G98	04	返回起始平面	B	B	B	B
G99		返回 *R* 平面	B	B	B	B

几点说明：

（1）G代码有以下两类：非模态G代码，仅在被指定的程序段内有效的G代码；模态G代码，直到同一组的其他G代码被指定之前均有效的G代码。

（2）带*号的G代码表示接通电源时，即为该G代码指令的状态，G00，G01，G90，G91可由参数设定选择。

（3）00组的G代码为非模态G代码，只限定在被指定的程序段中有效；其余组的G代码属于模态G代码。

（4）一旦指定了G代码中没有的G代码，即显示报警（NO.010）。

（5）不同组的G代码在同一个程序段中可以指令多个，但如果在同一个程序段中指令了两个或两个以上同一组的G代码时，则只有最后一个G代码有效。

（6）在固定循环中，如果指令了01组的G代码，则固定循环将被自动取消，变为G80的状态，但是，01组的G代码不受固定循环G代码的影响。

2. 辅助功能代码

辅助功能代码是用地址字M和后面的两位数字来表示的。它主要用于规定机床加工操作时的工艺性指令，如主轴的启动停止、切削液的开关等。

(1) M00:程序停止。M00 实际上是一个暂停指令，当执行有 M00 指令的程序段后，主轴停转、进给停止、切削液关、程序停止。利用 CNC 的启动命令，可使机床继续运转。

(2) M01:计划停止。该指令的作用和 M00 相似，但它必须是在预先按下操作面板上"任选停止"按钮的情况下，当执行完编有 M01 指令的程序段的其他指令后，才会停止执行程序。如果不按下"任选停止"按钮，M01 指令无效，程序继续执行。

(3) M02:程序结束。该指令用于程序全部结束。执行该指令后，机床便停止自动运转，切削液关。该指令常用于机床复位。

(4) M03:主轴顺时针方向旋转。

(5) M04:主轴逆时针方向旋转。

(6) M05:主轴停止。

(7) M06:换刀(加工中心有此功能)。

(8) M08:切削液开。

(9) M09:切削液关。

(10) M13:主轴顺时针方向旋转，切削液开。

(11) M14:主轴逆时针方向旋转，切削液关。

(12) M30:程序结束和返回，在完成程序的所有指令后，使主轴、进给和切削液都停止，并使机床及控制系统复位。

(13) M98:调用子程序。

(14) M99:子程序结束并返回到主程序。

注意:在一个程序段中只能指令一个 M 代码，如果在一个程序段中同时指令了两个或两个以上的 M 代码时，则只有最后一个 M 代码有效，其余的 M 代码均无效。

3. F,S,T,H 代码

(1) 进给功能代码 F。表示进给速度，用字母 F 及其后面的若干位数字来表示，单位为 mm/min(米制)或 in/min(英制)。例如，米制 F200 表示进给速度为 200mm/min。

(2) 主轴功能代码 S。表示主轴转速，用字母 S 及其后面的若干位数字来表示，单位为 r/min。例如，S250 表示主轴转速为 250r/min。

(3) 刀具功能代码 T。表示换刀具功能，在进行多道工序加工时，必须选取合适的刀具。每把刀具应安排一个刀号，刀号在程序中指定。刀具功能用字母 T 及其后面的两位数字来表示，即 T00 ~ T99，因此，最多可换 100 把刀具。如 T06 表示第 6 号刀具。

(4) 刀具补偿功能代码 H/D。表示刀具长度/半径补偿号。它由字母 H/D 及其后面的两位数字表示。该两位数字为存放刀具补偿量的寄存器地址字。如 H18 表示刀具补偿量用第 18 号。

4.2.2 坐标系统

1. 机床的坐标轴

数控铣床是以机床主轴轴线方向为 Z 轴，刀具远离工件的方向为 Z 轴正方向。X 轴位于与工件安装面相平行的水平面内，若是立式铣床(例如 XK5032)，则人面对主轴右侧方向为 X 轴正方向;若是卧式铣床，则人面对主轴的左侧方向为 X 轴正方向。Y 轴方向可

根据 Z,X 轴按右手笛卡儿坐标系来确定。

2. 参考点

参考点是机床上一个固定点,与加工程序无关。数控机床的型号不同,其参考点的位置也不同。通常,立式铣床指定 X 轴正向、Y 轴正向和 Z 轴正向的极限点为参考点。参考点又称为机床零点。机床启动后,首先要将机床位置"回零",即执行手动返回参考点,使各轴都移至机床零点,在数控系统内部建立一个以机床零点为坐标原点的机床坐标系(CRT 上显示此时主轴的端面中心,即对刀参考点在机床坐标系中的坐标值均为零)。这样在执行加工程序时,才能有正确的工件坐标系。所以编程时,必须首先设定工件坐标系,即确定刀具相对于工件坐标系坐标原点的距离,程序中的坐标值均以工件坐标系为依据。

4.3 基本编程方法[3]

4.3.1 坐标系的相关指令

1. 设定工件坐标系(G92)

格式:G92 X __ Y __ Z __

其中:X,Y,Z 为坐标原点(程序原点)到刀具起点(对刀点)的有向距离。

G92 指令通过设定刀具起点相对于坐标原点的位置建立工件坐标系。此坐标系一旦建立起来,后续的绝对值指令坐标位置都是此工件坐标系中的坐标值。

使用 G92 建立如图 4-13 所示工件的坐标系。图 4-13(a),G92 X20. Y10. Z10.;图 4-13(b),G92 X150. Y180.;其确立的加工原点在距离刀具起始点 $x=150$,$y=180$ 的位置上。

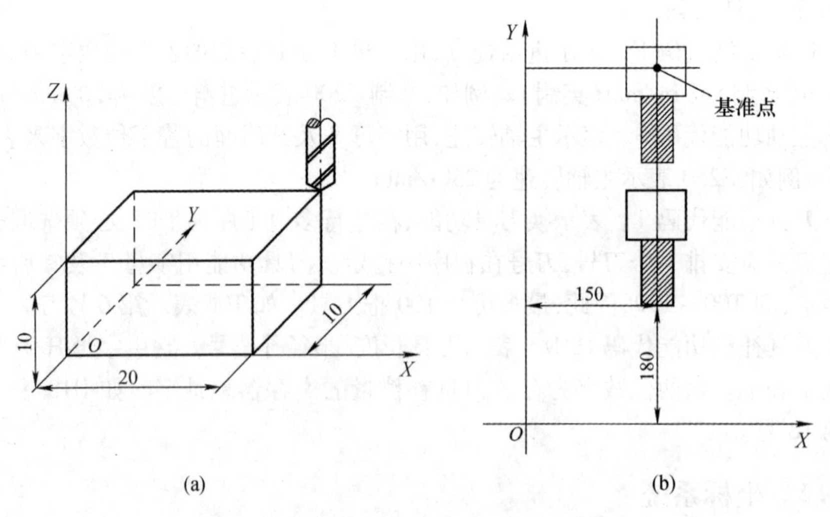

图 4-13 G92 设置加工坐标系

注意:

(1) 执行此段程序只是建立在工件坐标系中刀具起点相对于程序原点的位置,并不驱使机床刀具或工作台运动。

（2）执行此程序段之前必须保证刀位点与程序起点（对刀点）符合。

（3）G92 指令需要后续坐标值指定刀具当前点（对刀点）在工件坐标系中的位置，因此必须单独一个程序段指定。G92 指令段一般放在一个零件程序的首段。

2. 直接机床坐标系选择（G53）

格式为：G53　X __　Y __　Z __

G53 指令使刀具快速定位到机床坐标系中的指定位置上。在含有 G53 的程序段中，应采用绝对值编程，且均为负值，如图 4－14 所示。

例如 G53 G90　X－100. Y－100. Z－20.，执行程序后，刀具在机床坐标系中的位置如图 4－15 所示。

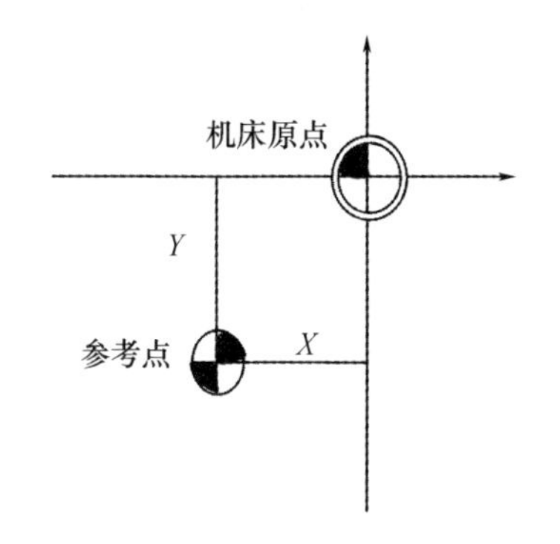

图 4－14　G53 指令含义

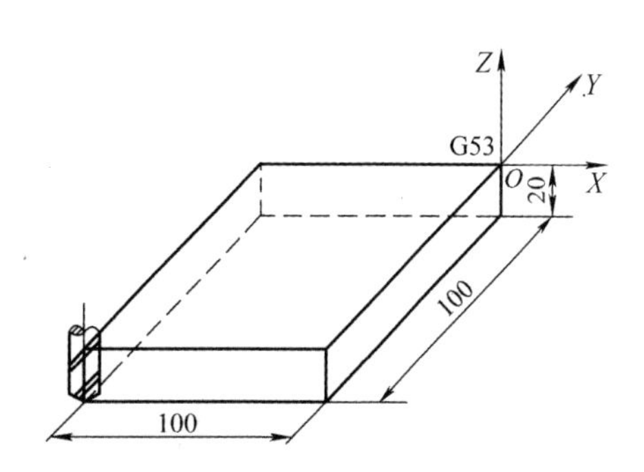

图 4－15　G53 选择机床坐标系

3. 工件坐标系选择（G54 ~ G59）

$$\text{格式：}\left\{\begin{matrix}\text{G54}\\\text{G55}\\\text{G56}\\\text{G57}\\\text{G58}\\\text{G59}\end{matrix}\right\}$$

用 G54 ~ G59 在 6 个预定的工件坐标系中选择当前工件坐标系，这 6 个预定工件坐标系的坐标原点在机床坐标系中的值（工件零点偏置值）可用 MDI 方式输入，系统自动记忆，如图 4－16 所示。其中，G54——工件坐标系 1；G55——工件坐标系 2；G56——工件坐标系 3；G57——工件坐标系 4；G58——工件坐标系 5；G59——工件坐标系 6。

工件坐标系一旦选定，后续程序段中的绝对坐标值均为相对此工件坐标系原点的值。G54 ~ G59 和 G92 均为模态功能，可相互注销，G54 为默认值。

如图 4－17 所示，使用工件坐标系的程序：

```
N01 G54 G00 G90 X30.0 Y40.0 ;        刀具从当前点移动到 A 点
N02 G59;                             建立新的工件坐标系
N03 G00 X30.0 Y30.0 ;                刀具从 A 点移动到 B 点
……
```

执行 N01 句时，系统选定 G54 坐标系作为当前工件坐标系，然后再执行 G00 移动到该坐标系中的 *A* 点；执行 N02 句时，系统选择 G59 坐标系作为当前工件坐标系；执行 N03 句时，机床就会移动到刚指定的 G59 坐标系中的 *B* 点。

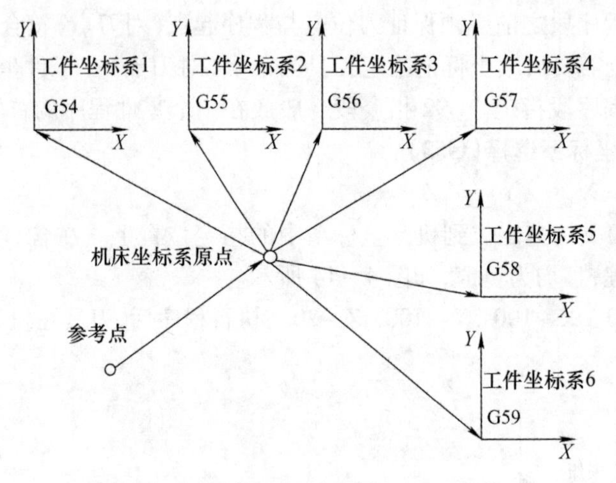

图 4-16　工件坐标系选择（G54～G59）

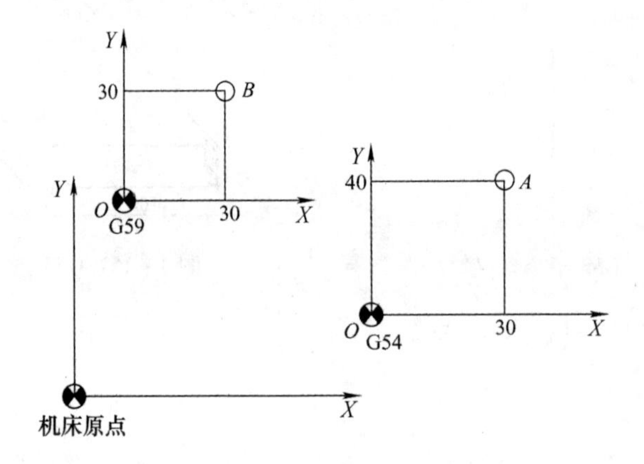

图 4-17　工件坐标系的使用

如图 4-18 所示零件的钻孔加工，使用 G54～G59 工件坐标系编程可简化程序，减少坐标换算。

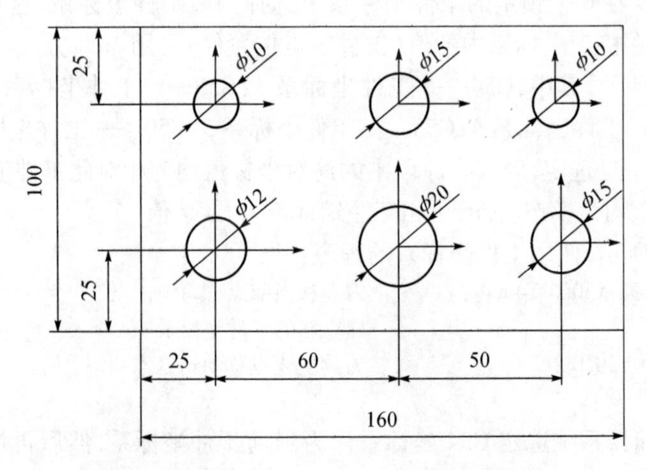

图 4-18　零件上 G54～G59 工件坐标系的建立

注意：

（1）G54与G55～G59的区别。G54～G59设置工件坐标系的方法是一样的，但在实际情况下，机床厂家为了用户的不同需要，在使用中有以下区别：利用G54设置机床原点的情况下，进行回参考点操作时机床坐标值显示为G54的设定值，且符号均为正；利用G55～G59设置工件坐标系的情况下，进行回参考点操作时机床坐标值显示零值。

（2）G92与G54～G59的区别。G92指令与G54～G59指令都是用于设定工件坐标系的，但在使用中是有区别的。G92指令是通过程序来设定、选用工件坐标系的，它所设定的工件坐标系原点与当前刀具所在的位置有关，这一加工原点在机床坐标系中的位置是随当前刀具位置的不同而改变的。在使用G54～G59工件坐标系时，就不再用G92指令；若再用G92指令时，原来的坐标系和工件坐标系将平移，产生一个新的工件坐标系。

（3）G54～G59的修改。G54～G59指令是通过MDI在设置参数方式下设定工件坐标系的，一旦设定，加工原点在机床坐标系中的位置是不变的，它与刀具的当前位置无关，除非再通过MDI方式修改。

4. 局部坐标系设定（G52）

格式：G52 X ___ Y ___ Z ___

其中，X，Y，Z为局部坐标系原点在工件坐标系中的坐标值。

G52指令能在所有的工件坐标系（G54～G59）内形成子坐标系，即设定局部坐标系。含有G52指令的程序段中，绝对值方式（G90）编程的移动指令就是在该局部坐标系中的坐标值。即使设定了局部坐标系，工件坐标系和机床坐标系也不变化。G52指令为非模态指令，仅在其被规定的程序段中有效。若要变更局部坐标系，可用G52在工件坐标系中设定新的局部坐标系原点。在缩放及旋转功能下不能使用G52指令，但在G52下能进行缩放及坐标系旋转。

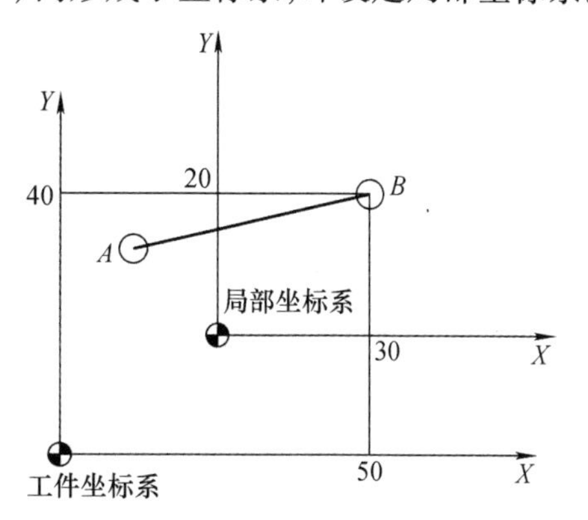

图4－19　局部坐标系设定

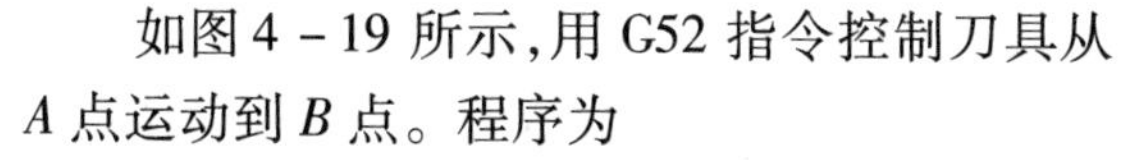

如图4－19所示，用G52指令控制刀具从A点运动到B点。程序为

G52　X50.0　Y40.0　G00　X30.0　Y20.0；

5. 平面选择功能（G17，G18，G19）

平面选择G17，G18，G19指令分别用来指定程序段中刀具的插补和半径补偿平面。G17选择XOY平面；G18选择ZOX平面；G19选择YOZ平面，如图4－20所示。

6. 极坐标指令（G15，G16）

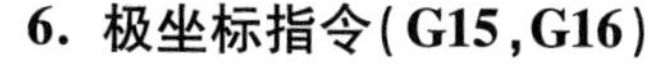

G15：极坐标系指令取消。

G16：极坐标系指令。

极坐标平面选择用G17，G18，G19指定。在所指定的平面内，第一轴指令用于指定极径，第二轴指令用于指定极角。第一轴由起始位置逆时针旋转为极角正向。极径和极角都可以用绝对值方式G90或增量值方式G91编程。用G90方式编程时，当前坐标系的零

点为极坐标系的中心。用 G91 方式编程时,极坐标系的中心是上一程序段中刀具的运动终点。

(1) 指定 *XOY* 平面 G17 时, + *X* 轴为极轴,程序中坐标字 X 指令极径,Y 指令极角。

(2) 指定 *ZOX* 平面 G18 时, + *Z* 轴为极轴,程序中坐标字 Z 指令极径,X 指令极角。

(3) 指定 *YOZ* 平面 G19 时, + *Y* 轴为极轴,程序中坐标字 Y 指令极径,Z 指令极角。

如图 4 - 20 所示,钻孔循环。

```
N01 G17 G90 G16;                                   极坐标指令 XOY 平面
N02 G81 X100.0 Y30.0 Z-20.0  R-5.0 F200;           直径 100mm,极角 30°
N03 X100.0 Y150.0;                                 极径 100mm,极角 150°
N04 X100.0 Y270.0;                                 极径 100mm,极角 270°
N05 G15 G80;                                       极坐标取消
```

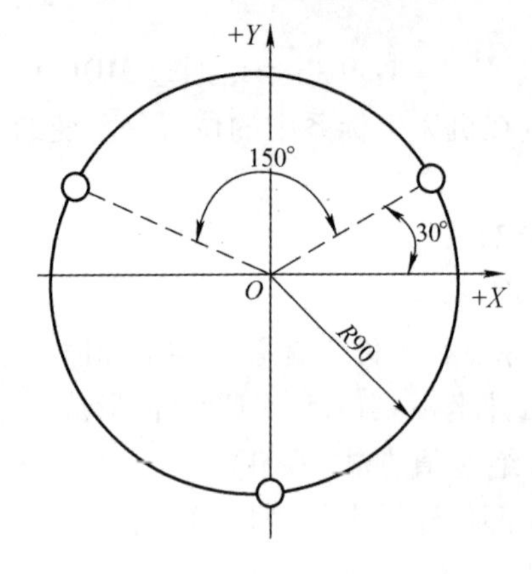

图 4 - 20　极坐标的应用

4.3.2　常用基本指令

1. 绝对尺寸编程指令与增量尺寸编程指令——G90/G91

注意:

(1) 编程时,注意 G90/G91 模式的转换;

(2) G90/G91 无混合编程;

(3) G90/G91 只在数控铣床,加工中心中使用,不适用于数控车床。

2. 运动及插补功能

(1) 快速点定位指令(G00)。

格式:G00 X _Y _Z _;

其中:*X*,*Y*,*Z* 的值是快速点定位的终点坐标值。

如图 4 - 21 所示,刀具由 *A* 点(30,50)快速移动到 *B* 点(20,30),程序均可写为 G00 X20.0 Y30.0;

(2) 直线插补指令(G01)。

格式:G01 X _Y _Z _F _;

其中:*X*,*Y*,*Z* 的值是直线插补的终点坐标值。*F* 表示进给量,首次使用 G01,必须指定进给量 *F* 值,否则默认 *F* 为 0,若在前面已经指定 *F* 值,可以省略。

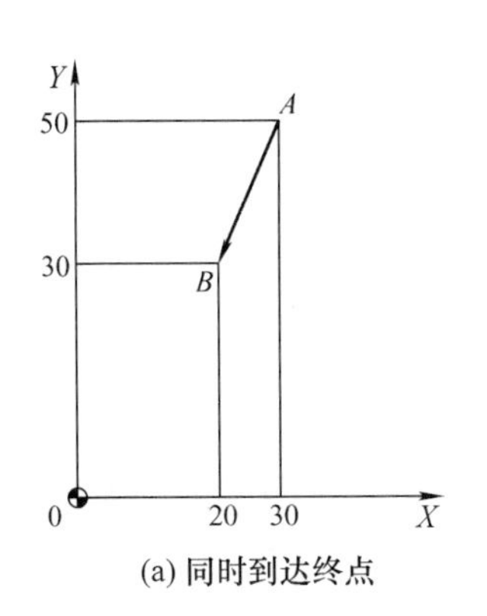

(a) 同时到达终点

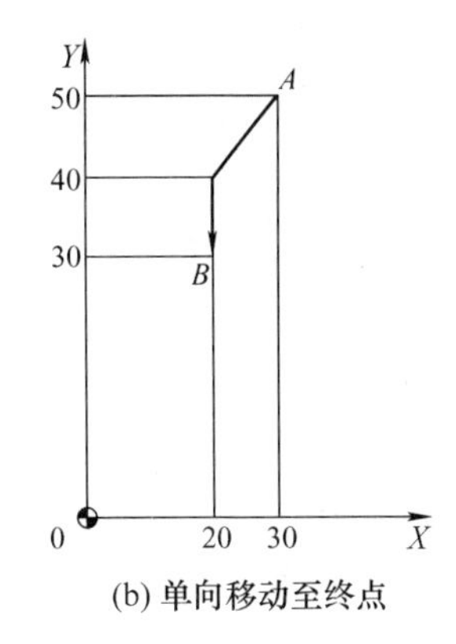

(b) 单向移动至终点

图 4-21　快速点定位

如图 4-22 所示,刀具沿着原点→1→2→3 点的路径进行直线插补运动。

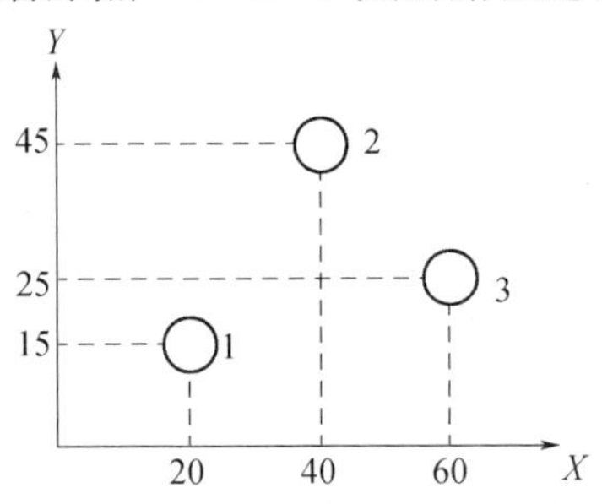

图 4-22　绝对值编程与相对值编程

程序:

G90 编程:

```
N01  G90  G01  X20.0  Y15.0  F0.3;
N02  X40.0  Y45.0;
N03  X60.0  Y25.0;
```

G91 编程:

```
N01  G91  G01  X20.0  Y15.0  F0.3;
N02  X20.0  Y30.0;
N03  X20.0  Y-20.0;
```

编程时选择合适的编程方式可使程序简化,减少不必要的数学计算。当加工尺寸由一个固定基准给定时,采用绝对指令方式编程较为方便;当加工尺寸是以轮廓顶点之间的间距给出时,采用相对指令方式编程较为方便。

(3) 圆弧插补指令(G02,G03)。

G02/G03 有两种表达格式,一种为矢量格式,使用参数 I,J,K 给出圆心坐标,并以相对于起始点的坐标增量表示。另一种为半径格式,使用参数值 R。

格式一

XOY 平面:G17　X ___ Y ___ $\begin{pmatrix} \text{R} \_\_ \\ \text{I} \_\_ \text{J} \_\_ \end{pmatrix}$ F ___

ZOX 平面:G18　X ___ Z ___ $\begin{pmatrix} \text{R} \_\_ \\ \text{I} \_\_ \text{K} \_\_ \end{pmatrix}$ F ___

YOZ 平面:G19　Y ___ Z ___ $\left(\begin{matrix} R\_ \\ J\_K\_ \end{matrix}\right)$ F ___

格式二

XOY 平面:G17　X ___ Y ___ R ___ F ___

ZOX 平面:G18　X ___ Z ___ R ___ F ___

YOZ 平面:G19　Y ___ Z ___ R ___ F ___

其中:X _,Y _,Z _为圆弧终点坐标,增量编程时是圆弧终点相对于圆弧起点的坐标,I _,J _,K _为圆心在 *X*,*Y*,*Z* 轴上相对于圆弧起点的坐标;R _为圆弧半径。R 指令时须规定圆弧角,如圆弧角大于 180°时,*R* 值为负。一般圆弧角小于 180°的圆弧用 R 指令如图 4－23 所示,刀具以 50mm/min 的速度切削圆弧。

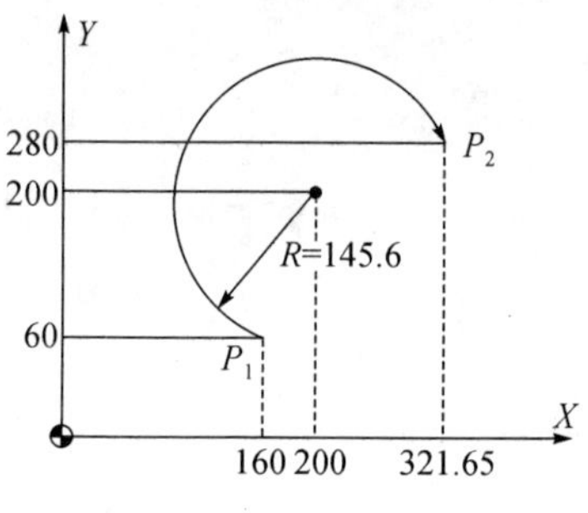

图 4－23　圆弧插补应用

当圆弧 *A* 的起点为 P_1,终点为 P_2,圆弧插补程序段为

G02　X321.65　Y280.0　I40.0　J140.0　F50;

或 G02　X321.65　Y280.0　R－145.6　F50;

当圆弧 *A* 的起点为 P_2,终点为 P_1 时,圆弧插补程序段为

G03　X160.0　Y60.0　I－121.65　J－80.0　F50;

或 G03　X160.0　Y60.0　R－145.6　F50;

3. 返回指令(G27～G30)

(1) 返回参考点校验 G27 指令。

G27　X ___　Y ___　Z ___

其中:*X*,*Y*,*Z* 为机床参考点坐标。

(2) 自动返回参考点 G28 指令。

格式:G28 X _ Y _ Z _

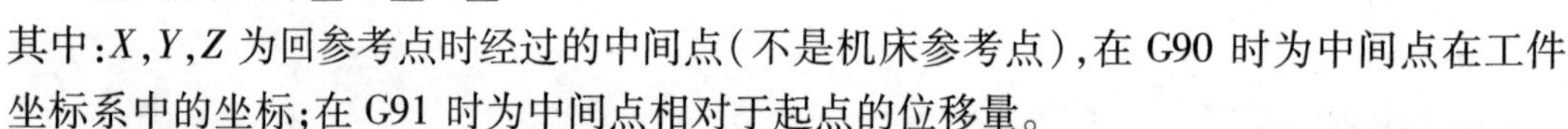
其中:*X*,*Y*,*Z* 为回参考点时经过的中间点(不是机床参考点),在 G90 时为中间点在工件坐标系中的坐标;在 G91 时为中间点相对于起点的位移量。

执行 G28 指令,使各轴快速移动,分别经过指定的(坐标值为 *X*,*Y*,*Z*)中间点返回到参考点定位。使用 G28 指令时,必须先取消刀具半径补偿,而不必先取消刀具长度补偿,因为 G28 指令包含刀具长度补偿取消、主轴停止、切削液关闭等功能,故 G28 指令一般用于自动换刀。

(3) 从参考点返回 G29 指令。

格式:G29 X _ Y _ Z _

图 4－24 自动返回参考点执行 G29 指令时,首先使被指令的各轴快速移动到前面 G28 所指令的中间点,然后再移到被指令的(坐标值为 *X*,*Y*,*Z* 的返回点)位置上定位。如 G29 指令的前面未指令中间点,则执行 G29 指令时,被指令的各轴经程序零点,再移到 G29 指令的返回点上定位。

如图 4－24 所示:

① 绝对值指令 G90 时,有

G90　G28　X130.0　Y70.0;　　当前点 *A*→*B*→*R*

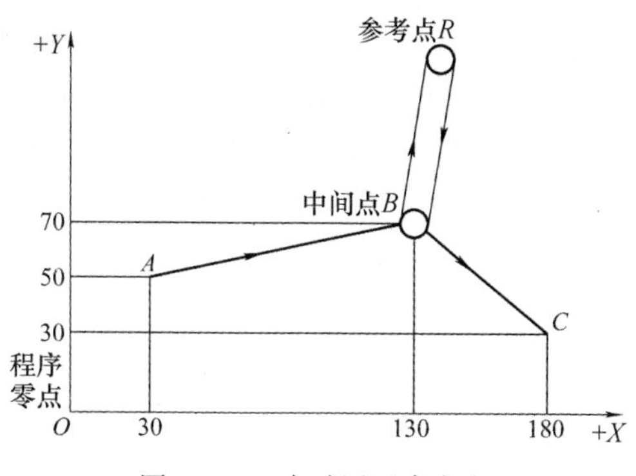

图4-24　自动返回参考点

M06;　　　　　　　　　　　　换刀

G29　X180.0　Y30.0;　　　　　参考点 $R \to B \to C$

② 增量值指令 G91 时,有

G91　G28　X100.0　Y20.0;

M06;

G29　X50.0　Y-40.0;

如程序中无 G28 指令时,则程序段 G90　G29　X180.0　Y130.0 的进给路线为 $A \to O \to C$。

通常 G28 和 G29 指令应配合使用,使机床换刀后直接返回加工点 *C*,而不必计算中间点 *B* 与参考点 *R* 之间的实际距离。

4. 英制、米制输入指令(G20,G21)

G21,G20 分别指令程序中输入数据为米制或英制。

4.3.3　刀具补偿功能

为了简化编程,使数控程序与刀具形状和刀具尺寸尽量无关,CNC 系统一般都具有刀具长度和刀具半径补偿功能。前者可使刀具垂直于走刀平面(如 *XOY* 平面,由 G17 指定)偏移一个刀具长度修正值;后者可使刀具中心轨迹在走刀平面内偏移零件轮廓一个刀具半径修正值,两者均是对二坐标数控加工情况下的刀具补偿。

在现代 CNC 系统中,有的已具备三维刀具半径补偿功能。对于4 轴、5 轴联动数控加工,还不具备刀具半径补偿功能,必须在刀位计算时考虑刀具半径。

刀具长度补偿也要视情况而定。一般而言,刀具长度补偿对于 2 轴和 3 轴联动数控加工是有效的,但对于刀具摆动的4 轴、5 轴联动数控加工,刀具长度补偿则无效,在进行刀位计算时可以不考虑刀具长度,但后置处理计算过程中必须考虑刀具长度。

1. 刀具长度补偿

现代 CNC 系统一般都具有刀具长度补偿功能。刀具长度补偿可由数控机床操作者通过手动数据输入(Manual Data Input,MDI)方式实现,也可通过程序命令方式实现,前者一般用于定长刀具的刀具长度补偿,后者则用于由于夹具高度、刀具长度、加工深度等的变化而需要对背吃刀量用刀具长度补偿的方法进行调整。

在现代 CNC 系统中,用 MDI 方式进行刀具长度补偿的过程是:机床操作者在完成零件装夹、程序原点设置之后，根据刀具长度测量基准采用对刀仪测量刀具长度 L（图 4-25），然后在相应的刀具长度偏置寄存器中，写入相应的刀具长度参数值。当程序运行时，数控系统根据刀具长度基准使刀具自动离开工件一个刀具长度的距离，从而完成刀具长度补于工件运动面刀具长度补偿有效之前，刀具相对于工件的坐标是机床上刀具长度基准点相对于工件的坐标。

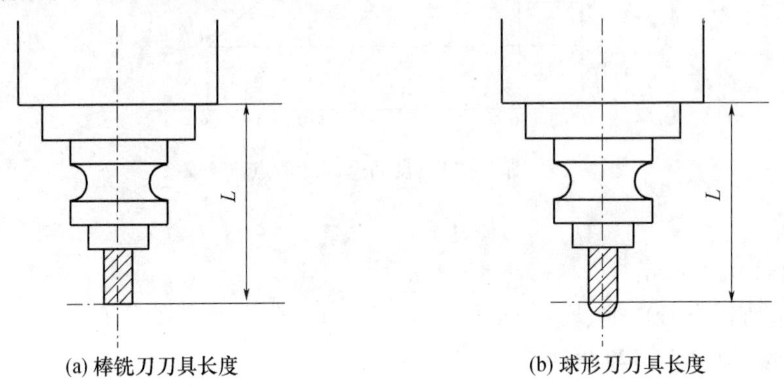

(a) 棒铣刀刀具长度　　(b) 球形刀刀具长度

图 4-25　刀具长度

加工过程中，为了控制背吃刀量，或进行试切加工，也经常使用刀具长度补偿。采用的方法是：加工之前在实际刀具长度上加上退刀长度，存入刀具长度偏置寄存器中，加工时使用同一把刀具，而调用加长后的刀具长度值，从而可以控制背吃刀量，而不用修正零件加工程序。在编程时就不必考虑刀具的实际长度及各把刀具不同的长度尺寸。加工时，调用预先输入刀具的长度尺寸，即可正确加工。当由于刀具磨损、更换刀具等原因引起刀具长度尺寸变化时，只需修正刀具长度补偿量，而不必调整程序或刀具（控制背吃刀量也可以采用修改程序原点的方法）。

程序命令方式由刀具长度补偿指令 G43（图 4-26(a)）和 G44（图 4-26(b)）实现：G43 为刀具长度正补偿或离开工件补偿，G44 为刀具长度负补偿或趋向工件补偿。使用非零的 H××代码选择正确的刀具长度偏置寄存器号，正补偿将刀具长度值加到指令的 z 轴坐标位置，$z_{实际值} = z_{指令值} + (H\times\times)$；负补偿则将刀具长度值从指令的轴坐标位置减去，$z_{实际值} = z_{指令值} - (H\times\times)$。G49 为撤消补偿。

编程格式：

G01　G43/G44 Z __ H __　　　　（建立补偿程序段）

……　　　　　　　　　　　　（切削加工程序段）

G49　　　　　　　　　　　　（补偿撤消程序段）

例如，刀具长度偏置寄存器 H01 中存放的刀具长度值为 11，对于数控铣床，执行以下语句：G90 G01 G43 Z-15.0 H01 后，刀具实际运动到 Z(-15.0+11)=Z-4.0 的位置，如图 4-27(a)所示；如果该语句改为：G90 G01 G44 Z-15.0 H01，则执行该语句后，刀具实际运动到 Z(-15.0-11)=Z-26.0 的位置，如图 4-27(b)所示。

值得进一步说明的是，零件数控加工程序假设的是刀尖（或刀心）相对于工件的运动，刀具长度补偿的实质是将刀具相对于工件的坐标由刀具长度基准点（或称刀具安装定位点）移到刀尖（或刀心）位置。

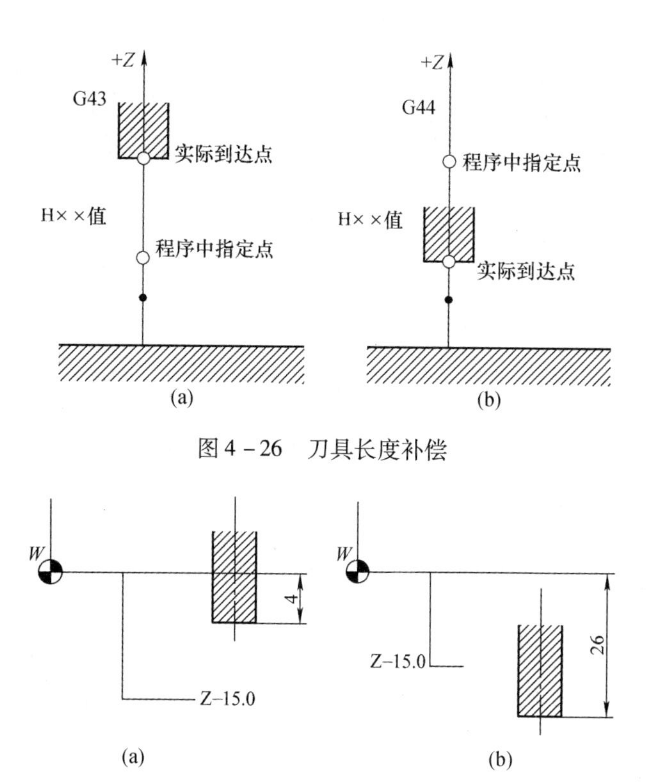

图 4-26　刀具长度补偿

图 4-27　刀具长度补偿

2. 二维刀具半径补偿

在数控铣削二维轮廓加工过程中,由于旋转刀具有一定的刀具半径,刀具中心的运动轨迹并不等于所需加工零件的实际轮廓。如图 4-28 所示,在进行轮廓加工时,刀具中心轨迹偏移零件轮廓表面一个刀具半径值。如果直接采用刀心轨迹编程,则需要根据零件的轮廓形状及刀具半径计算刀具中心轨迹。当刀具半径改变时,需要重新计算刀具中心轨迹;当计算量较大时,容易计算错误。

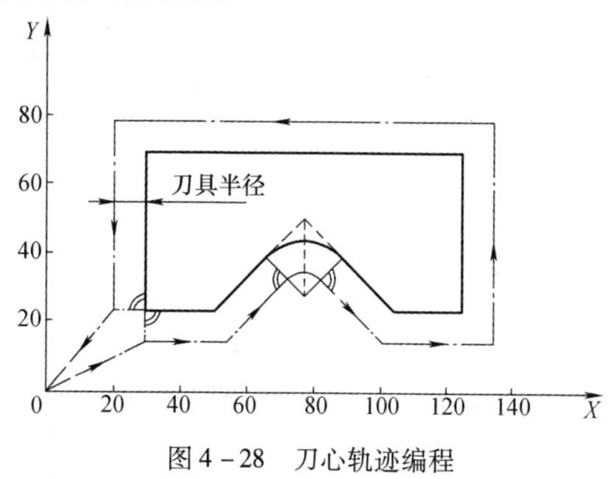

图 4-28　刀心轨迹编程

数控系统的刀具半径补偿就是将计算刀具中心轨迹的过程交由 CNC 系统执行,编程员假设刀具的半径为零,直接根据零件的轮廓形状进行编程,而实际的刀具半径则存放在一个可编程序刀具半径偏置寄存器中,这种编程方法称为对零件的编程。在加工过程中,

CNC 系统根据零件程序和刀具半径自动计算刀具中心轨迹,完成对零件的加工。当刀具半径发生变化时,不需要修改零件程序,只需修改存放在刀具半径偏置寄存器中的刀具半径值或者选用存放在另一个刀具半径偏置寄存器中的刀具半径所对应的刀具即可。

现代 CNC 系统一般都设置有若干个(16,32,64 或更多)可编程序刀具半径偏置寄存器,并对其进行编号,专供刀具补偿使用,可将刀具补偿参数(刀具长度、刀具半径等)存入寄存器中。数控编程时,只需调用所需刀具半径补偿参数所对应的寄存器编号即可。

在实际轮廓加工过程中,刀具半径补偿执行过程一般分为三步:

1) 刀具半径补偿建立

刀具由起刀点(位于零件轮廓及零件毛坯之外,距离加工零件轮廓切入点较近且偏置于零件轮廓延长线上的一点)以进给速度接近工件,刀具半径补偿偏置方向由 G41(左补偿)或 G42(右补偿)确定。

2) 刀具半径补偿进行

一旦建立了刀具半径补偿状态,则一直维持该状态,直到取消刀具半径补偿为止。在刀具补偿进行期间,刀具中心轨迹始终偏离零件轮廓一个刀具半径值的距离。

3) 刀具半径补偿取消

刀具撤离工件,回到退刀点,取消刀具半径补偿。退刀点应位于零件轮廓之外,距离加工零件轮廓退出点较近且偏置于零件轮廓延长线上,可与起刀点相同或不相同。

使用 *R*5mm 的立铣刀加工如图 4-29 所示的零件,加工深度为 5mm,加工程序如下:

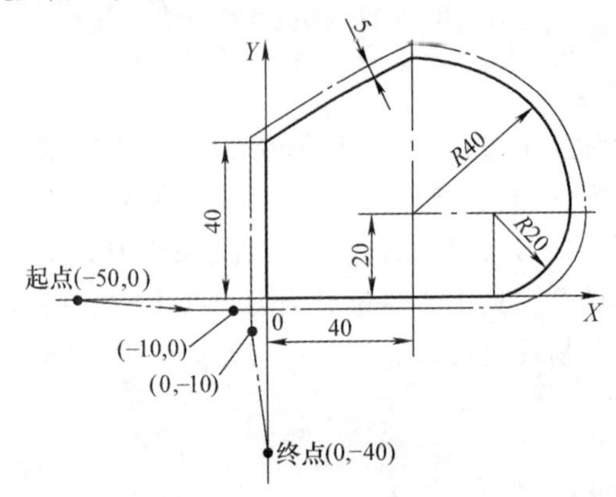

图 4-29 刀补编程实例

```
O0020
N01  G55  G90  G01  Z40.  F2000;          (进入 2 号加工坐标系)
N02  M03  S500;                           (主轴启动)
N03  G01  X-50.  Y0.;                     (到达 X,Y 坐标起始点)
N04  G01  Z-5.  F100;                     (到达 Z 坐标起始点)
N05  G01  G42  X-10.  Y0.  D01;           (建立右偏刀具半径补偿)
N06  G01  X60.  Y0.;                      (切入轮廓)
N07  G03  X80.  Y20.  R20.;               (切削轮廓)
N08  G03  X40.  Y60.  R40.;               (切削轮廓)
N09  G01  X0.  Y40.;                      (切削轮廓)
N10  G01  X0.  Y-10.;                     (切出轮廓)
```

N11　G01　G40　X0.　Y－40.；　　(撤消刀具半径补偿)
N12　G01　Z40.　F2000；　　(Z坐标退刀)
N13　M05；　　(主轴停)
N14　M30；　　(程序停)

4.3.4　子程序调用功能

被加工零件有时会有多个形状和尺寸都相同的部位,若按通常的方法编程,就有一定量的连续程序段完全重复出现。因此,为了简化编程,在编制加工程序时,将程序中有规律、重复出现的程序段单独抽出,并按一定格式单独命名,称为子程序。调用子程序的程序称为主程序。

M98 用来调用子程序。M99 指令表示子程序结束。执行 M99 使系统运行控制返回到主程序。

(1) 子程序的格式:

%××××——程序起始符:%符,%后为程序号;

……——程序段:每段程序以"Enter"(回车键)结束;

M99——程序结束:M99。

在子程序开头,必须规定子程序号,以作为调用入口地址。在子程序的结尾用 M99,以控制执行完该子程序后返回主程序。

(2) 调用子程序的格式:

格式:M98　P _ L _

子程序调用指令中,P 后为被调用的子程序号,L 后为重复调用次数。当 $L=1$ 时可省略 L。

子程序调用方法:

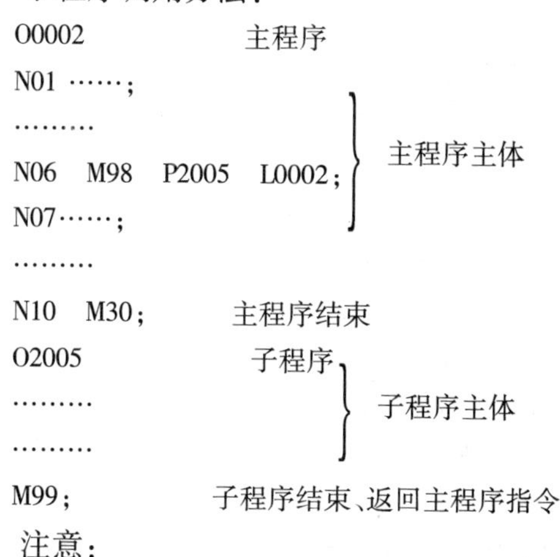

注意:

① 子程序可以被多次重复调用,而且有些数控系统中可以进行子程序的"多重嵌套",如图 4－30 所示。

子程序可以调用其他子程序,从而可以大大地简化编程工作,缩短程序长度,节约程序存储器的容量。

② 调用 1 次时,L 可省略。

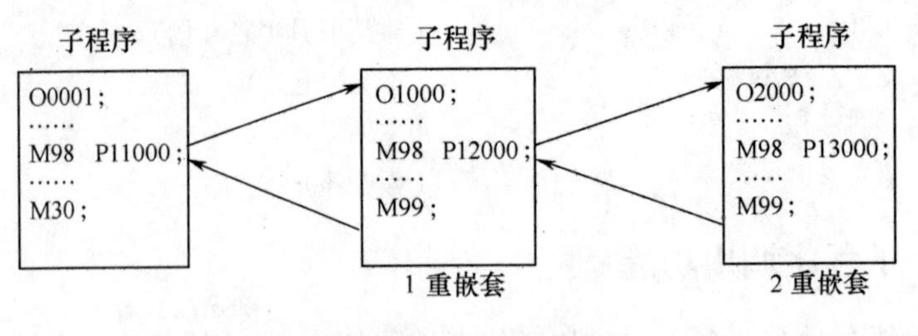

图 4-30 多重嵌套

③ 子程序中,如果控制系统在读到 M99 以前读到 M02 或 M30,则程序停止。

子程序编程举例:使用立铣刀直径为 ϕ20mm,加工如图 4-31 所示零件,程序见表 4-2。

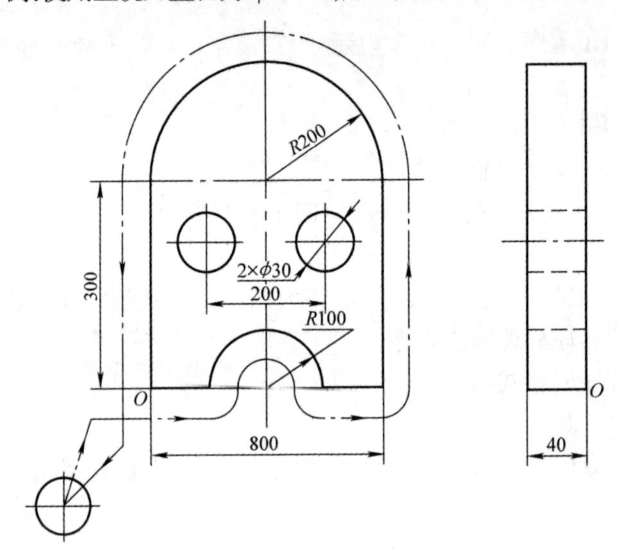

图 4-31 子程序编程举例

表 4-2 加工程序

程 序	注 释
O1000	程序代号
N010 G90 G54 G00 X-50 Y-50;	G54 加工坐标系,快速进给到 X-50 Y-50
N020 S800 M03;	主轴正转,转速 800r/min
N030 G43 G00 H12;	刀具长度补偿 H12 = 20
N040 G01 Z-20 F300;	Z 轴工进至 $Z=-20$
N050 M98 P1010;	调用子程序 O1010
N060 Z-45 F300;	Z 轴工进至 $Z=-45$
N070 M98 P1010;	调用子程序 O1010
N080 G49 G00 Z300;	Z 轴快移至 $Z=300$mm
N090 G28 Z300;	Z 轴返回参考点
N100 G28 X0 Y0;	X,Y 轴返回参考点
N110 M30;	主程序结束
O1010	子程序代号

（续）

程　序	注　　释
N010 G42 G01 X -30 Y0 F300 H22 M08；	直线插补，并刀具半径右补偿 H22 = 10mm
N020 X100； N030 G02 X300 R100；	直线插补至 $X=100$ $Y=0$ 圆弧插补至 $X=300$ $Y=0$
N040 G01 X400；	直线插补至 $X=400$ $Y=0$
N050 Y300；	直线插补至 $X=400$ $Y=300$
N060 G03 X0 R200；	逆圆插补至 $X=0$ $Y=300$
N070 G01 Y -30；	直线插补至 $X=0$ $Y=-30$
N080 G40 G01 X -50 Y -50；	直线插补，取消刀具半径右补偿
N090 M09；	切削液关
N100 M99；	子程序结束并返回主程序

4.3.5 比例及镜像功能

1. 缩放功能（G50，G51）

格式：G51 X ___ Y ___ Z ___ P ___

M98 P ___

G50

其中：G51 为建立缩放；G50 为取消缩放；X，Y，Z 为缩放中心的坐标值，默认为工件原点，可以是 X，Y，Z 中的任意两个，它们由当前平面选择指令 G17，G18，G19 中的一个确定；P 为缩放倍数，小于 1 时为缩小，大于 1 时为放大。

G51 既可指定平面缩放也可指定空间缩放。在 G51 后运动指令的坐标值以 X，Y，Z 为缩放中心，按 P 规定的缩放比例进行计算。在有刀具补偿的情况下，先进行缩放，然后才进行刀具半径补偿和刀具长度补偿。

如图 4 -32 所示，用缩放功能编制轮廓的加工程序，其缩放中心为（0，0），缩放系数为 2 倍，设刀具起点距工件上表面为 100mm。程序见表 4 -3。

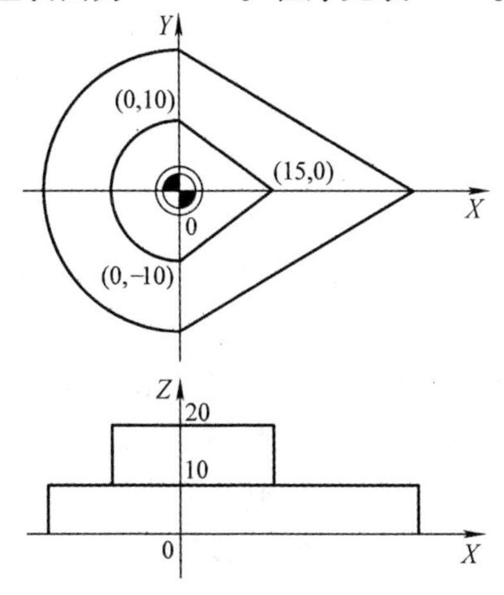

图 4 -32　缩放功能的应用实例

表 4－3　缩放功能实例程序

程　　序	说　　明
O001	主程序
N01 G92 X－50 Y－40 Z100；	建立工件坐标系
N02 G91 G17 M03 S600；	
N03 G43 G00 Z54 H01 F300；	长度补偿 H01 确定原始工件轮廓的深度
N04 M98 P100；	调用子程序，小尺寸轮廓
N05 G43 G00 Z54 H02 F300；	H02 = －10mm 确定加工放大后的工件轮廓深度
N06 G51 X0 Y0 P2；	缩放中心(0,0)，缩放系数 2
N07 M98 P100；	调用子程序，加工大尺寸轮廓
N08 G50；	取消缩放
N09 G49 Z46；	取消长度补偿
N10 M05；	主轴停转
N11 M30；	主程序结束
O100	子程序
N100 G42 G00 X0 Y－10 D01 F100；	快速移动到 *XOY* 平面的加工起点，建立半径补偿
N120 Z10；	*Z* 轴快速向下移动
N150 G02 X0 Y10 I0 J10；	
N160 G01 X15 Y0；	
N170 X0 Y－10；	
N180 Z54；	提刀
N200 G40 G00 X－50 Y－40；	返回工件中心，并取消半径补偿
N210 M99	子程序结束，返回主程序

2. 镜像功能(G50.1,G51.1)

格式：G51.1 X __ Y __ Z __ A __

　　　M98 P __

　　　G50.1 X __ Y __ Z __ A __

其中：G51.1 为建立镜像，由指令坐标轴后的坐标值指定镜像位置；G50.1 为取消镜像；X，Y，Z，A 为镜像位置。

当工件相对于某一轴具有对称形状时，可以利用镜像功能和子程序，只对工件的一部分进行编程，就能加工出工件的对称部分，这就是镜像功能。当某一轴的镜像有效时，该轴执行与编程方向相反的运动。G50.1，G51.1 为模态代码，可相互注销。G50.1 为默认值。

编制如图 4－33 所示轮廓的加工程序。设刀具起点距工件上表面 100mm，背吃刀量 5mm。程序见表 4－4。

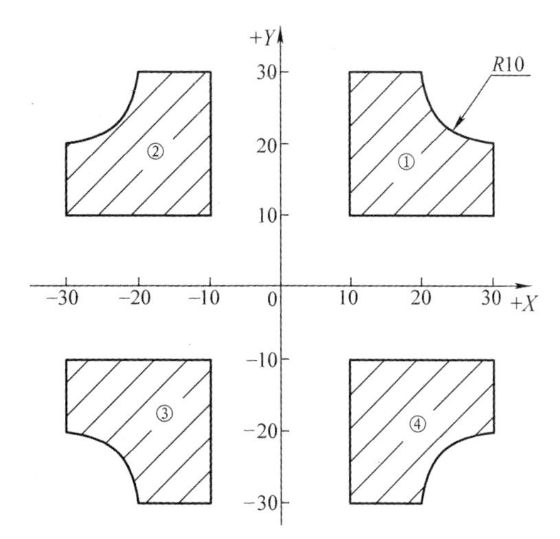

图 4-33 镜像功能应用实例

表 4-4 镜像功能实例程序

程　　序	说　　明
O8041	主程序
N01 G17 G00 M03;	确定加工平面
N02 G98 P100;	加工①
N03 G24 X0;	*Y* 轴镜像,镜像位置为 *X* = 0
N04 G98 P100;	加工②
N05 G50.1 X0;	取消 *Y* 轴镜像
N06 G24 X0 Y0;	*X* 轴、*Y* 轴镜像,镜像位置为(0,0)
N07 G98 P100;	加工③
N08 G50.1 X0 Y0;	取消 *X* 轴、*Y* 轴镜像
N09 G24 Y0;	*X* 轴镜像,镜像位置为 *Y* = 0
N10 G98 P100;	加工④
N11 G50.1 Y0;	取消 *X* 轴镜像
N12 M05;	主轴停转
N13 M30;	主程序结束
O100	子程序
N200 G41 G00 X10.0 Y4.0 D01;	
N210 Y1.0;	
N220 Z-98.0;	
N230 G01 Z-7.0 F100;	
N240 Y25.0;	
N250 X10.0; N260 G03 X10.0 Y-10.0 I10.0;	
N270 G01 Y-10.0;	
N280 X-25.0;	
N290 G00 Z105;	
N300 G40 X-5.0 Y-10.0;	
N310 M99;	子程序结束,返回主程序

4.3.6 坐标系旋转功能

坐标系旋转指令(G68,G69)可使编程图形按照指定旋转中心及旋转方向旋转一定的角度。

1. 基本编程方法

格式:G17　G68 X _ Y _ Z _ P _

M98　P _

G69

其中:G68 为建立旋转坐标系;G69 为取消旋转;X,Y,Z 为旋转中心的坐标值,缺省为工件原点;P 为旋转角度(°),$0° \leqslant P \leqslant 360°$可以是 X,Y,Z 中的任意两个,它们由当前平面选择指令 G17,G18,G19 中的一个确定。

使用旋转功能,编制如图 4－34 所示轮廓的加工程序,设刀具起点距工件上表面 50mm,背吃刀量为 5mm。程序见表 4－5。

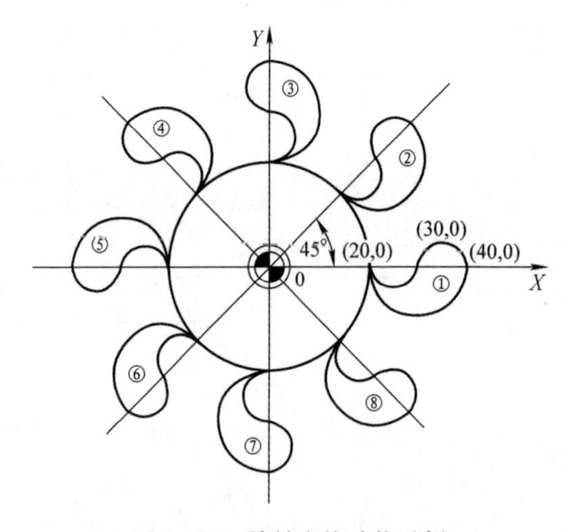

图 4－34　旋转变换功能示例

表 4－5　旋转功能应用实例程序

程　序	说　明
O0002	主程序
N01 G92 X0 Y0 Z50;	定义坐标系
N02 G90 G17 M03 S600;	主轴正转,转速 600r/min
N03 G43 Z－5 H02;	在 Z 方向定位切削深度,建立刀补
N04 M98 P200;	加工①
N05 G68 X0 Y0 P45;	旋转 45°
N06 M98 P200;	加工②
N07 G68 X0 Y0 P90;	旋转 90°
N08 M98 P200;	加工③
N09 G68 X0 Y0 P135;	旋转 135°

（续）

程　　序	说　　明
N10 M98 P200；	加工④
N11 G68 X0 Y0 P180；	旋转180°
N12 M98 P200；	加工⑤
N13 G68 X0 Y0 P225；	旋转225°
N14 M98 P200；	加工⑥
N15 G68 X0 Y0 P270；	旋转270°
N16 M98 P200；	加工⑦
N17 G68 X0 Y0 P315；	旋转315°
N18 M98 P200；	加工⑧
N19 G49 Z50；	返回刀具起点,取消刀具长度补偿
N20 G69 M05；	取消旋转
N21 M30；	主程序结束
O200	子程序(①的加工程序)
N100 G41 G01 X20 Y -5 D02 F300；	建立刀具半径补偿
N105 Y0；	
N110 G02 X40 I10；	
N120 X30 I -5；	
N130 G03 X20 I.5；	
N140 G00 Y -6；	
N145 G40 X0 Y0；	取消刀具补偿
N150 M99；	子程序结束,返回主程序

2．坐标系旋转功能与刀具半径补偿功能的关系

旋转平面一定要包含在刀具半径补偿平面内。以图4-35为例：

```
N01  G92  X0.  Y0.;
N02  G68  G90  X10.  Y10.  R-30.;
N03  G90  G42  G00  X10.  Y10.  F100  H01;
N04  G91  X20.;
N05  G03  Y10.  I-10.  J  5;
N06  G01  X-20.;
N07  Y-10.;
N08  G40  G90  X0.  Y0.;
N09  G69  M30;
```

当选用半径为5mm的立铣刀时,设置:H01=5。

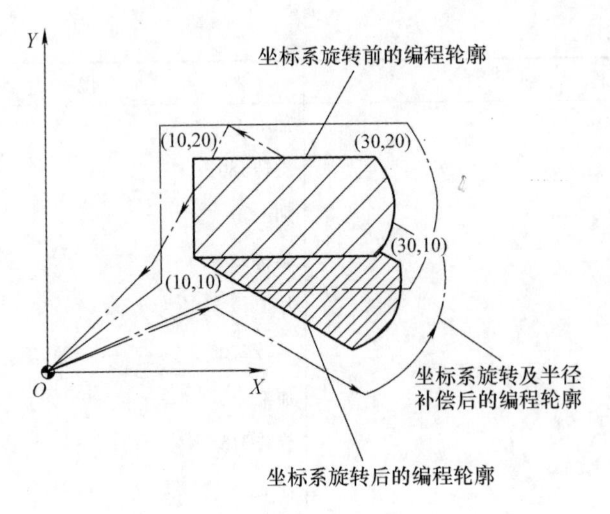

图 4-35　坐标旋转与刀具半径补偿

4.4　孔加工循环指令

孔加工是最常用的加工工序之一，现代 CNC 系统一般都具有钻孔、镗孔和攻螺纹等循环编程功能。由于数控加工中，某些孔加工动作循环已经典型化。为了进一步提高编程效率，尤其是发挥一次装夹多工序加工的优势，使用固定循环功能能简化编程。

例如，钻孔、镗孔的动作是孔位平面定位、快速引进、工作进给、快速退回等一系列典型的加工动作，因此，可以预先编好程序，存储在内存中，并可用一个 G 代码程序段调用，称为固定循环。

1. 固定循环的动作组成

如图 4-36 所示，固定循环一般由下述六个基本操作动作组成：

① $A \rightarrow B$，刀具快速定位到孔加工循环起始点 $B(x,y)$；

② $B \rightarrow R$，刀具沿 Z 方向快速运动到参考平面 R；

③ $R \rightarrow E$，孔加工过程（如钻孔、镗孔、攻螺纹等）；

④ E 点，孔底动作（如进给暂停、主轴停止、主轴准停、刀具偏移等）；

⑤ $E \rightarrow R$，刀具快速退回到参考平面 R；

⑥ $R \rightarrow B$，刀具快速退回到初始平面 B。

说明：

（1）图 4-36 中实线表示切削进给，虚线表示快速运动。R 平面为在孔口时，快速运动与进给运动的转换位置。

（2）固定循环只能使用在 XOY 平面上，Z 坐标仅作孔加工的进给。

（3）上述动作③的程序段中进给率由 F 决定，动作⑤的进给率按固定循环规定决定。

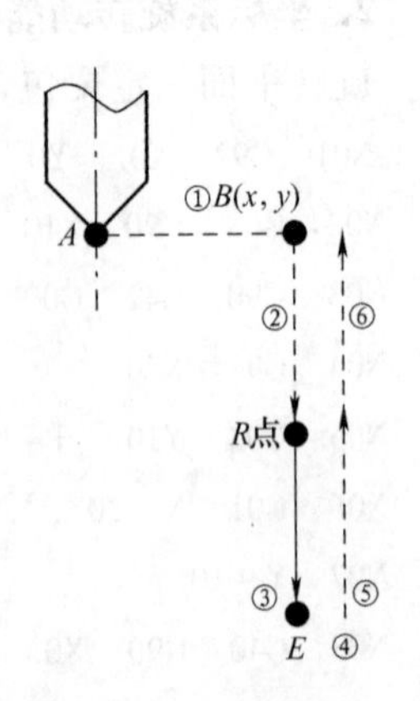

图 4-36　固定循环动作

(4) 在固定循环中，刀具偏置（G45 ~ G48）无效。刀具长度补偿（G43，G44，G49）有效，它们在上述动作②中执行。

2. 固定循环的代码组成

(1) 在 FANCU 系统中，组成一个固定循环要用到的 G 代码。

① 数据格式代码：G90，G91。

② 返回代码：G98（返回初始平面），G99（返回 *R* 点），如图 4 – 37 所示。

③ 孔加工方式代码：G73 ~ G89。

注意：在使用固定循环编程之前的程序段中应指定 M03（或 M04），使主轴启动。

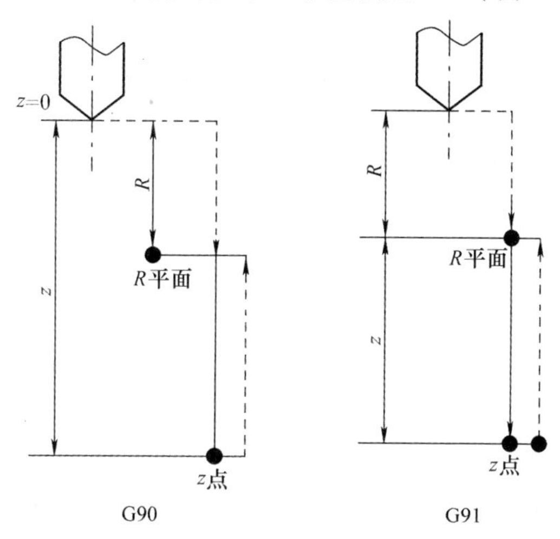

图 4 – 37　固定循环的数据格式

(2) 固定循环指令组的格式。

格式：$\begin{Bmatrix} G90 \\ G91 \end{Bmatrix}\begin{Bmatrix} G99 \\ G98 \end{Bmatrix}$ G□□ X__ Y__ Z__ R__ Q__ P__ F__ L__

① G□□是指孔加工方式，对应于表 4 – 6 固定循环指令。

表 4 – 6　固定循环指令

G 代码	加工行程	孔底动作	返回行程	用途
G73	继续进给		快速进给	高速深孔
G74	切削进给	主轴正转	切削进给	攻左螺纹
G76	切削进给	主轴定向、刀具移位	快速进给	精镗
G80	—	—	—	取消操作
G81	切削进给		快速进给	钻孔
G82	切削进给	暂停	快速进给	钻孔
G83	继续进给		快速进给	深孔排屑钻
G84	切削进给	主轴反转	切削进给	攻右螺纹
G85	切削进给		切削进给	镗削
G86	切削进给	主轴停止	切削进给	镗削
G87	切削进给	刀具移位、主轴启动	快速进给	背镗
G88	切削进给	暂停、主轴停止	手动操作后快速返回	镗削
G89	切削进给	暂停	切削进给	镗削

② X,Y 为孔位数据,指定孔在 XOY 平面的坐标位置(增量或绝对值);刀具以快速进给的方式到达该位置。

③ 返回点平面选择,G98 指令返回到初始平面 B 点,G99 指令返回到 R 点平面(见图 4-36)。

④ 孔加工数据:

Z:指定孔底的坐标值,在增量方式时,是 R 平面到孔底的距离;在绝对值方式时,是孔底的 z 坐标值;

R:在增量方式中,R 值为从初始平面(B)到 R 点的增量;在绝对值方式中,R 值为绝对值,此段动作是快速进给;

Q:在 G73,G83 方式中,用来指定每次加工的深度,以及在 G76,G87 方式中,用来指定刀具的位移量;

P:规定在孔底的暂停时间,用整数表示,单位为 ms;

F:进给速度,单位为 mm/min;

L:重复次数,用 L 的值来规定固定循环的重复次数,执行一次可以不写 L1;如果是 L0,则系统存储加工数据,但不执行加工。

上述孔加工数据不一定全部都写,根据需要可省去若干地址和数据。

⑤ G73 ~ G89 是模态代码,因此,多孔加工时该指令只需指定一次,以后的程序段只给出孔的位置即可。

⑥ 固定循环中的参数(Z,R,Q,P,F)是模态的,当变更固定循环方式时,可用的参数可以继续使用,不需重设。但中间过程中如果各有 G80,则参数均被取消。此外,G00,G01,G02,G03 也起撤消固定循环指令的作用。

例如,钻孔位在(50,30),(60,10),(-10,10)的孔,孔深为 z = -20.0mm,程序如下:

```
N1  G90  G99  G81  X50.0  Y30.0  Z-20.0  R5.0  F80;
N2  X60.0  Y10.0;
N3  X-10.0;
N4  G80;
```

(3) 各种加工方式说明。

① 高速深孔钻削循环(G73)。对于孔深大于 5 倍直径孔的加工,由于是深孔加工,不利于断屑、排屑,故采用 G73 高速深孔钻削循环,实现间断进给,如图 4-38 所示。每次进给深度为 Q(用增量表示,根据具体情况由编程者给值),到达 E 点的最后一次进给深度是进刀若干个 Q 之后的剩余量,小于或等于 Q;退刀距离为 d,d 是 NC 系统内部设定的,直到孔底为止。

如图 4-39 所示,加工 4 个直径为 5mm 通孔,程序:

```
N01  G90  G00  X0. Y0.  Z100.;
N02  G98  G73  X120.  Y-75.  Z-46.  R2.  Q8.  F60;
N03  Y75.;
N04  X-120.;
N05  Y-75.;
N06  G80  G00  Z200.;
```

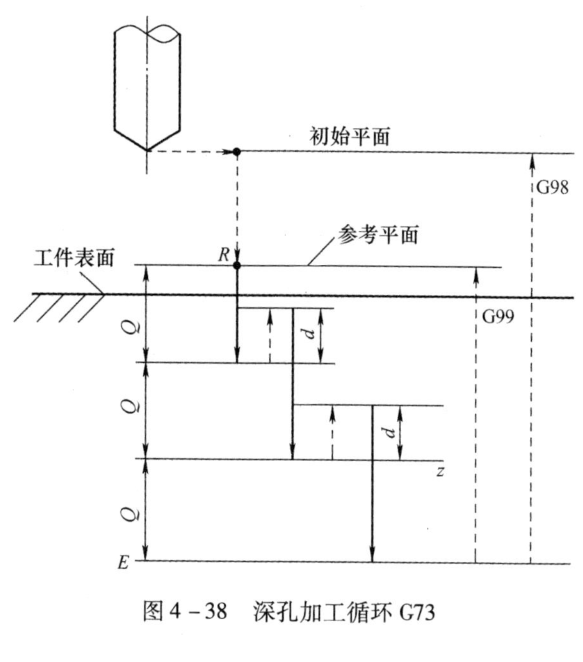

图4-38　深孔加工循环 G73

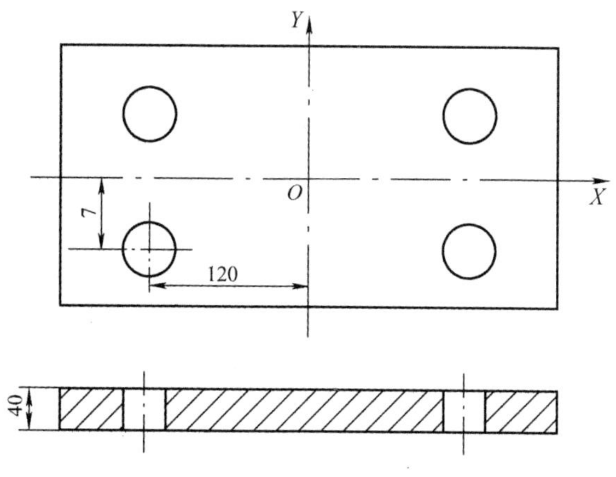

图4-39　G73 深孔加工

② 左旋攻螺纹循环(G74)。G74 指令用于切削左旋螺纹孔,加工循环工作过程见图4-40。向下切削时主轴反转,孔底动作是变反转为正转,再以相同进给退出,因此也称为反攻螺纹循环。*F* 表示导程,在 G74 切削螺纹期间速率修正无效,移动将不会中途停顿,直到循环结束。

③ 精密镗孔循环(G76)。G76 指令用于精镗孔加工。镗削至孔底时,主轴停止在定向位置上,即准停,再使刀尖偏移离开加工表面,然后再退刀。这样可以高精度、高效率地完成孔加工而不损伤工件已加工表面。程序格式中,*Q* 表示刀尖的偏移量,一般为正数,移动方向由机床参数设定。图4-41 所示为 G76 精镗孔加工循环的工作过程示意图,图中 P 表示暂停;⇒表示刀具移动。

④ 钻削循环(G81)。G81 钻孔动作循环,包括 *X*,*Y* 坐标定位、快进、工进和快速返回等动作。注意,如果 *Z* 方向的移动量为零,则该指令不执行。G81 也称为定位钻,指令动作循环,如图4-42 所示。

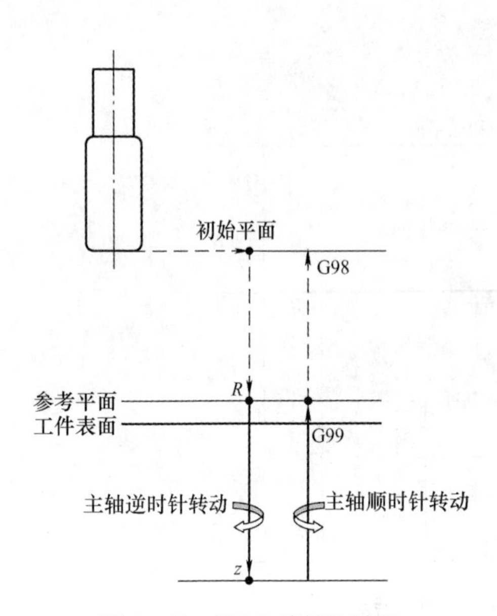

图 4 - 40　G74 左旋螺纹循环

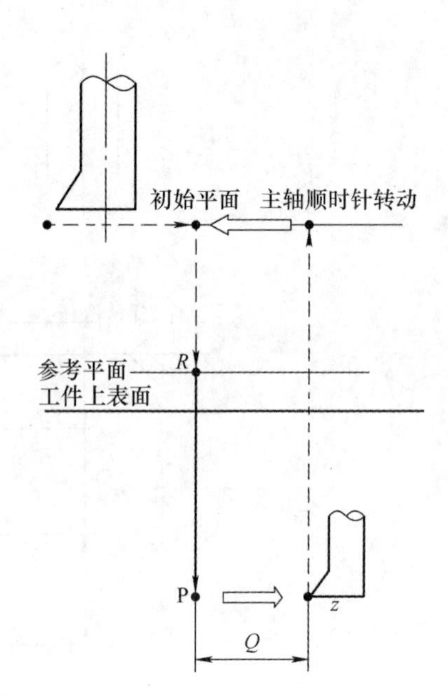

图 4 - 41　G76 精镗孔加工循环

⑤ 钻、镗阶梯孔循环(G82)。G82 指令除了要在孔底暂停外,其他动作与 G81 相同,如图 4 - 43 所示。暂停时间由地址 P 给出。G82 指令主要用于加工不通孔,以提高孔深精度。注意,如果 Z 方向的移动量为零,则该指令不执行。

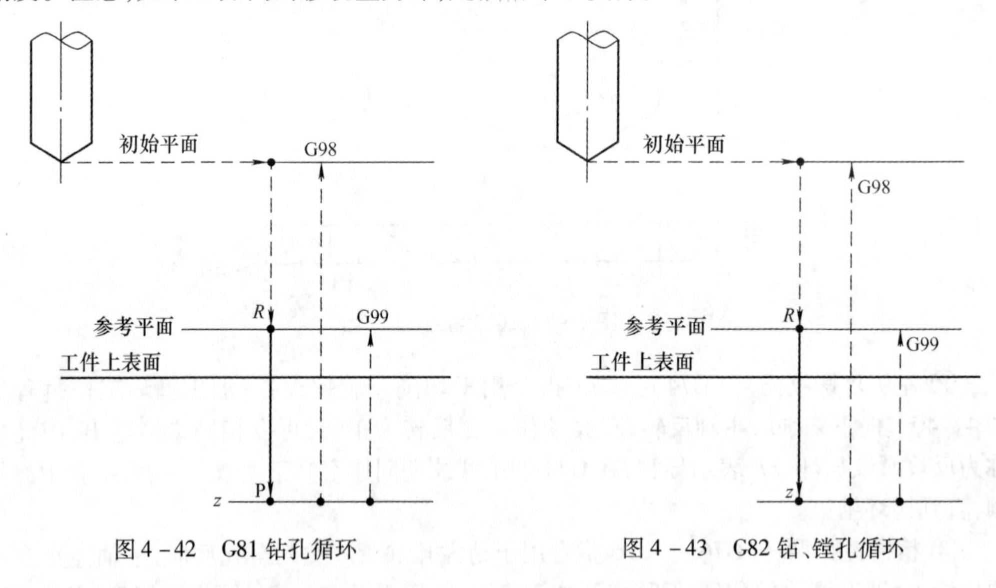

图 4 - 42　G81 钻孔循环

图 4 - 43　G82 钻、镗孔循环

⑥ 深孔加工循环(G83)。G83 加工示意图见图 4 - 44。其中 Q 和 d 与 G73 相同,G83 与 G73 的区别是:G83 指令在每次进刀 Q 距离后返回 R 点,这样对深孔钻削时排屑有利。

⑦ 右旋攻螺纹循环(G84)。G84 指令用于切削右旋螺纹孔。主轴正转进刀,反转退刀,正好与 G74 指令中的主轴转向相反,其他运动均与 G74 指令相同,也称为正攻螺纹循环,如图 4 - 45 所示。

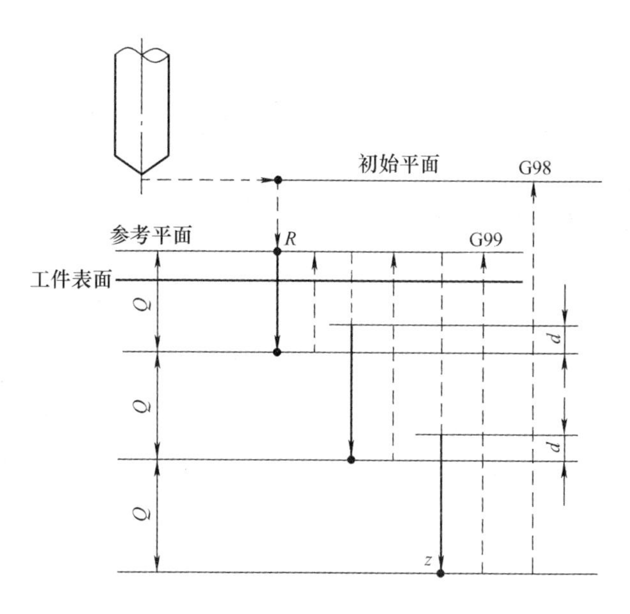

图 4－44　G83 深孔加工循环

⑧ 镗孔循环(G85)。G85 与 G81 类似,但返回行程中,从 $z \to R$ 段移动速度与切削进给段相同,如图 4－46 所示。

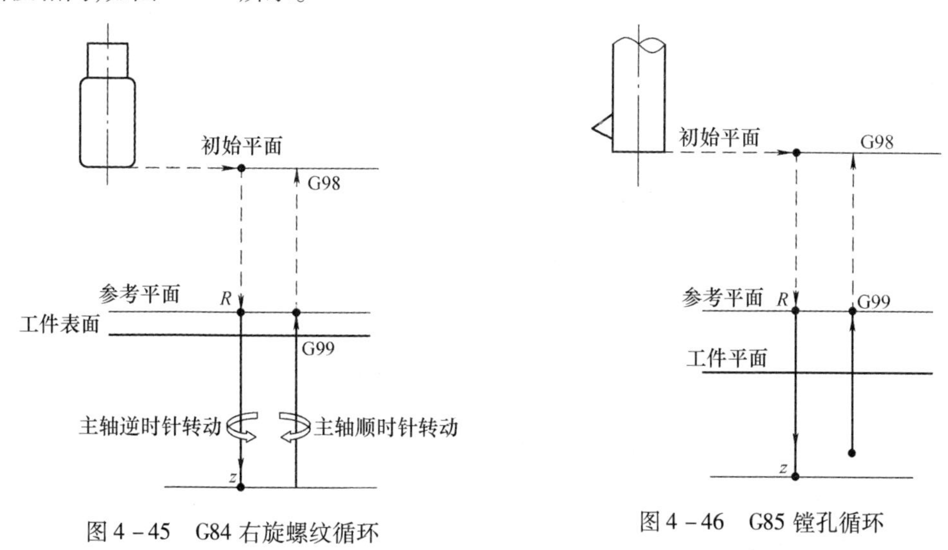

图 4－45　G84 右旋螺纹循环

图 4－46　G85 镗孔循环

⑨ 镗孔循环(G86)。G86 指令进给到孔底后,在 z 点使主轴停止,然后返回到 R 点(G99)或初始点(G98)后主轴再重新启动,如图 4－47 所示。

⑩ 镗孔/反镗循环(G87)。根据参数设定值的不同,可有固定循环 1 和 2 两种不同的动作。

固定循环 1 见图 4－48。刀具到达孔底后主轴停止,控制系统进入进给保持状态,此时刀具可用手动方式移动。为了再启动加工,应转换到存储方式,并且按 START 键,刀具返回原点(G98)或 R 点(G99)之后主轴启动,然后继续下一段程序。

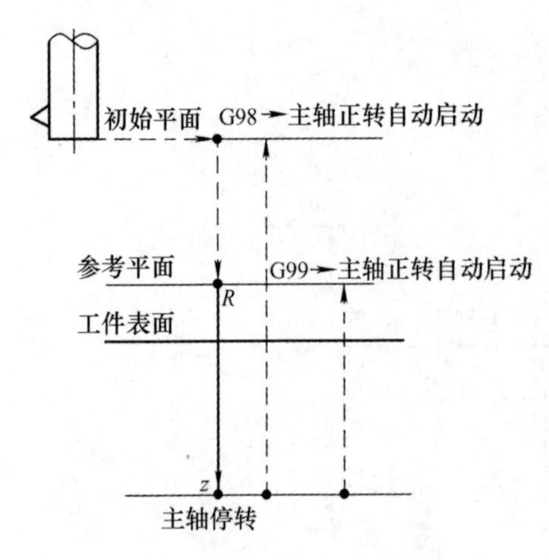

图 4－47　G86 镗孔循环

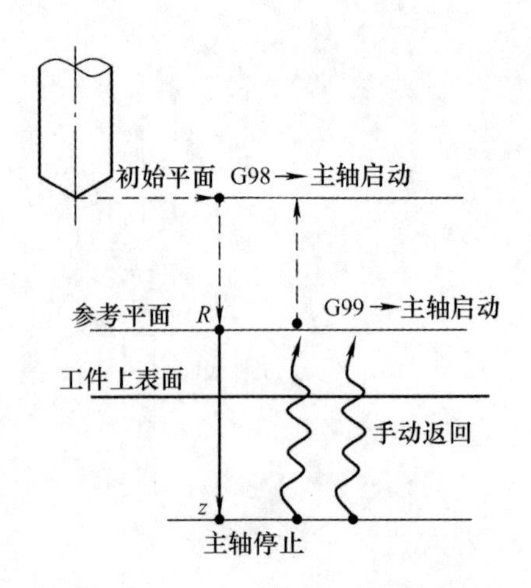

图 4－48　G87 循环 1 镗孔循环

固定循环 2 见图 4－49。*X*,*Y* 轴定位后,主轴准停,刀具以反刀尖的方向偏移,并快速定位在孔底(*R* 点)。在这里顺时针启动主轴,刀具按原偏移量返回,在 *Z* 轴方向上一直加工到 *E* 点。在这个位置,主轴再次准停后刀具按原偏移量退回,并向孔的上方移出,然后返回原点并按原偏移量返回,主轴正转,继续执行下段程序。

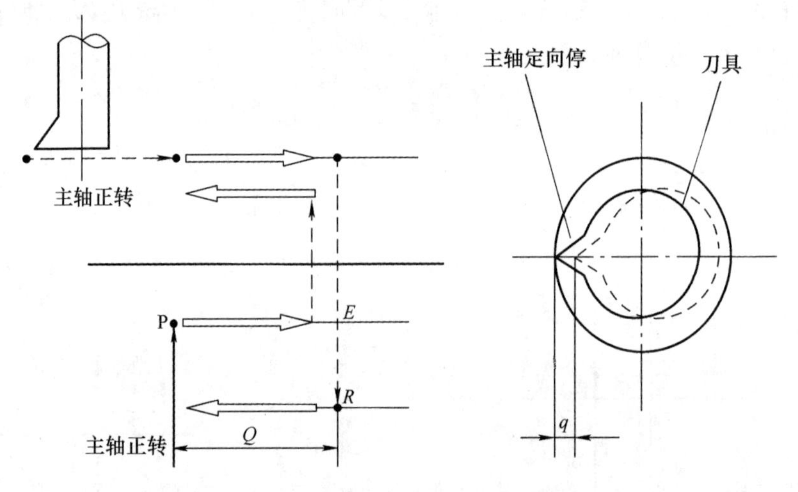

图 4－49　G87 循环 2 反镗循环

⑪ 镗孔循环(G88),如图 4－50 所示。

⑫ 镗孔循环(G89),如图 4－51 所示。

⑬ 取消固定循环指令(G80)。该指令能取消固定循环,同时 *R* 点和 *z* 点也被取消。

(4) 使用固定循环时应注意的问题。

① 在固定循环指令前应使用 M03 或 M04 指令使主轴回转。

② 在固定循环程序段中,*X*,*Y*,*Z*,*R* 数据应至少指令一个才能进行孔加工。

③ 在使用控制主轴回转的固定循环(G74,G84,G86)中,如果连续加工一些孔间距比较小,或者初始平面到 *R* 点平面的距离比较短的孔时,会出现在进入孔的切削动作前,主轴还没有达到正常转速的情况。遇到这种情况时,应在各孔的加工动作之间插入 G04 指令,以获得时间。

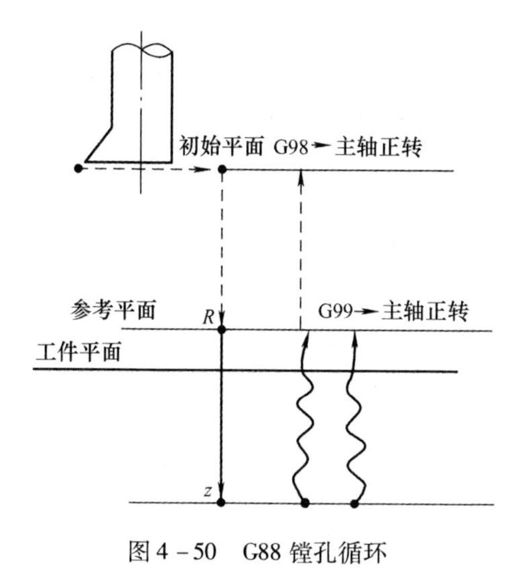

图 4－50　G88 镗孔循环

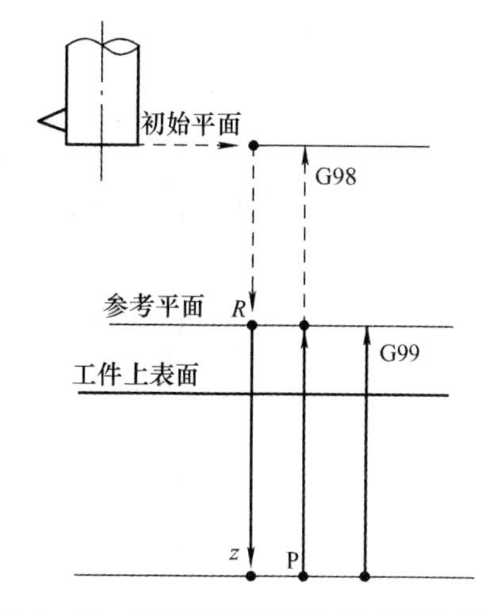

图 4－51　G89 镗孔循环(P 为主轴停转)

④ 当用 G00～G03 指令注销固定循环时,若 G00～G03 指令和固定循环出现在同一程序段,则按后出现的指令运行。

⑤ 固定循环中重复次数的使用方法。

在固定循环指令最后,用 L 地址指定重复次数。在增量方式(G91)中,如果有孔间距相同的若干个相同孔,采用重复次数来编程是很方便的。

⑥ 在固定循环程序段中,如果指定了 M,则在最初定位时送出 M 信号,等待 M 信号完成后,才能进行孔加工循环。

采用重复次数编程时,应采用 G91,G99 方式。

当指令为 G81 X50.0 Z－20.0 R－10.0 L6 F200 时,其运动轨迹如图 4－52 所示。

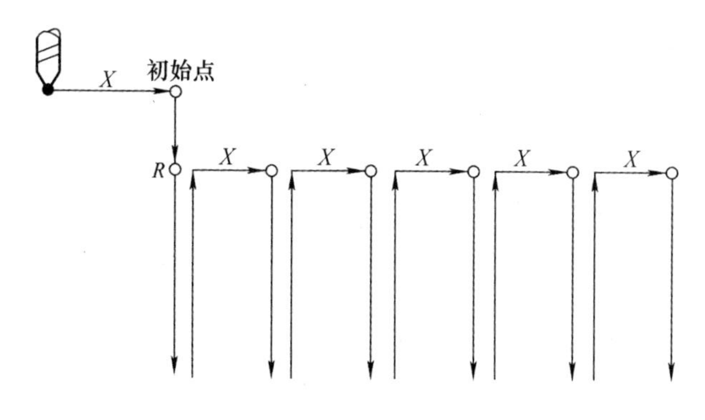

图 4－52　重复次数的使用

如果是在绝对值方式中,则不能钻出 6 个孔,仅仅在第一个孔处往复钻 6 次,结果还是一个孔。

(5) 固定循环应用举例。

加工零件见图 4－53,加工程序见表 4－7。

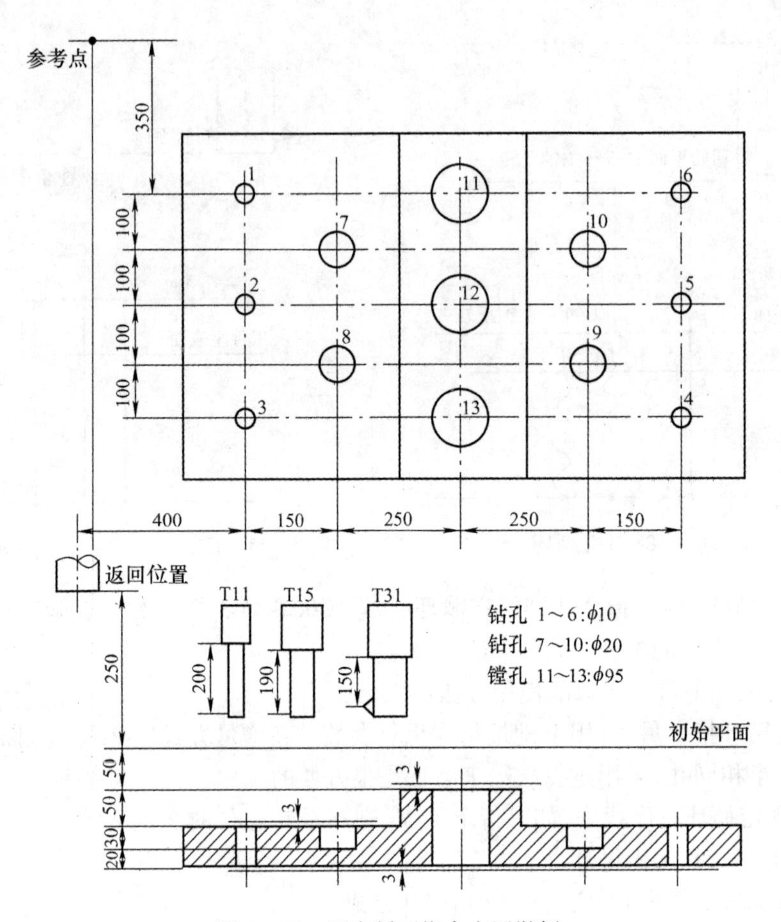

图 4-53 固定循环指令应用举例

表 4-7 固定循环加工程序

程 序	说 明
O1003	程序号
N01 G92 X0 Y0 Z0;	设定工件坐标系
N02 G90 G00 Z250.0 T11 M06	换刀
N03 G43 Z0 H11;	初始平面,刀具补偿
N04 S30 M03;	主轴正转
N05 G99 G81 X400.0 Y-350.0 Z-153.0 R-97.0 F120;	钻孔 1,返回 *R* 平面
N06 Y-550.0;	钻孔 2,返回 *R* 平面
N07 G98 Y-750.0;	钻孔 3,返回初始平面
N08 G99 X1200.0;	钻孔 4,返回 *R* 平面
N09 Y-550.0;	钻孔 5,返回 *R* 平面
N10 G98 Y-350.0	钻孔 6,返回初始平面
N11 G00 X0 Y0 M05;	回起刀点,主轴停
N12 G49 Z250.0 T15 M06;	刀具补偿取消,换刀

（续）

程　　序	说　　明
N13 G43　Z0　H15；	初始平面，刀具补偿
N14　　S20　M03；	主轴正转
N15 G99　G82 X550.0 Y－450.0 Z－130.0 R－97.0 P300 F70；	钻孔 7，返回 *R* 平面
N16 G98　Y－650.0；	钻孔 8，返回初始平面
N17 G99　X1050.0；	钻孔 9，返回 *R* 平面
N18 G98　Y－450.0；	钻孔 10，返回初始平面
N19 G00　X0　Y0　M05；	返回起刀点，主轴停
N20 G49　Z250.0　T31　M06；	刀具补偿取消，换刀
N21 G43　Z0　H31；	初始平面，刀具补偿
N22　　S10　M03；	主轴正转
N23 G85　G99　X800.0　Y－350.0 Z－153.0　R－47.0 F50；	钻孔 11，返回 *R* 平面
N24 G91　Y－200.0　L2	钻孔 12、孔 13，返回 *R* 平面
N25 G28　X0　Y0　M05；	返回参考点，主轴停
N26 G49　Z0；	刀具长度补偿取消
N27 M02；	程序停

4.5　自动换刀程序[4]

1. 刀具的选择

刀具的选择是把刀库上指定了刀号的刀具转到换刀位置，为下次换刀做好准备。在加工中心上，这一动作的实现是通过选刀指令“T”功能指令来实现的。在刀库刀具排满以后，主轴上无刀，此时主轴上刀号为 T00。换刀后，刀库内无刀的刀套上刀号为 T00。

例如，T05 号刀换到主轴上，此时刀库上 T05 号的刀变成了 T00，且该刀套上为空刀。在刀库刀具排满时，如果在主轴上也装有一把刀，也可以把 T00 作为主轴上这把刀的刀号，换刀后刀库内将无空刀套。

2. 刀具的交换

刀具的交换是指刀库上正位于换刀位置的刀具与主轴上的刀具进行自动换刀，这一动作的实现是通过换刀指令“M06”来实现的。

3. 自动换刀程序的编制

编程时一般可以使用以下两种换刀方法：

M06 T× ×；和 T× × M06；

对于不采用机械手换刀的立式、卧式加工中心而言，它们在进行换刀动作之时，是先取下主轴上的刀具，再进行刀库转位的选刀动作，然后再换上新的刀具。由于其选刀动作和换刀动作无法分开进行，故编程上一般用“T× × M06”的形式。而对于采用机械手换刀的加工中心来说，合理的安排选刀和换刀的指令是其加工编程的要点，因此对这类机床有必要首先来领会一下“T× × M06”和“M06 T× ×”的本质区别。

“T× × M06”是先执行选刀指令 T× ×，再执行换刀指令 M06，它是先由刀库转动将 T× × 号刀具送到换刀位置上后，再由机械手实施换刀动作。换刀以后主轴上装夹的就是以“× ×”为刀号的刀具，而刀库中目前换刀位置上安放的则是刚换下的旧刀具。执行完“T× × M06”指令后，刀库即保持当前刀具所在位置不动。

“M06 T× ×”是先执行换刀指令 M06 ，再执行选刀指令 T× ×。它是先由机械手实施换刀动作，将主轴上原有的刀具和目前刀库中当前换刀位置上已有的刀具(上一次选刀 T× × 指令所选好的刀具)进行互换，然后再由刀库转位到 T× × 号刀具送到换刀位置上，为下一次换刀做准备。换刀前后，主轴上装夹的都不是 T× × 号刀具。执行完“M06 T× ×”指令后，刀库中目前换刀位置上安放的则是 T× ×号刀具，它是为下一个 M06 换刀指令预先选好的刀具。

在对加工中心进行换刀动作的编辑安排时，应考虑如下问题。

(1) 换刀动作必须在主轴停转的条件下进行，且必须实现主轴准停，即定向停止(用 M19 指令)。

(2) 换刀点的位置应根据所用机床的要求安排，有的机床要求必须将换刀位置安排在参考点处或至少应让 Z 轴方向返回参考点，这时就要使用 G28 指令。有的机床则允许用参数设定第二参考点作为换刀位置，这时就可在换刀程序前安排 G30 指令。无论如何，换刀点的位置应远离工件及夹具，应保持有足够的换刀空间。

(3) 为了节省自动换刀的时间，提高加工效率，应将选刀动作与机床加工动作在时间上重合起来。例如，可将选刀动作指令安排在换刀前的回参考点移动过程中，如果返回参考点所用的时间小于选刀动作时间，则应将选刀动作安排在换刀前的耗时较长的加工程序段中。

(4) 若换刀位置在参考点处，换刀完成后，可用 G29 指令返回到下一道工序的加工起点位置。换刀完毕后，不要忘记安排重新启动主轴的指令。

4.6 数控铣床和加工中心典型加工编程实例

4.6.1 典型零件的数控铣削工艺制订

在编制数控铣削加工程序前，一定要仔细分析加工的工艺性，制订合理的数控加工工艺，以保证充分发挥数控机床的加工功能。在分析零件图(工序图)的基础上，数控机床加工工艺分析主要包括以下几方面：夹具选择，工步设计，刀具选择，走刀路线设计，切削用量确定。

1. 工艺分析与刀具切削路径

工艺分析是决定工艺路线的重要根据。工艺分析首先要了解所有的切削加工方法，如钻削、铣削、镗削等，然后结合实际加工经验，正确使用刀具、夹具、量具等。工艺分析的顺序如下：

(1) 分析零件图。

(2) 将同一刀具的加工部位分类。

(3) 按零件结构特点选择程序零点。

(4) 列出使用的刀具表、程序分析表。

(5) 模拟或试车并修正。

2. 切削条件选择

切削条件选择是编程人员必须考虑的重要问题之一。影响切削条件的因素有:工艺系统的刚性,工件的尺寸精度、形位精度及表面质量,刀具耐用度及工件生产纲领,切削液,切削用量等,见表4-8~表4-10。

表4-8　铣刀的切削速度　(m/min)

工件材料	铣刀材料					
	碳素钢	高速钢	超高速钢	Stellite	YT	YG
青铜(硬)	10~20	20~40		30~50		60~130
青铜(最硬)		10~15	15~20			40~60
铸铁(软)	10~12	15~25	18~35	28~40		75~100
铸铁(硬)		10~15	10~20	18~28		45~60
铸铁(冷硬)			10~15	12~18		30~60
可锻铸铁	10~15	20~30	25~40	35~45		75~110
铜(软)	10~14	18~28	20~30		45~75	
铜(中)	10~15	15~25	18~28		40~60	
铜(硬)		10~15	12~20		30~45	
注:Stellite——钴基硬质合金;YT——钨钛钴类硬质合金;YG——钨钴类硬质合金						

表4-9　铣刀进给量　(mm/每齿)

工件材料	圆柱铣刀	面铣刀	立铣刀	杆铣刀	成形铣刀	高速钢嵌齿铣刀	硬质合金嵌齿铣刀
铸铁	0.2	0.2	0.07	0.05	0.04	0.3	0.1
软(中硬)钢	0.2	0.2	0.07	0.05	0.04	0.3	0.09
硬钢	0.15	0.15	0.06	0.04	0.03	0.2	0.08
镍铬钢	0.1	0.1	0.05	0.02	0.02	0.15	0.06
高镍铬钢	0.1	0.1	0.04	0.02	0.02	0.1	0.05
可锻铸铁	0.2	0.15	0.07	0.05	0.04	0.3	0.09
铸铁	0.15	0.1	0.07	0.05	0.04	0.2	0.08
青铜	0.15	0.15	0.07	0.05	0.04	0.3	0.1
黄铜	0.2	0.2	0.07	0.05	0.04	0.3	0.21
铝	0.1	0.1	0.07	0.05	0.04	0.2	0.1
Al-Si合金	0.1	0.1	0.07	0.05	0.04	0.18	0.08
Mg-Al-Zn合金	0.1	0.1	0.07	0.04	0.03	0.15	0.08
Al-Cu-Mg合金 Al-Cu-Si	0.15	0.1	0.07	0.05	0.04	0.2	0.1

表 4－10　高速钢钻头的切削用量

工件材料	σ_b/MPa	钻头直径/mm									
		2～5		6～11		12～18		19～25		26～50	
		v/(m/min)	f/(mm/r)	v/(m/min)	f/(mm/r)	v/(m/min)	f/(mm/r)	v/(m/min)	f/(mm/r)	v/(m/min)	f/(mm/r)
钢	490 以下	20～25	0.1	20～25	0.2	30～35	0.2	30～35	0.3	25～30	0.4
	490～686	20～25	0.1	20～25	0.2	20～25	0.2	25～30	0.2	25	0.2
	686～882	15～18	0.05	15～18	0.1	15～18	0.2	18～22	0.3	15～20	0.35
	686～1078	10～14	0.05	10～14	0.1	12～18	0.15	16～20	0.2	14～16	0.3
铸铁	118～176	25～30	0.1	30～40	0.2	25～30	0.35	20	0.6	20	1.0
	176～294	15～18	0.1	14～18	0.15	16～20	0.2	16	0.3	16～18	0.4
黄铜	软	<50	0.05	<50	0.15	<50	0.3	<50	0.45	<50	—
青铜	软	<35	0.05	<35	0.1	<35	0.2	<35	0.35	<35	—

3. 编程要点

（1）了解数控系统功能及机床规格。

（2）熟悉加工顺序。

（3）合理选择刀具、夹具及切削用量、切削液。

（4）编程尽量使用子程序及宏指令。

（5）注意小数点的使用。

（6）程序零点选择在易计算的确定位置。

（7）换刀点选择在无换刀干涉的位置。

4.6.2　数控铣床与加工中心编程实例

例 4－1　简单轮廓的数控加工

按照图示刀具路径，加工如图 4－54 所示板类零件外轮廓。选择直径为 20mm 的立铣刀，程序见表 4－11。

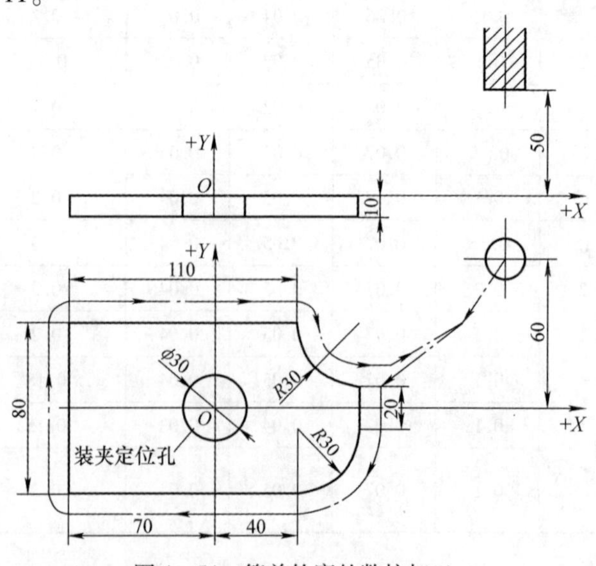

图 4－54　简单轮廓的数控加工

表 4-11 加工程序

程序	注释
O0001	程序代号
N10 G00 G90 X120. Y60.;	绝对值输入,快速运动到起刀点 X120 Y60
N15 G00 G43 Z50. H01;	调用 01 号刀具长度补偿
N20 Z10.	下刀至安全位置
N25 X100. Y40. M03 S500 M08;	快速运动到 X100 Y40,切削液开,主轴正转,转速 500r/min
N30 Z-11.;	下刀深度 Z-11
N35 G01 G41 X70. Y10. D01 F100;	建立刀具半径左补偿,直线进给运动到 X70 Y10, D01 = 10mm,进给速度 100mm/min
N40 Y-10.;	直线插补到 X70 Y-10
N45 G02 X40 . Y-40. R30.;	顺圆插补到 X40 Y-40,半径为 30mm
N50 G01 X-70.;	直线插补到 X-70 Y-40
N55 Y40.;	直线插补到 X-70 Y40
N60 X40.;	直线插补到 X40 Y40
N65 G03 X70. Y10. R30.;	逆圆插补到 X70 Y10, 半径为 30mm
N70 G01 X85.;	直线插补到 X85 Y10
N75 G01 G40 X100. Y40.;	取消刀具半径补偿
N80 G00 G49 Z50. M09	抬刀,取消刀具长度补偿
N85 X120 . Y60.; N90 G91 G28 Z0. M05;	退刀
N95 M30;	程序结束,系统复位

例 4-2　连杆的数控铣削编程

已知某连杆的零件图如图 4-55 所示,要求在数控机床上对该连杆的轮廓进行精铣加工。

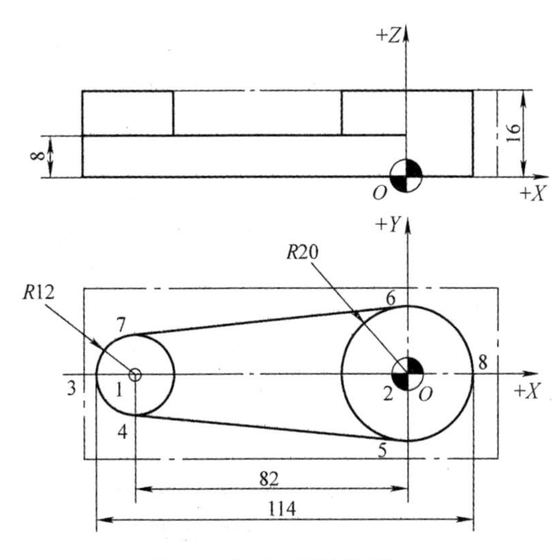

图 4-55　连杆零件图

1. 工艺分析

(1) 选择 ϕ16mm 的立铣刀进行加工。

(2) 设安全平面高度为 30mm。

(3) 进刀/退刀方式。圆弧切向进刀/退刀,考虑刀具半径补偿。

2. 编程数值计算

连杆轮廓的特征点计算结果如下:

位置 1:$X=-82, Y=0$; 位置 2:$X=0, Y=0$;

位置 3:$X=-94, Y=0$; 位置 4:$X=-83.165, Y=-11.943$;

位置 5:$X=-1.951, Y=-19.905$; 位置 6:$X=-1.951, Y=19.905$;

位置 7:$X=-83.165, Y=11.943$; 位置 8:$X=20, Y=0$;

3. 加工程序

加工程序见表 4-12。

表 4-12 加工程序

程 序	说明
O0009;	第 0009 号程序,铣削连杆
N10 G54 G90 G00 X0 Y0;	设置程序原点
N15 Z50.;	进刀至安全高度
N20 X36. Y0. S1000 M03;	将刀具移出工件右端面一个刀具直径,启动主轴
N30 M08;	打开切削液
N40 G01 Z8. F20;	进刀至 8mm 高度处,铣第一个圆
N50 G42 D1 G02 X20. I-8. J0 F100;	刀具半径右补偿,圆弧引入切向进刀点 8
N60 G03 X-20. Y0. I-20. J0.;	圆弧插补铣半圆
N70 G03 X20. Y0. I20. J0.;	圆弧插补铣半圆
N80 G40 G02 X36. I8. J0.;	圆弧引出切向退刀
N90 G00 Z30.;	抬刀至安全面高度
N100 X-110. Y0.;	将刀具移出工件左端面一个刀具直径
N110 G01 Z8. F20;	进刀至 8mm 高度处,铣第二个圆
N120 G42 D1 G02 X-94. Y0. I8. J0 F100;	刀具半径右补偿,圆弧引入切向进刀点 3
N130 G03 X-70. I12. J0.;	圆弧插补铣半圆
N140 G03 X-94. I-12. J0.;	圆弧插补铣半圆
N150 G40 G02 X-110. I-8. J0.;	圆弧引出切向退刀
N160 G00 Z30.;	抬刀至安全面高度
N170 X36. Y0.;	将刀具移出工件右端面一个刀具直径
N180 G01 Z-1. F20;	进刀至工件底面下的 -1mm 处,铣整个轮廓
N190 G42 D1 G02 X20. I-8. J0. F100;	刀具半径右补偿,圆弧引入切向进刀点 8
N200 G03 X-1.951 Y19.905 I-10. J0.;	圆弧插补至点 6
N210 G01 X-83.165 Y11.943;	直线插补至点 7
N220 G03 Y-11.943 I1.165 J-11.943;	圆弧插补至点 4
N230 G01 X-1.951 Y-19.905;	直线插补至点 5
N240 G03 X20. Y0. I1.951 J19.905;	圆弧插补至点 8
N250 G40 G02 X36. I8. J0.;	圆弧引出切向退刀
N260 G00 Z30. M09;	抬刀至安全面高度
N270 M30;	

例 4－3　平面凸轮零件编程

如图 4－56 所示平面凸轮零件，工件的上、下底面及内孔、端面已加工。完成凸轮轮廓的程序编制。

1. 工艺分析

分析图 4－56，可以看出，凸轮曲线由几段圆弧组成，内孔为设计基准，其余表面包括 4×ϕ13H7 孔均已加工。故取内孔和一个端面为主要定位面，在连接孔 ϕ13 的一个孔内增加削边销，在端面上用螺母垫圈压紧。因为孔是设计和定位的基准，所以对刀点选在孔中心线与端面的交点上，这样容易确定刀具中心与零件的相对位置。

2. 加工调整

零件加工坐标系 X,Y 位于工作台中间，在 G53 坐标系中取 $X = -400$，$Y = -100$。Z 坐标可以按刀具长度和夹具、零件高度决定，如选用 ϕ20 的立铣刀，零件上端面为 Z 向坐标零点，该点在 G53 坐标系中的位置为 $Z = -80$ 处，将上述三个数值设置到 G54 加工坐标系中。凸轮轮廓加工工序卡见表 4－13。

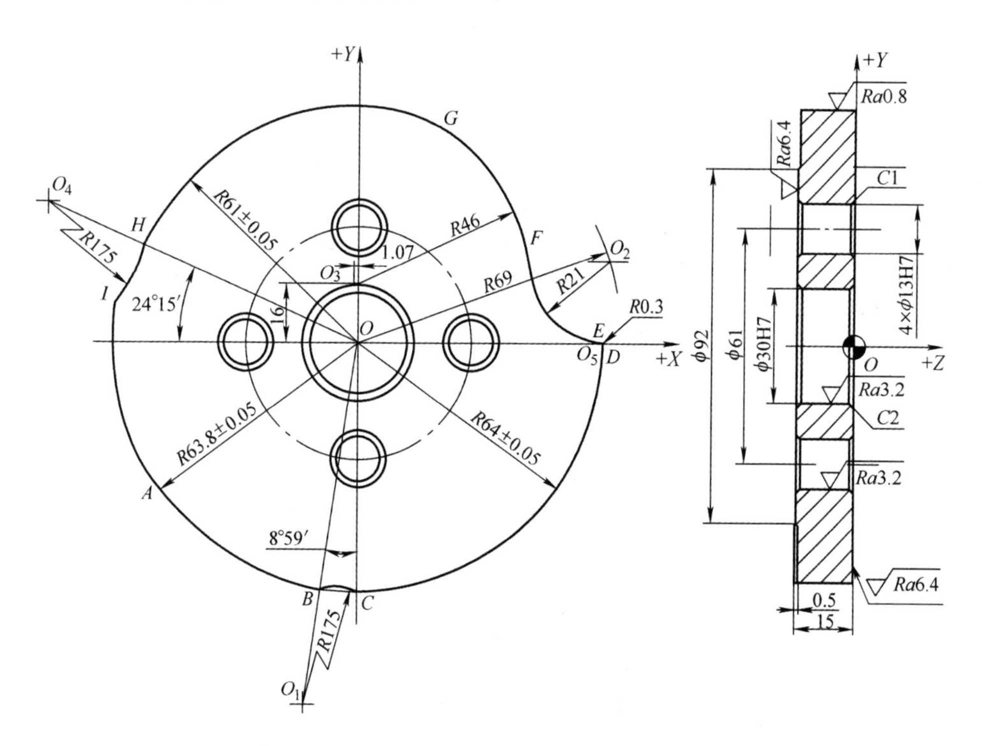

图 4－56　平面凸轮零件图

表 4－13　凸轮轮廓加工工序卡

材料	45 钢	零件号	812		程序号	8121
操作序号	工序内容	主轴转速 /(r/min)	进给速度 /(mm/min)	刀　具		
				号数	类型	直径/mm
1	铣凸轮轮廓	2000	80,200	1	立铣刀	20

3. 数学处理

该凸轮加工的轮廓均为圆弧组成,因而只要计算出基点坐标,才可编制程序。在加工坐标系中,各点的计算坐标如下:

BC 弧的中心 O_1 点: $X=-(175+63.8)\ \sin 8°59'=-37.28$

$Y=-(175+63.8)\ \cos 8°59'=-235.86$

EF 弧的中心 O_2 点: $X^2+Y^2=69^2$

$(X-64)^2+Y^2=21^2$

解之得 $X=65.75,Y=20.93$

HI 弧的中心 O_4 点: $X=-(175+61)\cos 24°15'=-215.18$

$Y=(175+61)\sin 24°15'=96.93$

DE 弧的中心 O_5 点: $X^2+Y^2=63.7^2$

$(X-65.75)^2+(Y-20.93)^2=21.30^2$

解之得 $X=63.70,Y=-0.27$

B 点: $X=-63.8\sin 8°59'=-9.96$

$Y=-63.8\cos 8°59'=-63.02$

C 点: $X^2+Y^2=64^2$

$(X+37.28)^2+(Y+235.86)^2=175^2$

解之得 $X=-5.57,Y=-63.76$

D 点: $(X-63.70)^2+(Y+0.27)^2=0.3^2$

$X^2+Y^2=64^2$

解之得 $X=63.99,Y=-0.28$

E 点: $(X-63.7)^2+(Y+0.27)^2=0.3^2$

$(X-65.75)^2+(Y-20.93)^2=21^2$

解之得 $X=63.72,Y=-0.03$

F 点: $(X+1.07)^2+(Y-16)^2=46^2$

$(X-65.75)^2+(Y-20.93)^2=21^2$

解之得 $X=44.79,Y=19.6$

G 点: $(X+1.07)^2+(Y-16)^2=46^2$

$X^2+Y^2=61^2$

解之得 $X=14.79,Y=59.18$

H 点: $X=-61\ \cos 24°15'=-55.62$

$Y=61\sin 24°15'=25.05$

I 点: $X^2+Y^2=63.80^2$

$(X+215.18)^2+(Y-96.93)^2=175^2$

解之得 $X=-63.02,Y=9.97$

根据上面的数值计算,可画出凸轮加工走刀路线图,如图 4-57 所示。

4. 参数设置

H01=10;G54:X=-400,Y=-100,Z=-80。编写加工程序。凸轮加工程序及说明见表 4-14。

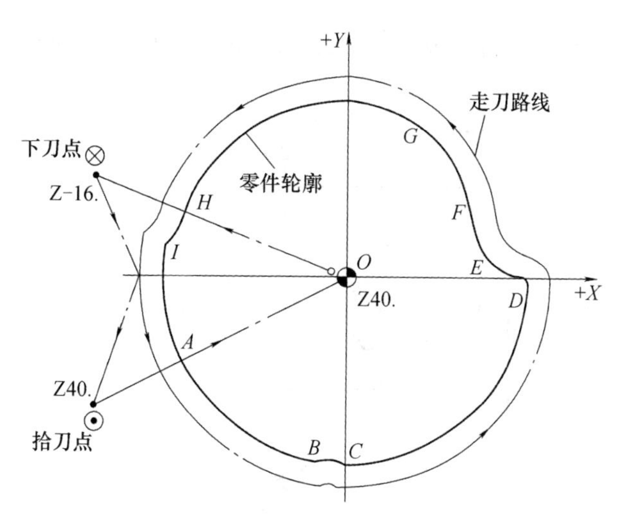

图 4-57　凸轮加工走刀路线图

表 4-14　凸轮加工程序

程　　序	说　　明
N10 G54 X0. Y0. Z40.	进入加工坐标系
N20 G90 G00 G17 X-73.8 Y20.	由起刀点到加工开始点
N30 M03 S1000	启动主轴,主轴正转(顺铣)
N40 G00 Z0.	下刀至零件上表面
N50 G01 Z-16. F200	下刀切入工件,深度为工件厚度+1mm
N60 G42 G01 X-63.8 Y10. F80 H01	刀具半径右补偿
N70 G01 X-63.8 Y0.	切入零件至 *A* 点
N80 G03 X-9.96 Y-63.02 R63.8	切削 *AB*
N90 G02 X-5.57 Y-63.76 R175	切削 *BC*
N100 G03 X63.99 Y-0.28 R64	切削 *CD*
N110 G03 X63.72 Y0.03 R0.3	切削 *DE*
N120 G02 X44.79 Y19.6 R21	切削 *EF*
N130 G03 X14.79 Y59.18 R46	切削 *FG*
N140 G03 X-55.26 Y25.05 R61	切削 *GH*
N150 G02 X-63.02 Y9.97 R175	切削 *HI*
N160 G03 X-63.80 Y0. R63.8	切削 *IA*
N170 G01 X-63.80 Y-10.	切削零件
N180 G01 G40 X-73.8 Y-20.	取消刀具补偿
N190 G00 Z40.	*Z* 向抬刀
N200 G00 X0. Y0. M05	返回加工坐标系原点,并停主轴
N210 M30	程序结束

例 4-4　槽形零件加工编程

如图 4-58 所示槽形零件,毛坯为四周已加工的铝锭(厚为 20mm),槽深 2mm。编写该槽形零件加工程序。

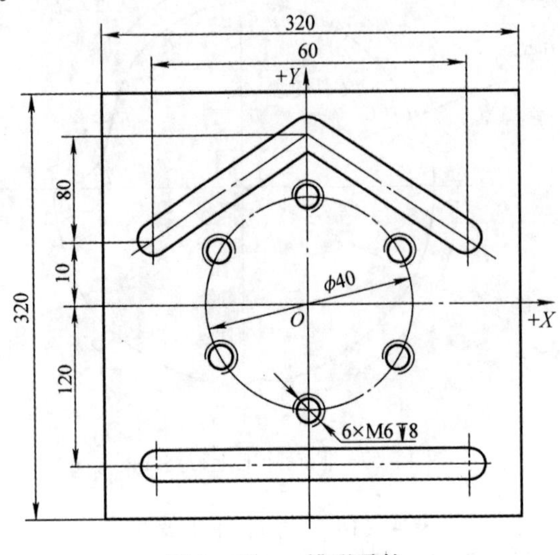

图 4-58 槽形零件

1. 工艺和操作清单

采用加工中心加工该槽形零件,需要加工槽,螺纹孔。其工艺安排为"钻孔→扩孔→攻螺纹→铣槽",其工艺和操作清单见表 4-15。

表 4-15 槽形零件的工艺清单

材料	铝	零件号	001		程序号	0030
操作序号	内容	主轴转速/(r/min)	进给速度/(mm/min)	刀具		
				号数	类型	直径/mm
1	钻孔	2000	100	1	4mm 中心钻头	4
2	扩孔	800	80	2	5mm 钻头	5
3	攻螺纹	200	1500	3	M6 螺纹刀	6
4	铣斜槽	2000	100,180	4	6mm 铣刀	6

2. 程序清单及说明

程序见表 4-16。

表 4-16 槽形零件的加工程序

程 序	说 明
O0030	
N10 G21	设定单位为 mm
N20 G40 G49 G80 H00	取消刀补和循环加工
N30 G28 X0. Y0. Z50.	回参考点
N40 M03 S2000.	钻孔 ϕ5mm

（续）

程　　序	说　　明
N50	
N60 G90 G43 H01 G00 X0 Y20.0 Z10.0	快速进到 *R* 点，建立长度补偿
N70 G81 G99 X0. Y20.0 Z-7.0 R2.0 F80	G81 循环钻孔，返回 *R* 点
N80 G99 X17.32 Y10.0	
N90 G99 Y-10.0	
N100 G99 X0 Y-20.0	
N110 G99 X-17.32 Y-10.0	
N120 G98 Y10.0	
N130 G80 M05	取消循环钻孔指令、主轴停
N140 G28 X0 Y0 Z50	回参考点
N150 G49 M00	
N160 M03 S800	开始扩孔
N170 G90 G43 H02 G00 X0 Y20.0 Z10.0	
N180 G83 G99 X0 Y20.0 Z-12.0 R2.0 Q7.0 F80	G83 循环扩孔
N190 G99 X17.32 Y10.0	
N200 G99 Y-10.0	
N210 G99 X0 Y-20.0	
N220 G99 X-17.32 Y-10.0	
N230 G98 Y10.0	
N240 G80 M05	取消循环扩孔指令、主轴停
N250 G28 X0 Y0 Z50	
N260 G49 M00	开始攻螺纹
N270 M03 S200	
N280 G90 G43 H03 G00 X0 Y20.0 Z10.0	
N290 G84 G99 X0 Y20.0 Z-8.0 R5.0 F200	G84 循环攻螺纹
N300 G99 X17.32 Y10.0	
N310 G99 X0 Y-20.0	
N320 G99 X-17.32 Y-10.0	
N330 G98 Y10.0	
N340 G80 M05	取消螺纹循环指令、主轴停
N350 G28 X0 Y0 Z50	
N360 G49 M00	铣槽程序
N370 M03 S2300	
N380 G90 G43 G00 X-30.0 Y10.0 Z10.0 H04	
N390 Z2.0	
N400 G01 Z0 F180	

(续)

程　　序	说　　明
N410 X0　Y40.0　Z-2.0	
N420 X30.0　Y10.0　Z0	
N430 G00　Z2.0	
N440 X-30.0　Y-30.0	
N450 G01　Z-2.0　F100	
N460 X30.0	
N470 G00　Z10.0　M05	
N480 G28　X0.　Y0.　Z50.	
N490 M30	

例 4-5　孔类零件加工编程

如图 4-59 所示的孔类零件,试用加工中心完成其程序编制。加工程序见表 4-17。

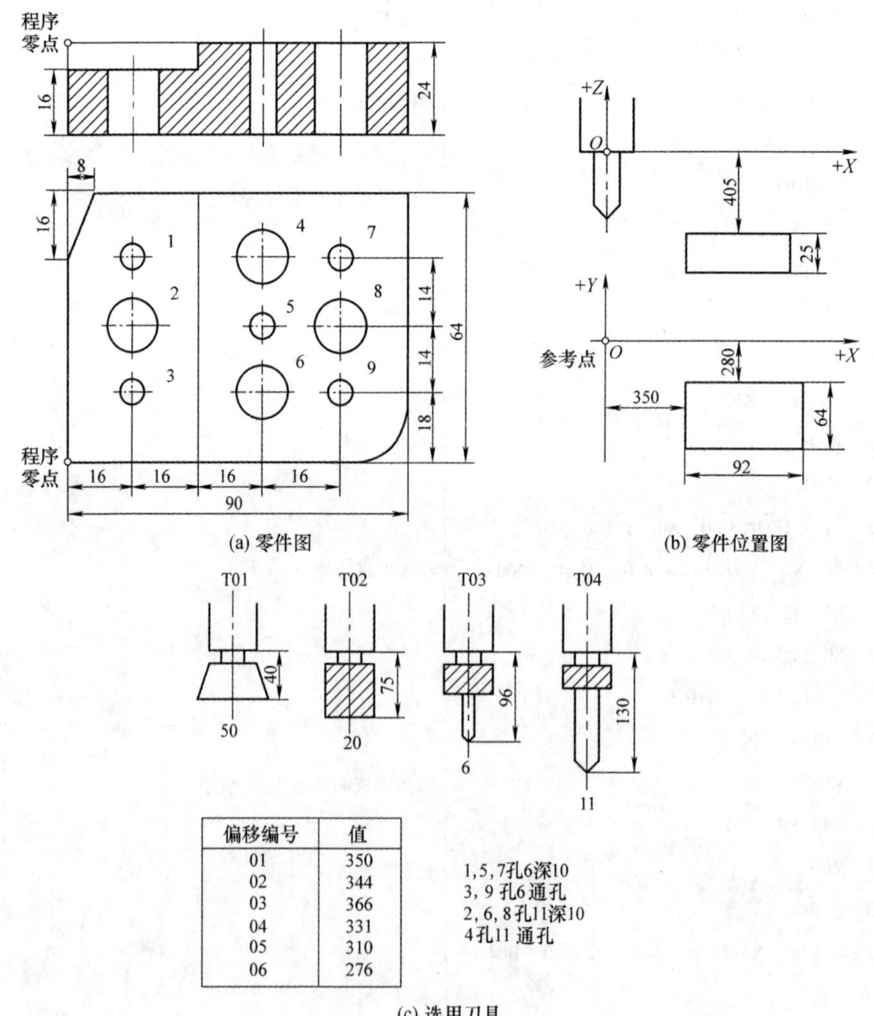

图 4-59　加工中心的编程举例

表 4-17 加工程序

加工程序	注释
O1111	
N01 T01 M06	
G91 G00G45 X0 H01	
G46 Y0 H02	
G92 X0 Y0 Z0	
S1500 M03	
G00 X-30.0 Y40.0 M08	
G01 Z0 F150	
X80.0	
Y20.0	
X-30.0	
G28 Z10.0	
G00 X0 Y0	
M00	
N02 T02 M06	
G92 X0 Y0 Z0	
G90 G44 Z10.0 H04	
S1000 M03	
G00 X9.0 Y12.0 M08	
G01 Z-8.0 F150	
X76.0	
Y20.0	
X-12.0	
G28 Z10.0	
G00 X0 Y0	
M00	
N03 T03 M06	
G92 X0 Y0 Z0	
G90 G44 Z10.0 H05 M08	
S1000 M03	
G99 G83 X15.0 Y18.0 Z-27.0 R-6.0 Q5 F100	钻孔 3
G98 Y46.0 Z-18.0	钻孔 1
G99 X62.0 R2.0 Z-27.0	钻孔 9
X46.0 Y32.0 Z-10.0	钻孔 5
X62.0 Y18.0	钻孔 7
G00 G80 X0 Y0	
G28 Z15	
M00	
N04 T04 M06	
G92 X0 Y0 Z0	
G90 G44 Z10.0 H06 M08	
S700 M03	
	钻孔 8

（续）

加工程序	注　释
G99 G83 X62.0 Y32.0 Z-10.0 R2.0 Q5 F100	钻孔 6
X46.0 Y46.0	钻孔 4
Y18.0 Z-27.0	钻孔 2
G98 X15.0 Y32.0 R-6.0 Z-18.0	
G00 G80	
G28 Z50.0	
G28 X0 Y0	
M30	

第 5 章　数控宏程序编制

5.1　概　　述

5.1.1　宏程序定义

用户宏程序,其实质与子程序相似,在编程工作中,把一组带有变量的子程序事先存储在系统存储器中,将存储的一组子程序的功能用一个指令代表,使用时只需给出这个代表指令就能执行其功能。一组以子程序的形式存储并带有变量的程序称为用户宏程序主体,简称宏程序,这个代表指令称作用户宏程序指令,简称宏指令。在编程时,编程员只要记住宏指令而不必记住宏程序。

宏程序主体既可以由机床生产厂家提供,也可以由机床用户自己编制。使用时,先将用户宏程序主体像子程序一样存入内存里,然后用子程序调用指令调用。华中数控系统和 FANUC 数控系统的宏指令及变量大体相同,而西门子数控系统的宏指令及变量的定义与华中数据系统和 FANUC 数控系统有差别。

5.1.2　宏程序特点

用户宏程序与普通程序的区别在于:在用户宏程序本体中,能使用变量,可以给变量赋值,变量间可以运算,程序可以跳转;而在普通程序中,只能指定常量,常量之间不能运算,程序只能顺序执行,不能跳转,因此功能是固定的,不能变化。

由于数控系统的指令功能有限,而宏程序功能可以显著地增强机床的加工能力,所以宏程序编制是加工编程的重要补充。宏程序实际就是利用变量编程的方法,宏程序可以使用变量进行算术运算、逻辑判断和函数的混合运算,此外宏程序还提供了循环语句、分支语句和子程序调用语句,利于编制各种复杂的零件加工程序,减少乃至免除手工编程时进行烦琐的数值计算,以及精简程序量,减轻了编程的工作量,提高效率。宏程序应用范围广,如形状类似但大小不同(如圆、方形等);大小相同但位置不同(如组孔、阵列等);特殊形状(椭圆、球等);自动化功能(如刀具长度测量、生产管理等),在类似工件的加工中巧用宏程序将起到事半功倍的效果。

5.2　宏程序基础知识[5]

1. 变量

在编制用户宏程序时,数值可以直接指定或用变量指定,宏程序不允许对变量命名。华中数控系统和 FANUC 0i 数控系统的变量有相同的表达方式,以"#"和数字来表示,如:#10,#109,#501。而西门子 SINUMERIK 802D 数据系统的变量又称为 R 参数,它用字母

"R"和数字来表示,如:R10,R109,R299。

当用变量时,变量值可用 MDI 面板操作改变。宏程序变量类型可分为局部变量、公共变量和系统变量。

(1) 局部变量:只能用于宏程序中存储数据。当断电时,局部变量被初始化为空。调用宏程序时,自变量对局部变量赋值。

(2) 公共变量:是在主程序和主程序调用的各用户程序内公共的变量。即在一个宏指令中的#i 与另一个宏指令中的#i 是相同的。

(3) 系统变量:有固定用途的变量。系统变量的序号与系统的某种状态有严格的对应关系,它的值决定系统的状态。系统变量包括刀具偏置变量,接口的输入/输出信号变量,位置信息变量等。

2. 算术和逻辑运算

算术和逻辑运算形式如表 5-1 所列,等号右边可以是常量或由函数和运算符组成的变量,表达式中的变量#j 和#k 可以用常数替换,等号左边的变量也可以用表达式赋值。

表 5-1 算术和逻辑运算形式

功能	格式
数学运算功能	加法:#i = #j + #k 减法:#i = #j - #k 乘法:#i = #j * #k 除法:#i = #j/#k
函数运算功能	正弦: #i = SIN[#j] 余弦: #i = COS[#j] 正切: #i = TAN[#j] 反正切: #i = TAN[#j]/[#k] 平方根: #i = SQRT[#j] 绝对值: #i = ABS[#j] 取整: #i = ROUND[#j]
逻辑判断功能	等于: EQ 格式:#j EQ #k 不等于: NE 格式:#j NE #k 大于: GT 格式:#j GT #k 小于: LT 格式:#j LT #k 大于等于:GE 格式:#j GE #k 小于等于:LE 格式:#j LE #k

3. 宏程序语句使用

在宏程序中,使用跳转和循环功能可以改变控制的流向,从而可以实现程序的控制。有以下三种转移和循环操作可供使用。

1) 语句 1

IF 条件表达式

…

ELSE

…

ENDIF

功能:IF 之后指定条件表达式。如果条件表达式满足,执行预先决定的程序语句,只执行一个宏程序语句。

例如:

```
IF#1 GT 10;
  G00 G90;
  Z100.0;
ELSE;
  G00 G90;
  Z200.0;
ENDIF;
```

说明:当#1 大于 10 则执行"G00 G90 Z100.0",否则执行"G00 G90 Z200.0"。

2) 语句 2

IF[条件表达式]　GOTO N

功能:如果指定的条件表达式满足,程序就转移到同一程序中语句标号为 N 的语句上执行;如果指定的条件表达式不满足,执行下一条语句。

例如:

```
IF[#1 GT 10]   GOTO N50;
N50 G00;
G90 Z100.0;
```

说明:当#1 大于 10 时,跳转到行号为 N50 的程序。

3) 语句 3

WHILE[条件表达式]　DO m

…

…

END m

功能:如果指定的条件表达式满足,从 DO m 到 END m 之间的程序就重复执行,如果指定的条件表达式不满足,执行 END m 下一条语句。

例如:

```
#3 =1;
WHILE[#3 LT 4]  DO 2;
G01 G91   X20.0;
          Y20.0;
#3 =#3 +1;
END 2;
```

说明:#3 的初始值为 0,当#3 小于 4 的条件满足时执行"G01 G91 X20.0 Y20.0";当#3 的值不满足条件时跳出程序循环体,画出三个台阶的轨迹。语句格式中 DO m 和 END m 的 m 是标号值,只能是 1,2,3。

5.3 华中 HNC－21/22T 系统宏程序编程

华中 HNC－21/22T、HNC－21/22M 为用户配备了强有力的类似于高级语言的宏程序功能。

5.3.1 数控车床华中 HNC－21/22T 宏程序编程

1. 宏变量及常量

1) 宏变量

(1) 变量的表示:变量可以用“#”后和其后的变量序号来表示,即#i(i=1,2,3,…),例如:#5,#500 等。

(2) 变量的引用:将跟随在一个地址后的数值用一个变量来代替,即引入了变量。

例如: F[#103]=50 时,则为 F50;对于 Z[－#110],若#110=100 时,则 Z=－100;G[#130],若#130=3 时,则为 G03。

(3) 变量类型:

① 局部变量:#0~#49,是在宏程序中局部使用的变量,用于存放宏程序中的数据,断电时丢失为空。

② 全局变量:#50~#199,用户可以自由使用的变量,它对于由主程序调用的各子程序及各宏程序来说,可以公用的,也可以人工赋值。华中 HNC－21/22T 子程序嵌套调用的深度最多可以有 8 层,每一层子程序都有自己独立的局部变量,如表 5－2 所列。

表 5－2 局部变量功能表

变量号	功能	变量号	功能
#200~#249	0 层局部变量	#500~#549	6 层局部变量
#250~#299	1 层局部变量	#550~#599	7 层局部变量
#300~#349	2 层局部变量	#600~#699	刀具长度寄存器 H0~H99
#350~#399	3 层局部变量	#700~#799	刀具半径寄存器 D0~D99
#400~#449	4 层局部变量	#800~#899	刀具寿命寄存器
#450~#499	5 层局部变量		

③ 系统变量:#1000~#1199,系统变量是指有固定用途的变量,它的值决定系统的状态。系统变量包括刀具偏置变量、接口的输入、输出信号变量、位置信号变量等。它能获取包含在机床处理器或 NC 内存中的只读或读写信息,包括与机床处理器有关的交换参数、机床状态获取参数、加工参数等系统信息,如表 5－3 所列。

表 5－3 华中 HNC－21/22T 系统的系统变量功能表

功能	变量号	功能	变量号
#1000~#1008	机床当前位置 XYZ,ABC,UVW	#1140~#1142	坐标变换代码
#1010~#1018	程编机床位置 XYZ,ABC,UVW	#1144	刀具长度补偿号

（续）

功能	变量号	功能	变量号
#1020 ~ #1028	程编工件位置 XYZ,ABC,UVW	#1145	刀具半径补偿号
#1030 ~ #1038	当前工件零点 XYZ,ABC,UVW	#1146 ~ #1147	当前平面轴
#1040 ~ #1048	G54 零点 XYZ,ABC,UVW	#1148	虚拟轴屏蔽字
#1050 ~ #1058	G55 零点 XYZ,ABC,UVW	#1149	进给速度指定
#1060 ~ #1068	G56 零点 XYZ,ABC,UVW	#1150 ~ #1169	G 代码模态值
#1070 ~ #1078	G57 零点 XYZ,ABC,UVW	#2000 ~ #2600	复合循环数据区
#1080 ~ #1088	G58 零点 XYZ,ABC,UVW	#2000	轮廓点数
#1090 ~ #1098	G59 零点 XYZ,ABC,UVW	#2001 ~ 2100	轮廓线类型(0:G00, 1:G01, 2:G02, 3:G03)
#1100 ~ #1108	中断点位置 XYZ,ABC,UVW	#2101 ~ 2200	轮廓点 *X*
#1110 ~ #1118	G28 中间点位置 XYZ,ABC,UVW	#2201 ~ 2300	轮廓点 *Z*
#1120 ~ #1128	镜像点位置 XYZ,ABC,UVW	#2301 ~ 2400	轮廓点 *R*
#1130 ~ #1133	旋转轴	#2401 ~ 2500	轮廓点 *I*
#1135 ~ #1139	缩放轴	#2501 ~ 2600	轮廓点 *J*

2）常量

类似于高级编程语言中的常量，有三个常量：PI 为圆周率 π；TRUE 为条件成立（真）；FALSE 为条件不成立（假）。

2. 运算符与表达式

（1）算术运算符：+，-，*，/。

（2）条件运算符：EQ 表示等于，NE 表示不等于，GT 表示大于，GE 表示大于等于，LT 表示小于，LE 表示小于等于。

（3）逻辑运算符：AND 表示与，OR 表示或，NOT 表示非。

（4）函数：SIN[ ]表示正弦，COS[ ]表示余弦，TAN[ ]表示正切，ATAN[ ]表示反正切（-90°~90°），ATAN2[ ] 表示反正切[ ]（-180°~180°），ABS[ ]表示绝对值，INT[ ]表示取整，SIGN[ ]表示取符号，SQRT[ ]表示平方根，EXP[ ]表示指数。其中三角函数的单位是弧度。

（5）表达式：用运算符连接起来的常数和宏变量构成表达式。

例如：175/SQRT[2] * COS[55 * PI/180]；#3 * 6 GT 14；

3. 语句表达式

在华中数控系统的语句表达式有三种。

1）赋值语句

格式：宏变量 = 常数或表达式

把常数或表达式的值送给一个宏变量称为赋值。

例如：#2 = 175/SQRT[2] * COS[55 * PI/180] + #10；

　　#3 = 124.0；

2）条件判别语句 IF, ELSE,ENDIF

格式 1：IF 条件表达式

```
    …
    ELSE
    …
    ENDIF
```

格式 2：IF 条件表达式

```
    …
    ENDIF
```

例如：

```
IF#1 GT 10;
G00 G90;
Z100.0;
ELSE;
G00 G90;
Z200.0;
ENDIF;
```

说明：当#1 大于 10，则执行“G00 G90 Z100.0”，否则执行“G00 G90 Z200.0”。

3）循环语句 WHILE,ENDW

格式：WHILE 条件表达式

```
    …
    ENDW
```

例如：

```
#3 =1;
WHILE#3 LT 4;
G01 G91 X20.0 Y20.0;
#3 =#3 +1;
ENDW;
```

说明：#3 的初值为 0，当#3 小于 4 的条件满足时执行“G01 G91 X20.0 Y20.0”，当#3 的值不满足条件时跳出循环体。

4. 编程实例

本节将对图 5－1、图 5－2 和图 5－3 用华中 HNC－21/22T 系统进行宏程序编程，为有利于比较分析不同数控系统编程的相同与不同之处，后面的章节介绍的 FANUC 0i，SIEMENS 802D 系统采用此实例对进行宏程序编程。车床与铣床的宏程序语言及内容基本相同，只是在车床上要注意是直径编程。

（1）用宏程序编制如图 5－1 所示抛物线 $Z = 32 - X^2/8$ 的加工程序。

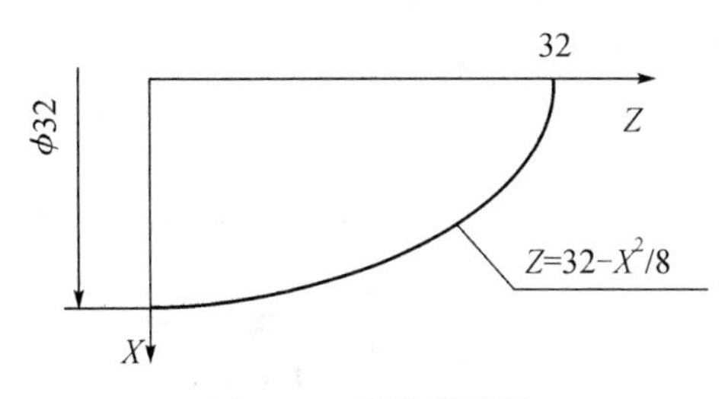

图 5-1　抛物线零件

抛物线零件程序如表 5-4 所列。

表 5-4　抛物线零件宏程序

程序	注释
%0301;	程序号
#10 =0;	X 坐标赋初值 0(直径编程)
#11 =0;	Z 坐标赋初值 0
T0101;	选用 1 号刀具及刀补
M03 S600;	主轴以 600r/min 正转
G00 X0 Z34;	快速定位
WHILE#10 LE 32;	以抛物线 X 坐标变化为条件的循环开始
G90G64 G01 X[#10] Z[#11] F500;	用小直线段逼近抛物线
#10 = #10 +0.32;	计算各小段抛物线 X 坐标
#9 = #10/2;	计算 X 坐标的半径值
#11 =32 - [#9 * #9/8];	计算各小段抛物线 Z 坐标
ENDW;	循环结束
G00 X80 Z100;	退刀
M05;	主轴停转
M30;	程序结束

（2）用宏程序编制如图 5-2 所示椭圆部分的精加工程序。

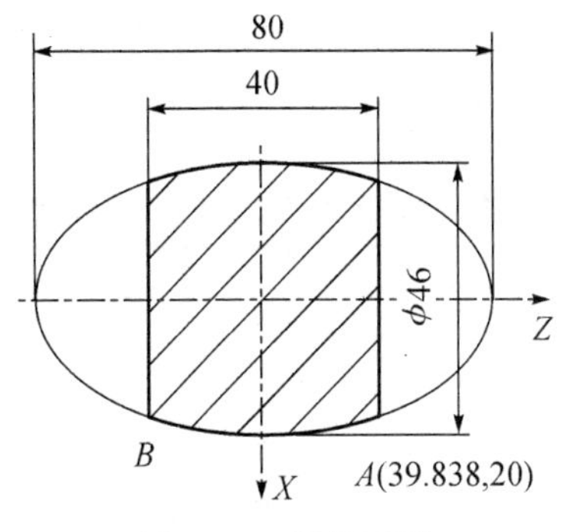

图 5-2　椭圆零件

椭圆零件程序如表 5-5 所列。

表 5-5　椭圆零件宏程序

程序	注释
%0302;	程序号
#1 =60;	A 点的角度
#2 =0;	X 坐标赋初值 0(直径编程)
#3 =0;	Z 坐标赋初值 0
T0101;	选用 1 号刀具及刀补
M03 S800;	主轴以 800r/min 正转
G00 X39 Z22;	快速定位
WHILE#1 LE 120;	120 是通过计算得来的 B 点角度
#2 =2 * 23 * SIN[#1 * PI/180];	计算各小段椭圆 X 坐标
#3 =40 * COS[#1 * PI/180];	计算各小段椭圆 Z 坐标
G64 G01 X[#2] Z[#3] F100;	用小直线段逼近椭圆
#1 = #1 +1;	计算各小段椭圆的角度
ENDW;	循环结束
G00 X100;	退刀
Z100 M05;	主轴停转
M30;	程序结束

(3) 用宏程序编制如图 5-3 所示抛物线、椭圆两种组合构成轮廓的数控车削精加工程序。

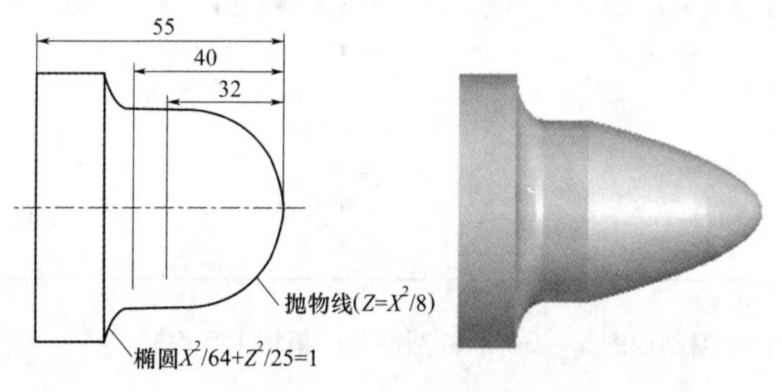

图 5-3　方程曲线零件轮廓图

数控车削的精加工程序如表 5-6 所列。

表 5-6　方程曲线零件轮廓宏程序

程序	注释
%0303;	程序号
T0101;	选用 1 号刀具及刀补
S700 M03;	主轴以 700r/min 正转
M08;	切削液开
G00 X0 Z2;	快速定位
G01 Z0 F100;	直线插补到加工起点
#1 =0;	抛物线起点 X 坐标值
#2 =0;	抛物线起点 Z 坐标值

（续）

程序	注释
#3 =0;	椭圆起点 X 方向增量值
#4 =0;	椭圆起点 Z 方向增量值
WHILE #2 LE 32;	以抛物线 Z 坐标变化为条件的循环开始
G01 X[2 * #1] Z[- #2];	用小直线段逼近抛物线
#1 = #1 +0.1;	计算各小段抛物线 X 坐标
#2 = #1 * #1/8;	计算各小段抛物线 Z 坐标
ENDW;	循环结束
G01 X32 Z -32;	到达抛物线终点
Z -40;	到达直线终点
WHILE #4 LE 5;	以椭圆 Z 坐标变化为条件的循环开始
#3 = [8/5] * SQRT[25 - #4 * #4];	以椭圆中心为原点的 X 坐标函数表达式
#5 =32 +2 * [8 - #3];	椭圆 X 坐标函数表达式
G01 X[#5] Z[-40 - #4];	用小直线段逼近椭圆
#4 = #4 +0.1;	确定椭圆 Z 方向的增量
ENDW;	循环结束
G01 X48 Z -45;	到达椭圆终点
U5;	径向退刀
M09;	切削液关
G00 X100 Z150;	到换刀点
M05;	主轴停转
M30;	程序结束

5.3.2 数控铣床华中 HNC－21/22T 宏程序编程

本节将对图 5－4、图 5－5 和图 5－6 用华中 HNC－21/22T 系统进行宏程序编程，为有利于比较分析不同数控系统编程的相同与不同之处，后面的章节介绍的 FANUC 0i 系统和 SIEMENS 802D 系统采用此实例对铣床进行宏程序编程。

（1）如图 5－4 所示工件，毛坯尺寸 80mm × 60mm × 25mm，用宏程序编写其加工程序。

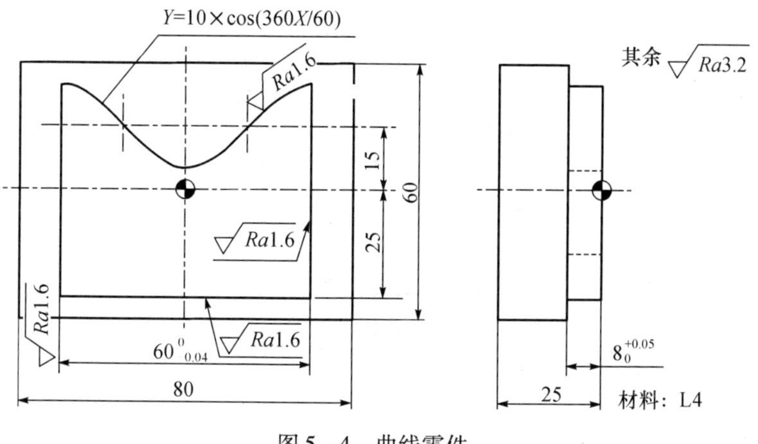

图 5－4　曲线零件

曲线零件宏程序如表 5 - 7 所列。

表 5 - 7　曲线零件宏程序

程序	注释
%0304;	程序号
G90 G94 G21 G17 G40 G54;	建立坐标系
G91 G28 Z0;	返回程序零点
G90 G00 X-50.0 Y-40.0;	
Z20.0;	
M03 S500;	主轴以 500r/min 正转
G01 Z-8.0 F100;	
G41 G01 X-30.0 Y-40.0;	
#100 = 0.0;	X 长度赋初值
WHILE #100 LE60.0;	以 X 长度作为条件进行循环
#101 = #100 -30.0;	X 值计算
#102 = 15.0 + 10.0 * COS[#100*6.0*PI/180.0];	Y 值计算
G01 X#101 Y#102;	用小直线段逼近曲线
#100 = #100 + 1.0;	X 长度增加
ENDW;	循环结束
G01 Y-25.0;	
X-50.0;	
G40 G01 X-50.0 Y-40.0;	
M05;	主轴停转
M30;	程序结束

（2）在如图 5 - 5 所示 100mm × 100mm × 80mm 的合金铝锭毛坯上加工出五边形凸台，其中五边形外接圆直径为 80mm，用宏程序编写其加工程序。

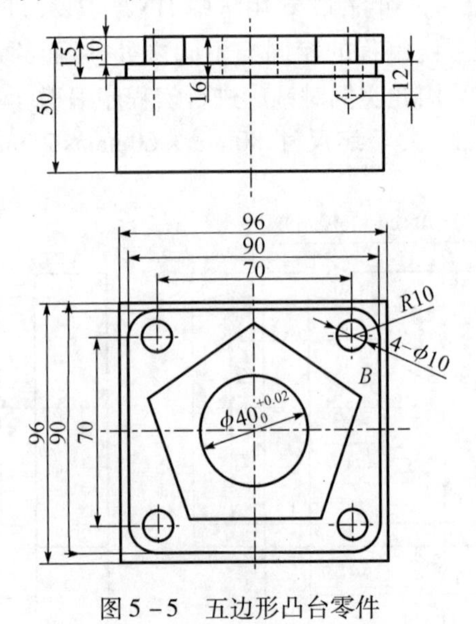

图 5 - 5　五边形凸台零件

五边形凸台零件的宏程序如表 5 - 8 所列。

表 5-8 五边形凸台零件宏程序

程序	注释
%0305;	程序号
G54 G90 G00 Z40;	建立坐标系
X70 Y20 M08;	切削液开
T0101;	选用1号刀具及刀补
M03 S800;	主轴以800r/min 正转
G43 Z3 H01;	正向刀具长度补偿
G01 Z-5 F100;	
#3 =18;	18 是通过计算得来的 *B* 点角度
IF#3 LT 360;	循环开始
#1 =80 * COS[#3 * PI/180.0];	计算各小段直线 *X* 坐标
#2 =80 * SIN[#3 * PI/180.0];	计算各小段直线 *Y* 坐标
G41 X#1 Y#2 D01;	
#3 = #3 +72;	计算各五边形顶点的角度
ENDIF;	循环结束
G40 X70 Y70;	
Z40 M05;	
M30;	

(3) 如图 5-6 所示工件,毛坯尺寸 100mm × 40mm × 10mm,用宏程序编写其加工程序。

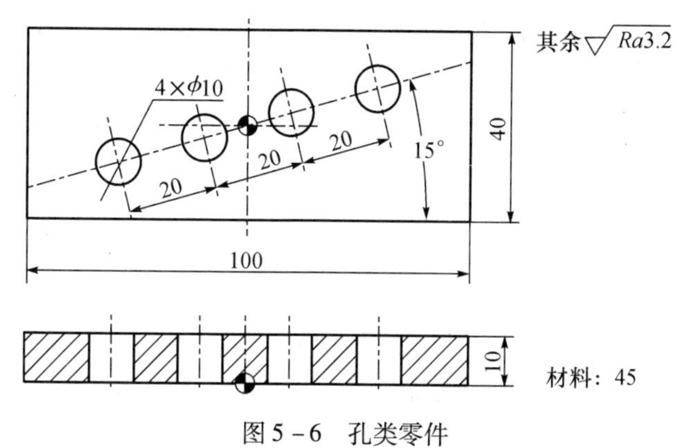

图 5-6 孔类零件

孔类零件的宏程序如表 5-9 所列。

表 5-9 孔类零件宏程序

程序	注释
%0306;	
G90 G94 G21 G17 G40 G54;	建立坐标系
G91 G28 Z0;	
G90 G00 X40.0 Y40.0;	
Z20.0 M08;	
M03 S500;	
#100 = -30.0;	长度赋初值

（续）

程序	注释
WHILE #100 LE 40.0;	循环开始
#101 = #100 * COS[15.0 * PI/180.0];	孔中心的 X 坐标
#102 = #100 * SIN[15.0 * PI/180.0];	孔中心的 Y 坐标
G81 X#101 Y#102 Z-15.0 R5.0 F100;	钻孔加工
#100 = #100 + 20.0;	长度每次增加 20mm
ENDW;	循环结束
G80 M09;	取消钻孔固定循环
M05;	主轴停转
M30;	程序结束

5.4 FANUC 0i 系统宏程序编程

FANUC 0i 系统提供两种用户宏程序，即 A 类宏程序和 B 类宏程序。A 类宏程序是以 G65 H×× P#×× Q#×× R#××或 G65 H×× P#×× Q×× R××格式输入，而 B 类宏程序是以直接的公式和语言输入，在 FANUC 0i 系统中应用比较广。A 类宏程序编译的加工程序主体比较简单，但需记忆较多的宏指令，程序的可读性差。B 类宏程序具有较好的可读性，且只需记忆较少的指令代码。由于在一些老系统如 FANUC 0M/0T 系统中，由于它的 MDI 键盘上没有公式符号，为此如果应用 B 类宏程序，就只能在计算机上编好再通过接口传输到数控系统中，可是如果没有计算机和电缆，就只有通过 A 类宏程序来进行宏程序编制，现在绝大部分的 FANUC 系统都支持用户宏程序 B。本节介绍 A 类宏程序的编程方法。

5.4.1 A 类宏程序[6]

1. 变量

(1) 变量的表示：变量可以用#i(i=1,2,3,…) 表示，例如：#5，#109，#501。

(2) 变量的引用：用变量可以代替地址后的数值，即引入了变量。格式：<地址> #i，或者<地址> -#i。

例如：X#101，当 X#101 = 10 时，与 X10 指令是一样的；Z-#100，当#100 = 20 时，与 Z-20指令是一样的。

(3) 变量的类型：分为局部变量、公共变量和系统变量。

① 局部变量：#1~#33，是在 A 类宏程序中局部使用的变量。

② 公共变量：#100~#131；#500~#531。其中#100~#131 公共变量在电源断电后即清零，重新开机时被设置为“0”；#500~#531 公共变量即使断电后，它们的值也保持不变，因此也称为保持型变量。

③ 系统变量：用于读写当前机床系统的状态。如刀具偏置，位置信息等。系统变量的序号与系统的某种状态有严格的对应关系。接口输入信号#1000~#1015。通过阅读这些系统变量，可以知道各输入口的情况。当变量值为“1”时，说明接点闭合；当变量值为

"0"时,表明接点断开,这些变量的数值不能被替换。

2. 用户宏程序格式与调用

1) 宏程序格式

用户A类宏程序本体的编写格式与子程序的格式相同,由程序号及后面的4位数字组成,以M99指令作为程序结束标记。在用户宏程序本体中,可以使用普通的NC指令,采用变量的NC指令、运算指令和控制指令。格式如下:

O××××;

…

…

…

N 10　M99

2) A类宏程序的调用

调用有两种形式:一种与子程序调用方法相同,即用M98进行调用,另一种指令用G65调用,如下所示:G65 P0006 L5 X100 Y100 Z-30。

上述程序段为A类宏程序的简单调用格式,其含义为,调用A类宏程序号为0006的A类宏程序运行5次,并为A类宏程序中的变量赋值,其中:#10为100,#20为100,#21为-30。

3. 宏指令G65[7]

宏指令G65可以实现丰富的宏功能,包括算术运算、逻辑运算、三角函数和控制类等处理功能。

一般格式:G65　Hm　P#i　Q#j R#k

其中: m为数值范围01~99,表示运算命令或转移命令功能,即宏指令功能;#i为运算结果存放处的变量名;#j为被运算操作的第一个变量,也可以是一个常数值;#k为被运算操作的第二个变量,也可以是一个常数值。

4. 宏功能指令

编写A类宏程序时,用到了Hm等宏功能指令。

1) 运算指令

各运算宏功能指令代码定义及格式如表5-10~表5-12所列。

例如:G65 H01 P#101 Q#102,指令含义: #101 = -#102,把#102内的数值赋予到#101中。

例如:G65 H02 P#101 Q#102 R#103,指令含义:#101 = #102 + #103,将变量#102所代表的数值与变量#103所代表的数值相加结果赋给变量#101。

表5-10　算术运算宏功能指令

H码	功能	定义	格式	举例
H01	变量的定义和替换	#i = #j	G65 H01 P#i Q#j	G65 H01 P#101 Q-#102; 即#101 = -#112
H02	加法	#i = #j + #k	G65 H02 P#i Q#j R#k	G65 H02 P#101 Q#102 R#103;即#101 = #102 + #103

（续）

H码	功能	定义	格式	举例
H03	减法	#i = #j − #k	G65 H03 P#i Q#j R#k	G65 H03 P#101 Q#102 R#103；即#101 = #102 − #103
H04	乘法	#i = #j × #k	G65 H04 P#i Q#j R#k	G65 H04 P#101 Q#102 R#103；即#101 = #102 × #103
H05	除法	#i = #j / #k	G65 H05 P#i Q#j R#k	G65 H05 P#101 Q#102 R#103；即#101 = #102/#103
H21	平方根	$\#i = \sqrt{\#j}$	G65 H21 P#i Q#j	G65 H21 P#101 Q#102；即$\#101 = \sqrt{\#102}$
H22	绝对值	#i = ｜#j｜	G65 H22 P#i Q#j	G65 H22 P#101 Q#102；即#101 = ｜#102｜
H23	求余	#i = #j − trunc（#j / #k）· #k	G65 H23 P#i Q#j R#k	G65 H23 P#101 Q#102 R#103；即#101 = #102 − trunc（#102 / #103）· #103
H24	BCD码→二进制码	#i = BID（#j）	G65 H24 P#i Q#j	G65 H24 P#101 Q#102；即#101 = BID（#j）
H25	二进制码→BCD码	#i = BCD（#j）	G65 H25 P#i Q#j	G65 H25 P#101 Q#102；即#101 = BCD（#j）
H26	复合乘除	#i = （#i × #j）÷ #k	G65 H26 P#i Q#j R#k	G65 H26 P#101 Q#102 R#103；即#101 = （#101 × #102）÷ #103
H27	复合平方根1	$\#i = \sqrt{\#j^2 + \#k^2}$	G65 H27 P#i Q#j R#k	G65 H27 P#101 Q#102 R#103；即$\#101 = \sqrt{\#102^2 + \#103^2}$
H28	复合平方根2	$\#i = \sqrt{\#j^2 - \#k^2}$	G65 H28 P#i Q#j R#k	G65 H28 P#101 Q#102 R#103；即$\#101 = \sqrt{\#102^2 - \#103^2}$

表5－11　逻辑运算宏功能指令

H码	功能	定义	格式	举例
H11	逻辑或	#i = #j OR #k	G65 H11 P#i Q#j R#k	G65 H11 P#101 Q#102 R#103；即#101 = #102 OR #103
H12	逻辑与	#i = #j AND #k	G65 H12 P#i Q#j R#k	G65 H12 P#101 Q#102 R#103；即#101 = #102 AND #103
H13	异或	#i = #j XOR #k	G65 H11 P#i Q#j R#k	G65 H13 P#101 Q#102 R#103；即#101 = #102 XOR #103

表 5－12　三角函数宏功能指令

H 码	功能	定义	格式	举例
H31	正弦函数	#i = #j × SIN(#k)	G65 H31 P#i Q#j R#k（单位:度）	G65 H31 P#101 Q#102 R#103;即 #101 = #102 × SIN(#103)
H32	余弦函数	#i = #j × COS(#k)	G65 H32 P#i Q#j R#k（单位:度）	G65 H32 P#101 Q#102 R#103;即 #101 = #102 × COS(#103)
H33	正切函数	#i = #j × TAN#k	G65 H33 P#i Q#j R#k（单位:度）	G65 H33 P#101 Q#102 R#103;即 #101 = #102 × TAN(#103)
H34	反正切	#i = ATAN(#j/#k)	G65 H34 P#i Q#j R#k（单位:度,0° ≤ #j ≤ 360°）	G65 H34 P#101 Q#102 R#103;即 #101 = ATAN(#102/#103)

2）转移指令

G65　H80(H81,H82,H83,H84,H85,H86)… ,其宏功能转移指令定义与格式如表 5－13所列。

如条件转移 1 格式:G65 H81 Pn Q#j R#k（n 为程序段号）。

例如:G65 H81 P1000 Q#101 R#102 ,指令含义:当#101 = #102,转移到 N1000 程序段;若#101 ≠ #102,执行下一程序段。

表 5－13　控制类宏功能指令

H 码	功能	定义	格式	举例
H80	无条件转移	GOTO n	G65 H80 Pn（n 为程序段号）	G65 H80 P120;转移到 N120
H81	条件转移 1	IF #j = #k GOTO n	G65 H81 Pn Q#j R#k（n 为程序段号）	G65 H81 P1000 Q#101 R#102 当#101 = #102,转移到 N1000 程序段;若#101 ≠ #102,执行下一程序段
H82	条件转移 2	IF #j ≠ #k GOTO n	G65 H82 Pn Q#j R#k（n 为程序段号）	G65 H82 P1000 Q#101 R#102 当#101 ≠ #102,转移到 N1000 程序段;若#101 = #102,执行下一程序段
H83	条件转移 3	IF #j > #k GOTO n	G65 H83 Pn Q#j R#k（n 为程序段号）	G65 H83 P1000 Q#101 R#102 当#101 > #102,转移到 N1000 程序段;若#101 ≤ #102,执行下一程序段
H84	条件转移 4	IF #j < #k GOTO n	G65 H84 Pn Q#j R#k（n 为程序段号）	G65 H84 P1000 Q#101 R#102 当#101 < #102,转移到 N1000;若#101 ≥ #102,执行下一程序段
H85	条件转移 5	IF #j ≥ #k() GOTO n	G65 H85 Pn Q#j R#k（n 为程序段号）	G65 H85 P1000 Q#101 R#102 当#101 ≥ #102,转移到 N1000;若#101 < #102,执行下一程序段
H86	条件转移 6	IF #j ≤ #k GOTO n	G65 H86 Pn Q#j Q#k（n 为程序段号）	G65 H86 P1000 Q#101 R#102 当#101 ≤ #102,转移到 N1000;若#101 > #102,执行下一程序段

5. 使用注意

在使用用户宏程序的过程中,应注意以下几点:

(1) 由 G65 规定的 H 码不影响偏移量的任何选择;

(2) 如果用于各算术运算的 Q 或 R 未被指定,则作为 0 处理;

(3) 在分支转移目标地址中,如果序号为正值,则检索过程先向大程序号查找,如果序号为负值,则检索过程先向小程序号查找。

(4) 转移目标序号可以是变量。

6. 编程实例[8]

用宏程序和子程序功能顺序加工圆周等分孔。设圆心在 O 点,它在机床坐标系中的坐标为(X0,Y0),在半径为 r 的圆周上均匀地钻几个等分孔,起始角度为 α,孔数为 n。以零件上表面为 Z 向零点。

使用以下保持型变量:

#502:半径 r;

#503:起始角度 α;

#504:孔数 n,当 $n>0$ 时,按逆时针方向加工,当 $n<0$ 时,按顺时针方向加工;

#505:孔底 Z 坐标值;

#506:R 平面 Z 坐标值;

#507:F 进给量。

使用以下变量进行操作运算:

#100:表示第 i 步钻第 i 孔的计数器;

#101:计数器的最终值(为 n 的绝对值);

#102:第 i 个孔的角度位置 θ_i 的值;

#103:第 i 个孔的 X 坐标值;

#104:第 i 个孔的 Y 坐标值;

用户宏程序编制的钻孔子程序如表 5 - 14 所列。

表 5 - 14 钻孔子程序

程序	注释
O9010	
N110 G65 H01 P#100 Q0	#100 = 0
N120 G65 H22 P#101 Q#504	#101 = |#504|
N130 G65 H04 P#102 Q#100 R360	#102 = #100 × 360°
N140 G65 H05 P#102 Q#102 R#504	#102 = #102 / #504
N150 G65 H02 P#102 Q#503 R#102	#102 = #503 + #102,当前孔角度位置 $\theta_i=\alpha+(360°\times i)/n$
N160 G65 H32 P#103 Q#502 R#102	#103 = #502 × COS(#102)当前孔的 X 坐标
N170 G65 H31 P#104 Q#502 R#102	#104 = #502 × SIN(#102) 当前孔的 Y 坐标
N180 G90 G00 X#103 Y#104	定位到当前孔(返回开始平面)
N190 G00 Z#506	快速进到 R 平面
N200 G01 Z#505 F#507	加工当前孔
N210 G00 Z#506	快速退到 R 平面
N220 G65 H02 P#100 Q#100 R1	#100 = #100 + 1 孔计数
N230 G65 H84 P - 130 Q#100 R#101	当#100 < #101 时,向上返回到 130 程序段
N240 M99	子程序结束

其钻孔主程序如表 5－15 所列。

表 5－15　钻孔主程序

程序	注释
O0010	
N10 G54 G90 G00 X0 Y0 Z20	进入加工坐标系
N20 M98 P9010	调用钻孔子程序，加工圆周等分孔
N30 Z20	抬刀
N40 G00 G90 X0 Y0	返回加工坐标系零点
N50 M30	程序结束
	设置 G54：$X = -400, Y = -100, Z = -50$
	变量#500～#507 可在程序中赋值，也可由 MDI 方式设定

5.4.2　B 类宏程序[9－11]

1. 变量

普通加工程序直接用数值指定 G 代码和移动距离，例如，G01 X100.0。使用用户宏程序时，数值可以直接指定，也可以用变量指定。当用变量时，变量值可用程序或用 MDI 面板上的操作改变。B 类宏程序的变量与 A 类宏程序的变量基本相似。

（1）变量的表示：变量符号（#）＋变量号，例#10，#1005。

变量号还可以用表达式表示，但表达式必须用方括号“[ ]”括起来。#后接数字或表达式。

例：　#1、#100、#[#4/2]　（变量符号＋变量号或表达式）

例：　#[#1＋#2＋10]

当#1＝10，#2＝100 时，该变量表示#120。

例：G01 X[#100－30.0] Y－ #101 F[#101＋#103]；

当#100＝100 时，#101＝50，#103＝80 时，上式即表示为 G01 X70.0 Y－50.0 F130；

可在程序段结尾加注释说明变量内容，需用括号封闭，例#2＝1（TOOL NUMBER）。

（2）变量的类型：B 类与 A 类宏程序的变量类型相同，如表 5－16 所列。

表 5－16　变量类型

变量号	变量类型	用途
#0	空变量	该变量总是空，没有值能赋给该变量
#1～#33	局部变量	局部变量只能用在宏程序中存储数据，当断电时，数据初始化。调用宏程序时，自变量对局部变量赋值
#100～#199 #500～#999	公共变量	公共变量在不同的宏程序中意义相同，各宏程序公用。断电时，#100～#199 初始化为空，#500～#999 数据保存，即使断电也不丢失
#1000 及以上	系统变量	系统变量用于读和写 CNC 运行时各种数据的变化，如刀具的当前位置和补偿值等

（3）变量的范围：局部变量和公共变量可以有：正值（$+10^{-29}$～$+10^{47}$），0，负值（-10^{-29}～-10^{47}）。如果计算结果超出范围，则发出 P/S 报警 NO.111。

(4) 变量的使用。

① 变量的引用,跟在地址等(O,N,G,L,P 除外)后的数值可用变量来代替。

例如:G01 X#101 Y#102 F#103;

当#101 = -60.0 #102 =0 #103 =100 时,执行结果为 G01 X-60.0 Y0 F100。

② 小数点的省略,当在程序中定义变量值时,小数点可以省略。

例如:当定义#1 =123,变量#1 的实际值是 123.000。

③ 用表达式指定变量时,必须使用"[ ]"。

例如:G01 X[#11 + #22] F#33。

④ 把变量用于地址数据的时候,被引用变量的值根据地址的最小设定单位自动舍入。

例如:G01 X#4;

当#4 =12.34567, 实际上执行结果#4 =12.346 。

⑤ 改变引用变量的符号,要把负号放在"#"的前面。例如:G00 X-#10。

⑥ 当变量值未定义时,这样的变量成为空变量,变量#0 总是空变量,它不能写,只能读。当引用一个未定义的变量时,变量及地址都被忽略。

例如:G01 X#11 Y#22;

当#11 =0, #22 为空值时,实际为 G01 X0。

⑦ 程序号、顺序号和任选程序段跳号不能使用变量。

2. 运算指令

B 类宏程序的运算指令与 A 类宏程序的运算指令有很大区别,它的运算类似于数学运算,用各种数学符号来表示。宏程序具有赋值、算术运算、函数运算、逻辑运算等功能。常用运算指令见表 5-17,运算符右边的表达式可包含常量和(或)由函数或运算符组成的变量。表达式中的变量#j 和#k 可以用常数赋值。运算符左边的变量也可以用表达式赋值。

表 5-17 运算指令表

No	名称	格式	意义	实例
1	定义转换	#i = #j	定义、转换	#102 = #10 #20 = 500
2	加法形演算	#i = #j + #k #i = #j - #k	和 差	#5 = #10 + #102 #8 = #3 + 100
3	乘法形演算	#i = #j * #k #i = #j/#k #i = #jAND#k #i = #jMOD#k	积 商 逻辑乘 取余	#120 = #1 * #24 #20 = #7 * 360 #104 = #8/#7 #110 = #21/12 #116 = #10AND#11 #20 = #8MOD#2
4	三角函数运算	#i = SIN[#j] #i = COS[#j] #i = TAN[#j] #i = ASIN[#j] #i = ACOS[#j] #i = ATAN[#j] #i = SQRT[#j]	正弦 余弦 正切 反正弦 反余弦 反正切 平方根	#10 = SIN[#5] #133 = COS[#20] #130 = TAN[#2] #132 = ASIN[#2] #121 = ACOS[#3] #120 = ATAN[#5] #131 = SQRT[#10]

（续）

No	名称	格式	意义	实例
5	数据处理	#i = ABS[#j] #i = ROUND[#j] #i = FIX[#j] #i = FUP[#j]	绝对值 四舍五入整数化 小数点以下舍去 小数点以下进位	#5 = ABS[#102] #112 = ROUND[#23] #115 = FIX[#109] #114 = FUP[#33]
6	逻辑运算	#i = #jOR#k #i = #jAND#k #i = #jXOR#k	逻辑或 与 异或	#20 = #3OR#8 #20 = #3AND#8 #12 = #5XOR#25
7	其他函数	#i = LN[#j] #i = EXP[#j] #i = BIN[#j] #i = BCD[#j]	自然对数 指数函数 BCD→BIN BIN→BCD	#3 = LN[#100] #7 = EXP[#9]

宏程序计算说明如下：

(1) 函数 SIN,COS 等的角度单位是度,分和秒要换算成带小数点的度。如 30°18′表示 30.3°。

(2) 宏程序数学运算计算的次序依次为:函数运算(SIN,COS,ATAN 等),乘和除运算(* ,/,AND 等),加和减运算(+ , - ,OR,XOR 等)。例 #1 = #2 + #3 * SIN[#4]。

(3) 函数中的括号[ ]用于改变运算次序,括号中的运算将优先进行,函数中的括号允许嵌套使用,但最多只允许嵌套 5 层。例 #1 = SIN[[[#2 + #3] * 4 + #5] / #6]。

(4) CNC 处理数值取整运算时,若操作产生的整数大于原数时为上取整,反之则为下取整。例设#1 = 1.2,#2 = -1.2。当 执行#3 = FUP[#1]时,2.0 赋给#3;执行#3 = FIX[#1]时,1.0 赋给#3;当执行#3 = FUP[#2]时, -2.0 赋给#3; 执行#3 = FIX[#2]时, -1.0 赋给#3。

(5) 用函数名前面的两个字母来指定该函数 ROUND→RO,FIX→FI。

3. 分支和循环控制语句

在一个程序中,控制流程可以用 GOTO,IF 语句改变,有三种分支循环语句如下。

1) 无条件转移语句

格式: GOTO n;

其中:n 为程序段号(1 ~99999),n 也可用变量或表达式来代替。

功能:转向程序的第 N 句。

当 n 指定 1 ~99999 之外的顺序号时,出现 P/S 报警 No.128。

例:GOTO 1000;

当执行该程序时,无条件转移到 N1000 程序段执行。

2) 条件转移语句

格式:IF[条件表达式] GOTO n;

含义:

(1) 在 IF 后面指定一个条件表达式,如果条件满足,则执行程序段号为 n 的相应操作;如果条件表达式中的条件未满足,则执行下个程序段,程序段号 n 可以由变量或表达式替代。

(2) 条件表达式必须包括运算符,运算符插在两个变量中间或变量和常数中间,并且用括号([ ])封闭。表达式可以替代变量。

(3) 运算符由 2 个字母组成,用于两个值的比较,以决定它们是相等还是一个值小于或大于另一个值。表达式符号包括 EQ(=)、NE(≠)、GT(>)、LT(<)、GE(≥)、LE(≤)。

例如:

```
IF[#1 GT 10] GOTO N50
…
N50 G00 G90 Z100.0
```

说明:当#1 大于 10 时,跳转到行号为 N50 的程序段。

3) 循环语句

格式:

```
WHILE[条件表达式] DO m;
…
END m;
```

含义:

(1) 条件表达式满足时,就循环执行 DO 与 END 之间的程序段 *m* 次;条件表达式不满足时,程序转到 END m 的下一个程序段执行。

(2) 如果 WHILE [条件表达式]部分被省略,则程序段 DO m 至 END m 之间的部分将一直重复执行;

例如:

```
#3 =1;
WHILE[#3 LT 4] DO 2;
G01 G91 X20.0 Y20.0;
#3 = #3 +1;
END 2;
```

说明:#3 的初值为 0,当#3 小于 4 的条件满足时执行。当#3 的值不满足条件时跳出循环体。

注意:

(1) WHILE DO m 和 END m 必须成对使用;

(2) *m* 只能在 1,2,3 中取值,否则出现报警。

(3) 循环嵌套层数最多 3 级。

```
WHILE[…] DO 1;
  …
  WHILE[…] DO 2;
    …
    WHILE[…] DO 3;
      …
```

```
    END 3;
  END 2;
END 1;
```

(4) DO 语句范围不允许交叉,如下语句的书写格式是错误的。

```
WHILE[…] DO 1;
    …
WHILE[…] DO 2;
    …
END 1;
    …
END 2;
```

(5) 控制可以转到循环的外边。

```
WHILE[…] DO 1;
    …
IF[…] GOTO n;
END 1;
Nn;
```

(6) 转移不能进入循环区。

```
IF[…] GOTO n;
      …
WHILE[…] DO 1;
      …
Nn;
END 1;
```

例:下面的程序计算数值 1~10 的总和。

```
O0001;
#1 =0;
#2 =1;
WHILE[#2LE10] DO 1;
#1 =#1 +#2;
#2 =#2 +1;
END 1;
M30;
```

4. 宏程序的调用[12]

可以用下列方式调用宏程序:非模态调用(G65),模态调用(G66,G67),用 G 代码调用宏程序,用 M 代码调用宏程序 ,用 M 代码调用子程序,用 T 代码调用子程序。

1) 非模态调用(G65)

格式:G65 Pp Ll〈自变量赋值〉;

其中:p 为要调用的程序号;

l:调用次数(默认为 1);

自变量:传递给宏程序的数据;通过使用自变量表赋值,其值被赋值到相应的局部变量。

功能:当指定 G65 时,以地址 P 指定的用户宏程序被调用 *L* 次,自变量的数据能传递到用户宏程序中。

说明:

(1) 在 G65 之后,用地址 P 指定用户宏程序的程序号。

(2) 当要求重复时,在地址 L 后指定从 1 ~9999 的重复次数,省略 *L* 值时,认为 *L* 等于 1。

(3) 自变量赋值分为自变量赋值Ⅰ和自变量赋值Ⅱ两类。

例:G65 P8000 L2 A10. B2.;

调用 2 次程序号 8000,经自变量 A 传递给宏程序#1 =10,自变量 B 传递到宏程序#2 =2。

① 自变量赋值Ⅰ。

使用字母 A ~Z 后加数值来赋值,但 G,L,O,N 和 P 的字母除外,如表 5 -18 所列,每个字母只能指定一次,地址不需要按字母顺序指定,但应符合字地址的格式,但是 I,J 和 K 需要按字母顺序指定。不需要指定的地址可以省略,对应于省略地址的局部变量设为空。

例:G65P0030 A50.0 I40.0 J100.0 K0 I20 J10.0 K40.0;

经赋值后#1 =50.0,#4 =40.0,#5 =100.0,#6 =0,#7 =20.0,#8 =10.0,#9 =40.0。

例:G65 P0020 A50.0 X40.0 F100 ;

经赋值后#1 =50.0,#24 =40.0,#9 =100.0。

表 5 -18 自变量赋值Ⅰ

地址	变量号	地址	变量号	地址	变量号
A	#1	E	#8	T	#20
B	#2	F	#9	U	#21
C	#3	H	#11	V	#22
I	#4	M	#13	W	#23
J	#5	Q	#17	X	#24
K	#6	R	#18	Y	#25
D	#7	S	#19	Z	#26

② 自变量赋值Ⅱ。

使用 A,B,C(一次),也可使用 I,J 和 K(最多十次),如表 5 -19 所列。I,J 和 K 的下标代表自变量赋值的顺序,在实际编程中不写。自变量赋值Ⅱ可用于传递诸如三维坐标值的变量。根据使用的字母,自动确定自变量的类型。

表 5 -19 自变量赋值Ⅱ

地址	变量号	地址	变量号	地址	变量号
A	#1	K_3	#12	J_7	#23
B	#2	I_4	#13	K_7	#24
C	#3	J_4	#14	I_8	#25
I_1	#4	K_4	#15	J_8	#26

（续）

地址	变量号	地址	变量号	地址	变量号
J_1	#5	I_5	#16	K_8	#27
K_1	#6	J_5	#17	I_9	#28
I_2	#7	K_5	#18	J_9	#29
J_2	#8	I_6	#19	K_9	#30
K_2	#9	J_6	#20	I_{10}	#31
I_3	#10	K_6	#21	J_{10}	#32
J_3	#11	I_7	#22	K_{10}	#33

例:G65 P9999 A1.0 B1.3 C1.4 I100.0 J50.0 K30.0 I50.0 J30.0 K10.0 I40.0 J60.0 K30.0;

经赋值后,#1(A)=1.0,#2(B)=1.3,#3(C)=1.4,#4(I1)=100.0,#5(J1)=50.0,#6(K1)=30.0,#7(I2)=50.0,#8(J2)=30.0,#9(K2)=10.0,#10(I3)=40.0,#11(J3)=60.0,#12(K3)=30.0。

例:G65 P9999 J10.0 I20.0 K30.0 J40.0 I50.0;

经赋值后,#5(J1)=10.0,#7(I2)=20.0,#9(K2)=30.0,#11(J3)=40.0,#13(I4)=50.0。

如果变量的赋值方法Ⅰ和Ⅱ混合,则后指定的自变量赋值方法有效。

例:G65 P0030 A50.0 D40.0 I100.0 K0 I20.0 ;

经赋值后,I20.0 与 D40.0 同时分配给变量# 7,则后一个# 7 有效,所以变量# 7 = 20.0,其余同上。

2)模态调用(G66、G67)

格式:

G66 Pp Ll〈自变量赋值〉

…

G67;

其中:p 为要调用的程序号;“l”为调用次数(默认为 1);“自变量”为传递给宏程序的数据;与 G65 调用一样,通过使用自变量表,值被分配给相应的局部变量。

功能:当指定 G66 时,那么在以后的含有每一轴移动命令的段执行之后,以地址 P 指定的用户宏程序被调用,自变量的数据能传递到用户宏程序中,直到发出 G67 命令,该方式被取消。

说明:

(1)在 G66 之后,用地址 P 指定模态调用的程序号。

(2)当要求重复时,地址 L 后指定从 1 到 9999 的重复次数。

(3)与非模态调用(G65)相同,自变量指定的数据传递到宏程序体中。

(4)每一轴移动指令调用一次宏程序。

(5)指定 G67 代码时,其后面的程序段不再执行模态宏程序调用。

注意:

（1）最多可以嵌套含有非模态调用（G65）和模态调用（G66）的程序 4 级，不包括子程序调用（M98）。模调用期间可重复嵌套 G66。

（2）在 G66 程序段中，不能调用多个宏程序。

（3）G66 必须在自变量之前指定。

（4）在含有如辅助功能 M 码但无移动指令的程序段中，不能调用宏。

（5）局部变量（自变量）只能在 G66 程序段中指定，每次执行模态调用时，不再设定局部变量。

例 5-1

```
G66 P8000 L2 A10. B2.;
G00 G90 Z-10.;
X-5.;
G67;
```

即，一旦发出 G66 则指定模态调用，即指定沿移动轴移动的程序段段后调用宏程序。移动到 Z-10，调用 2 次程序号 8000，移动到 X-5，再调用 2 次程序号 8000。执行 G67，取消模态调用。

例 5-2

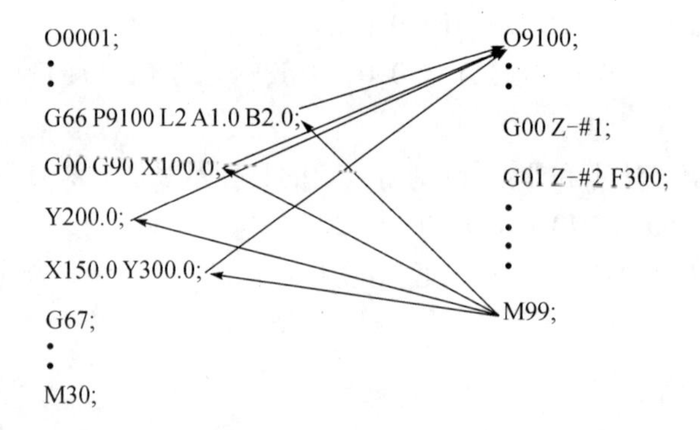

3）用 G 代码调用宏程序

G65　P9010　X100　Y20　R3　Z-20　F300

可写成 G 代码调用：G81　X100 Y20 R3 Z-20 F300；

（1）将宏程序调用指令 G65 P901×用 G△△代替。

（2）宏程序号 901×与 G△△之间的对应关系由参数指定，如表 5-20 所列，被 G 代码调用的程序号为 O9010 ~O9019，其参数号为 6050 ~6059。

（3）在被调用的宏程序中不能再使用 G，M 代码调用宏程序，程序体中的 G，M 代码作为普通的 G，M 代码处理。

表 5-20　G 代码程序号与参数号对应关系表

程序号	参数号
O9010	6050
O9011	6051
O9012	6052
O9013	6053

（续）

程序号	参数号
09014	6054
09015	6055
09016	6056
09017	6057
09018	6058
09019	6059

说明：

（1）在参数(NO.6050～NO.6059)中设置调用用户宏程序(09010～09019)的G代码号(1～9999)，调用户宏程序的方法与G65相同。例如，可将参数NO.6050设为81，使宏程序09010由G81调用，不用修改加工程序，就可以调用由用户宏程序编制的加工循环。

（2）自变量指定，与非模态调用一样，两种自变量指定是有效的，自变量指定Ⅰ和自变量指定Ⅱ，根据使用的地址自动地决定自变量的指定类型。

（3）使用G代码的宏调用的嵌套，在G代码调用的程序中，不能用一个G代码调用多个宏程序，这种程序中的G代码被处理为普通G代码，在用M或T代码作为子程序调用的程序中，不能用一个G代码调用多个宏程序，这种程序中的G代码也处理为普通G代码。

4）用M代码调用宏程序

在参数中设置调用宏程序的M代码，被M代码调用的程序号为O9010 ～O9019，其参数号为6050 ～6059，如表5－21所列，在参数(NO.6080～NO.6089)中设置调用用户宏程序(09021～09029)的M代码(1～99999999)，用户宏程序调用方法与G代码同样的方法调用。能用一个M代码调用多个宏程序，这种宏程序或程序中的M代码被处理为普通M代码。

表5－21　M代码参数号和程序号之间的对应关系表

程序号	参数号
09020	6080
09021	6081
09022	6082
09023	6083
09024	6084
09025	6085
09026	6086
09027	6087
09028	6088
09029	6089

5）用 M 代码调用子程序

M 指令调用 M98 P9001；可写成 M 代码调用子程序形式：M03

（1）将子程序调用指令 M98 P900 × 用 M△△来代替。宏程序号 900 × 与 M△△之间的对应关系由参数指定，如表 5－22 所列。如可将参数 No. 6071 设为 03，即是 M03。在参数中设置调用子程序（宏程序）的 M 代码号，可与子程序调用（M98）相同的方法用该代码调用宏程序。在参数（NO. 6071 ~ NO. 6079）中设置调用子程序的 M 代码（1 ~ 99999999），相应的用户宏程序（09001 ~09009）可与 M98 同样的方法用该代码调用。

（2）在被调用的子程序不能再使用 G，M 代码调用宏程序，程序体中的 G，M 代码作为普通的 G，M 代码处理。

表 5－22　参数号与程序号之间的对应关系表

程序号	参数号
09001	6071
09002	6072
09003	6073
09004	6074
09005	6075
09006	6076
09007	6077
09008	6078
09009	6079

6）用 T 代码调用子程序

在参数中设置调用的子程序（宏程序）的 T 代码，每当在加工程序中指定该 T 代码时，即调用宏程序。

说明：（1）设置参数 NO. 6001 的 5 位 TCS = 1（当参数 NO. 6001#5 设为 1 时），当在加工程序中指定 T 代码时，可以调用宏程序 09000，在加工程序中指定的 T 代码赋值到公共变量#149。图示如下：

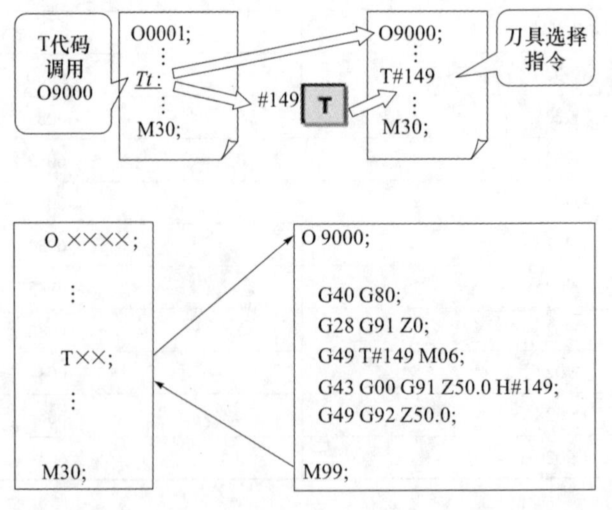

（2）用G代码调用的宏程序中或用M或T代码调用的程序中，一个M代码不能调用多个子程序，这种宏程序或程序中的T代码被处理为普通T代码。

5. 编程实例

用宏程序和子程序功能顺序加工圆周等分孔。设圆心在 O 点，它在机床坐标系中的坐标为（X0，Y0），在半径为 r 的圆周上均匀地钻几个等分孔，起始角度为 α，孔数为 n。以零件上表面为 Z 向零点，如图5－7所示。

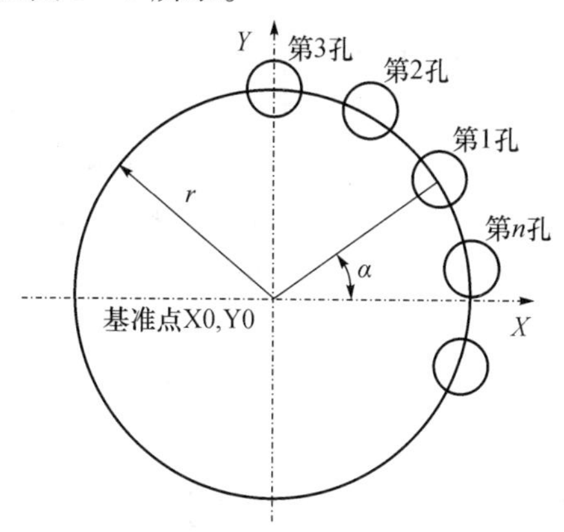

图5－7　FANUC宏程序例图

宏程序中将用到下列变量：

#1——第一个孔的起始角度 A，在主程序中用对应的文字变量 A 赋值；

#3——孔加工固定循环中 R 平面值 C，在主程序中用对应的文字变量 C 赋值；

#9——孔加工的进给量值 F，在主程序中用对应的文字变量 F 赋值；

#11——要加工孔的孔数 H，在主程序中用对应的文字变量 H 赋值；

#18——加工孔所处的圆环半径值 R，在主程序中用对应的文字变量 R 赋值；

#26——孔深坐标值 Z，在主程序中用对应的文字变量 Z 赋值；

#30——基准点，即圆环形中心的 X 坐标值 XO；

#31——基准点，即圆环形中心的 Y 坐标值 YO；

#32——当前加工孔的序号 i；

#33——当前加工第 i 孔的角度；

#100——已加工孔的数量；

#101——当前加工孔的 X 坐标值，初值设置为圆环形中心的 X 坐标值 X0；

#102——当前加工孔的 Y 坐标值，初值设置为圆环形中心的 Y 坐标值 Y0。

用户B类宏程序如表5－23所列。

表5－23　B类宏程序

程序	注释
O8000	
N8010　#30 = #101	基准点保存
N8020　#31 = #102	基准点保存
N8030　#32 = 1	计数值置1

（续）

程序	注释
N8040　WHILE[#32LE ABS[#11]] DO1	进入孔加工循环体
N8050　#33 = #1 + 360 × [#32 - 1]/#11	计算第 i 孔的角度
N8060　#101 = #30 + #18 × COS[#33]	计算第 i 孔的 X 坐标值
N8070　#102 = #31 + #18 × SIN[#33]	计算第 i 孔的 Y 坐标值
N8080　G90 G81 G98 X#101 Y#102 Z#26 R#3 F#9	钻削第 i 孔
N8090　#32 = #32 + 1	计数器对孔序号 i 计数累加
N8100　#100 = #100 + 1	计算已加工孔数
N8110　END1	孔加工循环体结束
N8120　#101 = #30	返回 X 坐标初值 X0
N8130　#102 = #31	返回 Y 坐标初值 Y0
M99	宏程序结束

5.4.3　数控车床 FANUC 0i 系统宏程序编程

（1）用宏程序编制如图 5 - 1 所示抛物线 $Z = 32 - X^2/8$ 的加工程序。抛物线零件程序如表 5 - 24 所列。

表 5 - 24　抛物线零件宏程序

程序	注释
O0301;	程序号
#10 = 0;	X 坐标赋初值 0（直径编程）
#11 = 0;	Z 坐标赋初值 0
T0101;	选用 1 号刀具及刀补
M03 S600;	主轴以 600r/min 正转
G00 X0 Z34;	快速定位
WHILE[#10 LE 32] DO 1;	以抛物线 X 坐标变化为条件的循环开始
G90G64 G01 X #10 Z #11 F500;	用小直线段逼近抛物线
#10 = #10 + 0.32;	计算各小段抛物线 X 坐标
#9 = #10/2;	计算 X 坐标的半径值
#11 = 32 - [#9 * #9/8];	计算各小段抛物线 Z 坐标
END 1;	循环结束
G00 X80 Z100;	退刀
M05;	主轴停转
M30;	程序结束

（2）用宏程序编制如图 5 - 2 所示椭圆部分的精加工程序。椭圆零件程序如表 5 - 25所列。

表 5－25　椭圆零件宏程序

程序	注释
O0302;	程序号
#1 =60;	A 点的角度
#2 =0;	X 坐标(直径编程)
#3 =0;	Z 坐标
T0101;	选用 1 号刀具及刀补
M03 S800;	主轴以 800r/min 正转
G00 X39 Z22;	快速定位
WHILE[#1 LE 120] DO 1;	120 是通过计算得来的 B 点角度
#2 =2 * 23 * SIN[#1];	计算各小段椭圆 X 坐标
#3 =40 * COS[#1];	计算各小段椭圆 Z 坐标
G64 G01 X #2 Z #3 F100;	用小直线段逼近椭圆
#1 =#1 +1;	计算各小段椭圆的角度
END 1;	循环结束
G00 X100;	退刀
Z100 M05;	主轴停转
M30;	程序结束

(3) 用宏程序编制如图 5－3 所示抛物线、椭圆两种组合构成轮廓的数控车削精加工程序。程序如表 5－26 所列[13]。

表 5－26　方程曲线零件轮廓宏程序

程序	注释
O0303;	程序号
T0101;	选用 1 号刀具及刀补
S700 M03;	主轴以 700r/min 正转
M08;	切削液开
G00 X0 Z2;	快速定位
G01 Z0 F100;	直线插补到加工起点
#1 =0;	抛物线起点 X 坐标值
#2 =0;	抛物线起点 Z 坐标值
#3 =0;	椭圆起点 X 方向增量值
#4 =0;	椭圆起点 Z 方向增量值
WHILE[#2 LE 32] DO 1;	以抛物线 Z 坐标变化为条件的循环开始
G01 X[2 * #1] Z－#2;	用小直线段逼近抛物线
#1 =#1 +0.1;	计算各小段抛物线 X 坐标
#2 =#1 * #1/8;	计算各小段抛物线 Z 坐标
END 1;	循环结束
G01 X32 Z－32;	到达抛物线终点
Z－40;	到达直线终点
WHILE[#4 LE 5] DO 1;	以椭圆 Z 坐标变化为条件的循环开始
#3 =[8/5] * SQRT[25－#4 * #4];	以椭圆中心为原点的 X 坐标函数表达式
#5 =32 +2 * [8－#3];	椭圆 X 坐标函数表达式

（续）

程序	注释
G01 X#5 Z[-40 -#4];	用小直线段逼近椭圆
#4 = #4 +0.1;	确定椭圆 Z 方向的增量
END 1;	循环结束
G01 X48 Z -45;	到达椭圆终点
U5;	径向退刀
M09;	切削液关
G00 X100 Z150;	到达换刀点
M05;	主轴停转
M30;	程序结束

5.4.4 数控铣床 FANUC 0i 系统宏程序编程

（1）如图 5 -4 所示工件，毛坯尺寸 80mm ×60mm ×25mm，用宏程序编写其加工程序[14]。曲线零件宏程序如表 5 -27 所列。

表 5 -27 曲线零件宏程序

程序	注释
O0304;	程序号
G90 G94 G21 G17 G40 G54;	建立坐标系
G91 G28 Z0;	返回程序零点
G90 G00 X -50.0 Y -40.0;	
Z20.0;	
M03 S500;	主轴以 500r/min 正转
G01 Z -8.0 F100;	
G41 G01X -30.0 Y -40.0;	
#100 = 0.0;	X 长度赋初值
WHILE[#100 LE 60.0] DO 1;	以 X 长度作为条件进行循环
#101 = #100 -30.0;	X 值计算
#102 = 15.0 + 10.0 * COS[#100 * 6.0];	Y 值计算
G01 X#101 Y#102;	用小直线段逼近曲线
#100 = #100 + 1.0;	X 长度增加
END 1;	循环结束
G01 Y -25.0;	
X -50.0;	
G40 G01 X -50.0 Y -40.0;	
M05;	主轴停转
M30;	程序结束

（2）在如图 5 -5 所示的 100mm ×100mm ×80mm 的合金铝锭毛坯上加工出五边形凸台，其中五边形外接圆直径为 80mm。其宏程序如表 5 -28 所列。

表 5-28　五边形凸台零件宏程序

程序	注释
O0305;	程序号
G54 G90 G00 Z40;	建立坐标系
X70 Y20 M08;	切削液开
T0101;	选用 1 号刀具及刀补
M03 S800;	主轴以 800r/min 正转
G43 Z3 H01;	正向刀具长度补偿
G01 Z-5 F100;	
#3=18;	18 是通过计算得来的 B 点角度
N10;	循环开始
#1=80*COS#3;	计算各小段直线 X 坐标
#2=80*SIN#3;	计算各小段直线 Y 坐标
G41 X#1 Y#2 D01;	
#3=#3+72;	计算各五边形顶点的角度
IF[#3 LT 360] GOTO 10;	
ENDIF;	循环结束
G40 X70 Y70;	
Z40 M05;	
M30;	

(3) 如图 5-6 所示工件，毛坯尺寸 100mm×40mm×10mm，用宏程序编写其加工程序。其宏程序如表 5-29 所列。

表 5-29　孔类零件宏程序

程序	注释
O0306;	
G90 G94 G21 G17 G40 G54;	建立坐标系
G91 G28 Z0;	
G90 G00 X40.0 Y40.0;	
Z20.0 M08;	
M03 S500;	
#100 = -30.0;	长度赋初值
WHILE[#100 LE 40.0] DO 1;	循环开始
#101 = #100 * COS[15.0];	孔中心的 X 坐标
#102 = #100 * SIN[15.0];	孔中心的 Y 坐标
G81 X#101 Y#102 Z-15.0 R5.0 F100;	钻孔加工
#100 = #100 + 20.0;	长度每次增加 20mm
END 1;	循环结束
G80 M09;	取消钻孔固定循环
M05;	
M30;	程序结束

5.5 SIEMENS 802D 系统宏程序编程

SIEMENS 802D 系统中的参数编程与 FANUC 系统中的用户宏程序编程功能相似，SIEMENS 系统中的 R 参数就相对于用户宏程序中的变量。同样，在 SIEMENS 系统中可以通过对 R 参数进行赋值、运算等处理，从而使程序实现一些有规律变化的动作，进而提高程序的灵活性和实用性。

1. 计算参数

1）R 参数的表示方法

在 SIEMENS 系统中，变量称为计算参数。R 参数由地址 R 与若干位（通常为 3 位）数字组成。例如 R1，R10，R105 等。不包含系统变量，系统变量以“ $ ”开始。SIEMENS 系统中可以引用的参数为：R0 ~ R299。

2）R 参数的引用

R 参数可以用来代替其他任何地址后的数值，可以给任意的 NC 地址赋值，除地址 N，G，L 外。但给地址赋值时，在地址符后必须加“ = ”接变量。

赋值，例：R1 = 10；R1 = 10.0 + R2 。

给地址赋值，例：G01 X = R10 Y = - R11（给 X，Y 赋值）；当 R10 = 100，R11 = 50 时，G01X100Y - 50；

3）R 参数的种类

R 参数分成三类：自由参数、加工循环参数、加工循环内部计算参数。

（1）自由参数：R0 ~ R99，可以在程序中自由使用。

（2）加工循环参数：R100 ~ R249，如果在程序中没有使用固定循环，则这部分参数也可以自由使用。

（3）加工循环内部计算参数：R250 ~ R299，如果在程序中没有使用固定循环，则这部分参数也可以自由使用。

2. 参数的运算

1）参数运算格式（与 B 类宏变量运算相同），如表 5 - 30 所列。

表 5 - 30　参数运算

功能	格式	实例
定义、转换	Ri = Rj	R1 = R2，R1 = 30
加法	Ri = Rj + Rk	R1 = R1 + R2
减法	Ri = Rj - Rk	R1 = 100 - R2
乘法	Ri = Rj * Rk	R1 = R1 * R2
除法	Ri = Rj/Rk	R1 = R1/30
正弦	Ri = SIN(Rj)	R10 = SIN(R1)
余弦	Ri = COS(Rj)	R10 = COS(36.3 + R2)
正切	Ri = TAN(Rj)	R10 = TAN(35.0 + R1)
平方根	Ri = SQRT(Rj)	R10 = SQRT(R1 * R1 - 100)

在参数运算过程中,三角函数的角度单位是度。还有 POT(平方)、ABS(绝对)、TRUNC(取整)等运算格式。

2）参数的运算次序

R 参数的次序依次为:函数运算(SIN,COS,TAN 等)→乘和除运算(* ,/,AND 等)→加和减运算(+ , - ,OR,XOR 等)。例:R1 = R2 + R3 * SIN(R4) 。

在 R 参数运算过程中,允许使用括号以改变运算次序,且括号允许嵌套使用。

例:R1 = SIN(((R2 + R3) * R4 + R5)/R6)

3. 跳转指令

跳转指令起到控制程序流向的作用。

1）无条件跳跃(绝对跳转)

格式:GOTOB 标志符

GOTOF 标志符

说明:

(1) GOTOB 标志符 :向后跳转(无条件向程序开始的方向跳转至标志符处,执行);

(2) GOTOF 标志符 :向前跳转(无条件向程序结尾的方向跳转至标志符处,执行);

(3) 跳转目标只能是有标记符的程序段,此程序段必须位于该程序内;

(4) 标志符:目标程序段的标记符,必须要由 2 ~8 个字母或数字组成,其中开始两个符号必须是字母或下划线。标记符必须位于程序段首,如果程序段有段号,标记符必须紧跟段号,标记符后面必须为冒号。

例:N10 AA: G1 X20

AA 为标记符。

2）条件跳转

格式:IF 条件表达式 GOTOB 标志符;

IF 条件表达式 GOTOF 标志符;

说明:

(1) IF:如果满足条件,跳转到标号处;如果不满足条件,执行下一条指令; GOTOF:向前跳转; GOTOB:向后跳转;

(2) 条件表达式,通常用比较运算表达式,比较运算符见表 5 -31。

例如:IF R1 >10 GOTOF MA1

…

MA1:

G00 G90

Z100.0

说明:当 R1 大于 10 时,向程序结束的方向跳到有标记符“MA1”的程序段。

表 5 -31　比较运算符

运算符	符号	运算符	符号
等于	=	大于	>
不等于	< >	小于等于	< =
小于	<	大于等于	> =

5.5.1 数控车床 SIEMENS 802D 系统宏程序编程

(1) 用宏程序编制如图 5-1 所示抛物线 $Z=32-X^2/8$ 的加工程序。抛物线零件程序如表 5-32 所列。

表 5-32 抛物线零件宏程序

程序	注释
O0401;	程序号
R10 =0;	X 坐标赋初值 0(直径编程)
R11 =0;	Z 坐标赋初值 0
T0101;	选用 1 号刀具及刀补
M03 S600;	主轴以 600r/min 正转
G00 X0 Z34;	快速定位
AA:	程序段标记符
G90G64 G01 X = R10 Z = R11 F500;	用小直线段逼近抛物线
R10 = R10 +0.32;	计算各小段抛物线 X 坐标
R9 = R10/2;	计算 X 坐标的半径值
R11 = 32 - (R9 * R9/8);	计算各小段抛物线 Z 坐标
IF R10 < = 32 GOTOB AA;	抛物线 X 坐标变化作为跳转条件
G00 X80 Z100;	循环结束
M05;	退刀
M30;	主轴停转

(2) 用宏程序编制如图 5-2 所示椭圆部分的精加工程序。椭圆零件程序如表 5-33所列。

表 5-33 椭圆零件宏程序

程序	注释
O0402;	程序号
R1 =60;	A 点的角度
R2 =0;	X 坐标赋初值 0(直径编程)
R3 =0;	Z 坐标赋初值 0
T0101;	选用 1 号刀具及刀补
M03 S800;	主轴以 800r/min 正转
G00 X39 Z22;	快速定位
AA:	程序段标记符
R2 =2 * 23 * SIN(R1);	计算各小段椭圆 X 坐标
R3 =40 * COS(R1);	计算各小段椭圆 Z 坐标
G64 G01 X = R2 Z = R3 F100;	用小直线段逼近椭圆
R1 = R1 +1;	计算各小段椭圆的角度
IF R1 < = 120 GOTOB AA;	以 B 点的角度作为跳转条件,120 是通过计算得来的 B 点角度
G00 X100;	退刀
Z100 M05;	主轴停转
M30;	程序结束

(3) 用宏程序编制如图 5 - 3 所示抛物线、椭圆两种组合构成轮廓的数控车削精加工程序。程序如表 5 - 34 所列。

表 5 - 34　方程曲线零件轮廓宏程序

程序	注释
O0403;	程序号
T0101;	选用 1 号刀具及刀补
S700 M03;	主轴以 700r/min 正转
M08;	切削液开
G00 X0 Z2;	快速定位
G01 Z0 F100;	直线插补到加工起点
R1 = 0;	抛物线起点 X 坐标值
R2 = 0;	抛物线起点 Z 坐标值
R3 = 0;	椭圆起点 X 方向增量值
R4 = 0;	椭圆起点 Z 方向增量值
AA:	程序标记符
G01 X = 2 * R1 Z = - R2;	用小直线段逼近抛物线
R1 = R1 + 0.1;	计算各小段抛物线 X 坐标
R2 = R1 * R1/8;	计算各小段抛物线 Z 坐标
IF R2 < = 32 GOTOB AA;	以抛物线 Z 坐标变化作为跳转条件
G01 X32 Z - 32;	到达抛物线终点
Z - 40;	到达直线终点
BB:	程序标记符
R3 = (8/5) * SQRT(25 - R4 * R4);	以椭圆中心为原点的 X 坐标函数表达式
R5 = 32 + 2 * [8 - R3];	椭圆 X 坐标函数表达式
G01 X = R5 Z = - 40 - R4;	用小直线段逼近椭圆
R4 = R4 + 0.1;	确定椭圆 Z 方向的增量
IF R4 < = 5 GOTOB BB;	以椭圆 Z 坐标作为跳转条件
G01 X48 Z - 45;	到达椭圆终点
U5;	径向退刀
M09;	切削液关
G00 X100 Z150;	到换刀点
M05;	主轴停转
M30;	程序结束

5.5.2 数控铣床 SIEMENS 802D 系统宏程序编程

(1) 如图 5 - 4 所示工件，毛坯尺寸 80mm × 60mm × 25mm，用宏程序编写其加工程序。曲线零件宏程序如表 5 - 35 所列。

表 5-35 曲线零件宏程序

程序	注释
O0404;	程序号
G90 G94 G21 G17 G40 G54;	建立坐标系
G91 G28 Z0;	返回程序零点
G90 G00 X-50.0 Y-40.0;	
Z20.0;	
M03 S500;	主轴以 500r/min 正转
G01 Z-8.0 F100;	
G41 G01 X-30.0 Y-40.0;	
R100 = 0.0;	*X* 长度赋初值
AA:	程序标记符
R101 = R100 -30.0;	*X* 值计算
R102 = 15.0 + 10.0 * COS(R100 * 6.0);	*Y* 值计算
G01 X=R101 Y=R102;	用小直线段逼近曲线
R100 = R100 + 1.0;	*X* 长度增加
IF R100 < = 60 GOTOB AA;	以 *X* 长度作为跳转条件
G01 Y-25.0;	
X-50.0;	
G40 G01 X-50.0 Y-40.0;	
M05;	主轴停转
M30;	程序结束

（2）在如图 5-5 所示的 100mm×100mm×80mm 的合金铝锭毛坯上加工出五边形凸台，其中五边形外接圆直径为 80mm。其宏程序如表 5-36 所列。

表 5-36 五边形凸台零件宏程序

程序	注释
O0405;	程序号
G54 G90 G00 Z40;	建立坐标系
X70 Y20 M08;	切削液开
T0101;	选用 1 号刀具及刀补
M03 S800;	主轴以 800r/min 正转
G43 Z3 H01;	正向刀具长度补偿
G01 Z-5 F100;	
R3=18;	18 是通过计算得来的 *B* 点角度
AA:	段落标识符
R1=80 * COS(R3);	计算各小段直线 *X* 坐标
R2=80 * SIN(R3);	计算各小段直线 *Y* 坐标
G41 X=R1 Y=R2 D01;	

（续）

程序	注释
R3 = R3 + 72;	计算各五边形顶点的角度
IF R3 < 360 GOTOB AA;	程序跳转
G40 X70 Y70;	
Z40 M05;	
M30;	

（3）如图 5－6 所示工件，毛坯尺寸 100mm × 40mm × 10mm，用宏程序编写其加工程序。其宏程序如表 5－37 所列。

表 5－37　孔类零件宏程序

程序	注释
O0406;	
G90 G94 G21 G17 G40 G54;	
G91 G28 Z0;	
G90 G00 X40.0 Y40.0;	
Z20.0 M08;	
M03 S500;	
R100 = -30.0;	长度赋初值
AA:	段落标识符
R101 = R100 * COS(15.0);	孔中心的 *X* 坐标
#102 = #100 * SIN(15.0);	孔中心的 *Y* 坐标
G81 X = R101 Y = R102 Z - 15.0 R5.0 F100;	钻孔加工
R100 = R100 + 20.0;	长度每次增加 20mm
IF R100 < = 40 GOTOB AA;	程序跳转
G80 M09;	取消钻孔固定循环
M05;	主轴停转
M30;	程序结束

第6章 其他数控机床编程

6.1 数控电火花成形加工技术

电火花加工是一种通过工件和工具电极之间的脉冲放电而有控制地去除工件材料的加工方法。工件和工具电极间通常充有液体的电介质(工作液)。利用这种方法进行成形和穿孔加工。从20世纪70年代起,数控技术进入成形加工领域并快速发展。在这种机床上还可进行电火花展成加工和电火花磨削,这时的加工表面由工具电极相对于工件运动时的轨迹包络而成。

6.1.1 电火花成形加工原理与特征

1. 加工原理

电火花成形加工的原理见图6-1。工件与工具电极(或简称电极)分别与脉冲电源的两个不同极性的输出端相接,伺服进给系统使工件和电极间保持确定的放电间隙,两电极间加上脉冲电压后,在间隙最小处或绝缘强度最低处把工作液介质击穿,形成火花放电。放电通道中的等离子体瞬时高温使工件和电极表面都被蚀除一小部分材料,各自形成一个微小的放电坑。脉冲放电结束后,经过一段时间间隔,使工件液恢复绝缘,下一个脉冲电压又加到两极上,同样进行另一循环,形成另一个小凹坑。当这种过程以相当高的频率重复进行时,应不断调整工具电极与工件的相对位置,以加工出所需的零件。从微观上,加工表面显然由极多的脉冲放电小坑所组成。

基于上述原理,进行电火花加工应具备下列条件:

(1) 在脉冲放电点必须有足够大的能量密度,能使金属局部熔化和汽化,并在放电爆炸力的作用下,把熔化的金属抛出来。为了使能量集中,放电过程通常在液体介质(常用煤油为工作液)中进行。

(2) 放电形式应是脉冲的,放电时间要很短,一般为$10^{-7} \sim 10^{-4}$s,使放电时产生的绝大部分热量来不及从微小的加工区中传输出去。

(3) 必须把加工过程中所产生的电蚀产物(包括加工屑和焦油、气体之类的介质分解产物)和余热,及时地从加工间隙中排除出去,使加工能正常地连续进行。但非常小的粒子(<0.01mm)污染,反而有利于火花通道的迅速形成。

(4) 在相邻两次脉冲放电的间隔时间内,电极间的介质必须来得及消除电离,避免在同一点上持续放电而形成集中的稳定电弧。

(5) 在加工过程中,工件和工具电极之间应保持一定的距离(通常为几微米到几百微米),以维持适宜的放电状态。

2. 加工特点

(1) 适合于用传统机械加工方法难于加工的材料加工。因为材料的去除是靠放电热

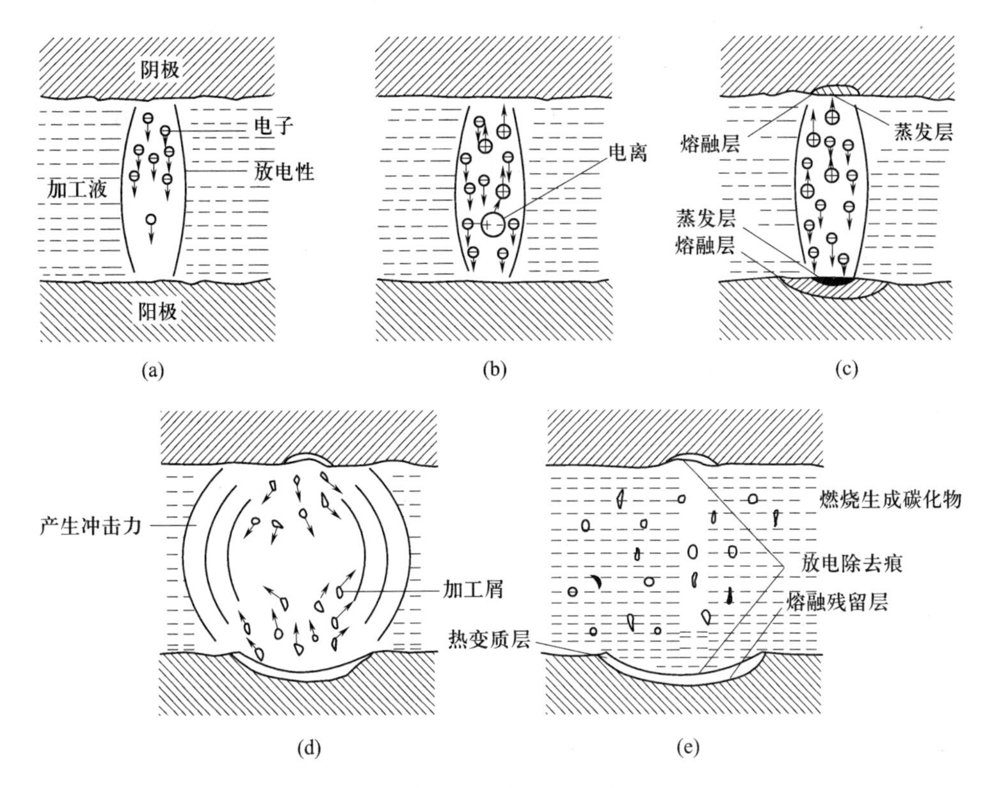

图 6－1　放电加工原理

蚀作用实现的，材料的加工性主要取决于材料的热学性质，如熔点、比热容、导热系数（热导率）等，而几乎与其力学性能（硬度、韧性、抗拉强度等）无关。这样，工具电极材料不必比工件硬，故使电极制造比较容易。

（2）可加工特殊及复杂形状的零件。由于电极和工件之间没有接触式相对切削运动，不存在机械加工时的切削力，故适宜加工低刚度工件和进行微细加工。当脉冲放电时间短时，材料被加工表面受热影响的范围小，适宜于加工热敏材料。此外还可实现仿形加工，例如半圆形内孔等。

（3）直接利用电能加工，便于实现过程的自动化。加工条件中起重要作用的电参数容易调节，能方便地进行粗、半精、精加工各工序，简化工艺过程。

3. 数控电火花成形加工的局限性

（1）主要用于金属材料加工，但在一定的条件下，也可以加工半导体和非导体的材料。

（2）加工效率较低。一般情况下，单位加工电流的加工速度不超过十几 $mm^3/A \cdot min$。但是，新开发的水基工作液有可能使粗加工效率大幅度提高。此外，加工速度和表面质量之间存在着突出的矛盾，即精加工时加工速度很低，粗加工时常受到表面质量的限制。

（3）存在电极损耗。虽然有的机床可把电极相对于工件的体积损耗降低到 0.1% 以下，但问题在于损耗一般都集中在电极的一部分（如底面、角部等处），影响成形精度。精加工时的电极低损耗问题仍有待深入研究。

(4) 最小角部半径有限制。电火花加工可达到的最小角部半径等于加工间隙。当电极有损耗或采用平动方式加工时,角部半径要增大。

(5) 加工表面的"光泽"问题。一般精加工后的表面,如粗糙度已达 $Ra0.2\mu m$,仍无机械加工后的那种"光泽",需经抛光后才能发"亮",而近来发展的镜面加工技术通常只能在不大的面积(如 20mm × 20mm)上加工出镜面,但当采用煤油中掺加硅粉的新技术后,则有可能在较大的面积(如 400mm × 400mm)上实现相对高速的镜面加工。

6.1.2 电火花成形加工的应用

由于电火花成形加工有其独特的优点,加上数控水平和工艺技术的不断提高,其应用领域日益扩大,已在机械(特别是模具制造)、航天、航空、电子、核能、仪器、轻工等部门用来解决各种难加工材料和复杂形状零件的加工问题。加工范围可从几微米的孔、槽到几米大的超大型模具和零件。主要的应用范围包括(加工示例见图 6-2):

(1) 加工模具。如冲模、锻模、塑料模、拉伸模、压铸模、挤压模、玻璃模、胶木模、陶土模、粉末冶金烧结模、花纹模等。电火花加工可在淬火后进行,免去了热处理变形的修正问题。多种型腔可整体加工,避免了常规机械加工方法因需拼装而带来的误差。

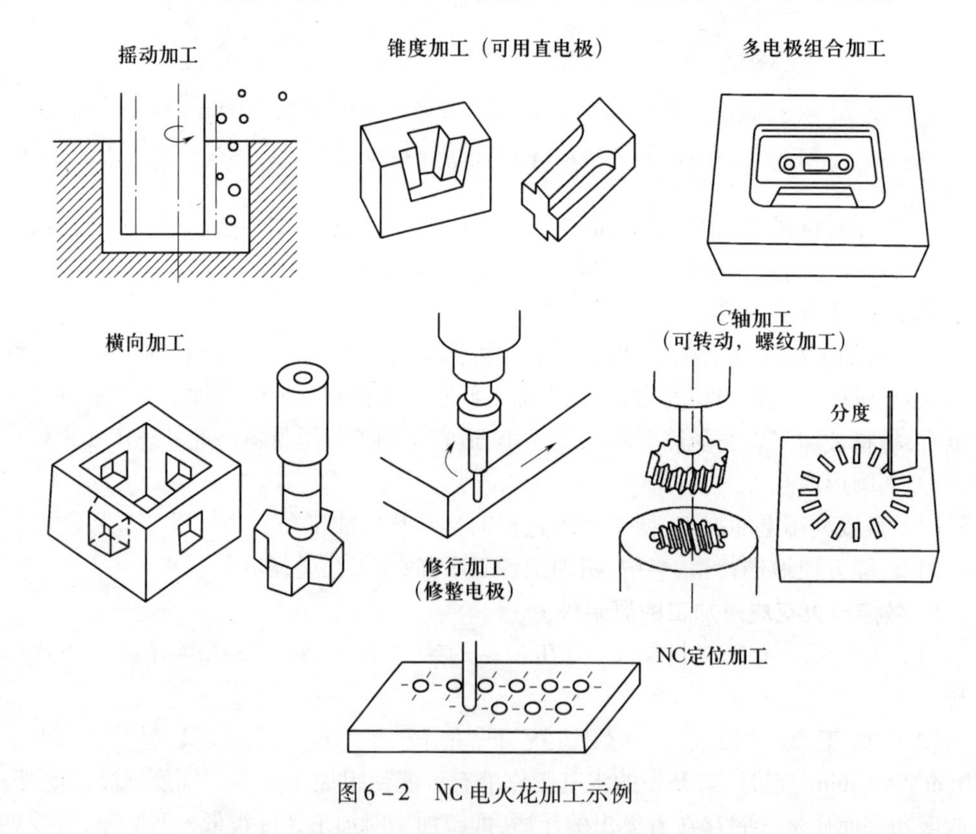

图 6-2 NC 电火花加工示例

(2) 在航空、航天、机械等部门中加工高温合金等难加工材料。例如,一台新型喷气发动机的涡轮叶片和一些环形件上,大约需要有一百万个冷却小孔,其材料为又硬又韧的耐热合金,电火花加工是合适的工艺方法。

(3) 微细精密加工。通常可用于 0.01 ~ 1mm 范围内的型孔加工,如化纤异型喷丝孔、发动机喷油嘴、电子显微镜栅孔、激光器件、人工标准缺陷的窄缝加工(它是指在工艺试件上故意加工出一个小窄缝,以模拟工艺缺陷,进行强度试验)等。

(4) 加工各种成形刀具、样板、工具、量具、螺纹等成形零件。

(5) 利用数控功能可显著扩大应用范围。如水平加工,锥度加工,多型腔加工,采用简单电极进行三维型面加工,利用旋转主轴进行螺旋面加工等。

6.1.3 数控电火花成形加工工艺过程

1. 电加工工艺参数的选定

下面大致讨论一下各参数的选择方法:

(1) 电极极性选择。工具电极极性一般选择原则是:铜电极对钢,选"+"极性;铜电极对铜,选"-"极性;铜电极对硬质合金,"+""-"极性都可以;石墨电极对铜,选"-"极性;石墨电极对硬质合金,选"-"极性;石墨电极对钢,加工 R_{max} 为 15μm 以下孔选"-"极,加工 R_{max} 为 15μm 以上孔选"+"极;钢电极对钢,选"+"极性。

(2) 加工峰值电流和脉冲宽度选择。加工峰值电流和脉冲宽度主要影响加工表面粗糙度、加工宽度。选择好这一对参数很重要,这主要靠自己加工经验以及机床的电源特性。一般来说机床制造厂家会提供一个比较粗糙的电源指标,如最大加工峰值电流,最小加工峰值电流,最大加工脉冲宽度,最小脉冲宽度,这样就可以把这些加工峰值电流及脉冲宽度分为三个区域,即粗加工区,半精加工区,精加工区。精加工区的峰值电流及加工脉冲宽度都最小,最小加工峰值电流可达 1/6 的最大加工峰值电流和 1/30 最大脉冲宽度;半精加工区为 1/6 最大加工峰值电流和 1/30 最大脉冲宽度,至 1/2 最大加工峰值电流和 1/12 最大脉冲宽度;最后剩下的即为粗加工区域。例如:日本三菱 M25C6G15 型 CNC 电火花成形机,其指标为:最小加工电流 0.8A;最小脉冲宽度 2μs;最大加工峰值电流 18A;最大脉冲宽度 1024μs。这样,粗、半精、精加工区分区为:精加工区加工峰值电流从 0.8A 到 3A,加工脉冲宽度从 2μs 到 30μs;半精加工区加工峰值电流从 3A 到 9A,加工脉冲宽度为 30μs 到 90μs;粗加工区加工峰值电流从 9A 到 18A,脉冲宽度为 90μs 到 1024μs。加工时,操作者可以根据实际加工情况加以修正。为达到最终加工要求精度,粗糙度值较低,则最终加工峰值电流和脉冲宽度选择时要偏下限一些。对粗加工,因为后面还有半精、精加工,所以其加工峰值电流及脉冲宽度可以偏大些,以获得大的加工速度。对半精加工,主要是为了去除粗加工留下的加工痕迹及去除少量余量,所以,峰值电流及脉冲宽度一般取中间值。

(3) 脉冲间隙时间选择。脉冲间隔时间影响加工效率,但过短的间隔时间会引起放电异常,所以选择时重点考虑排屑情况,以保证正常加工。

2. 预加工

为提高加工效率的一般方法有:

(1) 工件预加工。在电火花加工中加工去除金属量,直接影响加工效率,所以在电加工前必须使工件有恰当的加工余量。原则上电加工余量越少越好,只要能保证加工成形就行。一般来说,电火花成形加工余量,对型腔的侧面单边余量 0.1 ~0.5mm,底面余量 0.2 ~0.7mm,如果是盲孔或台阶型腔,一般侧面单边余量在 0.1 ~0.3mm 间,底面在 0.1 ~0.5mm间。

(2) 蚀出物去除。电加工中产生的蚀出物的去除情况好坏,直接影响加工的质量,所以在加工中要保证有良好的排屑环境。

方法有三：

① 冲液法。在工件或电极上开加工液孔，让工作液从中流过，如图 6-3 所示。

② 抽液法。和冲液方法相反。

③ 在工件或电极不能开加工液孔时，可用喷射法，如图 6-4 所示。

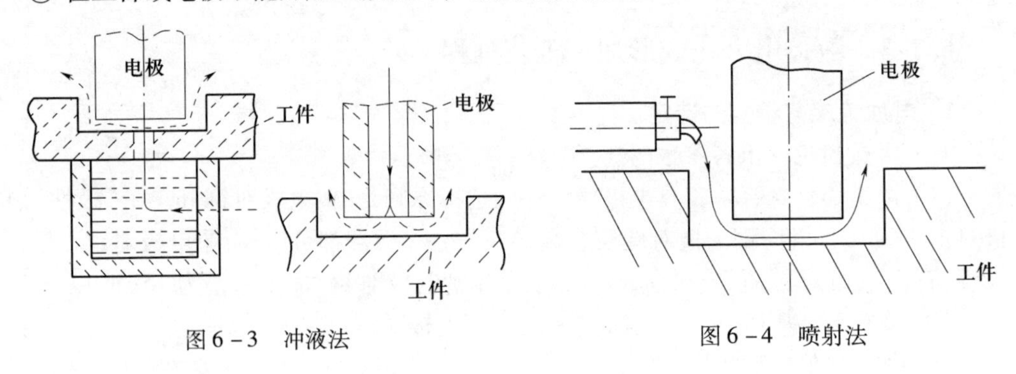

图 6-3　冲液法　　　　图 6-4　喷射法

3. 加工方式选定

加工方式的选定是指用什么方式来加工，是用多电极多次加工，还是用单电极加工，是否采用摇动加工等。加工方式的选择要视具体情况而定，一般来说多电极多次加工的加工时间较长，需要电极定位正确，但这种方法工艺参数选择比较简单。单电极加工一般用于型腔要求比较简单的加工。对于一些型腔粗糙度、形状精度要求较高的零件，可以采用摇动加工方式。数控电火花加工机床的摇动方式一般有如下几种：

（1）放射运动。从中心向外做半径为 R 的扩展运动，边扩展边加工（图 6-5(a)）。

（2）多边形运动。从中心向外扩展至 R 位置后，做多边形运动加工（图 6-5(b)）。

（3）任意轨迹运动。用各点坐标值(X,Y)先编程，以后再动作（图 6-5(c)）。

（4）圆弧运动。从中心向半径 R 方向做圆弧运动，同时加工（图 6-5(d)）。

（5）自动扩大加工。对以上 4 种运动方式，顺序增加 R 值，同时移动进行加工（图6-5(e)）。

（6）螺旋式。从中心向外做半径 R 的扩展运动，并以螺旋线形式下降。

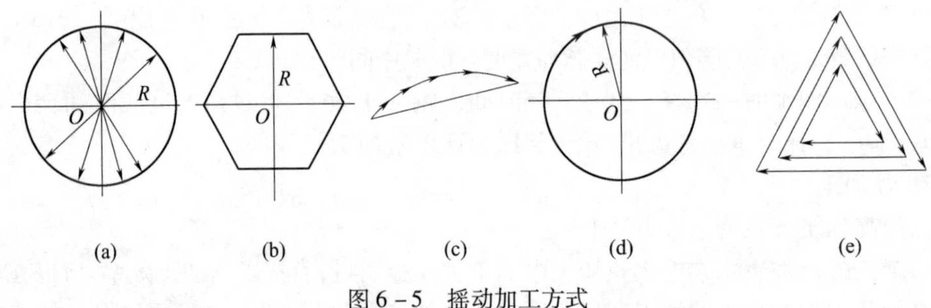

图 6-5　摇动加工方式

6.1.4　数控电火花加工编程方法

1. G 代码

对于一般性功能指令与数控铣床和加工中心类似，不再说明，诸如 G00，G01，G02，

G03,G04,G17,G18,G19,G21,G22,G40,G41,G42,G54 ~ G59,G90,G91,G92 等。

(1) 镜像指令 G05,G06,G07,G08,G09。

G05 为 X 轴镜像;G06 为 Y 轴镜像;G07 为 Z 轴镜像;G08 为 X,Y 轴交换指令,即交换 X 轴和 Y 轴;G09 为取消图形镜像。

说明:①执行一个轴的镜像指令后,圆弧插补的方向将改变,即 G02 变为 G03,G03 变为 G02,如果同时有两个轴的镜像,则方向不变;②执行轴交换指令,圆弧插补的方向将改变;③两个轴同时镜像,与代码的先后次序无关,即"G05G06;"与"G06G05;"的结果相同;④使用这组代码时,程序中的轴坐标值不能省略,即使是程序中的 Y0,X0 也不能省略。

(2) 跳段开关指令 G11,G12。

G11 为"跳段 ON",跳过段首有"/"符号的程序段;G12 为"跳段 OFF",忽略段首的"/"符号,照常执行该程序段。

(3) 旋转指令 G26,G27。

格式:G26 RA

G27 为旋转取消;G26 为旋转打开;RA 给出旋转角度,加小数点为度,否则为千分之一度。如"G26 RA 60.0;"表示图形旋转 60°。图形旋转功能仅在 G17(XOY 平面)和 G54(坐标系 1)条件下有效,否则出错。

(4) 尖角过渡指令 G28,G29。

G28 为尖角圆弧过渡,在尖角处加一个过渡圆,缺省为 G28;G29 为尖角直线过渡,在尖角处加三段直线,以避免尖角损伤。

(5) 抬刀控制指令 G30,G31,G32。

G30 为指定抬刀方向,后接轴向指定,如"G30 Z+",即抬刀方向为 Z 轴正向;G31 为指定按加工路径的反方向抬刀;G32 为伺服轴回平动中心点后抬刀。

(6) 感知指令 G80。

G80 指定轴沿指定方向前进,直到电极与工件接触为止。方向用"+""-"号表示("+""-"号均不能省略)。接触感知可由三个参数设定:①感知速度,即电极接近工件的速度,从 0 ~ 255,数值越大,速度越慢;②回退长度,即电极与工件脱离接触的距离,一般为 250μm;③感知次数,即重复接触次数,从 0 ~ 127,一般为 4 次。

(7) 回极限位置指令 G81。

G81 使指定的轴回到极限位置停止,如"G81Y-;"使机床 Y 轴快速移动到负极限后减速,有一定过冲,然后回退一段距离,再以低速到达极限位置停止。

(8) G82。

G82 使电极移到指定轴当前坐标的 1/2 处,假如电极当前位置的坐标是 X100. Y60.,执行"G82X"命令后,电极将移动到 X50.0 处。

(9) 读坐标值指令 G83。

G83 把指定轴的当前坐标值读到指定的 H 寄存器中,H 寄存器地址范围为000 ~ 890。

(10) 定义寄存器起始地址指令 G84。

G84 为 G85 定义一个 H 寄存器的起始地址;G85 把当前坐标值读到由 G84 指定了起始地址的 H 寄存器中,同时 H 寄存器地址加一。

(11) 定时加工指令 G86。

G86 为定时加工。地址为 X 或 T,地址为 X 时,本段加工到指定的时间后结束(不管加工深度是否达到设定值);地址为 T 时,在加工到设定深度后,启动定时加工,再持续加工指定的时间,但加工深度不会超过设定值。G86 仅对其后的第一个加工代码有效。时分秒各 2 位,共 6 位数,不足补 0。

(12) G53,G87。

在固化的子程序中,用 G53 代码进入子程序坐标系;用 G87 代码退出子程序坐标系,回到原程序所设定的坐标系。

2. M 代码

M00:执行 M00 代码后,程序暂停运行,按 Enter 键后,程序接着运行下一段。

M02:执行 M02 代码后,整个程序结束运行,所有模态代码的状态都被复位,也就是说,上一个程序的模态代码不会影响下一个程序。

M05:执行 M05 代码后,脱离接触一次(M05 代码只在本程序段有效)。当电极与工件接触时,要用此代码才能把电极移开。

M98:其格式为"M98P××××L×××"。M98 指令使程序进入子程序,子程序号由"P××××"给出,子程序的循环次数则由"L×××"确定。

M99:表示子程序结束,返回主程序,继续执行下一程序段。

3. C 代码

在程序中,C 代码用于选择加工条件,格式为 C×××,C 和数字间不能有别的字符,数字也不能省略,不够三位要补"0",如 C005。各参数显示在加工条件显示区中,加工中可随时更改。系统可以存储 1000 种加工条件,其中 0~99 为用户自定义加工条件,其余为系统内定加工条件。

4. T 代码

T 代码有 T84 和 T85。T84 为打开液泵指令,T85 为关闭液泵指令。

5. R 转角功能

R 转角功能,是在两条曲线的连接处加一段过渡圆弧,圆弧的半径由 R 指定,圆弧与两条曲线均相切。程序指定 R 转角功能的格式有:

G01X _ Y _ R _;
G02X _ Y _ I _ J _ R _;
G03X _ Y _ I _ J _ R _;

6.1.5 数控电火花加工实例

1. 纪念币模具加工

(1) 零件的工艺分析。纪念币的纹路细,要求电极损耗小,另外要求光泽好。纪念币尺寸:ϕ38mm,型腔深 1.2mm,如图 6-6 所示。

(2) 选择设备。根据加工要求选择机床:三菱 M25C6G15 型。

(3) 加工工艺安排。①电极:选用电铸电极。②电极极性:"+"。③工件预加工:模板上下面平磨,

图 6-6 纪念币图例

四边平面用作定位面。④电极安装：以 ϕ9mm 铜柄作装夹柄并调整其垂直度，要求倾斜度小于 0.007mm。⑤排屑方法：两边喷射，压力 0.3MPa。⑥电条件选择：分粗、半精、精、光整四次加工。粗加工：峰值电流 10A，脉冲宽度 90μs，脉冲间隙 60μs，加工深度 1.0mm。半精加工：峰值电流 5A，脉冲宽度 32μs，脉冲间隙 32μs，加工深度 1.1mm。精加工：峰值电流 2A，脉冲宽度 16μs，脉冲间隙 16μs，加工深度 1.16mm。光整加工：峰值电流 1A，脉冲宽度 4μs，脉冲间隙 4μs，加工深度 1.2mm。

（4）加工程序。

```
G26Z;            电极与工件端面定位
G92XYZC;         机床各轴设零
G90F100;         绝对值加工，加工速度初设 100mm/min
M80M88;          充加工液并保持加工液高度
E9958;           取出数据库中的第 9958 号加工条件
M84;             打开加工电源
G01Z-0.9;        加工方向为 Z 向，深度 0.9mm
E9959;           切换电加工条件，代号为 9959
G01Z-1.08;       加工方向为 Z 向，深度 1.08
E9960;           切换电加工条件，代号为 9960
G01Z-1.2;        加工方向为 Z 向，加工深度为 1.2mm
M85;             关闭加工电源
M25G01Z0;        机床主轴 Z 回零
M81M89;          放加工液回油箱，取消加工液高度保证功能
M02;             程序结束
```

2. 冲模零件加工

冲模零件如图 6-7 所示，其外形已加工，余量均为 0.50mm，粗线为加工部位，工件的编程原点设在 ϕ30mm 孔的中心上方。确定走刀路线如图 6-8 所示，其加工程序见表 6-1。

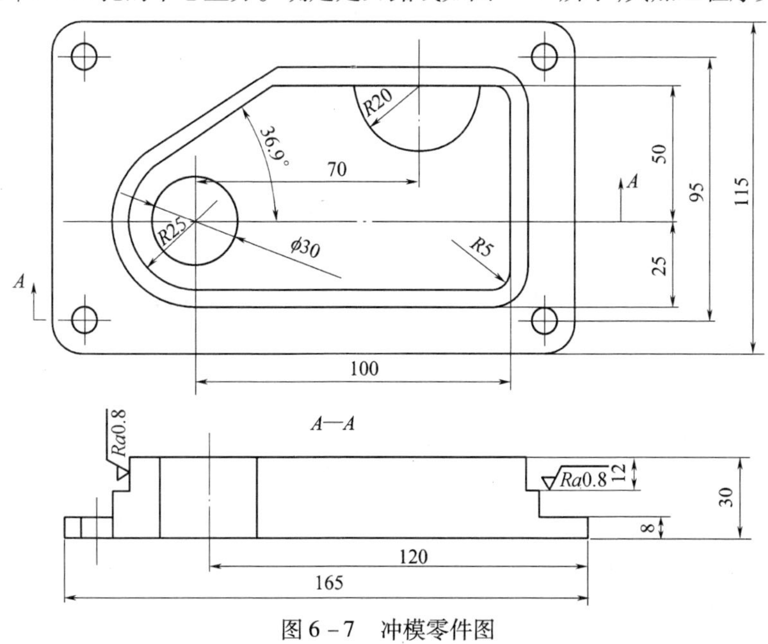

图 6-7　冲模零件图

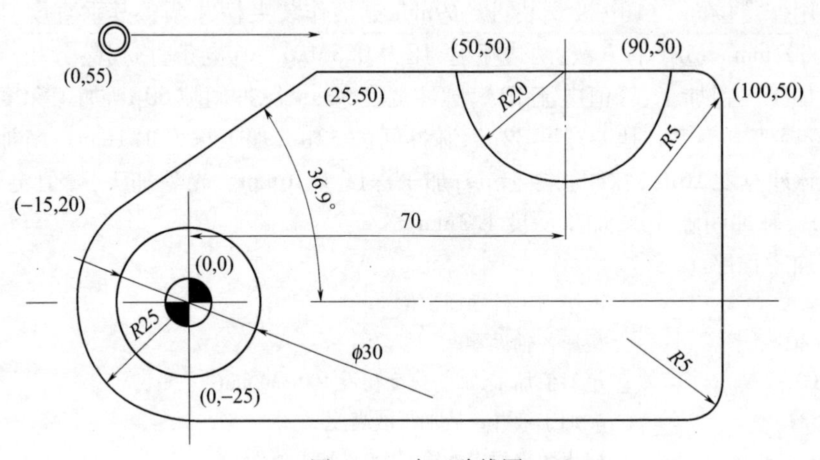

图 6-8　走刀路线图

表 6-1　加工程序

程序	注释
T84；	打开液泵
G90；	绝对坐标指令
G54；	工件坐标系 G54
G00 X0.0 Y55.0；	快速定位 X0.0 Y55.0
H097 = 5000；	电极补偿半径值
G00 Z-12.0；	快速定位 Z-12.0
M98 P0107；	调用子程序 107
M98 P0106；	调用子程序 106
M98 P0105；	调用子程序 105
M98 P0104；	调用子程序 104
G00 Z5.0；	快速定位 Z5.0
G00 X0.0 Y0.0；	返回工件零点
T85 M02；	关闭液泵及程序结束
N0107；	子程序 107
C107 OBT000；	执行条件号 107
G32；	指定抬刀方式为按加工路径的反向进行
G00 X0.0 Y55.0；	快速定位 X0.0 Y55.0
G41 H000 = 0.40 + H097；	电极左补偿 5.4
G01 X25.0 Y50.0；	加工
G01 X50.0 Y50.0；	
G03 X90.0 Y50.0 I20.0 J0.0；	
G01 X100.0 Y50.0 R5.0；	
G01 X100.0 Y-25.0 R5.0；	

（续）

程序	注释
G01 X0.0 Y-25.0;	
G02 X-15.0 Y20.0 I0.0 J25.0;	
G01 X25.0 Y50.0;	
G40 G00 X0.0 Y55.0;	取消电极补偿及快速定位 X0.0 Y55.0
M99;	子程序结束
N0106;	子程序 106
C106 OBT000;	执行条件号 106
G32;	指定抬刀方式为按加工路径的反向进行
G00 X0.0 Y55.0;	快速定位 X0.0 Y55.0
G41 H000=0.20+H097;	电极左补偿 5.2
G01 X25.0 Y50.0;	加工
G01 X50.0 Y50.0;	
G03 X90.0 Y50.0 I20.0 J0.0;	
G01 X100.0 Y50.0 R5.0;	
G01 X100.0 Y-25.0 R5.0;	
G01 X0.0 Y-25.0;	
G02 X-15.0 Y20.0 I0.0 J25.0;	
G01 X25.0 Y50.0;	
G40 G00 X0.0 Y55.0;	取消电极补偿及快速定位 X0.0 Y55.0
M99;	子程序结束
N0105;	子程序 105
C105 OBT000;	执行条件号 105
G32;	指定抬刀方式为按加工路径的反向进行
G00 X0.0 Y55.0;	快速定位 X0.0 Y55.0
G41 H000=0.10+H097;	电极左补偿 5.1
G01 X25.0 Y50.0;	加工
G01 X50.0 Y50.0;	
G03 X90.0 Y50.0 I20.0 J0.0;	
G01 X100.0 Y50.0 R5.0;	
G01 X100.0 Y-25.0 R5.0;	
G01 X0.0 Y-25.0;	
G02 X-15.0 Y20.0 I0.0 J25.0;	
G01 X25.0 Y50.0;	
G40 G00 X0.0 Y55.0;	取消电极补偿及快速定位 X0.0 Y55.0
M99;	子程序结束
N0104;	子程序 104
C104 OBT000;	执行条件号 104
G32;	指定抬刀方式为按加工路径的反向进行
G00 X0.0 Y55.0;	快速定位 X0.0 Y55.0
G41 H000=0.05+H097;	电极左补偿 5.1
G01 X25.0 Y50.0;	加工
G01 X50.0 Y50.0;	
G03 X90.0 Y50.0 I20.0 J0.0;	
G01 X100.0 Y50.0 R5.0;	
G01 X100.0 Y-25.0 R5.0;	

(续)

程序	注释
G01 X0.0 Y -25.0;	
G02 X -15.0 Y20.0 I0.0 J25.0;	
G01 X25.0 Y50.0;	
G40 G00 X0.0 Y55.0;	取消电极补偿及快速定位 X0.0 Y55.0
M99;	子程序结束

6.2 数控线切割编程

6.2.1 数控线切割机床简介

数控电火花线切割加工(Wire Cut EDM)与电火花成形加工一样,也是直接利用电能与热能对工件进行加工的,可加工一般切削加工方法难以加工的各种导电材料,如高硬、高脆、高韧、高热敏性的金属或半导体材料。作为机加工的重要补充之一,电火花线切割加工为新产品试制、精密细微零件和模具的制造开辟了一条新的途径,如冲压模具的凸凹模、电火花成形机床的工具电极、工件样板、工具量规和细微复杂形状的小工件或窄缝等,并可以对薄片重叠起来加工以获得一致尺寸。自20世纪50年代末开始应用以来,数控电火花线切割加工凭着自己独特的特点获得了极其迅速的发展,已逐步成为一种高精度高自动化的加工方法,目前已被广泛应用于仪器、仪表、电子、汽车等各种制造行业。

1. 加工原理

电火花线切割加工简称“线切割”。它是利用移动的细金属丝(电极丝)作为工具电极,并在电极丝与工件间加以脉冲电压,利用脉冲放电的腐蚀作用对工件进行切割加工的,其工作原理见图6-9。

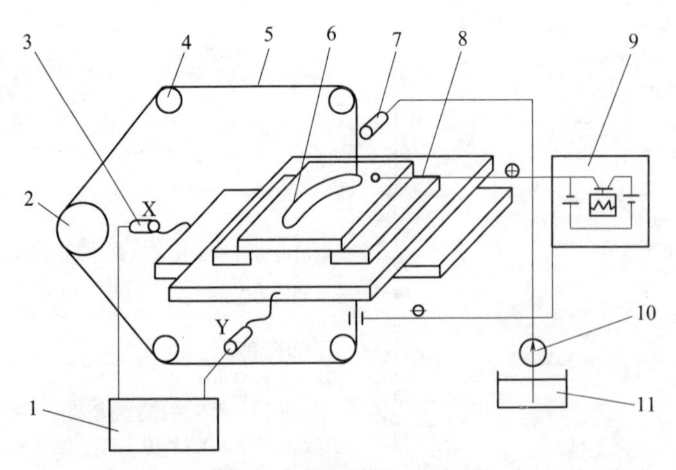

图6-9 线切割加工原理

1—数控装置;2—储丝筒;3—控制电机;4—导丝轮;5—电极丝;6—工件;7—喷嘴;8—绝缘板;9—脉冲电源;10—液压泵;11—工作液箱。

电火花线切割加工时,电极丝接脉冲电源的负极,经导丝轮在走丝机构的控制下沿电极丝轴向做往复(或单向)移动。工件接脉冲电源的正极,安装在与床身绝缘的工作台上，并随由控制电机驱动的工作台沿加工轨迹移动。

2. 线切割机床的组成

数控电火花线切割机床主要由床身、工作台、走丝机构、锥度切割装置、立柱、供液系统、控制系统及脉冲电源等部分组成。

(1) 床身是机床主机的基础部件，作为工作台、立柱、储丝筒等部件的支承基础。

(2) 工作台由工作台面、中拖板和下拖板组成。

(3) 走丝机构是电火花线切割机床的重要组成部分，用于控制电极丝沿 Z 轴方向进入与离开放电区域，其结构形式多样，根据走丝速度可分为快走丝机构和慢走丝机构。

快走丝机构主要由储丝筒(图 6－10)、走丝滑座、走丝电机、张丝装置(图 6－11)、丝架和导轮等部件组成。

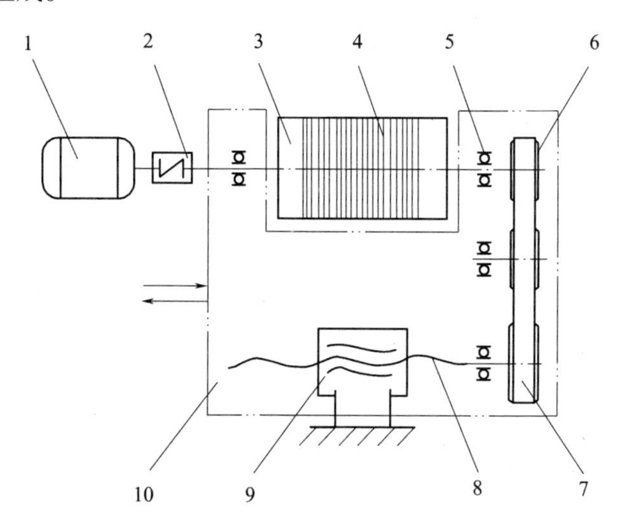

图 6－10　快走丝机构的储丝筒传动系统

1—走丝电机；2—联轴器；3—储丝筒；4—电极丝；5—轴承；
6—齿轮；7—同步齿形带；8—丝杠；9—床身螺母；10—走丝滑座。

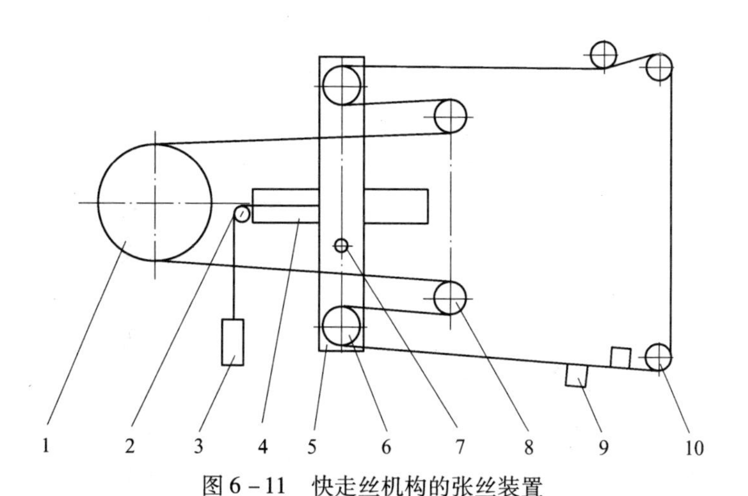

图 6－11　快走丝机构的张丝装置

1—储丝筒；2—定滑轮；3—重锤；4—导轨；5—张丝滑块；
6—张紧轮；7—固定销孔；8—副导轮；9—导电块；10—主导轮。

慢走丝机构主要包括供丝绕线轴、伺服电机恒张力控制装置、电极丝导向器和电极丝自动卷绕机构(图6-12)。

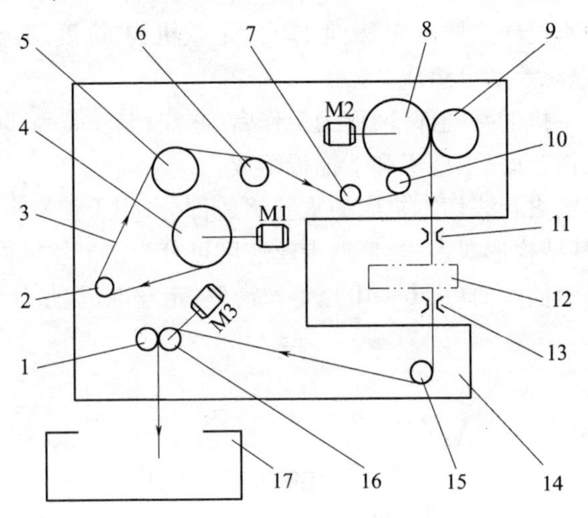

图6-12　慢走丝机构的组成

M1—预张力电机；M2—恒张力控制伺服电机；M3—电极丝自动卷绕电机；
1,9,10—压紧卷筒；2—滚筒；3—电极丝；4—供丝绕线轴；5,6,7,15—导轮；8—恒张力控制轮；
11—上导向器；12—工件；13—下导向器；14—丝架；16—拉丝卷筒；17—废丝回收箱。

(4) 锥度切割装置用于加工某些带锥度工件的内外表面,在线切割机床上广泛采用。

(5) 立柱是走丝机构、Z 轴和锥度切割装置的支承基础件,它的刚度直接影响工件的加工精度。

(6) 供液系统是线切割机床不可缺少的组成部分。电火花线切割加工必须在有一定绝缘性能的液体介质中进行,以利于产生脉冲性的火花放电。

(7) 控制系统是机床完成轨迹控制和加工控制的主要部件,现大多采用计算机数控系统。

(8) 脉冲电源是线切割机床最为关键的设备之一,对线切割加工的表面质量、加工速度、加工过程的稳定性和电极丝损耗等都有很大影响。采用脉冲电源是因为放电加工必须是脉冲性、间歇性的火花放电,而不能是持续性的电弧放电。如图6-13所示为脉冲周期波形。

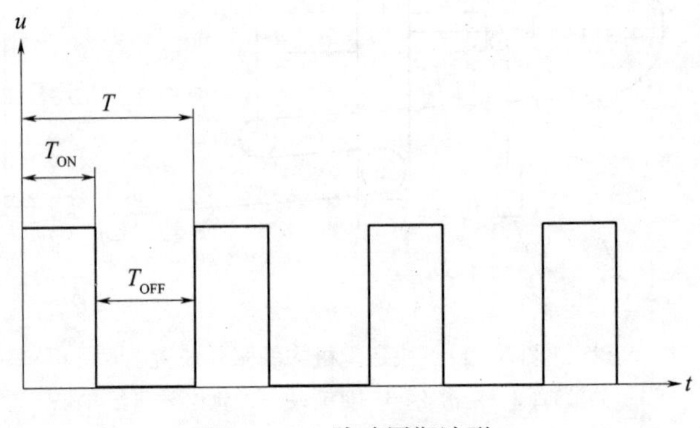

图6-13　脉冲周期波形

3. 数控线切割加工的应用

数控线切割加工为新产品的试制、精密零件及模具加工开辟了一条新的途径，如图6-14所示，主要应用于以下几个方面。

（1）线切割广泛用于加工硬质合金、淬火钢模具零件、样板、各种形状复杂的细小零件、窄缝等。如形状复杂、带有尖角窄缝的小型凹模的型孔可采用整体结构在淬火后加工，既能保证模具精度，也可简化模具设计和制造。

（2）在零件制造方面，可用于加工品种多、数量少的零件，特殊难加工材料的零件，材料试验样件，各种型孔、凸轮、样板、成型刀具，同时还可以进行微细加工和异型槽加工等。

(a) 各种零件的加工

(b) 冷冲凸模的加工

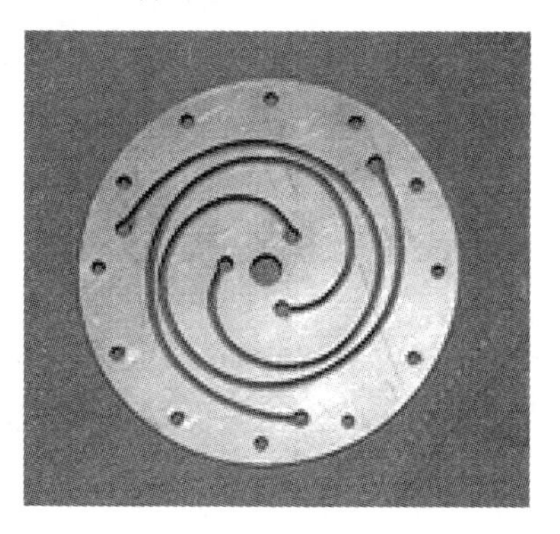

(c) 多孔窄缝加工

(d) 棱锥体形件

图6-14 线切割应用实例

（3）加工薄件时还可多片叠在一起加工。

（4）在试制新产品时，用线切割在板料上直接割出零件，由于不需另行制造模具，可大大缩短制造周期、降低成本。

6.2.2 数控电火花线切割加工工艺

数控线切割加工时，为了使工件达到图样规定的尺寸、形状位置精度和表面粗糙度要求，必须合理制定数控线切割加工工艺。只有工艺合理，才能高效率地加工出质量好的工件。数控线切割加工工艺过程如图6-15所示。

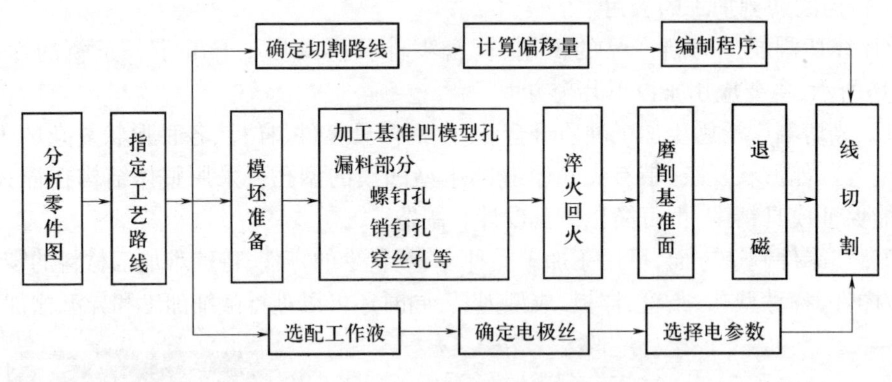

图 6 - 15　线切割加工工艺过程

下面就数控线切割加工工艺分析的主要问题进行讨论。

1. 零件图工艺分析

首先对零件图进行分析以明确加工要求。其次,对工件上已加工表面进行分析确定哪些面可以作为工艺基准,采用什么方法定位。线切割加工往往是最后一道工序,如果发生变形往往难以弥补。应在加工中采取措施。从而制订合理的加工路线。

2. 工艺基准的选择

(1) 分析选择主要定位基准以保证将工件正确、可靠地装夹在机床或夹具上。应尽量使定位基准与设计基准重合。

(2) 对于以底平面作主要定位基准的工件,当其上具有相互垂直而且又同时垂直于底平面的相邻侧面时,应选择这两个侧面作为电极丝的定位基准。

3. 加工路线的选择

在加工中,工件内部应力的释放要引起工件的变形,所以在选择加工路线时,尽量避免破坏工件或毛坯结构刚性。因此要注意以下几点:

(1) 避免从工件端面由外向里开始加工,破坏工件的强度,引起变形。应从穿丝孔开始加工。如图 6 - 16 所示,图(a)从工件端面由外向里开始加工(错误);图(b)从穿丝孔开始加工(正确)。

图 6 - 16　加工路线选择对比

(2) 不能沿工件端面加工,这样放电时电极丝单向受电火花冲击力,使电极丝运行不稳定,难以保证尺寸和表面精度。

(3) 加工路线距端面距离应大于 5mm,以保证工件结构强度少受影响而不发生变形。

(4) 加工路线应向远离工件夹具的方向进行加工,以避免加工中因内应力释放引起工件变形。待最后再转向工件夹具处进行加工。

(5) 在一块毛坯上要切出两个以上零件不应该连续一次切割出来,而应从不同穿丝孔开始加工。如图 6-17 所示,图(a)从同一穿丝孔开始加工(错误);图(b)从不同一穿丝孔开始加工(正确)。

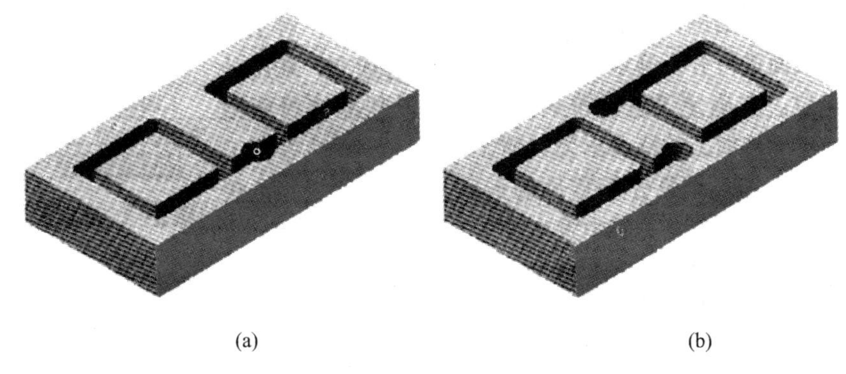

(a) (b)

图 6-17 加工路线选择对比

4. 确定穿丝孔的位置

穿丝孔的设置具有一定灵活性,应根据具体情况确定。

(1) 当切割凸模需要设置穿丝孔时,位置可选在加工轨迹的拐角附近以简化编程。

(2) 切割凹模等零件的内表面时,将穿丝孔设置在工件对称中心对编程计算和电极丝定位都较为方便。但切入行程较长,不适合大型工件采用。

(3) 在加工大型工件时,穿丝孔应设置在靠近加工轨迹边角处或选在已知坐标点上使运算简便,缩短切入行程。

(4) 在加工大型工件时,还应沿加工轨迹设置多个穿丝孔,以便发生断丝时能就近重新穿丝,切入断丝点。

5. 确定加工参数

加工参数主要包括脉冲宽度、脉冲间隙、脉冲频率、峰值电流等电参数和进给速度、走丝速度等机械参数。在电火花加工中,提高脉冲频率或增加单个脉冲的能量都能提高生产率,但工件加工表面的粗糙度和电极丝损耗也随之增大。因此,应综合考虑各参数对加工的影响,合理地选择加工参数,在保证工件加工精度的前提下,提高生产率,降低加工成本。

6.2.3 数控电火花线切割编程方法及加工实例

与其他数控机床一样,数控电火花线切割机床也是按预先编制好的数控程序来控制加工轨迹的。它所使用的指令代码格式有 ISO、3B 或 4B 等。目前的数控电火花线切割机床大都运用计算机控制数控系统,采用 ISO 格式,早期生产的机床常采用 3B 或 4B 格式。

1. ISO 代码格式

数控电火花线切割机床所使用的ISO代码编程格式与数控铣削类机床类似,具体可按机床说明书定义使用,表6-2是HCKX320A型机床的G,M功能定义,下面重点介绍一下线径补偿与锥度加工编程指令。

表6-2　G,M代码功能定义

代码	功　能	代码	功　能
G00	快速定位(移动)	G55	工件坐标系2选择
G01	直线插补	G56	工件坐标系3选择
G02	顺时针圆弧插补(CW)	G57	工件坐标系4选择
G03	逆时针圆弧插补(CCW)	G58	工件坐标系5选择
G05	*X*轴镜像	G59	工件坐标系6选择
G06	*Y*轴镜像	G80	接触感知
G07	*X*,*Y*轴交换	G82	半程移动
G08	*X*轴镜像、*Y*轴镜像	G84	微弱放电找正
G09	*X*轴镜像,*X*,*Y*轴交换	G90	绝对坐标
G10	*Y*轴镜像,*X*,*Y*轴交换	G91	相对坐标
G11	*X*,*Y*轴镜像,*X*,*Y*轴交换	G92	建立工件坐标系
G12	取消镜像	M00	程序暂停
G40	取消线径补偿	M02	程序结束
G41	线径左补偿　D补偿量	M05	接触感知解除
G42	线径右补偿　D补偿量	M96	主程序调用文件程序
G50	撤销锥度	M97	主程序调用文件结束
G51	锥度左偏　A角度值	M98	子程序调用
G52	锥度右偏　A角度值	M99	子程序调用结束
G54	工件坐标系1选择		

(1) 线径补偿指令G41,G42,G40

格式:G41 D_　/左补偿,D后为补偿量*F*的值

　　G42 D_　/右补偿,D后为补偿量*F*的值

　　G40　　/撤销补偿

由上一节补偿量的确定可知,电火花线切割加工时,为消除电极丝半径和放电间隙对加工尺寸的影响,需在编程时对工件尺寸进行补偿,偏移方向应视电极丝的运动方向而定。如图6-18所示,对于凸模类工件,顺时针加工使用G41,逆时针加工使用G42;凹模类工件正好相反,顺时针加工使用G42,逆时针加工使用G41。

(2) 锥度加工指令G51,G52,G50

格式:G51 A_　/锥度左偏,A后为锥度值

　　G52 A_　/锥度右偏,A后为锥度值

　　G50　　/撤销锥度

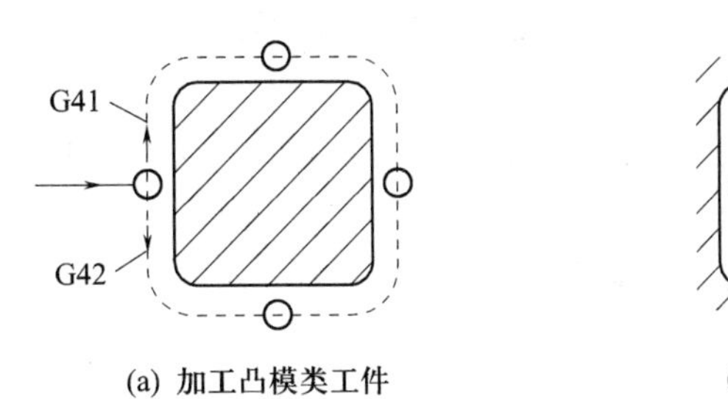

(a) 加工凸模类工件　　(b) 加工凹模类工件

图 6－18　线径补偿指令

当加工带有锥度的工件时,需使用锥度加工指令使电极丝偏摆一定角度。若加工工件上大下小称为正锥,加工工件上小下大则称为负锥。电极丝的偏摆方向也应视电极丝的运动方向而定。如图 6－19 所示,对于正锥加工,顺时针加工时使用 G51,逆时针加工使用 G52;负锥加工正好相反,顺时针加工使用 G52,逆时针加工使用 G51。

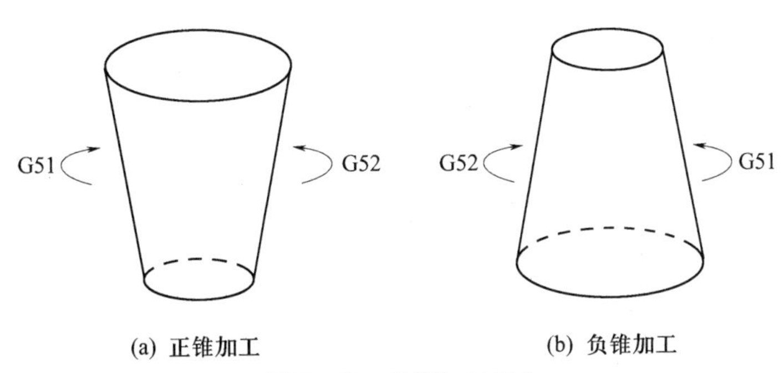

(a) 正锥加工　　(b) 负锥加工

图 6－19　锥度加工指令

锥度加工编程时应以工件下底面尺寸为编程尺寸,工件上表面尺寸由所加工锥度的大小自动决定。另外,在程序开头还必须输入下列参数,如图 6－20 所示:①上导轮中心到工作台面的距离 S(通过机床 Z 轴标尺观测得出);②工作台面到下导轮中心的距离 W(机床固定值);③工件厚度 H(通过实测得出)。

注意:在进行线径补偿和锥度加工编程时,进、退刀线程序段必须采用 G01 直线插补指令,并且进刀线与退刀线方向不能和第一条路径重合或夹角过小。

(3) 编程举例

如图 6－21 所示,加工一底面为 16mm × 16mm 的正方形四棱台(上小下大),锥度 A =

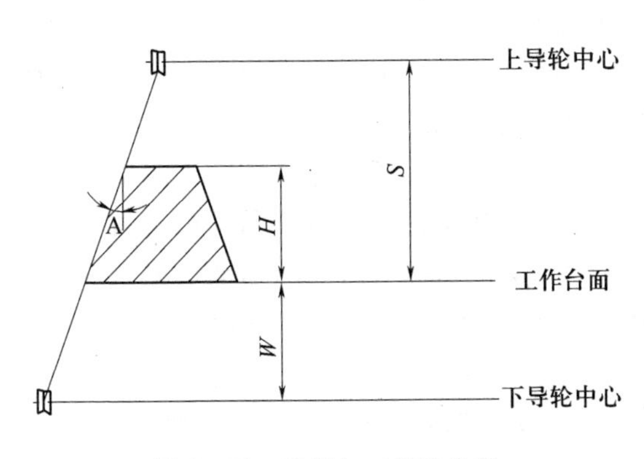

图 6－20　锥度加工编程参数

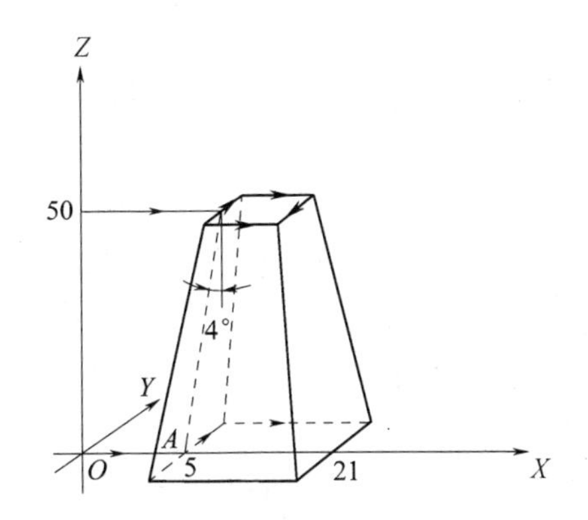

图 6－21　ISO 格式编程实例

4°,工件厚度 $H=50\text{mm}$,$S=90\text{mm}$,$W=60\text{mm}$,电极丝直径 $\phi=0.18\text{mm}$,放电间隙 $\delta=0.01\text{mm}$,试编写其加工程序。

以图中 O 点为加工起点,OA 为进刀线,按顺时针方向加工。工件上小下大,故锥度指令使用 G52,补偿指令使用 G41,补偿量 $F=0.18/2+0.01=0.1\text{mm}$。

程序清单:	说明:
G92 X0 Y0;	建立工件坐标系
W=60000	
H=50000;	工件厚度
S=90000	
G52A4;	右偏摆,角度 4°
G41D100;	左补偿,$F=0.18/2+0.01=0.1$
G01 X5000 Y0;	进刀线
G01 X5000 Y8000	
G01 X21000 Y8000	
G01 X21000 Y-8000	
G01 X5000 Y-8000	
G01 X5000 Y0	
G50;	撤销锥度
G40;	撤销补偿
G01 X0 Y0;	退刀线
M02;	程序结束

2. 3B,4B 代码格式

3B,4B 格式结构比较简单,是我国早期电火花线切割机床常使用的编程格式,目前仍在沿用,其中 4B 格式带有间隙补偿和锥度加工功能。下面对 3B 代码格式作一些简单介绍。

(1) 程序格式:

BxByBJGZ

其中:B 为分隔符,隔离 x,y 和 J 等数码,B 后的数字为 0(零)时,此 0 可不写;x,y 为指定直线的终点或圆弧起点的坐标值,编程时取绝对值,以 μm 为单位;J 为指定计数长度,亦以 μm 为单位,以前编程时必须填写满 6 位数,例如计数长度为 4560μm,则应写成 004560,现在的微机控制器无此规定,写成 4560 即可;G 为指定计数方向,分 GX 或 GY,即可按 X,Y 方向计数,工作台在该方向每走 1μm 即计数累减 1,当累计到计数长度 $J=0$ 时,这段程序即加工完毕;Z 为加工指令,分为直线 L 和圆弧 R 两类。

(2) 坐标值与坐标原点。坐标值 x,y 为直线段终点或圆弧起点坐标的绝对值,单位为 μm。3B 指令对每一直线段或圆弧建立一个基本的相对坐标,加工直线段时,坐标原点设在该线段的起点,x,y 为该线段的终点坐标值或其斜率,对于与坐标轴平行的直线段,x,y 取零,且可省略不写;加工圆弧时,以圆弧的圆心为坐标原点,x,y 为该圆弧的起点坐标值。

(3) 计数长度。计数长度是指加工轨迹(直线或圆弧)在计数方向坐标轴上投影的绝对值总和,亦以 μm 为单位,一般计数长度 J 应为 6 位,不够的前面补零。

(4) 计数方向。

计数方向是计数时选择作为投影轴的坐标轴方向。记作 GX 或 GY。无论是直线还是圆弧加工,计数方向均按终点位置确定。

① 直线加工。如图 6-22(a)所示,加工直线段的终点靠近哪个轴,计数方向就取该轴。若终点正好处在与坐标轴成 45°时,计数方向取 X,Y 轴均可。即

$|x|>|y|$时,取 GX;$|y|>|x|$时,取 GY;$|x|=|y|$时,取 GX 或 GY。

② 圆弧加工。如图 6-22(b)所示,加工圆弧的终点靠近哪个轴,计数方向就取另一轴。若终点正好处在与坐标轴成 45°时,计数方向取 X,Y 轴均可。即

$|x|>|y|$时,取 GY;$|y|>|x|$时,取 GX;$|x|=|y|$时,取 GX 或 GY。

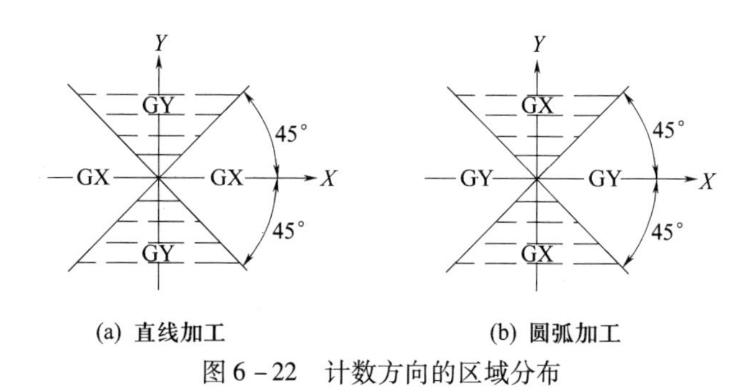

图 6-22　计数方向的区域分布

(5) 加工指令。

加工指令 Z 用来确定轨迹形状、起点或终点所在象限及加工方向等信息,共有 12 种加工指令。

① 直线加工指令共有 4 种,由直线段终点位置确定。如图 6-23(a)所示,当直线段的终点位于第Ⅰ象限或坐标轴 $+X$ 上时,记作 L1;当直线段的终点位于第Ⅱ象限或坐标轴 $+Y$ 上时,记作 L2;当直线段的终点位于第Ⅲ象限或坐标轴 $-X$ 上时,记作 L3;当直线段的终点位于第Ⅳ象限或坐标轴 $-Y$ 上时,记作 L4。

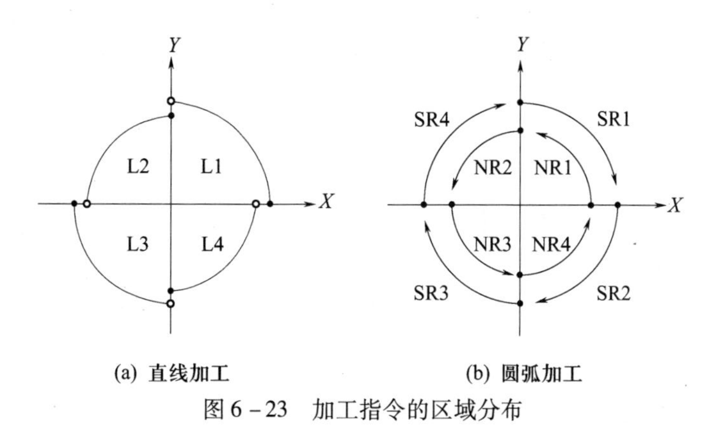

图 6-23　加工指令的区域分布

② 圆弧加工指令共有 8 种,由圆弧起点位置与加工方向确定。如图 6-23(b)所示,顺时针圆弧加工,当圆弧起点位于第Ⅰ象限或坐标轴 $+Y$ 时,记作 SR1,其他依次类推,分别记作 SR2,SR3,SR4;逆时针圆弧加工,当圆弧起点位于第Ⅰ象限或坐标轴 $+X$ 时,记作 NR1,其他依次类推,分别记作 NR2,NR3,NR4。

（6）编程举例。

设要切割图 6－24 所示工件，分析加工路线并编程。

该工件图形由三条直线和一条圆弧组成，故分四条程序编制：

（1）加工直线 AB。坐标原点取在 A 点，直线 AB 与 X 轴正好重合。程序为

BBB40000 GXL1

（2）加工斜线 BC。坐标原点取在 B 点，终点 C 的坐标值是 $x=10000$，$y=90000$。程序为

B1B9B90000 GYL1

（3）加工圆弧 CD。坐标原点应取在圆心 O，这时起点 C 的坐标为 $x=30000$，$y=40000$。程序为

B30000B40000B60000 GXNR1

（4）加工斜线 DA。坐标原点应取在 D 点，终点 A 的坐标为 $x=10000$，$y=90000$。程序为

B1B9B90000 GYL4

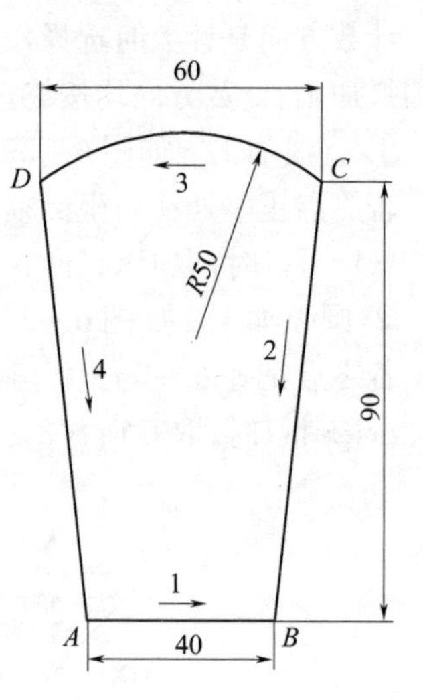

图 6－24　编程和工件图形

整个工件的程序见表 6－3。

表 6－3　程序

顺序	B	x	B	y	B	J	G	Z
1	B	0	B	0	B	40000	GX	L1
2	B	1	B	9	B	90000	GY	L1
3	B	30000	B	40000	B	60000	GX	NR1
4	B	1	B	9	B	90000	GY	L4

实际线切割加工和编程时，还要考虑钼丝半径 R 和单面放电间隙 δ 的影响。对于切割孔和凹体，应将编程轨迹减少距离 $R+\delta$，对于凸体，则应偏离增大距离 $R+\delta$。

6.3　数控磨床

数控磨床指采用数字控制装置或计算机进行控制的一种高效自动化机床。随着数控技术的发展，传统磨削机床越来越多地采用数控控制。本节首先介绍了数控磨床的一些共性问题，然后以数控光学曲线磨床、数控外圆磨床、数控坐标磨床为例，介绍数控磨削的加工和编程。

6.3.1　数控磨床简介

1. 数控磨床的组成及结构特点

1）组成

数控磨床是由数控系统和磨床本体两大部分组成。

磨床本体由磨床机械部件、强电、液压、气动、润滑和冷却系统等组成。

数控系统的核心是数控装置，数控系统主要是由程序、输入输出设备、数控装置（包括内置 PLC）、进给伺服系统、主轴伺服系统等部分组成。进给伺服系统又由进给驱动单元、进给电机和位置检测装置组成。主轴伺服系统由主轴驱动单元、主轴电机和主轴编码器组成。

数控系统一般由数控系统生产厂制造，机床制造厂将其连到磨床上。数控系统控制磨床的切削运动和顺序逻辑动作。控制磨床的顺序逻辑动作是数控系统通过 PLC（可编程机床逻辑控制器）或称 PMC（可编程机床控制器）（多为内置），经机床制造厂编制磨床的顺序逻辑控制程序，使之能执行顺序逻辑动作。另外，机床制造厂还需设置磨床的固有参数，使通用的数控系统个性化，实现数控系统与磨床的有机结合。

数控系统控制磨床对工件的切削运动和特定的顺序动作，是数控系统运行由磨床用户编制的零件加工程序实现的。所以，零件加工程序也是数控磨床不可缺少的重要组成部分。如果零件加工程序编不出来，则磨床便无法工作。

数控磨床的组成框图如图 6－25 所示。

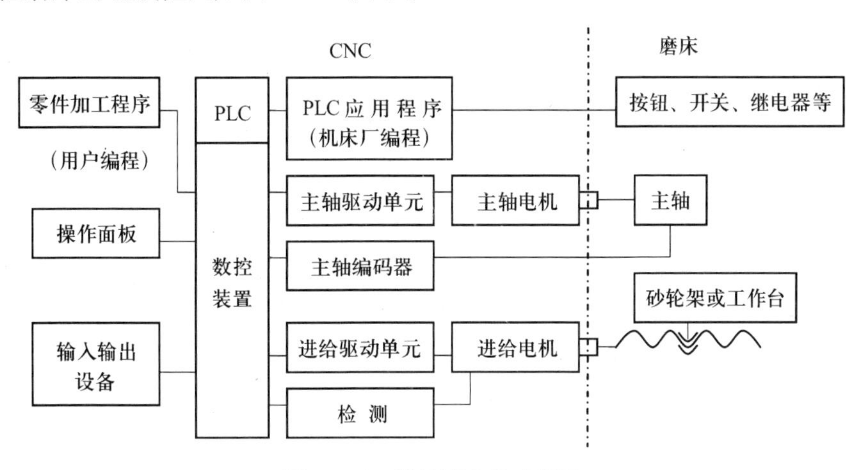

图 6－25　数控磨床组成框图

对螺纹磨床，主轴上必须安装编码器，以保证在磨削螺纹时，主轴与进给轴同步。凸轮磨床必须有 *C* 轴，以保证角度与向径的几何关系。工件旋转类磨床，砂轮也要旋转，以实现对工件的切削加工。

2）结构特点

（1）数控磨床砂轮主轴部件精度高、刚性好。砂轮的线速度一般为 30～60m/s，CBN 砂轮可高达 150～200m/s，最高主轴转速达 15000r/min。主轴单元是磨床的关键部件，对于高速高精度单元系统应具备刚性好、回转精度高、温升小、稳定性好、功耗低、寿命长、成本适中的特性。砂轮主轴单元的轴承常采用高精度滚动轴承、液体静压轴承、液体动压轴承、动静压轴承。近年来高速和超高速磨床越来越多采用电主轴单元部件。

（2）采用高精密进给单元。为适应精密及超精密磨削加工要求，采用低速无爬行的高精密进给单元。进给单元包括伺服驱动部件、滚动部件、位置监测单元等。进给单元是保持砂轮正常工作的必要条件，是评价磨床性能的重要指标之一。要求进给单元运转灵活、分辨率高、定位精度高、动态响应快,既要有较大的加速度,又要有足够大的驱动力。进给单元常用的方案为交、直流伺服电机与滚动丝杠组合的进给方案或直线伺服电机直接驱动的方案。两种方案的传动链很短,主要是为了减少机械传动误差。两种方案都是依靠电机来调速、换向。

(3) 磨床具有高的静刚度、动刚度及热刚度。砂轮架、头架、尾架、工作台、床身、立柱等是磨床的基础构件,其设计制造技术是保证磨床质量的根本。

(4) 磨床需要有完善的辅助单元。辅助单元包括工件快速装夹装置、高效磨削液供给系统、安全防护装置、主轴及砂轮动平衡系统、切屑处理系统、吸尘及吸雾清洁装置等。

2. 工作原理

数控系统运行零件加工程序,以实现数控磨床对零件的加工。

首先,数控系统将零件逐段译码,数据处理。数据处理又包括刀心轨迹计算和进给速度处理两部分。

系统将经过数据处理后的程序数据分成两部分。一部分是磨床的顺序逻辑动作。这些数据送往 PLC,经处理后,控制磨床的顺序动作。送往 PLC 的数据包括:

(1) 辅助控制功能(M 功能)。控制主轴旋转和停止,冷却液的开和关,以及磨床的其他开关动作,如卡盘和尾座的卡紧和松开,量仪的前进和后退等。

(2) 主轴速度控制(S 功能)。指令所选刀具到达工作位置。

(3) 刀架选刀功能(T 功能)。指令所选刀具到达工作位置。

另一部分是磨床的切削运动。程序数据经插补处理,位置控制,速度控制,驱动坐标轴进给电机,使坐标轴做相应的运动,带动砂轮做切削运动。为保证运动的连续性,要求系统要有很强的实时性,以保证零件的加工质量。这是数据控系统控制磨床的重要部分。

逐段处理,直到完成了一个完整的加工。运行框图如图 6 – 26 所示。

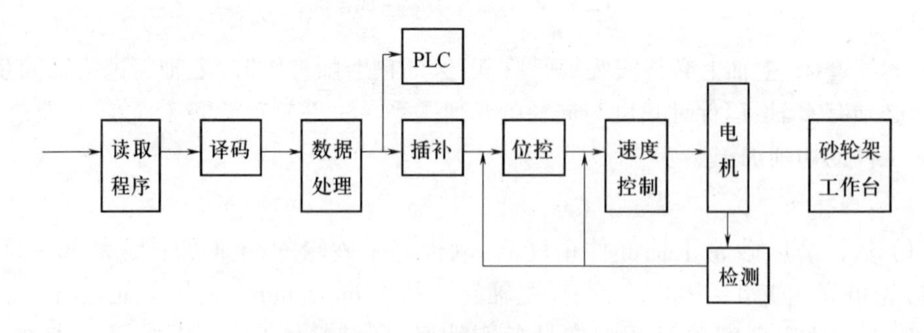

图 6 – 26 数控磨床工作原理框图

3. 数控磨床类型

数控磨床种类繁多。按磨床的工艺用途可分为数控外圆磨床、数控平面磨床、数控工具磨床等。按受控磨床的运动轨迹分为点位控制系统、直线控制系统、轮廓控制系统。按伺服系统的控制可分为开环控制、闭环控制、半闭环控制、混合控制等。常见的数控磨床如表 6 – 4 所列。

表 6-4　常见数控磨床

类　型		控制方式	用途特点
平面磨床	立轴圆台	点位,直线、轮廓	适合大余量磨削;自动修整砂轮
	卧轴圆台		适合圆离合器等薄形工件,变形小;自动修整砂轮
	立轴矩台		适合大余量磨削;自动修整砂轮
	卧轴矩台		平面磨、精磨,镜面磨削,砂轮修型后成形磨削;自动修整砂轮
内圆磨床		点位,直线、轮廓	内孔端面;自动修整砂轮
外圆		点位,直线、轮廓	外圆端面;横磨、纵磨、成形磨、自动修整砂轮;有主动测量装置
万能		点位,直线、轮廓	内、外圆磨床的组合
无心		点位,直线、轮廓	不需预车直接磨削;无心成形磨削
专用		点位,直线、轮廓	丝杠磨床、花键磨床、曲轴磨床、凸轮轴磨床等
磨削中心		点位,直线、轮廓	在万能磨床的基础上实现自动更换外圆、内圆砂轮(或自动上、下工件)

随着磨削技术的不断发展,现在已出现的组合磨床、磨削中心、强力磨床等新型数控磨床,如图 6-27、图 6-28 所示。它们很大程度上提高了磨床的加工性能。如 Zeus M2 新型双滑架磨床最多可以装 4 根磨轴。在 225°的回转范围内,可以转动到任意角度,定位精度为 ±0.001°。采用电动机驱动,当回转角度为 180°时,电动机从切削至切削所需要的时间可以达到 4s。加工轴颈时,可采用切断磨削,可以对任意宽度的轴径进行研磨。

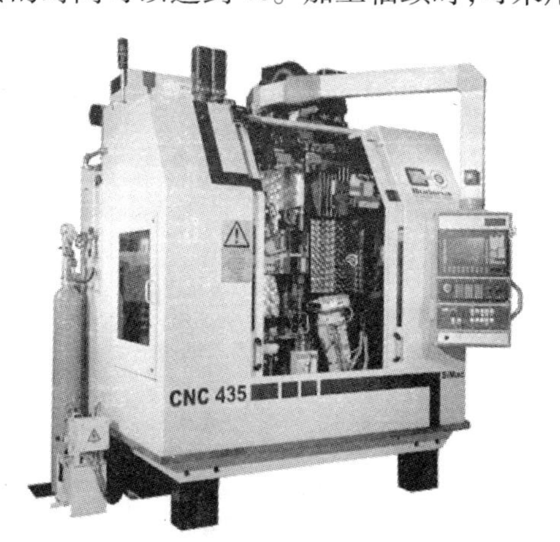

图 6-27　组合磨床

图 6-28　磨削中心

6.3.2　数控外圆磨削技术

由于在数控磨床的拥有量中数控外圆磨床占 50% 以上的比例,因此数控外圆磨床是用户考虑数控磨削时首选的一类工艺装备。

1. 数控外圆磨削的特点

数控外圆磨床与普通外圆磨床比较,在磨削范围方面,普通外圆磨床主要用于磨削圆柱面、圆锥面或阶梯轴肩的端面磨削。数控外圆磨床除此而外,还可磨削圆环面(包括凸

R 面和凹 R 面),以及上述各种形式的复杂的组合表面;在进给方面,普通外圆磨床一般采用液压和手轮手动调节进给,且只能横向(径向)进给和纵向(轴向)进给。数控外圆磨床除横向(X 轴)和纵向(Z 轴)进给外,还可以 2 轴联动,任意角度进给(切入或退出),以及做圆弧运动等,这些运动速度完全数字化,因此可以选择最佳的磨削加工工艺参数。

数控外圆磨床的工件主轴头和工作台一般可调整一定角度,用于磨削锥面或校正磨削锥度。主轴中心顶尖、尾座中心顶尖以及测量头等一般可手动和用 M 代码控制前进和后退。

数控外圆磨床砂轮头一般分直型和角型两种形式。直型适合于磨削砂轮两侧需要修整的工件,角型砂轮头一般偏转 30°角,适合于磨削砂轮单侧需要修整的工件,因此,在磨床选型时要考虑其适用范围。

2. 数控外圆磨削方式

1) 一般直轴外圆及轴肩端面的磨削

(1) 横向磨削。在需要磨削部分轴向尺寸小于砂轮宽度时,采用横向磨削的方法,一次切入完成粗磨、半精磨和精磨,整个磨削过程只有 X 轴运动。如图 6-29 所示,其横向磨削部分程序如下:

```
N10 G0 X20.6;                 快速趋近定位
N20 G1 G99 X20.35 F0.1;       空磨,F0.1 表示切入速度
N30   X20.18 F0.01;           粗磨
N40   X20.02 F0.006;          半精磨
N50   X20.0 F0.002;           精磨
N60 G4 U3.0;                  无进给磨削
N70 G0 X30.0;                 快速退回
```

其中 G0 快速趋近定位取值方法如下:

标称直径 + 磨削余量 + 黑皮厚 + (0.2 ~ 0.3) mm

(2) 纵向磨削。在工件需要磨削部分轴向尺寸大于砂轮宽度时,采用 Z 轴移动纵向磨削的方法。

在磨削余量较大的情况下,一般先分几次进行横向切入磨削,使工件纵向磨削的余量为 ϕ2mm ~ ϕ20μm,以提高磨削效率。

纵向磨削时,在工件两端砂轮不产生干涉时,一般砂轮应走出砂轮厚度的 1/3 左右。在单边发生干涉时,如果工件前一道加工工序未切出空刀槽,采用单边切入纵向磨削效果比较好,利于清除根部,见图 6-30。

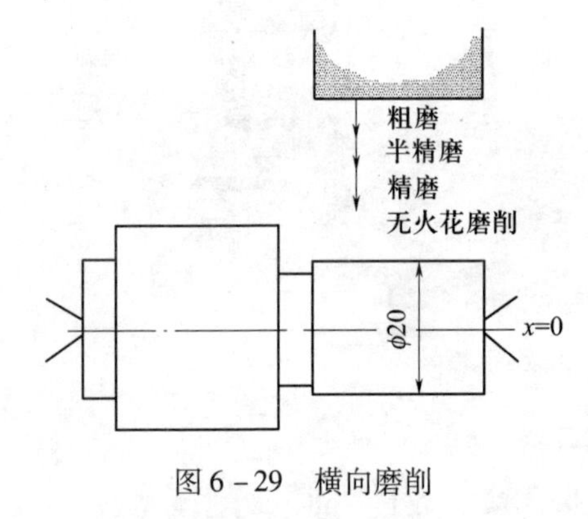

图 6-29 横向磨削

(3) 端面磨削。端面磨削一般采用角型砂轮。磨削方式一般与横向磨削方式相同。端面与外圆都需要磨削时,可采用 X,Z 轴联动,斜向切入的方法,以提高磨削效率。但端面磨削的接触面积较大,要注意磨削条件,防止发生烧伤。

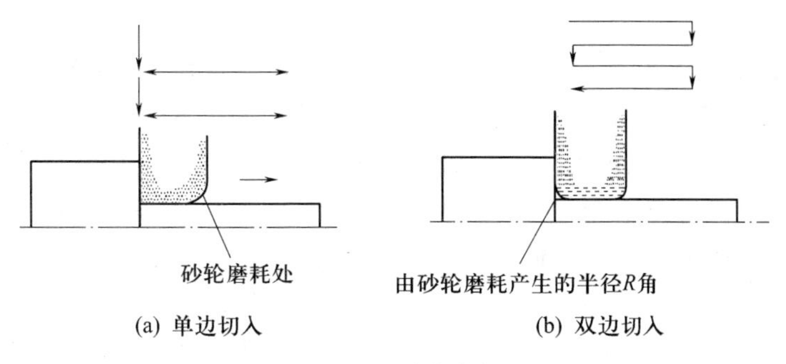

图 6-30　纵向磨削

图 6-31 所示为一个端面和外圆需要磨削的零件，外径余量为 ϕ0.3mm，端面余量为 0.08mm。磨削程序如下：

```
G1 G98 X20.6 Z0.2 F100;
G99 X20.35 Z0.1 F0.1;
X20.02 Z5 F0.005;
X20.0 Z0 F0.002;
G4 U4.0;
G0 X30.0 Z1.0;
```

如改用下面的程序进行加工，可使根部 R 最小，见图 6-32。

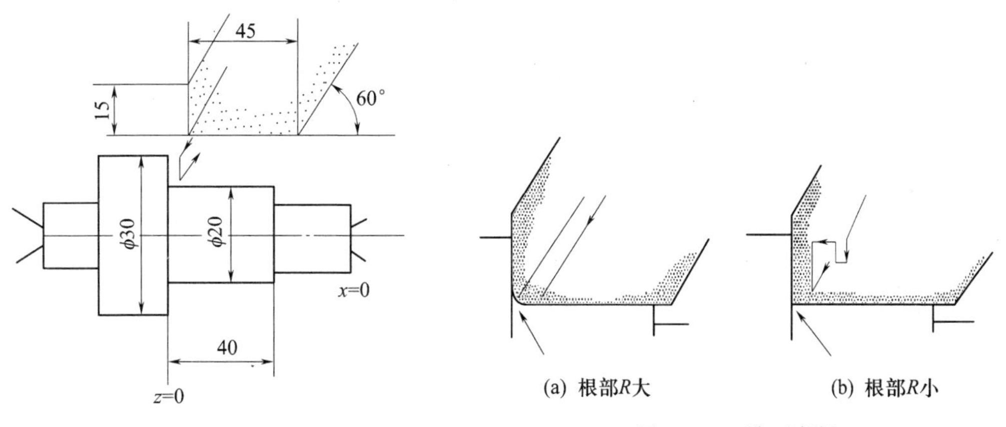

图 6-31　端面磨削

图 6-32　端面磨削

```
G1 G98 X20.6 Z0.2 F100;
G99 X20.35 Z0.1 F0.1;
X20.02 F0.008;
G4 U2.0;
U10;
Z5 F0.003;
Z0 F0.0015;
X20.0 F0.002;
G4 U4.0;
G0 X30.0 Z1.0;
```

2）复杂外圆形面的磨削

对复杂形状外圆的磨削，在普通外圆磨床上加工，一种方法是分别磨削外圆柱面、圆锥面、圆弧等表面，但这样很难达到同轴度、位置度等高精度的要求。另一种方法是成形磨削，但在普通磨床上砂轮要修整出精确的廓形很难。数控外圆磨床既有直线插补功能（可用于磨削圆柱面和圆锥面），又有圆弧插补功能（可磨削圆环面），因此在磨削复杂外圆型面时，这种数控磨床可充分显示和发挥其功能。其磨削加工方式主要有以下三种：

（1）砂轮沿零件表面走出轮廓形状。如图6－33所示这种方式可用来加工各种复杂形状的外圆表面，但这种方式必须使砂轮修得很尖，磨削时砂轮消耗快，尺寸精度不稳定。

（2）成形砂轮磨削。如图6－34所示这种方式是将砂轮修出零件轮廓形状，用成形砂轮趋近靠磨。这种方式适合于小于磨削砂轮宽度的各种形状的外圆表面磨削，砂轮磨损较均匀，各部分尺寸精度易于控制。

（3）复合磨削既有成型磨削又有沿廓形进给磨削。如图6－35这种方式适用于形状不一的、表面距离大于砂轮宽度时的磨削，要求相邻磨削表面加工时互不干涉。可根据不同精度要求，来选择各部分的磨削方式。

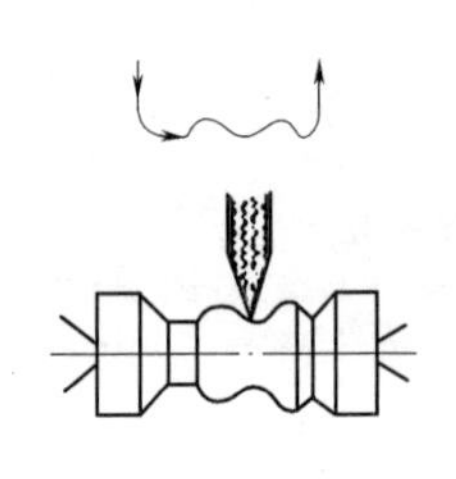
图6－33　磨削加工

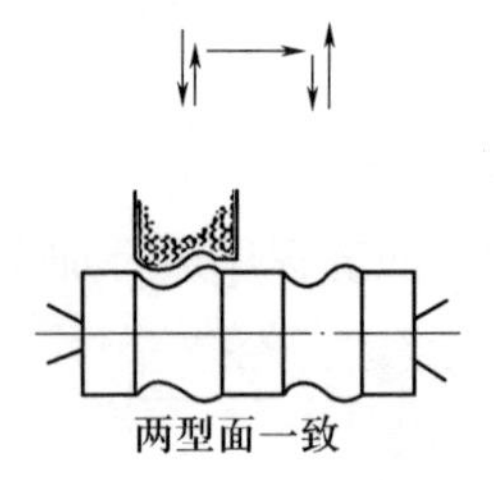

图6－34　成型磨削

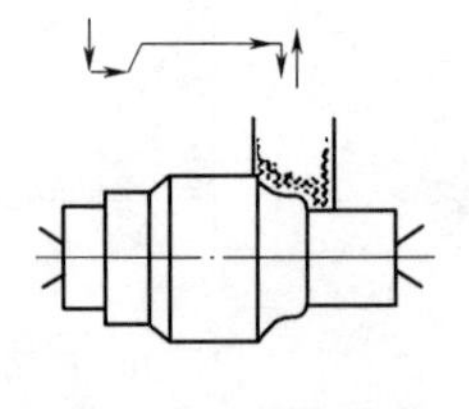
图6－35　复合磨削

3. 典型零件的加工实例

喷嘴阀（图6－36），是在数控外圆磨床上加工的一个较典型的零件。该零件要求圆柱面（ϕ10h5），圆锥面（⊲1:8）和圆弧面（R2.5），各处单边磨削余量0.1mm。

1）磨削工件工艺分析

该零件外圆$\phi10\text{h5}(^{\ 0}_{-0.006})$和锥面粗糙度$Ra$0.2μm，以及同轴度$\phi$0.005是磨削加工要求达到的重点。

因有同轴度的要求，所以要一次装夹完成外圆和锥面的磨削。根据喷嘴阀的结构形状，用M12×0.5螺纹与ϕ16侧面拧紧定位。磨削方法既可用平砂轮控制磨出圆柱面，再用直线插补走出圆弧面及锥面（图6－37），也可用数控将砂轮修整成喷嘴阀标准轮廓形状进行成形磨削（图6－38）。

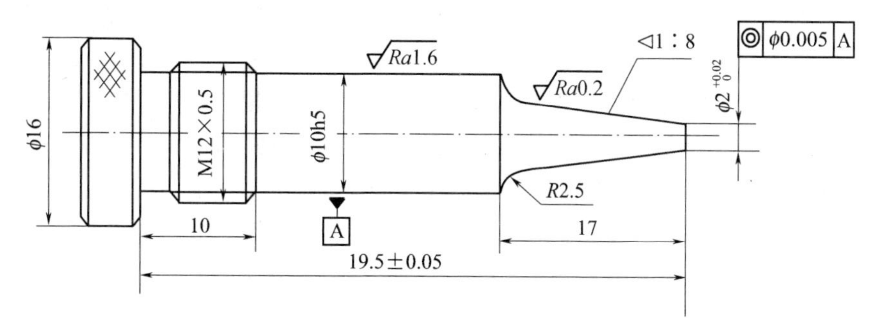

图 6-36　喷嘴阀

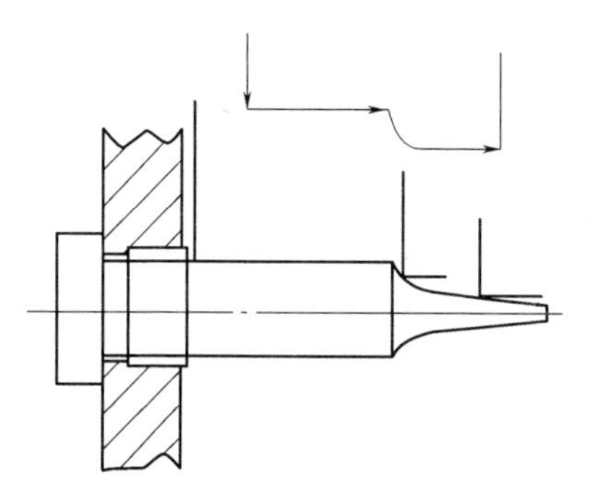

图 6-37　圆弧面及锥面加工

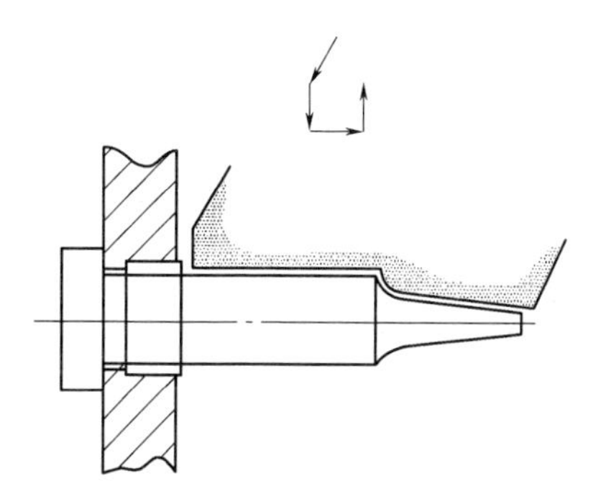

图 6-38　成形修磨

两种方案比较,用平砂轮磨圆弧与锥面,只有尖端磨削,接触面小,砂轮磨损快,锥面精度低,粗糙度差,因此不宜采用此方案。由于要磨削部分的长度不大,可以采用成形磨削的方式,各部分同时磨削效率高,各部分尺寸精度较一致,锥面部分的粗糙度值也会小。

2）磨削程序

该工件可在 GA5N 型数控外圆磨床上加工,数控系统为 FANUC-10T,并配有自动测量装置,砂轮运动轨迹如图 6-39 所示。磨削程序如下:

```
N1 G50 X200.0 Z0T0;
N10 G0 Z0.8 M13 S1;
    X30.0S4;
  G01 G98 X11.0 F300;
    G99 X10.5 Z0.4 F0.2 S5;
N15 X10.1 Z0 F0.01;
  X9.997 F0.005;
  G04 U5.0;(暂停,无火花磨削)
  G98 W2.0 F5;
    W5.0 F100;
  G00 X200.0 M12;
    G40 Z0T0;
M30;
```

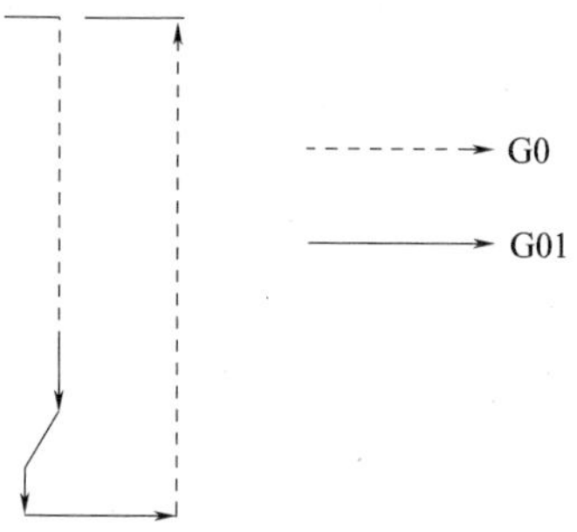

G0

G01

图 6-39　砂轮运动轨迹

这个程序基本上描述了磨削运动过程,但由于砂轮尺寸随着磨削过程不断变化,在批量加工中产生较大的累积误差,仅仅靠这个程序还不能保证零件的尺寸公差。无疑,采用直接测量磨削可以解决上述问题。该磨床配备了自动测量装置,与跳越功能 G31 配合进行直接测量磨削。当被磨削工作测量部分尺寸达到测量仪某设定值时,测量仪发出信号,正在执行的带 G31 的程序段则结束,跳越到下一程序段。因此,可以在程序段中给一个较大的相对值,在该程序段运动指令未执行完之前达到设定值,该段剩余运动量被忽略,进到执行下一程序段。三个值分别设为 1P = 0.04,2P = 0.005,3P = 0。程序从 N15 以下改为

```
    G01 X10.3 Z0.3 F0.02;
        X10.2 Z0 F0.01
        M21;
    G31 U-0.5 F0.005 M24;
    G31 U-0.4 F0.008;
    G31 U-0.1 F0.0002;
    M97;
N20 G50 X9.997 Z0T0;
N21 G04 P1000;
    G98 W2.0F5;
        W5.0 F100;
    M95;
N99  G0U5.0  M23;
    ……
```

程序中 M21 为测量头前进到测量位置的指令,M24 指令测量开始,M97 是对 G31 输出 3P 点信号检查指令,M95 为修整计数器减 1 指令,M23 指令测量头退回。

使用这个程序,一般可以使各零件间的公差控制在 ±0.001mm 之内。直接测量编程可按上程序中下边划"——"部分套用。

3) *修整砂轮程序*

砂轮在磨削一定数量的零件后,一方面由于磨耗,砂轮表面形状将有变化,另一方面砂轮变钝,切削能力下降,因此,需要对砂轮进行修整,打出形状正确、锋利的砂轮表面。

根据经验和实际测量情况,在修整计数器中设一数量值,每磨削一个零件,M95 指令使计数器减 1,计数器值变为 0 时,再循环启动程序,调用修整砂轮程序。

修整砂轮形状部分的子程序如下:

```
01001(DRESS,SUB);
  G0 W-50.0 T1;
  G1 G98 U-10.0 F300;
  G41 W10.0 F150;
    U-1.957 W15.656 F30;
G2 U-4.995 W2.344 R2.5 F50;
G1 U-1.16;
G40 U-0.9;
  U-0.1 F1.5;
G4 P100;
  U1.2 W0.6 F70;
  W-0.2;
```

```
U-0.2;
W22.6 F120;
U2.0 W-1.0;
U-27.0;
W5.0 F300;
G0 U43.112;
W-5.0T0;
M1;
M99;
```

该程序的运动指令为砂轮运动。实际情况是,金刚石修整器将砂轮修整成相反的形状(图6-40)。

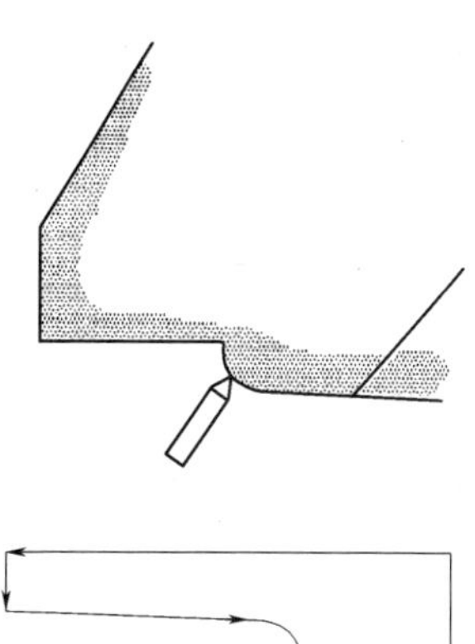

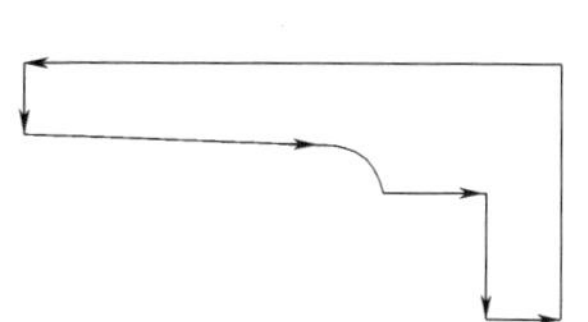

图6-40 砂轮修整运动轨迹

4) 使用变量编程

在调用修整子程序前,必须首先确定砂轮与金刚石修整器的相对位置。上面提到,修整后的砂轮相对工件的位置发生了变化,因此,在程序中使用变量可较容易地解决这一问题。

将磨削原点坐标输入变量#500,#501中,修整原点设在#505,#506中。安装新砂轮时,由砂轮尺寸及修整器两者相对磨床坐标系的位置,人为设定其值,在正常加工修整后,自动更改设定。

程序如下:

```
N900(DRESS);
  G28 U1 T0;
  G28 W1;
  G27 U0 W0;
  G0W#506M8; }(定位到修整原点)
  U#505;     }
  M96;(修整计数器复位)
  M1;
  G1G98 F300 T1;
  #510=0;
  #511=0;
N905#510=#510-0.03;
  #511=#511-0.01;
  (M99 P1);
N906 U-20 W-7;
M98 P1001;
N907U-10W-3M98P1001;
  G1 G98 F300 T0;
#505 =#5021; }(新的修整原点)
#506 =#5022; }
M1;
```

```
/M99 P905;
G0 U5.0 M9;
  Z0;
  X200.0;
  U#510 W#511;
G50 X200.0Z0;
  M30;
```

程序中#510,#511 用于修整量累加补偿,砂轮修整后回到工件加工原点。如果在M30 前加程序段 M99P1,则直接进行磨削加工。

修整砂轮程序的调用有两种方式:①选择跳越开关 OFF,在程序中有/M99P900 程序段,程序转到 N900 修整程序;②在磨削程序中加有 M95 指令,每执行一次磨削程序,修整计数器的值被减 1,当该值变为 0 时,选择跳越功能被忽略,则执行 M99P900 程序段,对砂轮进行修形,在修整程序中有 M96 指令,使修整计数器复位(回到原设定值)。在修整程序中,程序段/M99P905 为当一次修整不理想,要继续进行修整时,将选择跳越开关 OFF,直到修整满意,再选择跳越开关 ON,结束修整。修整量由#510 和#511 进行累加,可用于显示总修整量和进行补偿量计算。正常加工过程中,选择跳越开关保持 ON。恰当地在程序中使用变量,可使程序更完美。

主程序流程图(图 6-41)及主程序如下:

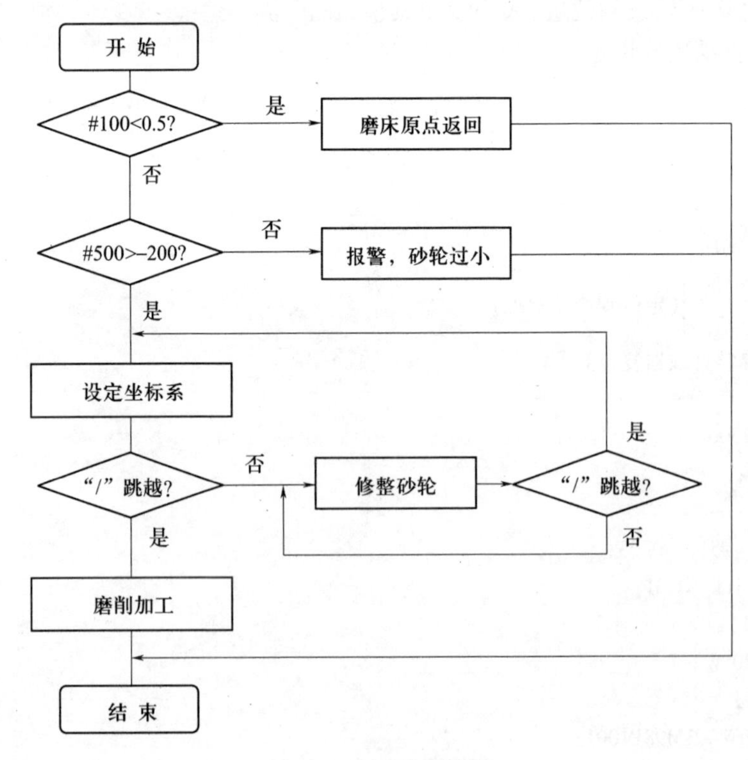

图 6-41 主程序流程

主程序

01000

```
IF[#100 LE 0.5] GOTO 200;
IF[#500 GT -200.0]GOTO 1;
#3000 = 1(ALLAM DISPLAY);
N1 G50 X200.0 Z0 T0;
/M99 P900;
N10 G0 Z0.8 M13 S1;
    X30.0 S4;
  G1 G98 X11.0 F300;
  G99 X10.5 Z0.4 F0.2 S5;
/(NO  SIZZING);
/X10.1Z0F0.01;
/X9.997F0.005;
/G4U5.0;                  (无测量磨削,用于首件调试)
/M1;
/M99P20;
  X10.3 Z0.3 F0.02;
  X10.2 Z0 F0.01;
  M21;
  G31 U-0.5 F0.005 M24;
  G31 U-0.4 F0.0008 M20;
  G31 U-0.1 F0.0002 M20;
  M97;
N20 G50 X9.997 Z0 T0;
N21 G4 P1000;
    G98 W2.0 F5;
        W5.0 F100;
    M95;
N99 G0 X200.0 M12;
    G40 Z0 T0;
    ;
    #500 = #5021;
    #501 = #5022;
M30;
  ;
N900(DRESS);
  G28 U1 T0;
  G28 W1;
  G27 U0 W0;
  G0 W#506 M8;
  U#505
  M96;
  M1;
  G1 G98 F300 T1;
```

```
  ;
  #510 = 0;
  #511 = 0;
N905 #510 = #510 - 0.03;
    #511 = #511 - 0.01;
N906 U - 20W - 7M98 P1001;
N907 U - 10 W - 3 M98 P1001;
  G1 G98 F300 T0;
  ;
  #505 = #5021;
  #506 = #5022;
  M1;
/M99 P905;
  ;
  G0 U5.0 M9;
  Z0;
  X200.0;
  U#510 W#511;
  G50 X200.0 Z0;
M30;
  ;
N200 G28 U1 T0;
  G28 W1;
  G27 U0 W0;
  G0 W#501;
  U#500;
  #100 = 1;
  G50 X200.0 Z0 T0;
  M30;
```

N200以下为自动返回磨床原点,再回到加工起点部分的程序。编程时要注意,返回磨床原点要先走 *X* 轴,去加工起点要先走 *Z* 轴,不要联动,这样可避免砂轮与尾座、修整器或夹具间产生干涉。

6.4 数控激光加工技术

激光,英文LASER。LASER是从英文原意"Light Amplification for Stimulated Emission of Radiation"中抽取每个单词的首字母构成的一个合成词。顾名思义,激光是一种受激励的、亮度极高的光源,而激光器则是用来产生激光的装置。

自20世纪60年代初第一台红宝石激光器问世以来,激光技术已经取得了飞速发展。激光技术是21世纪的四大高新技术之一。它在工业、农业、国防、医疗、通信和科学研究等各个领域方面均已得到越来越广泛的应用。在工业上,激光可以用来进行切割、打孔、焊接、热处理和度量检测,还可以用来制造大规模集成电路的高密度存储芯片、存储光盘和激光唱片等。本节将主要介绍激光的基本原理及其在切割焊接和热处理方面的具体应用。

6.4.1 激光产生的原理及特点

我们知道,任何物质均是由原子构成的,而原子又是由原子核和绕核电子组成。原子的内能等于电子绕核运动的动能和电子与原子核间相互吸引的位能之和。按照量子力学的观点,核外电子只能处在某些能量不连续的能级轨道上,其中能量最低的一个叫基态(图6-42)。处于较高能态的原子一般是不大稳定的,它总是试图回到能量较低的能态上。原子从能级较高的能态跃迁到能级较低的能态时,常会以光子的形式辐射出光能量,放出光子的能量等于两能级之差,相应的光子的频率也由两能级之差决定。

举一个通俗易懂、形象生动的例子,有助于读者更进一步地了解激光的产生原理。假定激光是由一大群光子组成,被束缚在一个封闭的黑屋(此处指谐振腔,见图6-43)中,由于"暗无天日",个个想早日逃离黑屋,因而你推我攘、四处碰壁。如果此时四周都打开大门敞开放行,那么由于分流效应,各个方向均有光,光的强度不会很高,方向性也不会很好,这就是我们所说的自发辐射。假如我们只打开一小扇门,那么里面的光子们就会"夺路而出",因而就会在此方向上出现一长串排列整齐的光子,这样就会形成定向的光束。如果源源不断地向屋内补充光子的话(即外界不断泵浦激励),那么就会发生连续不断的激光。

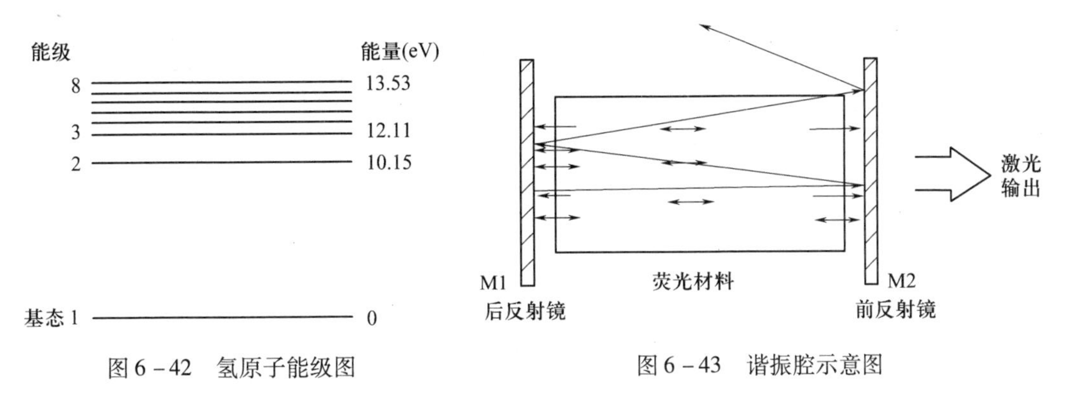

图6-42 氢原子能级图　　图6-43 谐振腔示意图

激光除具有一般光的一些固有特性(如反射、折射等)外,它还具有高亮度、方向性和单色性好等特点。

6.4.2 激光加工工艺及特点

激光加工工艺包括激光切割、激光焊接及激光热处理,这三种激光加工工艺都是利用激光束的高能量密度来实现的。

激光焊接是将高能量密度的激光束直接辐射到材料表面,通过激光与材料的相互作用,使材料局部熔化,以达到焊接的目的。激光焊接的主要优点有熔深大,焊接速度高,焊缝深宽比大,热影响区小,变形小,可实现异种材料间焊接,且易于实现自动化。

激光热处理是将激光束直接辐照到材料表面,使其达到相变温度,并通过材料自身的冷却能力快速冷却,实现材料的相变硬化。其工艺特点是加热速度快,冷却速度快,组织细,硬度高,零件变形小,易于实现自动控制。

激光加工具有如下一些特点:

(1) 功率密度高，几乎可以加工所有的材料，包括绝大多数金属、非金属和普通方法难以加工的高硬度、脆性大、难熔的金刚石、陶瓷等材料；

(2) 加热速度快、效率高，热影响区小、材料变形小、不影响基体材料的性能；

(3) 属于无接触加工，无刀具磨损，它甚至可以透过透明材料对内部进行加工而不损坏透明材料；

(4) 激光束的电调制方便，易于实现计算机数字控制自动化操作，可以精确加工各种复杂形状的工件。

由于激光加工具有以上这些特点，近年来激光加工在国内外各个行业都得到飞速发展。自20世纪80年代初以来，欧美西方世界的汽车行业、模具制造业和工艺美术品加工业都采用了激光加工，效果十分理想。

6.4.3 数控激光加工程序的编制

数控机床加工必须是在编制的程序控制下进行，因此没有正确的程序，加工机床的诸多功能就无法体现出来。据资料介绍，程序的编制和试加工，一般要占到总加工工时的10%～15%。因此，如何准确、迅速地编制工件的加工程序也是激光加工中不可忽视的一个问题。以下主要介绍手工程序编制的基本方法和技巧。

1. 编程前的准备工作

编程前的准备工作是十分必要的。完善的前期准备工作，可以降低编程员在编程中出错的可能性。不论是手工编程还是自动编程，编程前均要做好完备的前期准备工作。

首先，必须通览图纸，选择合适的编程坐标系。本章前面已经提到，编程坐标系的选取并不影响加工工件的外形，而只会影响编程员的编程效率。一般的选择原则是：对称的工件尽可能选择正中心作为编程坐标原点；不对称的工件尽可能选择与之相关尺寸较多的点作为原点（一般选择工件图纸的左下角）。如图6－44尽可能选择图中 O_1 点作为坐标原点；图6－45尽可能选择图中 O_2 点作为坐标原点。

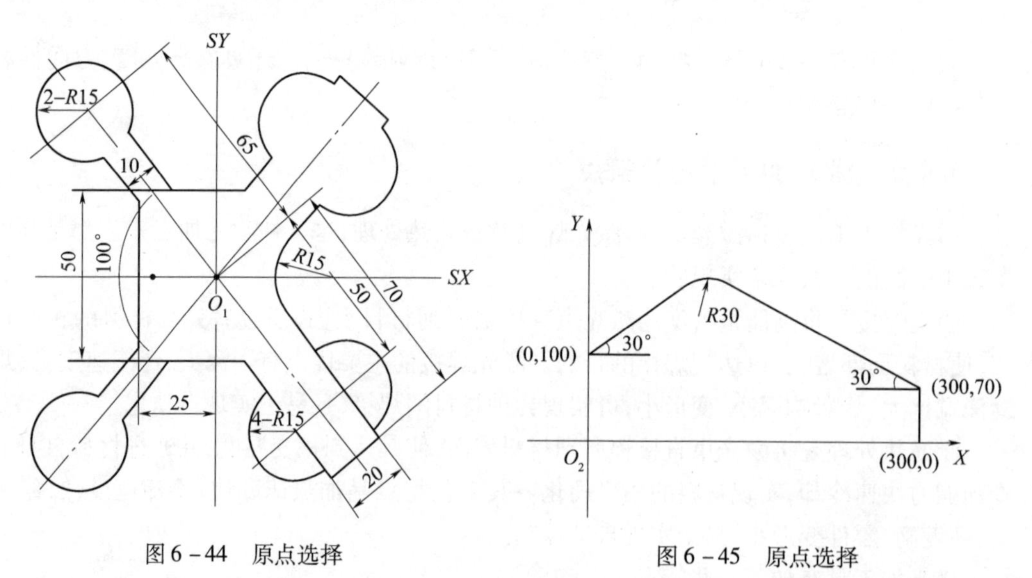

图6－44　原点选择　　　　图6－45　原点选择

坐标系选定以后,就要将一些没有直接尺寸标注的坐标先换算出来。比如图纸中只标定了一个长方形的中心坐标,那么四个顶点的坐标值就要预先用加减法计算得出。对于带公差的尺寸也要换算出来,换算的依据就是取中间公差。比如某长度尺寸标注为 1800_{0}^{+2},那么就要选择 1801 作为编程尺寸。以上这些步骤对于手工编程尤为重要,它可以减轻编程人员很大一部分的计算工作量,降低编程的出错率。对于没有表达式输入功能的自动编程系统,上述准备工作也是必要的。

然后要通盘考虑加工的先后顺序问题,按照“先内形,后轮廓”的总原则,对于内型腔的加工要注意路径的优化,要尽可能选取最短的加工路径。如图 6-46(a)的加工路径较图 6-46(b)的加工路径要减少近 1/3。可见路径的选择正确与否决定着生产效率的高低。同时还要注意内型腔和外轮廓的加工方向最好相反,特别是在进行切缝补偿时一定要注意这一点,否则会影响到加工工件的尺寸。

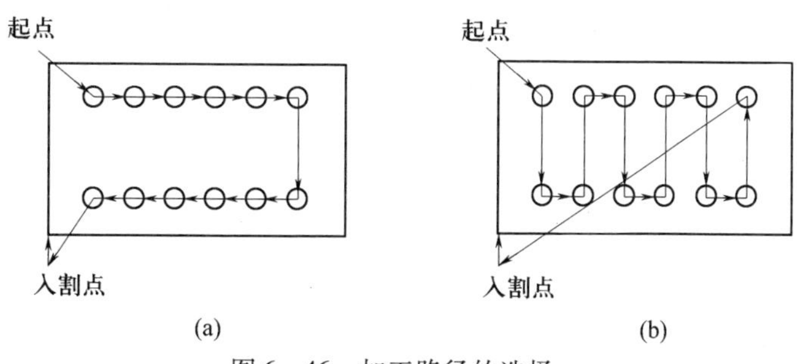

图 6-46 加工路径的选择

2. 手工编程

编程准备完成后就可以进入手工编程了。首先必须按照固定的格式写入头几段程序,比如在 SPECTRUM-820 激光切割机的程序中,第一行必须先写入一个左括号“(”,然后再写入程序号“*”;第二行也要以一个左括号开头,再加上一段说明作为程序标题,如“TXJ3-01-02 L-F-R 1993.3.10”;第三行必须指明采用的是绝对值编程方式还是增量编程方式,分别用 G90 和 G91 加以识别,并且还必须指明是采用米制还是英制编程,分别用 G71 和 G70 加以识别,比如 G71G90 表示采用米制绝对方式编程;第四行要给出加工的进给速度,例如 F2000.0;第五行是起始点的坐标值,如“G50X-3. Y103.”。以上五行结束后才能正式进入几何编程。

以下是一份完整的程序开始清单:

```
(100
(SS4  1000*500*2.5mm1992-3-9  M-W-P
G71G91
F3500.0
G50X0. Y0.
```

SPECTRUM-820 的几何指令很简单,直线加工指令格式为 G1X×Y×;直线定位指令格式为 G0X×Y×;圆弧加工指令格式分别为:顺圆 G2X×Y×I×J×,逆圆 G3X×Y×I×J×。式中 X、Y 后接的×,在绝对编程方式下表示终点的绝对坐标值;在增量方式下,表示终点相对于起点的增量坐标值。I、J 后接的×表示圆心相对于圆弧起点的相对坐标值。图 6-47 给出了这些指令的定义图。

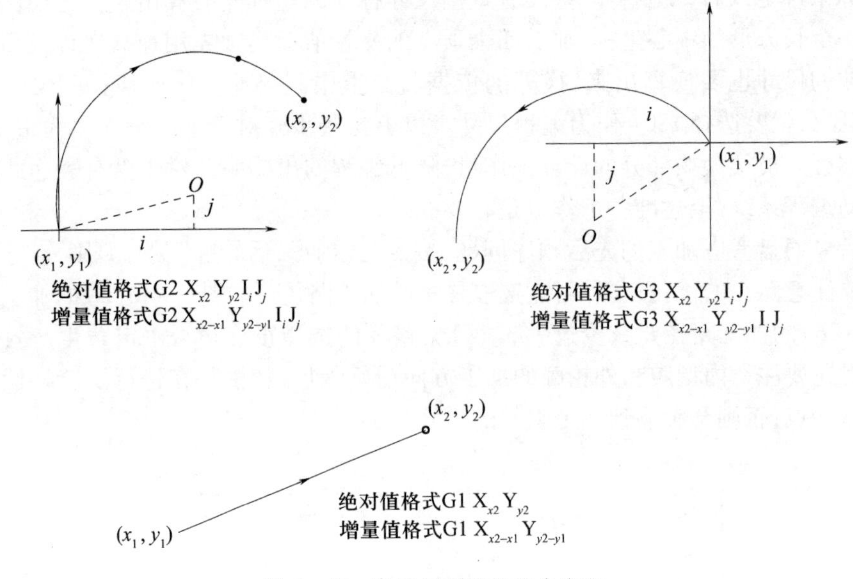

图 6-47　激光切割机的指令定义

辅助功能指令 M 是有限的,主要有开关指令 M10、暂停指令 M00、提刀指令 M16、落刀指令 M15 等,它们主要用于控制切割机的一些非几何动作,编程员最好也要熟记这些指令。在手工编程结束后,编程员最关心的是所编程序是否符和要求。对于几何指令而言,就是每一指令对应的坐标值与图纸上的值是否吻合,圆弧指令是否满足起始点和终点与圆心点的距离一致,这一点是最容易产生错误的。如果每一加工轨迹的坐标值与图纸不符,就会出现废品,而如果编制的程序的起点和终点与圆心点的距离不一致,上机加工时就会导致加工检验出错、加工程序死锁,也浪费加工钢材。因此手工编程后的检验是十分必要的。

3. 程序检验

编制出来的程序,无论是手工编制的,还是自动编程编制的,均要进行检验。对手工编制的程序主要进行各点坐标值检查和圆弧端点坐标检查,即检查起点相对于圆心点的距离与终点相对于圆心点的距离是否相等;对于自动编程主要进行各点坐标值检查,确保每点的坐标与图纸上对应点一致。

为了解决程序检验这一难关,有的用户专门编制了一套在 IBM 个人计算机及其兼容机上运行的通用检验软件,只要编程员将程序存入某一文件,就可以调出进行模拟加工,可将加工图形单段或连续地画出,从中既可以显示每一点相应的坐标值,又可以检查每段圆弧端点的编程正确性,还可以打印出加工程序检查清单和图形样单。这一改进大大地降低了编程出错率,减轻了编程人员的劳动强度。

最终的程序检验还需在加工机床上进行。每次换用新的加工程序,必须先经过一次刻线试加工,采用小功率、空气吹气进行刻线检查,只有当加工尺寸满足图纸尺寸要求后才能进行正式加工。

4. 编制激光加工程序实用技巧

为了准确、快速地编制出加工程序,在编程中要注意运用一些技巧,这些技巧是现场编程人员在长期编程中总结出来的。下面分别就手工编程中应用到的一些技巧做详细阐述。

手工编程主要应着眼于坐标值计算，包括定位点坐标、交点坐标和切点坐标计算，其中最难的在于切点坐标计算。常用的切点计算有许多种情况，比如求两已知圆的过渡圆的切点，求两已知线的过渡圆的切点等。这些切点的计算都是相当麻烦的，可以通过几何作图投影计算或解析几何方程求得。为了减轻编程工作量，编程员最好预先将所有可能的求切点坐标的公式一一开列出来。

在手工编程过程中，为了减少定位出错，对于定位移动指令 G0 最好采用绝对坐标方式。比如加工完一个内型腔后再次定位至一内型腔加工时，最好在程序中将坐标方式改为绝对方式，这样利于检查和修改内型腔的位置。加工内型腔最好采用增量坐标方式，这样利于检查和修改局部内型腔的加工程序。如图 6－48 定位内型腔 1 和 2 时可采用绝对坐标定位，然后再采用增量方式编内型腔程序。

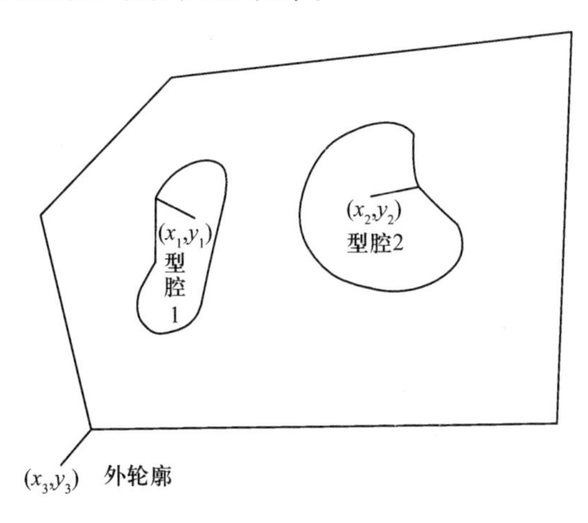

图 6－48　绝对坐标与增量坐标的选用

此外，对于有相同形状的内型腔最好采用定义子程序的方法编程，只要将子程序编制正确，再在相应的位置加以调用、镜像和旋转，这样就可以降低重复编程时的差错，减少编程时间，利于检查程序的正确性。如图 6－49 所示，只要编制一个方框的加工程序，然后再在相应的点位置加以旋转、调用，就可以大大简化编程。这样大约可以节约 4/5 的编程时间，程序也简捷易读，而且不容易出错（参见 6.4.4 编程实例）。从程序长度上来看，采用子程序编制还可以大大减少程序段数，使得激光加工机床在有限的用户存储区内存放更多的加工程序。

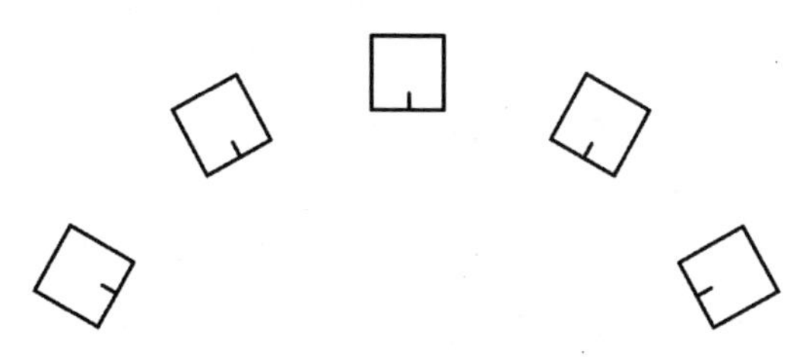

图 6－49　子程序的应用

第7章 自动编程

7.1 自动编程概述

7.1.1 自动编程的概念

在数控加工中,加工程序编制的工作量很大。对于外形较简单或计算工作量不大的零件程序编制,手工编程简便、易行。但是对于几何形状复杂,或者虽不复杂但程序量很大的零件(如一个零件上有数千孔),编程的工作量是相当繁重的,这时手工编程便很难胜任,即使能够编制出,也是相当费时的,而且易出错。一般认为,手工编程仅适用于3轴联动以下加工程序的编制,3轴联动(含3轴)以上的加工程序必须采用自动编程。

据统计,一般手工编程所需时间与机床加工时间之比约为30:1。因此,快速、准确地编制程序就成为数控机床发展和应用中的一个重要环节,计算机自动编程正是针对这个问题而产生和发展起来的。20世纪50年代初第一台数控机床问世不久,为了发挥数控机床高效的特点和满足复杂零件加工的需求,美国麻省理工学院便开始自动编程技术的研究,至到现在,自动编程技术有了很大的发展,从最早的语言式自动编程系统(APT)到现在的交互式图形自动编程系统,极大地满足了人们对复杂零件的加工需求,丰富数控加工技术的内容。

自动编程(Automatic Programming),也称为计算机辅助编程(Computer Aided Programming)。即程序编制工作的大部分或全部由计算机完成。如完成坐标值计算、编写零件加工程序单等,有时甚至能帮助进行工艺处理。自动编程编出的程序还可通过计算机或自动绘图仪进行刀具运动轨迹的图形检查,编程人员可以及时检查程序是否正确,并及时修改。

自动编程使得一些计算烦琐、手工编程困难或无法编出的复杂零件程序能够顺利地完成,同时大大减轻了编程人员的劳动强度,提高效率几十倍乃至上百倍。工作表面形状愈复杂,工艺过程愈烦琐,自动编程的优势愈明显。

与自动编程相关的另一个术语是计算机辅助制造(Computer Aided Manufacturing, CAM),CAM的内容广泛,从狭义上讲就是自动编程,即用计算机辅助数控程序的编制,包括刀具路径的规划、刀位文件的生成、刀具轨迹仿真以及NC代码的生成等。

自动编程系统可以进行程序自检,具有较强的纠错能力。采用自动编程时,程序出错的原因主要是原始数据不正确而导致刀具运动轨迹有误,或刀具与工件干涉,相撞等。但自动编程能够借助于计算机在屏幕上对数控程序进行动态模拟,连续、逼真地显示刀具加工轨迹和零件加工轮廓,发现问题及时修改,快速又方便。现在,往往在前置处理阶段,计算出刀具运动轨迹以后立即进行动态模拟检查,确定无误以后再进入后置处理,从而编写出正确的数控程序来。

同时自动编程系统更便于实现与数控系统的通信，它可以利用计算机和数控系统的通信接口，实现编程系统和数控系统的通信。编程系统可以把自动生成的数控程序经通信接口直接输入数控系统，控制数控机床加工，无须再制备控制介质，而且可以做到边输入，边加工，不必忧虑数控系统内存不够大，免除了将数控程序分段。自动编程的通信功能进一步提高了编成效率缩短了生产周期。

7.1.2 自动编程方式分类[15]

自动编程主要有两种方式，一种是 APT 语言自动编程，一种是图形交互式（CAD/CAM 系统）自动编程。

1. APT 语言自动编程

20 世纪 50 年代，美国麻省理工学院（MIT）设计了一种专门用于机械零件数控加工程序编制的语言，称为 APT 语言（Automatically Programmed Tool，APT）。其后，APT 语言几经发展，形成了诸如 APT Ⅱ、APT Ⅲ（立体切削用）、APT－AC（Advanced Contouring）（增加切削数据库管理系统）和 APT－SS（Sculptured Surface）（增加雕塑曲面加工编程功能）等先进版本，美国在 1970 年推出 APT Ⅳ版本，能进行 3 轴、4 轴、5 轴联动的轮廓加工。美国专门成立了 APT 长期规划组织，对制造过程的软件进行专门研究。

APT 语言是用接近自然的语言进行编程，编写好的零件加工源程序包含加工零件的形状、尺寸、刀具动作、切削条件、机床的辅助功能等项内容，通过 APT 编译系统对源程序进行翻译、计算和处理，最后获得某特定数控机床所需的一套加工指令代码，并能自动地将其打印出程序清单。APT 语言自动编程的流程图如图 7－1 所示。

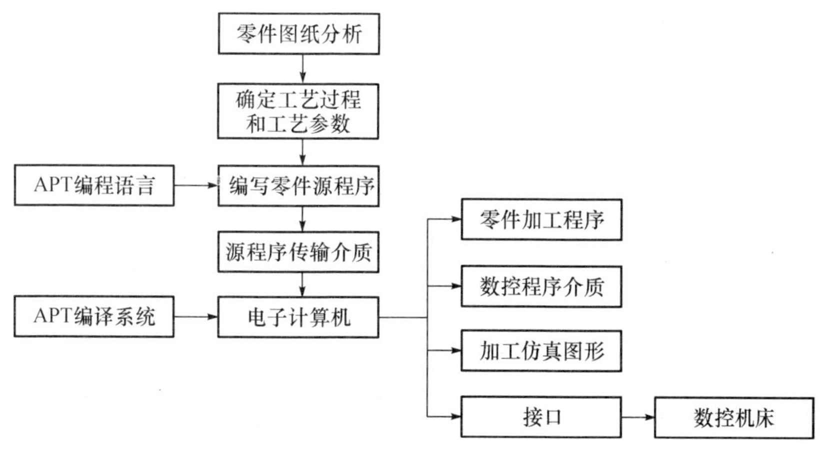

图 7－1　APT 语言自动编程流程图

APT 系统的特点是：可靠性高（可自动诊错）；通用性好（用各种不同数控装置的后置处理程序就可以制备出各种加工用的穿孔带）；能描述数学公式；容易掌握，制带快捷。

APT 系统主要用于铣床等的连续加工，也可用于点位加工。其最大特点是能描述曲面的形状，并能自动计算刀具中心轨迹。因此，在多坐标的立体形状的曲面加工中，该语言系统能发挥出最大效能。

目前世界各国已研制出上百种数控语言系统。其中最早出现的、典型的要属美国研制的 APT 语言。无论是日本富士通研制的 FAPT、法国研制的 IFAPT、德国研制的 EX-

APT、意大利研制的 MODAPT,还是我国研制的 ZCK、SKC 等系统都是源于 APT。表 7-1 为各国主要的自动编程系统简介与比较。

表 7-1　各国使用的主要 APT 语言自动编程系统

名称	研制者	所用计算机	使用范围	
			坐标数	控制装置
APT-Ⅱ	MIT(美)	IBM7090(256KB)	3~5	通用
APT-Ⅳ	11TRI(美)	各种配有 FORTRAN Ⅳ 大型计算机	3~5	通用
APT-BP	IBM(美)	IBM370		点、直线、圆、轮廓
APT-IC				
APT-AC		IBM370(448KB)	3~5	曲线、轮廓
AUTOSPOT		IBM360(32KB)	3	点位、简单直线
ADAPT	IBM,美空军	IBM360(32KB)	2	轮廓
EXAPT-Ⅰ	EXAPT 协会(德)	各种		点位
EXAPT-Ⅱ			3	车、轮廓
EXAPT-Ⅲ				铣、轮廓
2C	NEL(英)	各种	2	轮廓、车
2CL				轮廓
2PC				点位
IFAPT-C	ADEPA(法)	56K	3	轮廓、车
IFAPT-CP				点位、轮廓
IFAPT-P				点位
MODAPT	ELSAG(意)	各种	2	轮廓
FAPT-2	富士通(日)	FACOM270-10,IBM7074	2	轮廓
HAPT-2D	日立(日)	HIT-AC5020,IBM7090	2	轮廓
СПС-Т	ЗНЙМС(苏)	МИНСК-22(32KB)	2	车、轮廓
САПС-М22	(苏)	МЙНСК-22(32KB)	2	铣、轮廓

相对于手工编程,APT 语言自动编程的优点是:(1)源程序语言接近自然语言,易为工艺人员接受,工艺人员不用学习数学方法和计算机编程技巧;(2)软件资源丰富,可进行点位加工、2-5 坐标加工、绘制模线、后置处理等;(3)程序成熟,诊断能力强,用户易查错。

但是,APT 语言自动编程也存在一些缺点,比如:(1)无法实现设计制造一体化;(2)无图形显示,不直观;(3)发展早,没有采用计算机几何学的最新理论成果,所以有些复杂问题不能很好的解决;(4)源程序书写、编辑和修改不如图形编程系统方便。因此,就产生了图形交互式自动编程方式。

2. 交互式图形(CAD/CAM 系统)自动编程

由于 APT 语言编程不直观,难以和 CAD 有效地集成,世界各国都在开发设计和 NC 加工一体化的图形交互式自动编程系统,即 CAD/CAM 系统。交互式图形自动编程系统采用图形输入方式，通过激活屏幕上的相应菜单，利用系统提供的图形生成和编辑功能，将零件的几何图形绘制到计算机上，完成零件造型。同时以人机交互方式指定要加工的零件部位，加工方式和加工方向，输入相应的加工工艺参数，通过软件系统的处理自动生成刀具路径文件，并动态显示刀具运动的加工轨迹，最终生成适合指定数控系统的数控加工程序。并通过通信接口，把数控加工程序送给机床数控系统完成加工。这种编程系统具有交互性好，直观性强，运行速度快，便于修改和检查，使用方便，容易掌握等特点。因此交互式图形自动编程软件已成为国内外流行的 CAD/CAM 软件所普遍采用的数控编程方法。

在交互式图形自动编程系统中，需要输入两种数据以产生数控加工程序，即零件几何模型数据和切削加工工艺数据。交互式图形自动编程系统实现了从图样 - 模型 - 数控编程和加工的一体化，它的三个主要处理过程是零件几何造型、生成刀具路径文件、生成零件加工程序。

（1）零件几何造型。

交互式图形自动编程系统（CAD/CAM），可通过三种方法获取和建立零件几何模型：①软件本身提供的 CAD 设计模块；②其他 CAD/CAM 系统生成的图形，通过标准图形转换接口（例如 STEP，IGES，STL，DWG，DXF，PARASLD 等），转换成本软件系统的图形格式；③三坐标测量机数据或三维多层扫描数据。

（2）生成刀具路径文件。

在完成了零件的几何造型以后，交互式图形自动编程系统第二步要完成的是产生刀具路径。其基本过程为：首先确定加工类型（轮廓、点位、挖槽或曲面加工），用光标选择加工部位，选择走刀路线或切削方式。选取或输入刀具类型、刀号、刀具直径、刀具补偿号、加工预留量、进给速度、主轴转速、退刀安全高度、粗精切削次数及余量、刀具半径长度补偿状况、进退刀延伸线值等加工所需的全部工艺切削参数。软件系统根据这些零件几何模型数据和切削加工工艺数据，经过分析、计算、处理，生成刀具运动轨迹数据，即刀位文件（Cut Location File，CLF），并动态显示刀具运动的加工轨迹。刀位文件与采用哪一种特定的数控机床无关，是一个中性文件，通常称产生刀具路径的过程为生成数控程序之前的前置处理。

系统在生成了刀位文件后，通常可以进行刀具运动的加工轨迹模拟仿真，这是非常必要和直观的，它可以检查编程过程中可能的错误。

（3）生成零件加工程序（后置处理）。

后置处理的目的是生成针对某一特定数控系统的数控加工程序。与前置处理过程相比，后置处理程序是灵活多变的。同一个零件在不同的数控机床上加工，由于数控系统的指令形式不尽相同，机床的辅助功能也不一样，伺服系统的特性也有差别，因此，数控程序也应该是不一样的。但前置处理过程中，大量的数学处理，轨迹计算却是一致的。这就是说，前置处理可以通用化，只要稍微改变一下后置处理程序，就能自动生成适用于不同数控机床的数控程序来。对于不同的数控机床，选用不同的后置处理程序，等于完成了一个新的自动编程系统，极大地扩展了自动编程系统的使用范围。

早期的后置处理文件是不开放的，使用者无法修改。目前绝大多数优秀的 CAD/CAM 软件提供开放式的通用后置处理文件。使用者可以根据自己的需要打开文件，按照希望输出的数控加工程序格式,修改文件中相关的内容。这种通用后置处理文件,只要稍加修改,就能满足多种数控系统的要求。

近年来,计算机进行交互自动编程技术日渐成熟,这种方法以其速度快、精度高、直观、使用简便、便于检查等特点,使它得到了广泛认同和使用,其在国内的应用也越来越普及。

数控自动编程软件是通过交互式图形而编制加工程序的工具。数控编程软件众多,且各有其特点,但其核心功能基本相同,下面简要介绍几种常见的数控编程软件。

1. UG(Unigraphics NX)

UG NX 是由 Siemens PLM Software 公司出品的一个产品工程解决方案,它为用户的产品设计及加工过程提供了数字化造型和验证手段,是一款高度集成的、面向制造行业的 CAID/CAD/CAE/CAM 高端软件。该软件具有较好的二次开发环境和数据交换能力。其庞大的模块群为企业提供了从产品设计、产品分析、加工装配、检验、到过程管理、虚拟运作等全系列的技术支持。UG NX 软件广泛用于航空航天、汽车、机械及模具、消费品、高科技电子等领域的产品设计、分析制造,被认为是业界最具代表性的数控软件和模具设计软件。目前,在国内普及速度很快,为众多大中型公司之首选软件。

2. Mastercam

Mastercam 是由美国 CNC Software 公司推出的基于计算机平台的上 CAD/CAM 软件,是目前世界上应用最广、最优秀的 CAM 软件之一。它具有很强的加工功能,尤其在对复杂曲面自动生成加工代码方面,具有独到的优势。由于 Mastercam 主要针对数控加工,其零件的设计造型功能不强,所以对硬件的要求不高,且操作灵活、易学易用、价格较低,因此受到众多企业的欢迎。Mastercam 主要应用于机械、电子、汽车、航空等行业,特别是在模具制造作业中应用最广。

3. Pro/Engineer(简称为 ProE 或 Pro/E)

Pro/Engineer 是美国参数技术公司(PTC)旗下的 CAD/CAM/CAE 一体化的三维软件。该软件以参数化著称,是参数化技术的最早应用者,在目前的三维造型软件领域中占有着重要地位。另外,它还具有零件装配、机构仿真、有限元分析、逆向工程、同步工程等功能。该软件也具有较好的二次开发环境和数据交换能力。Pro/Engineer 广泛用于汽车、机械及模具、消费品、高科技电子等领域,在我国应用较广,尤其是 CAD 设计领域。2010 年 10 月,PTC 公司推出了 CAD 设计软件包 Creo,它是一个整合 Pro/Engineer、CoCreate 和 ProductView 三大软件并重新分发的新型 CAD 设计软件包,针对不同的任务应用将采用更为简单化子应用的方式,所有子应用采用统一的文件格式。

4. Cimatron

Cimatron 是以色列 Cimatron 公司提供的 CAD/CAM/CAE 软件,是工模具行业中非常有竞争实力的三维 CAD/CAM 系统。它具有三维造型、生成工程图、数控加工等功能,还具有各种通用和专用数据接口及产品数据管理等功能,是全球最强的电极设计和加工软件之一,其微铣削功能较有特色,主要用于汽车、航空航天、医药、军事、光学仪器、通信产品和玩具等领域。该软件在我国较早得到全面汉化,已积累了一定的应用经验。

5. CATIA

CATIA 是法国达索系统公司(Dassault System)的 CAD/CAM/CAE 一体化软件,是最

早实现曲面造型的软件,它开创了三维设计的新时代。它的出现,首次实现了计算机完整描述产品零件的主要信息,使 CAM 技术的开发有了现实的基础。目前 CATIA 系统已发展成从产品设计、产品分析、加工、装配和检验,到过程管理、虚拟运作等众多功能的大型 CAD/CAM/CAE 软件,其强大的曲面设计功能在飞机、汽车、轮船等行业中得以很好地应用。

6. PowerMILL

PowerMILL 是英国 Delcam Plc 公司出品的功能强大,加工策略丰富的数控加工编程软件系统。PowerMILL 是一款 CAM 与 CAD 分离的、单纯的编程软件,与传统 CAD/CAM 集成软件相比有着很大的不同。PowerMILL 可通过 IGES,STEP,VDA,STL 和多种不同的专用数据接口直接读取来自任何 CAD 系统的数据。PowerMILL 计算速度极快,功能强大,易学易用,可快速、准确地生存能最大限度发挥 CNC 数控机床生产效率的、无过切的粗加工和精加工刀具路径,确保生产出高质量的零件和工模具。其独特的 5 轴加工自动碰撞避让功能,可确保机床和工件的安全。它有先进的集成一体的机床加工实体仿真功能,方便用户在加工前了解整个加工过程及加工结果,节省实际试切的加工成本和加工时间。

7. CAXA 制造工程师

CAXA 制造工程师是由我国北京数码大方科技股份有限公司(其前身为北京北航海尔软件有限公司)研制开发的全中文、面向数控铣床和加工中心的三维 CAD/CAM 软件。CAXA 制造工程师是具有卓越工艺性的 2 ~5 轴数控编程 CAM 软件,它能为数控加工提供从造型、设计到加工代码生成、加工仿真、代码校验以及实体仿真等全面数控加工解决方案,具有支持多 CPU 硬件平台、多任务轨迹计算及管理、多加工参数选择、多轴加工功能、多刀具类型支持、多轴实体仿真等六大先进综合性能。它易学易用、价格较低,已在国内众多企业、院校及研究院中得到应用。

另外,还有德国 OpenMind 公司的 HyperMILL,日本 HZS 公司的 SPACE - E 等,在此就不一一介绍了。

7.1.3 CNC 技术的新进展 STEP - NC

1. STEP - NC 标准概述

自 1952 年世界上第一台数控机床诞生以来,数控技术的发展非常迅速,数控系统也由原先的硬连接数控发展成为今天的计算机数控(CNC)。但是,现代化的生产对 CNC 的要求也越来越高,系统之间不兼容、编程困难、智能化程度低等诸多问题大大限制了现代化生产以及数控技术本身的发展。数控系统的输入编程仍然以 ISO 6983 标准为基础,采用传统的 G,M 代码语言。

传统 G 代码、M 代码数控编程语言仅包括一些简单的运动指令和辅助指令,而不包括零件几何形状、刀具路径生成、刀具选择等信息,使得 CNC 与 CAD/CAM 之间形成瓶颈。但是数控加工中编程人员却要考虑许多数控加工要素:零件几何信息的转换、刀具路径的生成、进给量和主轴速度的确定、刀具的选择等,大大降低了编程效率。这种面向运动和开关控制的数控程序限制了 CNC 系统的开放性和智能化发展,同时也使得 CNC 与 CAX 技术之间形成了瓶颈,严重阻碍了机械制造业的发展。概括起来,ISO 6983 的主要缺点如下:

(1) 使用ISO 6983编写的数控程序仅包含了CAD/CAM系统中的一部分信息，一些信息在传递过程中丢失了；

(2) 只能完成一些简单的直线和圆弧插补，不能提供更为复杂的加工功能，例如样条曲线插补功能；

(3) ISO 6983和它的扩展部分在不同数控机床和计算机辅助系统（CAX）之间不能进行双向数据交换；

(4) 由于厂商和最终用户开发的许多扩展功能未能标准化，因此零件程序在不同的数控系统之间不具有互换性；

(5) 在机床上不能实现实时刀具路径生成、碰撞检验、图形加工可视化和复杂NC程序修改等功能；

(6) ISO 6983根据机床各个坐标轴对刀具中心进行编程而不是根据被加工零件进行编程。

随着信息技术的快速发展，制造业的全球化已经不仅仅是简单地域性扩大的概念，更需要大量的产品信息在不同的系统和设备之间进行传送。制造业迫切需要统一的信息标准，以求在信息共享和信息传递中，保持信息的一致性和完整性。产品模型数据交换标准（STandard for Exchange of Product Model Data，STEP标准）的出现，使得制造业可在整个企业过程链中使用统一的标准。它允许在不同的和不兼容的计算机平台上分享和交换数据信息。但对于数控机床要实现数据标准的统一，现有的数控编程标准ISO 6983满足不了这一要求。为此，国际上制定了一种新的CNC系统标准ISO 14649（STEP－NC），它是STEP标准（ISO 10303）向NC领域的扩展和延伸，目的是提供一种不依赖于具体系统的中性机制，能够描述产品整个生命周期内的统一数据模型，从而实现整个制造过程，乃至各个工业领域产品信息的标准化。开发和推广这个标准的首要目的是在不同CAX系统之间通过标准的中性文件来进行数据交换，进而为实现CAX与CNC之间双向无缝连接提供了有效途径。

STEP－NC是当时的欧共体于1997年通过OPTIMAL计划提出的一种遵从STEP标准并面向对象的数据模型，用作数控加工编程的接口标准，并于2001年底形成了国际标准草案ISO－DIS－14649。STEP－NC是欧美许多企业和研究机构共同开发的一套面向对象的NC编程接口，这套编程接口总称为“计算机数字控制数据模型（Data Model for Computerized Numerical Controllers）”，它包括13个部分，分成3个阶段发布。目前发布出来的有：①概述和基本原理；②总体加工数据；③切削加工数据；④铣削刀具。

STEP－NC的本质特征是面向对象，描述的是加工什么（What），而不是如何加工（How），它包括了工件的所有加工任务，从毛坯件到成品件的所有信息都包含在加工任务中。加工过程是以“工步（Working Steps）”作为基本模块，通过详细描述加工过程而不是机床运动来弥补ISO 6983的不足。工步是对机床具体动作的概括描述，内容涉及三维几何信息、刀具信息、制造特征与工艺信息。这为机床的智能化提供了发展空间，机床在完全“了解”产品的条件下可以根据具体情况调整或优化具体的操作。

2. STEP－NC数据模型

STEP－NC是STEP标准的扩展，其几何信息描述文件格式与STEP标准完全一致。一个基于STEP－NC的NC程序由几何信息和工艺信息描述组成。几何信息采用STEP

数据格式描述,CNC 系统可以直接从 CAD 系统读取 STEP 数据文件,从而消除了由于数据格式转换可能导致的精度降低的问题。工艺信息描述部分包括所有工步的详细完整定义,如特征代码、刀具数据、机床功能、加工方法及其他数据。

STEP－NC 数据模型中包含了加工工件的所有任务,其基本原理是基于制造特征(如孔、型腔、螺纹、倒角等)进行编程,而不是直接对刀具与工件之间的相对运动进行编程。它通过一系列的加工任务,描述零件从毛坯到最终成品的所有操作,内容涉及工件实体的三维几何信息、刀具信息、制造特征与工艺信息,并将这些信息提供给加工车间的 CAM 系统。其中,几何信息采用 STEP 数据格式描述,CNC 系统可以直接从 CAD 系统读取 STEP 数据文件,从而消除了由于数据类型转换而可能导致的精度降低问题;加工操作信息包括了所有工步的详细参数,如工艺特征代码、刀具、加工策略等数据。

STEP－NC 定义的 AP－238 的应用协议,要求 CNC 系统直接使用符合 STEP 标准的 CAD 三维产品数据模型(包括工件三维几何数据与制造特征信息)、加工工艺信息和刀具信息,产生加工程序,进而控制加工过程。此过程覆盖了产品从概念到制成品所需的全部信息。如图 7－2 所示为一个简化的 STEP－NC 数据模型。

图 7－2 中的工件是指最终的零件成品,工件上需要去除材料的区域由一系列制造特征定义。零件的加工过程被定义成若干个工步序列,一个零件的加工步骤决定了哪些加工操作(如钻、铣削)将被执行,同时这里的操作本身也符合 ISO 14649 中采用的面向对象的概念,它包含了工艺信息、刀具信息、加工策略和刀具路径等信息。需要指出的是,STEP－NC 数据模型可以从工件属性、制造特征属性、刀具路径属性分别提取工件几何特征量、制造特性属性和刀具几何特征量,并将其反馈到加工规划部门,对预先定义的参数化路径、刀具路径、切削方式等进行修改,迅速实现加工路径和加工方法的优化。

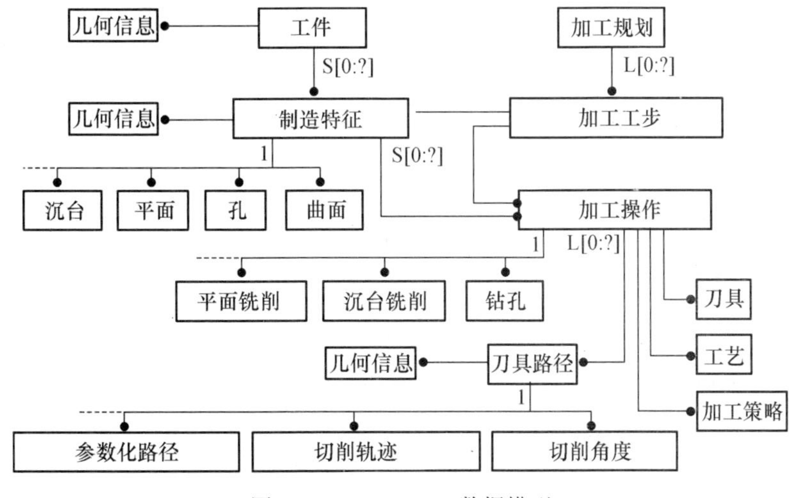

图 7－2　STEP－NC 数据模型

3. STEP－NC 对数控技术的影响

目前 STEP－NC 标准仅完成了一部分,国内外对基于 STEP－NC 的数控技术研究处于起步阶段,但其发展势头强劲。已获得的研究成果表明,STEP－NC 的出现可能是数控技术领域的一次革命,对于数控技术的发展乃至整个制造业,将产生深远的影响,主要体现在以下几个方面:

(1) 数控机床将废弃沿用已久的功能代码(ISO 6983),代之以更加高效、易于理解和操作更方便、描述性更强的数控语言。这种数控程序通过一系列的加工任务(工作步骤)描述制造过程中的所有操作,以面向对象(而不是面向动作)的编程使得现场编程界面大为改观。根据目前的进展推测,STEP - NC 的广泛应用将在近十年内实现,G,M 代码可能从此成为历史。

(2) CAD/CAM/CNC 之间可实现无缝连接。CAD/CAM 与 CNC 的双向数据流动,使得设计部门能够清楚地了解到加工实况,并且可根据现场编程返回来的信息对生产规划进行及时、快速地调整,生产效率可得到极大的提高。另外,CAD,CAM,CNC 之间的功能将会重新划分:CAM 系统的宏观规划将与 CAD 系统集成,微观功能将与 CNC 集成。

(3) 实现完全意义上的开放式智能数控加工。由于 ISO 6983 的加工信息量过少,因此各机床生产商对 G 代码都进行了基本语义外的扩展,造成各种类型的数控机床控制系统之间互不兼容,阻碍数据的交流和信息共享,形成"信息孤岛",难以实现系统的开放性。与此相反,如采用 STEP - NC 标准,其数据格式、接口标准完全一致,且 STEP - NC 数据包含了加工产品所需的所有信息,对于 STEP - NC 控制器而言,它只需要告诉 CNC 要加工的内容而不是具体动作,因而不需要后置处理程序。具体动作由 CNC 自行决定,使程序具有良好的互操作性和可移植性,为 CNC 系统的开放性和智能化奠定了稳固的基础。

(4) 网络化设计、制造成为现实。现代制造企业通过网络共享各种信息,同时由于全球制造企业采用统一的 STEP - NC 数据接口标准,企业之间的数据流动可以在基于计算机的 CNC 机床与数据库服务器之间直接进行,操作人员只需要对数据库中的三维工件模型进行简单的参数设置,就可以使机床实现预期动作。不难想象,在基于网络化制造的基础上,大量的数字化产品模型数据库将会出现,数字制造更趋多元化。

综上,STEP - NC 既是正在完善中的 CNC 接口国际标准,又是提升现代 CNC 的实施技术。它将 STEP 标准扩展到数控加工领域,为 CNC 的开放性和智能化提供了广阔的发展空间。同时它也解决了 CNC 与 CAD/CAM 之间双向无缝连接的核心问题,消除了长期以来困扰人们的数据不兼容问题,也为网络制造、敏捷制造、虚拟制造、并行工程等先进制造技术和模式提供了技术保证。据 STEP Tools 公司的研究数据表明:STEP - NC 的应用将使目前加工前数据准备时间减少 75%,工艺规划时间减少 35%,加工时间(CNC 五轴高速铣)减少 50%。

虽然 STEP - NC 标准仅完成了一部分,国内外对基于 STEP - NC 的数控技术研究处于起步阶段,但其发展势头强劲。已获得的研究成果表明,该技术将对数控技术乃至机械制造业带来深远的影响。可见,大力开展基于 STEP - NC 的 CNC 系统(特别是标准制定、数据库和 STEP - NC 控制器)的研究对于提高我国数控水平乃至全面提高自动化制造水平是至关重要的。

7.2 APT 语言自动编程

7.2.1 APT 语言的基本组成[15]

APT 语言是一种用来对工件、刀具的几何形状及刀具相对于工件运动进行定义的,接近英语的符号语言。它由一系列 APT 语句和句法规则构成,每个语句由一些关键词汇和基本符号组成,也就是说 APT 语言由基本符号、词汇和语句组成。

1. 基本符号

数控语言中的基本符号是语言中不能再分的基本成分。语言中的其他成分均由基本符号组成。APT 自动编程语言中常用到的标点符号和算术符号如表 7-2 所列。

表 7-2 APT 语言的标点符号和算术符号

符号	名称	用途说明	实例
,	逗号	用来隔开语句中的各个组成部分	MACHIN/BENDIX,2,CIRCU
/	斜杠	用来隔开语句的主要成分或用来	GOLFT/L1,PAST,C3,
*	星号	用作乘法运算符号	A = B * C
* *	双星号	用作指数运算符号	A = B * * C
+	加号	用作表示算术加法或规定一数字符号	A = B + C D = E + F * (+2) + G
-	减号	用作表示算术减法或规定一数字符号	A = B - D C = E + F * (-3)
	等号	(1) 给几何表面或宏指令确定一个名字	PT1 = POINT/X,Y,Z
		(2) 给标量变量定义一个数值	A = B + D
		(3) 给宏指令变量定义一个数值	MAC1 = MACRO/A1 = B,C,D
$	单元号	用来表示一行结束并告诉处理程序	P1 = PLANE/PARLEL, $ CLEAR-ANGEXL
$ $	双元号	可在任意位置使用,它表示零件程序语句在纵行结束之前结束,它右边的信息可作为注释处理	CUTTER/1,0. 25 $ $ F1 - LLETED END MILL
.	句号	用来分开正数和小数	4. 32 2. 0 0. 098
()	括号	(1) 括算术函数的自变量	A = sinF(B)
		(2) 括上变量的下变量	A = (J) = E(2)
		(3) 括上算术条件语句	IF (A - D * C)12,13,14
		(4) 括上一嵌套定义	GO/(L1 = LINE/X1,Y1,X2,Y2)
		(5) 括上某个插入表达式或有关的项	A = B * (-3) + C
		(6) 右括号用来将语句和语句标号分开	A4)K = 1

2. 词汇

词汇是 APT 语言所规定的具有特定意义的单词的集合。每一个单词由 6 个以下字母组成,编程人员不得把它们当作其他符号使用。APT 语言中,大约有 300 多个词汇,按其作用大致可分为下列 6 大类:

(1) 几何元素词汇。

如 POINT(点),LINE(线),PLANE(平面)等。

(2) 几何位置关系状况词汇。

如 PARLEL(平行),PERPTO(垂直),TANTO(相切)等。

(3) 函数类词汇。

如 SINF(正弦),COSF(余弦),EXPF(指数),SQRTF(平方根)等。

(4) 加工工艺词汇。

如 OVSJSE(加工余量),FEED(进给量),TOLER(容差)等。

(5) 刀具名称词汇。

如 TURNTL(车刀),MILTL(铣刀),DRITL(钻头)等。

(6) 与刀具运动有关的词汇。

如 GOFWD(向前),GODLTA(走增量),TLLFT(刀具在左)等。

3. 语句

语句是数控编程语言中具有独立意义的基本单位。它由词汇、数值、标识符号等按语法规则组成。按语句在程序中的作用大致可分为几何定义语句、刀具运动语句、工艺数据语句等几大类,下面分别予以说明。

7.2.2 几何定义语句[16]

几何定义语句用于描述零件的几何图形。零件在图纸上是以各种几何元素来表示的,在零件加工时,刀具是沿着这些几何元素来运动, 因此要描述刀具运动轨迹,首先必须描述构成零件形状的各种几何元素。一个几何元素往往可以用多种方式来定义,所以在编写零件源程序时应根据图纸情况,选择最方便的定义方式来描述。APT 语言可以定义 17 种几何元素,其中主要有点、直线、平面、圆、椭圆、双曲线、圆柱、圆锥、球、二次曲面、自由曲面等。

几何定义语句的一般形式为

<几何名字> = <几何元素类型>/ <几何元素类型定义方式>

几何名字是编程员自己命名的,以标识符的形式写出,由 1 - 6 个字母和数字组成,规定用字母开头,不允许使用 APT 词汇作标识符。几何元素类型是指点、线、圆等,书写时必须用 APT 的专用字表示。几何元素类型定义方式是指根据哪些内容来定义点、线、圆等几何元素的。例如圆的定义语句:C1 = CIRCLE/10,60,12.5;其中 C1 为标识符,CIRCLE 为几何元素类型,10,60,12.5 分别为圆的圆心坐标和半径。

(1) 点的定义。点是表示空间的一个位置,可用下述几种方法定义。

① 用直角坐标值定义的点。

定义:symbol = POINT/x,y[,z]

方括号内容表示若在 XY 平面上定义点时,Z 坐标值可省略。Z 坐标值省略时,APT 系统默认为 $z=0$,可以用 ZSURF 语句修改这个默认值。其格式为:ZSURF/z 或 ZSURF/plane。

在这里,z 是平行于 XY 平面的平面的高度,用 plane 表示的平面是平行于 XY 平面的平面。

② 用两条相交直线定义的点。

定义:symbol = POINT/INTOF,直线名 1, 直线名 2

③ 用直线和圆交点定义点。

定义:symbol = POINT/$\left\{\begin{array}{l}\text{XLARGE}\\\text{XSMALL}\\\text{YLAGRE}\\\text{YSMALL}\end{array}\right\}$,INTOF,直线名, 圆名

直线和圆有两个交点，比较在同一直线上的两个交点的坐标值，从 XLARGE（X 大）、XSMALL（X 小）、YLARGE（Y 大）、YSMALL（Y 小）四个修饰词中选择一个。注意，直线的名字要写在圆名字之前。

④ 用两圆的交点定义点。

$$\text{定义:symbol = POINT/}\left\{\begin{array}{l}\text{XLARGE}\\ \text{XSMALL}\\ \text{YLAGRE}\\ \text{YSMALL}\end{array}\right\}\text{,INTOF,圆名 1, 圆名 2}$$

⑤ 用圆心定义点。

定义:symbol = POINT/CENTER,圆名字

⑥ 用圆和对 X 轴成一角度定义点。

定义:symbol = POINT/圆名,ATANGL,角度值

（2）线的定义。直线可以当成垂直于 *XY* 平面的平面来处理。

① 通过两点的直线。

$$\text{定义:symbol = LINE/}\left\{\begin{array}{l}\text{x1,y1,z1,x2,y2,z2,}\\ \text{x1,y1,x2,y2}\\ \text{点 1,点 2}\end{array}\right.$$

② 通过一点和圆相切的直线。

$$\text{定义:symbol = LINE/点名,}\left\{\begin{array}{l}\text{RIGHT}\\ \text{LEFT}\end{array}\right\}\text{,TANTO,圆名}$$

修饰词 RIGHT（右）、LEFT（左）是由点到圆心的方向来决定，沿此方向看，直线切于圆的右边为 RIGHT，切于圆的左边为 LEFT。注意，点不能在圆上。

③ 切于两圆的直线。

$$\text{定义:symbol = LINE/}\left\{\begin{array}{l}\text{RIGHT}\\ \text{LEFT}\end{array}\right\}\text{,TANTO,圆名 1,}\left\{\begin{array}{l}\text{RIGHT}\\ \text{LEFT}\end{array}\right\}\text{,TANTO,圆名 2}$$

修饰词 RIGHT（右）、LEFT（左）是从圆名 1 的圆心至圆名 2 的圆心方向来决定，直线在该圆的右边为 RIGHT，在左边为 LEFT。

④ 过一点与 *X* 轴成一角度的直线。

定义:symbol = LINE/点名,ATANGL,角度

⑤ 过一点与某直线成一角度的直线。

定义:symbol = LINE/点名,ATANGL,角度,直线名

⑥ 过一点与某直线相垂直的直线。

定义:symbol = LINE/点名,PERPTO,直线名

⑦ 过一点与某直线相平行的直线。

定义:symbol = LINE/点名,PARLEL,直线名

⑧ 与某直线相平行并相隔一定距离的直线。

$$\text{定义:symbol = LINE/PARLEL,直线名,}\left\{\begin{matrix}\text{XLARGE}\\\text{XSMALL}\\\text{YLARGE}\\\text{YSMALL}\end{matrix}\right\}\text{,距离}$$

（3）圆的定义。圆可以看成是垂直于 *XY* 平面的圆柱。

① 用圆心和半径定义。

$$\text{定义:symbol = CIRCLE/}\left\{\begin{matrix}X\text{ 坐标,}Y\text{ 坐标,半径}\\\text{CENTER,点名,RADIUS,半径}\end{matrix}\right.$$

② 用圆心和切圆定义。

$$\text{定义:symbol = CIRCLE/CENTER,点名,}\left\{\begin{matrix}\text{LARGE}\\\text{SMALL}\end{matrix}\right\}\text{,TANTO,圆名}$$

定义的圆,有内切和外切两种,用 LARGE 表示半径大的圆,用 SMALL 表示半径小的圆。

③ 用圆心和切线定义。

定义:symbol = CIRCLE/CENTER,点名,TANTO,直线名

④ 用圆心和圆周上一点定义。

定义:symbol = CIRCLE/CENTER,圆心点,圆周点

⑤ 用不共线的三点定义。

定义:symbol = CIRCLE/点 1,点 2,点 3

⑥ 用半径和两条切线定义。

$$\text{定义:symbol = CIRCLE/}\left\{\begin{matrix}\text{XLARGE}\\\text{XSMALL}\\\text{YLARGE}\\\text{YSMALL}\end{matrix}\right\}\text{,直线 1,}\left\{\begin{matrix}\text{XLARGE}\\\text{XSMALL}\\\text{YLARGE}\\\text{YSMALL}\end{matrix}\right\}\text{,直线 2,RADIUS, 半径}$$

⑦ 用半径、切线和圆周上一点定义。

$$\text{定义:symbol = CIRCLE/TANTO,切线名,}\left\{\begin{matrix}\text{XLARGE}\\\text{XSMALL}\\\text{YLARGE}\\\text{YSMALL}\end{matrix}\right\}\text{,点名,RADIUS,半径}$$

⑧ 用半径、切线和切圆定义。

$$\text{定义: symbol = CIRCLE/}\left\{\begin{matrix}\text{XLARGE}\\\text{XSMALL}\\\text{YLARGE}\\\text{YSMALL}\end{matrix}\right\}\text{,直线名,}\left\{\begin{matrix}\text{XLARGE}\\\text{XSMALL}\\\text{YLARGE}\\\text{YSMALL}\end{matrix}\right\}\text{,}\left\{\begin{matrix}\text{OUT}\\\text{IN}\end{matrix}\right\}\text{,圆名,RADIUS,半径}$$

⑨ 用半径和两个切圆定义。

$$\text{定义:symbol = CIRCLE/}\left\{\begin{matrix}\text{XLARGE}\\\text{XSMALL}\\\text{YLARGE}\\\text{YSMALL}\end{matrix}\right\},\left\{\begin{matrix}\text{OUT}\\\text{IN}\end{matrix}\right\},\text{圆名 1},\left\{\begin{matrix}\text{OUT}\\\text{IN}\end{matrix}\right\},\text{圆名 2,RADIUS,半径}$$

⑩ 用切于三条直线定义。

$$\text{定义:symbol = CIRCLE/}\left\{\begin{matrix}\text{XLARGE}\\\text{XSMALL}\\\text{YLARGE}\\\text{YSMALL}\end{matrix}\right\},\text{直线 1},\left\{\begin{matrix}\text{XLARGE}\\\text{XSMALL}\\\text{YLARGE}\\\text{YSMALL}\end{matrix}\right\},\text{直线 2},\left\{\begin{matrix}\text{XLARGE}\\\text{XSMALL}\\\text{YLARGE}\\\text{YSMALL}\end{matrix}\right\},\text{直线 3}$$

(4) 平面的定义。

① 用平面方程系数定义($ax + by + cz = d$)。

定义:symbol = PLANE/a,b,c,d

② 用三个点定义。

定义:symbol = PLANE/点 1,点 2,点 3

7.2.3 刀具运动语句[16]

1. 刀具形状的指定

APT 系统的主要目的,就是求不断变化的刀具轨迹位置,即刀具端部的坐标值。因此,在写运动语句之前,必须指定所用的刀具及参数,刀具的形状用 CUTTER 语句指定,如图 7－3 所示。

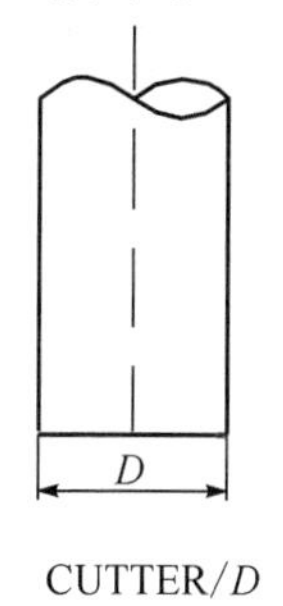

CUTTER/D

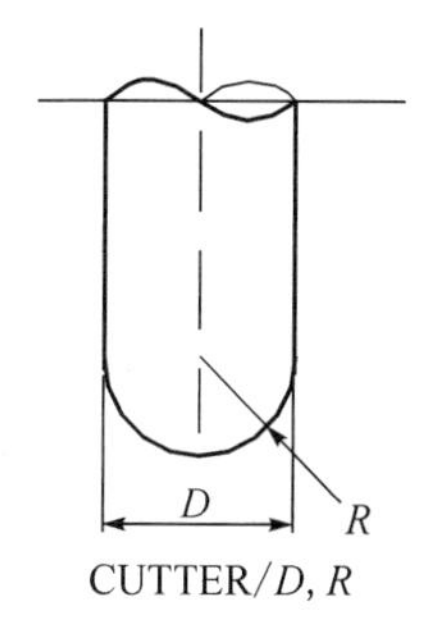

CUTTER/D, R

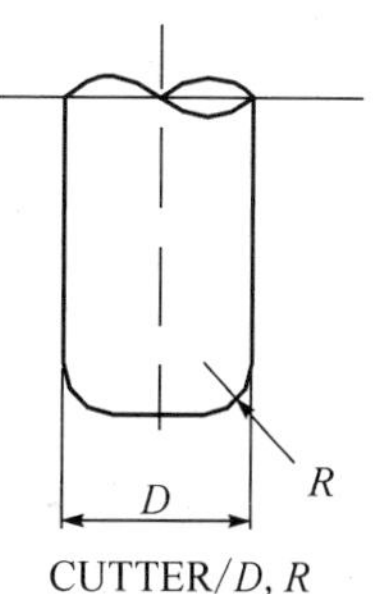

CUTTER/D, R

图 7－3　刀具的定义

2. 面的定义

为了定义刀具在空间的位置和运动,引入如图 7－4 所示三个控制面的概念,即导动面(DS)、零件面(PS)和检查面(CS)。

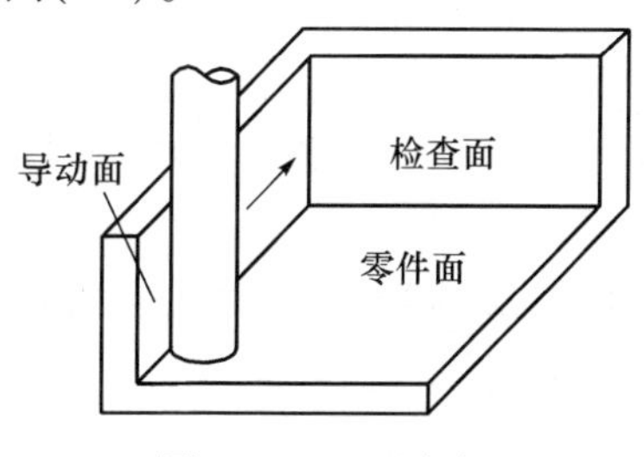

图 7－4　三面定义

(1) 导动面是在加工运动中,刀具与零件接触的第二个表面,是引导刀具运动的面,由此可以确定刀具与零件表面之间的位置关系。

(2) 零件面是刀具在加工运动过程中,刀具端点运动形成的表面,它是控制切削深度的表现。

(3) 检查面是刀具运动终止位置的限定面,刀具在到达检查面之前,一直保持与零件面和导向面所给定的关系,在到达检查面后,可以重新给出新的运动语句。

导动面和检查面也不一定是真正意义的面。它们也可以是点、线、圆等几何元素。因此,准确地应称为导动元和检查元。一般零件面在整个过程中不发生变化,而前一段的检查面是下一段的导动面。有了上述三个控制面,就可联合确定刀具的运动。

(1) 导动面与刀具的关系。

在 APT 中,描述对于导动面的刀具位置有下述三个词:

TLLFT　TLRGT　TLON

TLLFT,TLRGT,TLON 作用于接在这个语句后面的轮廓控制指令,它表示沿运动方向看时,刀具运动是左切导动面(TLLFT)、右切导动面(TLRGT)、在导动面上(TLON),见图 7-5。

TLLFT,TLRGT,TLON 为模式词,它一旦指定以后,在遇到其他修饰词之前,其作用一直有效。

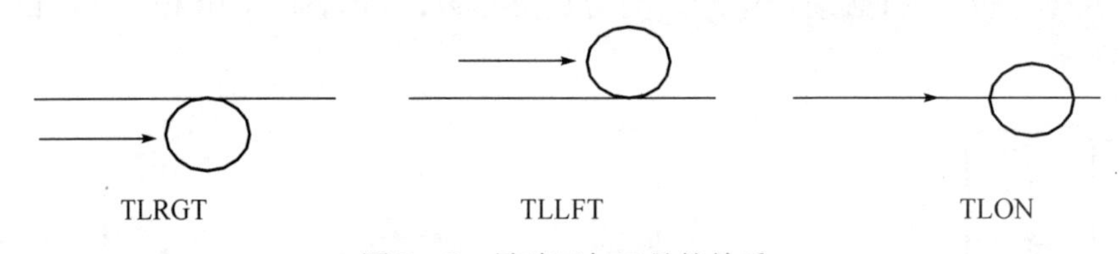

图 7-5　导动面与刀具的关系

(2) 零件面与刀具的关系。

APT 描述刀具与零件面的关系有下列两个词:

TLOFPS　TLONPS

TLOFPS:刀具中心不位于零件面上;TLONPS:刀具中心正好位于零件面上。

(3) 检查面与刀具的关系。

APT 描述刀具与检查面的关系有下列四个词:

TO　ON　PAST　TANTO

TO:刀具前缘切于检查面;ON:刀具运动停在检查面;PAST:刀具后缘切于检查面;TANTO:刀具切于导动面和检查面的切点上。

这些修饰词是指定从运动中从刀具向检查面看时,刀具运动停在检查面的那一侧,如图 7-6 所示。

刀具运动语句用来描述刀具的运动轨迹,其运动方式的确定,与上面所述的工件三个控制面 PS,DS,CS 密切相关。

运动语句基本格式为

基本运动命令 / 图形信息

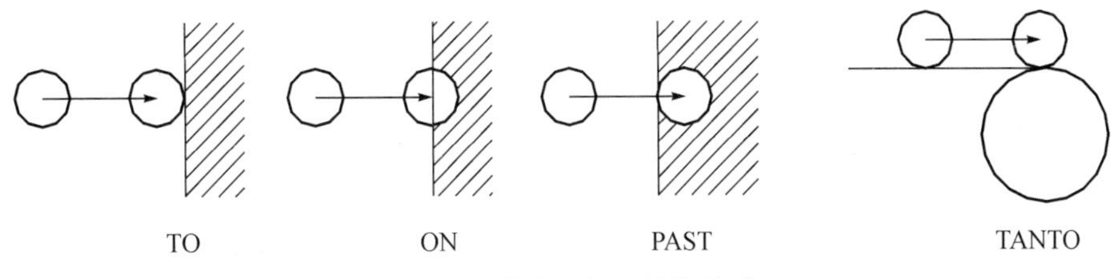

图 7-6　检查面与刀具的关系

3. 起始点定义语句 FROM

FROM 语句用来指定刀具实际开始动作位置,在零件程序坐标系中的坐标点。所以必须在运动语句出现之前给出。如果在零件程序的最初运动语句之前,没有给出 FROM 语句时,则认为是 FROM/0,0,0。

FROM 语句的格式为

FROM/x,y(,z)

FROM/point

走刀点(FROM 点)用 X,Y,Z 坐标值给出或者用点标识符给出都可以。若在运动语句中间使用 FROM 语句时,则起 GOTO/……语句相同的作用。

FROM/x,y 的格式,位于零件程序的最初运动语句之前时,则为 FROM/x,y,0;而出现在运动语句的中间时,则表示 Z 坐标不变。

4. 点位运动语句

(1) GOTO 语句。

使刀具从当前位置以直线方式移到某一点。这时刀具中心正确地定位在指定点上。

GOTO/……语句的一般格式为

GOTO/(x,y,z)

GOTO/point

(2) GODLTA 语句。

使刀具从当前位置移动某一增量。所以在这个语句的辅助部分给出各坐标的增量。刀具的运动是以直线方式走增量。

GODLTA 语句的格式为

GODLTA/dx,dy(,dz)

GODLTA/dz

5. 初始运动语句

初始运动语句将刀具从远离加工表面的位置引导到两个或三个控制面所要求的位置。在轮廓加工中,通常给出刀具直径,刀具中心轨迹受理论轮廓的控制,是偏差一个半径的等距线,因此,轮廓控制的初始运动语句与定位语句不一样。轮廓控制的初始语句是根据运动方向,通过计算得到一确切位置,而这一确切位置一般都选在刀具与导动面、检查面的相关位置。刀具移动到相关位置是以直线方式移动,而且系统内部记忆这一运动方向,为下一轮廓运动语句定义相对方向。

(1) 单面运动。刀具以最短距离移动到导动面的相关位置上(图 7-7)。定义格式为

$$\text{GO/}\left\{\begin{matrix}\text{TO}\\\text{ON}\\\text{PAST}\end{matrix}\right\}\text{,导动面}$$

(a) GO/TO, L1　(b) GO/ON, L1　(c) GO/PAST, L1

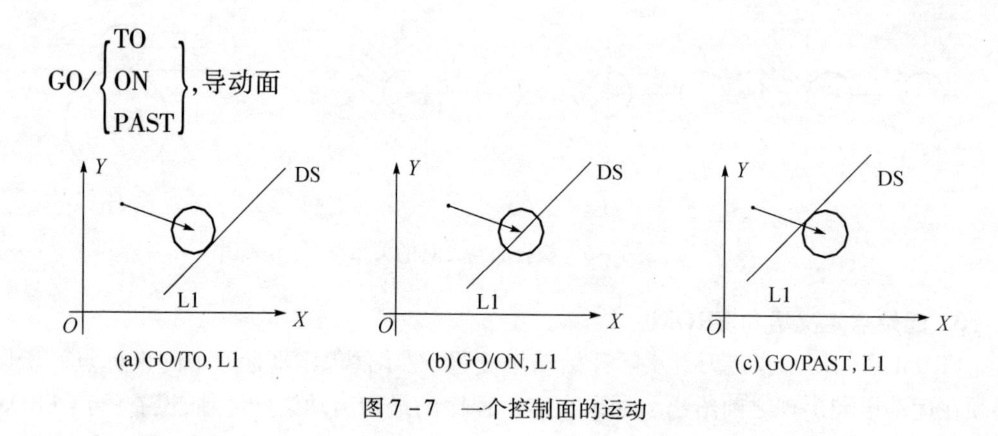

图 7-7　一个控制面的运动

(2) 双面运动。刀具以最短距离移动到导动面及检查面的相关位置上（图 7-8）。定义格式为

$$\text{GO/}\left\{\begin{matrix}\text{TO}\\\text{ON}\\\text{PAST}\end{matrix}\right\}\text{,导动面,}\left\{\begin{matrix}\text{TO}\\\text{ON}\\\text{PAST}\end{matrix}\right\}\text{,检查面}$$

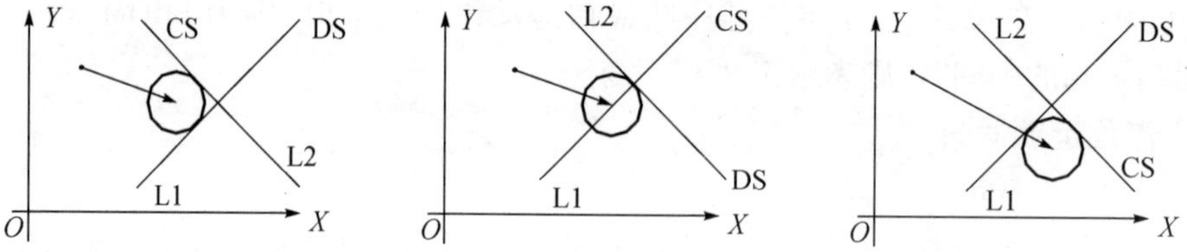

(a) GO/TO, L1, TO, L2　(b) GO/TO, L2, ON, L1　(c) GO/PAST, L1, TO, L2

图 7-8　两个控制面的运动

(3) 三面运动。刀具以最短距离移动到导动面、零件面和检查面的相关位置上（图 7-9）。定义格式为

$$\text{GO/}\left\{\begin{matrix}\text{TO}\\\text{ON}\\\text{PAST}\end{matrix}\right\}\text{,导动面,ON,零件面,}\left\{\begin{matrix}\text{TO}\\\text{ON}\\\text{PAST}\end{matrix}\right\}\text{,检查面}$$

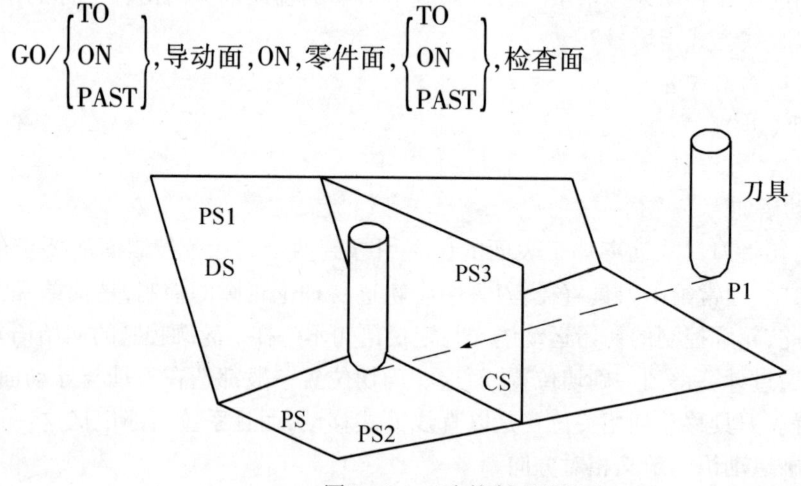

图 7-9　三个控制面的运动

6. 指定方向的运动(INDIRP)

INDIRP 语句只是定义刀具移动到相关位置时的方向。在单面移动时,使刀具中心在 INDIRP 指定的方向上,如图 7－10(a),而在双面移动中,相关位置不是唯一时,INDIRP 用作辅助定义,而无需在该方向上准确地移动,如图 7－10(b)、(c)。

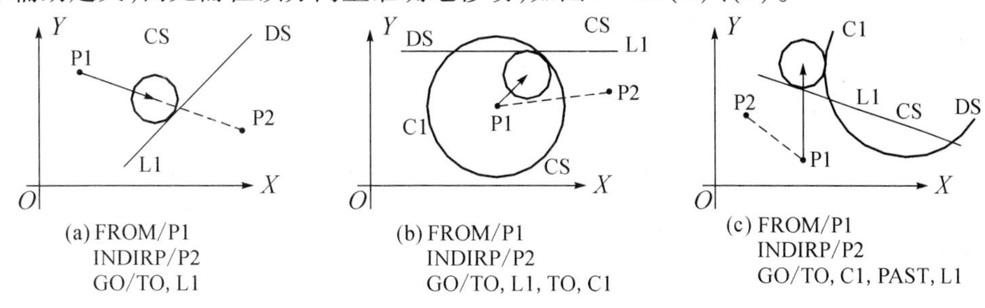

(a) FROM/P1
INDIRP/P2
GO/TO, L1

(b) FROM/P1
INDIRP/P2
GO/TO, L1, TO, C1

(c) FROM/P1
INDIRP/P2
GO/TO, C1, PAST, L1

图 7－10　指定方向的运动

7. 轮廓加工控制语句

轮廓加工控制语句是用来描述刀具在确定起始位置之后,刀具沿导动面连续运动时,刀具与导动面和检查面的关系。定义格式为

$$\begin{Bmatrix}\text{TLLFT}\\ \text{TLRGT}\\ \text{TLON}\end{Bmatrix},\begin{Bmatrix}\text{GOLFT}\\ \text{GORGT}\\ \text{GOFWD}\\ \text{GOBACK}\end{Bmatrix}/\text{导动面},\begin{Bmatrix}\text{TO}\\ \text{ON}\\ \text{PAST}\\ \text{TANTO}\end{Bmatrix},\text{检查面}$$

TLLFT,TLRGT,TLON 用来描述刀具与导动面的位置关系。修饰词一经定义后,在未遇到其他修饰词以前一直有效。若相邻两条语句使用相同修饰词时,下一条语句中的修饰词可省略。如果以前没有指定修饰词,则系统内部按 TLON 处理。

GOLFT,GORGT,GOFWD,GOBACK 表示刀具从当前导动面移动到下一导动面时,所要选择的运动方向。修饰词的选择是根据当前运动方向和下一运动方向,由这两个方向之间的夹角范围来确定。轮廓控制语句的当前运动方向必须在该语句之前明确给出。当前的运动方向可由轮廓控制语句、初始运动语句、定位语句等明确给出。同一运动方向通常有两个修饰词可供选择,如图 7－11 所示。

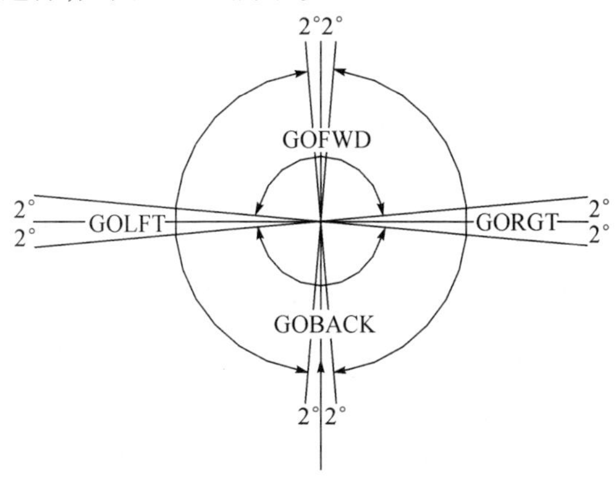

图 7－11　刀具前进方向

从图中可以得出 GOLFT,GORGT,GOFWD,GOBACK 的夹角范围如下:

GOLFT:2°~178°

GORGT:182°~358°

GOFWD:-88°~+88°

GOBACK:92°~268°

轮廓加工应用举例,加工如图 7-12 所示的轮廓,则其代码可写为

```
TLLFT,GOFWD/C1,PAST,L1
        GORGT/L1,PAST,C2
        GORGT/C2,TO,L2
TLRGT,GORGT/L2,……
```

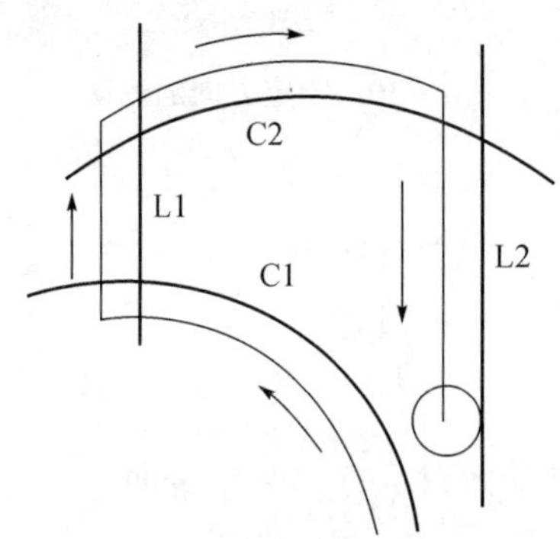

图 7-12　轮廓加工应用示例图

8. 变更零件面

在运动指令的执行过程中有时需要变更零件面(Part Surface)。零件面是控制刀具工作中的高度(*Z*)所使用的面,APT 可以用任意的平面或曲面来指定。变更零件面有如下 2 个指令。而且用 GO/……语句也可以明确零件面。

PSIS　AUTOPS

(1) PSIS。用来明确指定零件面的语句。其格式为

PSIS/z　或　PSIS/plane

PSIS 语句的(/)之后写上高度(*Z*)或者已定义过的面的标识符。被指定的标识符的面在它之后即是零件面。

(2) AUTOPS。该语句是把刀具当前高度(*Z*)的平行于 *XY* 平面的平面,模式定义为零件面。而且随着由于 GOTO/……或 GODLTA/……语句给予刀具高度(*Z*)的变化,把以此为高度的平行于 *XY* 平面的平面自动定为零件面。

7.2.4 后置处理语句和其他辅助语句[16]

后置处理语句用于指定某一特定的机床或控制系统、主轴的启停和转速、进给速度、冷却液、暂停以及机床的其他功能。辅助语句用于标识零件、刀具和指定加工容差的分布形式,规定刀轴方向等的语句。下面对一些具有代表性的语句加以说明。

PARTNO/ (初始语句,也称程序名称语句,由"PARTNO"和名称组成。语句的 7~72 列上的文字被传送到后置信息处理程序,作为识别后置信息处理程序所输出数控带用

的信息而使用。）

FINI （终止语句，表示零件加工程序的结束。FINI 语句是一个零件程序的最后必须具有的语句。）

AUXFUN/a （将辅助功能码和数值 a 直接输出于数控带上。）

COOLNT/…… （指定有关冷却剂的信息。）

CUTCOM/…… （指定刀具径向补偿的状态。）

DELAY/…… （输出相当于几秒暂停的信息。）

FEDRAT/…… （指定进给速度。）

END （程序完，通知给后置处理程序。）

INSERT （该语句之后的所有文字原样地输出于数控带。）

MACHIN/…… （语句使用于指定要用的后置处理程序。在/的右侧，第一要写上后置处理程序名。其后面的格式，按每个后置处理程序的规定格式写。）

RAPID （指定快速进给。）

CUTTER/d,r （指定铣刀直径和刀尖圆角半径。）

LOADTL/…… （指定有关刀具的信息，用于换刀。）

OUTTOL/τ INTOL/τ （给出轮廓加工的外容差和内容差。）

SPINDL/…… （指定有关主轴的信息。）

STOP （指定程序停止。）

7.2.5 APT 语言自动编程实例

下面是用 APT 语言编写的数控加工源程序示例。

例，加工如图 7－13 所示的零件轮廓。已确定选用 ϕ10mm 立铣刀。切入进给速度为 20mm/min，铣削进给速度为 100mm/min。铣削起刀点为（－10，－10，10），机床原点在工件坐标系的位置为（200，－60，0），零件厚度 12mm。加工路线如图中箭头所指示的方向。

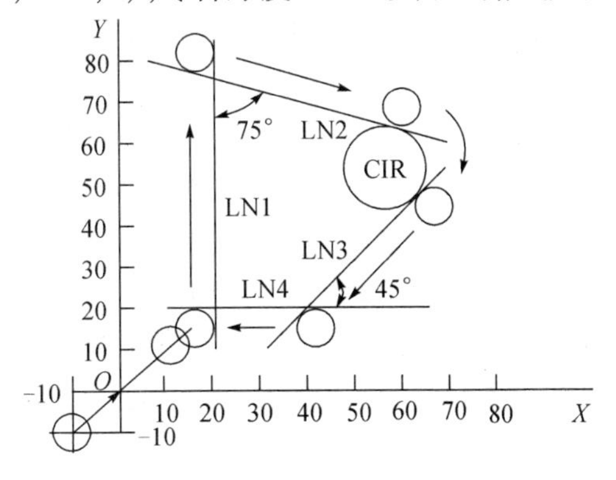

图 7－13 APT 源程序零件图

该零件的 APT 语言源程序如下：

PARTNO/TEMPLATE　　初始语句，说明加工零件名称为 TEMPLATE，便于检索

REMARK/KS－002　　注释语句，说明零件图号

REMARK/编程员 年 月 日　　注释语句,说明编程员姓名、编程日期

$ $　　说明语句,双元符表示一类语句结束,后面的字符起注释作用

MACHIN/F240,2　　后置处理语句,说明数控控制系统类型和系列号

CLPRNT　　说明需要打印刀位数据清单

OUTTOL/0.002　　指定用直线段逼近零件轮廓的外容差

INTOL/0.002　　指定用直线段逼近零件轮廓的内容差

TRANS/200,-60,0　　指定机床原点在工件坐标系中的位置

CUTTER/10　　说明选用 ϕ10mm 的平底立铣刀

$ $ GEOMETRY DEFINITION　　说明语句,说明以下语句为几何定义语句

LN1 = LINE/20,20,20,70　　定义一条通过点(20,20)和(20,70)的直线

LN2 = LINE/(POINT/20,70),ATANGL,75,LN1

定义一条过点(20,70)且与直线 LN1 夹角为 75°的直线

LN3 = LINE/(POINT/40,20),ATANGL,45

定义一条过点(40,20)且与 X 轴夹角为 45°的直线

LN4 = LINE/20,20,40,20　　定义一条过点(20,20)和(40,20)的直线

CIR = CIRCLE/YSMALL,LN2,YLARGE,LN3,RADIUS,10

定义一半径为 10,与 LN2 和 LN3 相切,且位于 LN2 下方、LN3 上方的圆

XYPL = PLANE/0,0,1,0　　定义一个法向矢量为(0,0,1),$Z=0$ 的平面(即 XOY 面)

SETPT = POINT/ -10, -10,10　　定义一个点(-10, -10,10)

$ $ CUTTER MOTION　　说明语句,说明以下语句为刀具运动语句

FROM/SETPT　　指定起刀点

RAPID　　指定快速运动方式

GODLTA/20,20, -5　　增量编程,在 X,Y,Z 方向分别移动 20,20, -5

SPINDL/ON　　启动主轴旋转

COOLNT/ON　　开启冷却液

FEDRAT/20　　指定切入速度为 20mm/min

GO/TO,LN1,TO,XYPL,TO,LN4　　初始运动语句,完成刀具切入

FEDRAT/100　　指定正常切削速度为 100mm/min

TLLFT,GOLFT/LN1,PAST,LN2　　以下为连续运动语句,说明走刀路线

GORGT/LN2,TANTO,CIR

GOFWD/CIR,TANTO,LN3

GOFWD/LN3,PAST,LN4

GORGT/LN4,PAST,LN1

FEDRAT/20　　指定刀具退出速度为 20mm/min

GODLTA/0,0,10	增量编程,在 X,Y,Z 方向分别移动0,0,10(提刀)
SPINDL/OFF	主轴停止
COOLNT/OFF	冷却液关闭
RAPID	指定快速运动方式
GOTO/SETPT	刀具快速退回起刀点
END	机床停止
FINI	零件源程序结束

7.3 图形交互式(CAD/CAM 系统)自动编程

正如前面所述,图形交互式自动编程系统(CAD/CAM 系统)有很多种,一般用户只需从中选择一两种进行学习和应用即可。限于篇幅,本书以实例的形式,介绍其中几种典型的 CAD/CAM 系统。

7.3.1 Mastercam 三轴编程及应用实例

Mastercam 是基于计算机平台的 CAD/CAM 集成系统,其便捷的造型和强大的加工功能使其得到了广泛的应用,它包括三维设计、铣床 3D 加工、车床/铣床复合、线切割/激光加工四个系统。Mastercam 是最早在计算机上开发应用的 CAD/CAM 软件,许多学校都广泛使用此软件来作为机械制造及 NC 程序编制的范例软件,其用户数量最多。据 CIMdata, Inc. 2014 年的 CAM 软件装机量报告,Mastercam 再次成为世界上使用最广泛的 CAM 软件——全球装机量超过 200000 台,比位居第二的竞争对手超出将近 1/2,并且 Mastercam 已连续 20 年获此殊荣。尤其在 3 轴编程加工领域,国内使用 Mastercam 的用户很多。Mastercam 9.1 是使用最广的一款经典版本,本节通过实例,介绍如何应用 Mastercam 9.1 系统进行自动编程和计算机辅助制造。

用 Mastercam 9.0 完成如图 7-14 所示汽车泵体上壳压铸造模型芯的粗加工,材料为 H13,毛坯为六面平整。

图 7-14 汽车泵体上壳压铸造模型芯实体原型

1. 确定加工坐标原点

X 为模型的中心；Y 为模型的中心；Z 为型芯的分型面。

2. 机床坐标系

机床坐标系设在 G54。

3. 工艺分析

该壳体的型芯加工在最高转速可以达到 20000r/min 的高速铣床上加工。分粗加工、半精加工、清角加工、精加工几个步骤进行。粗加工使用直径为 16mm 的牛鼻刀进行加工，刀片半径为 4mm。设置机床主轴转速为 2800r/min，切削进给为 1200mm/min。

4. 程序编制

(1) 启动 Mastercam Mill 通过图 7-15 所示的"Main Menu→File→Get"界面，打开图形文件 Pump. mc9(系统默认文件后缀为 * . mc9)，如图 7-16 所示。然后确认坐标原点在型芯分型面的中心。

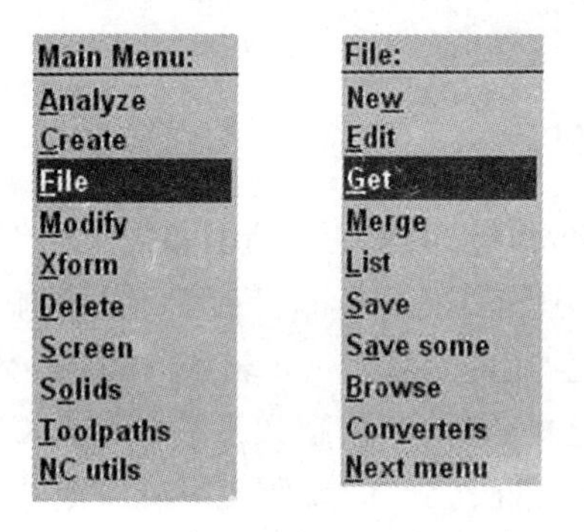

图 7-15 打开文件按钮顺序

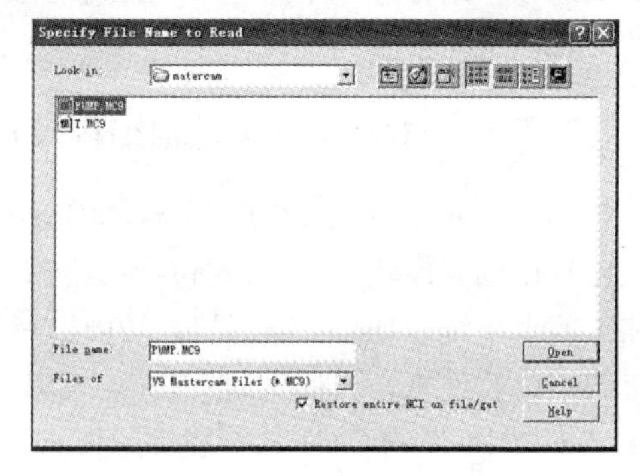

图 7-16 打开三维文件框图

(2) 选择曲面口袋式粗铣模组，选取加工曲面。

① 如图 7-17 所示，在主功能区依次点击"Main Menu→Tool paths→Surface→Rough→Pocket"选项。

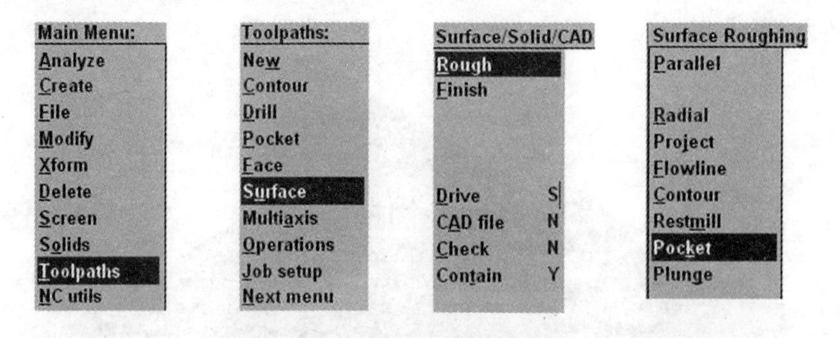

图 7-17 进行粗加工的按钮顺序

② 如图 7-18 所示，系统提示选取加工曲面，在曲面子菜单上点击"All"，接着点击"Surfaces"选择所有的曲面作为加工对象，返回到曲面子菜单，点击"Done"进入加工参数设置界面，准备设置相关参数。

(3) 选取加工刀具，设置加工类型及参数。

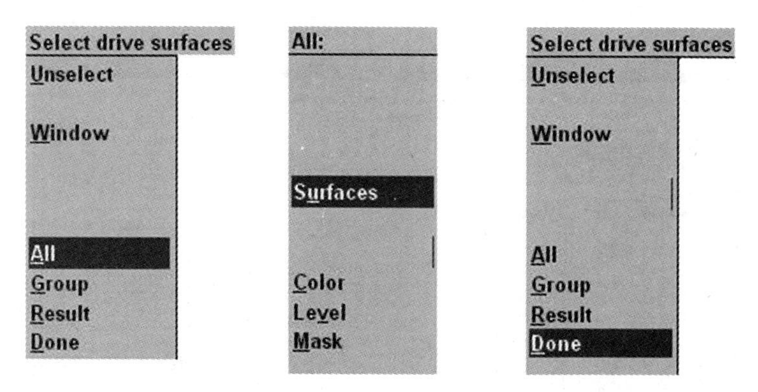

图 7-18　选择加工表面顺序

① 系统打开"Surface Rough Pocket"对话框的"Tool parameters"选项卡。在刀具列表中选取 1 号刀具(ϕ16R4 的端铣刀)，设定切削加工的主轴转速 Spindle 为 2800，切削进给 Feed rate 为 1200，插入进给 Plunge 为 400，其余参数按默认值设置，如图 7-19 所示。

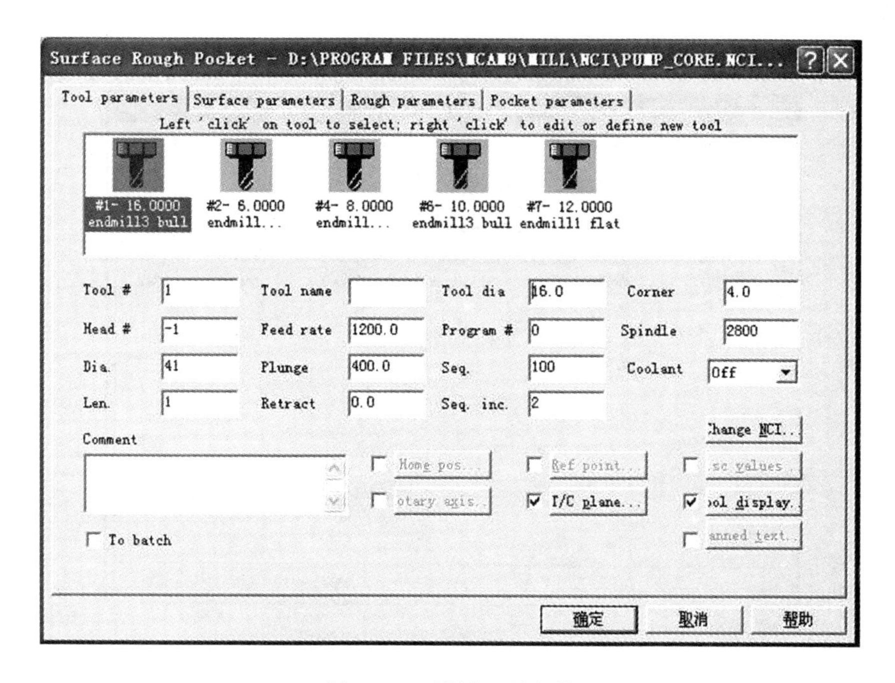

图 7-19　设计刀具参数

② 单击"Surface parameters"标签，设置曲面加工参数：设置安全平面高度为不使用；设置刀具移动高度为 50；慢速下刀起始距离为 2，相对方式；刀尖补正到刀尖；加工预留量为 0.3；其他参数按默认值，如图 7-20 所示。

③ 单击"Rough parameters"标签，按图 7-21 设置粗加工参数：切削公差为 0.025；最大背吃刀量为 1.2；进行粗铣加工；激活进刀方式进刀(Entry-helix)；切削方向为顺铣。

④ 单击"Pocket parameters"标签，按图 7-22 设置口袋式粗加工参数：走刀方式为环绕切削；切削的行间距为 7；不进行精加工(Finish)。

(4) 生成刀具路径。

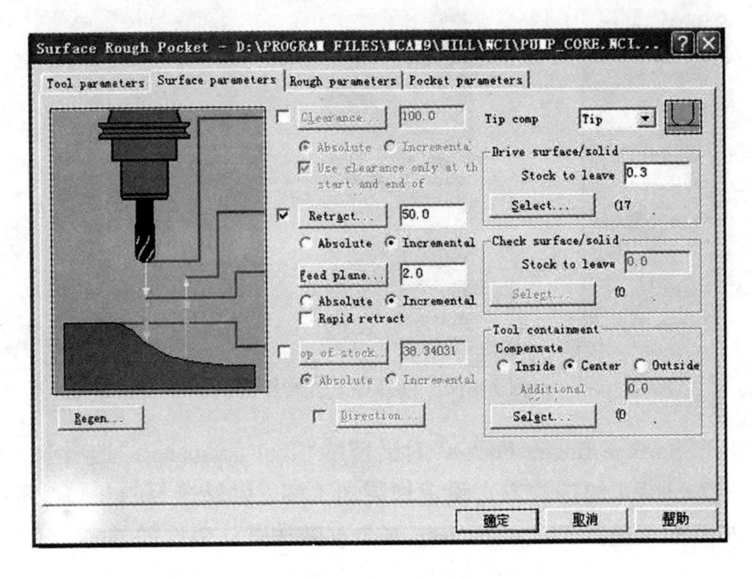

图 7-20　设置加工面参数

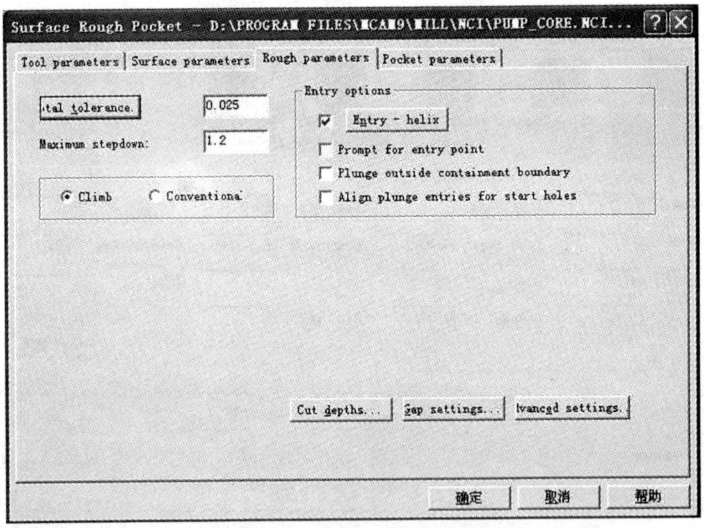

图 7-21　设置粗加工切削参数

进行完所有参数的设置后，单击图 7-22 对话框中的“确定”按钮，系统提示选择边界。在绘图区单击模板的任一边线，系统自动找到封闭的串联，并在结束处显示箭头。在边界串联设定子菜单上点击“Done”完成边界的设定。系统即可按设置的参数计算出刀具路径。将视图设置为等角视图，生成的粗加工刀具路径如图 7-23 所示。

(5) 实体加工模拟。

在对汽车泵体上壳压铸造模型芯的几何图形进行实际粗加工前，先利用 Mastercam 系统提供的实体加工模拟功能进行计算机实体加工模拟，以便及时发现存在的问题并加以改进，最大限度地降低能源和材料消耗，提高加工效率。

操作步骤：

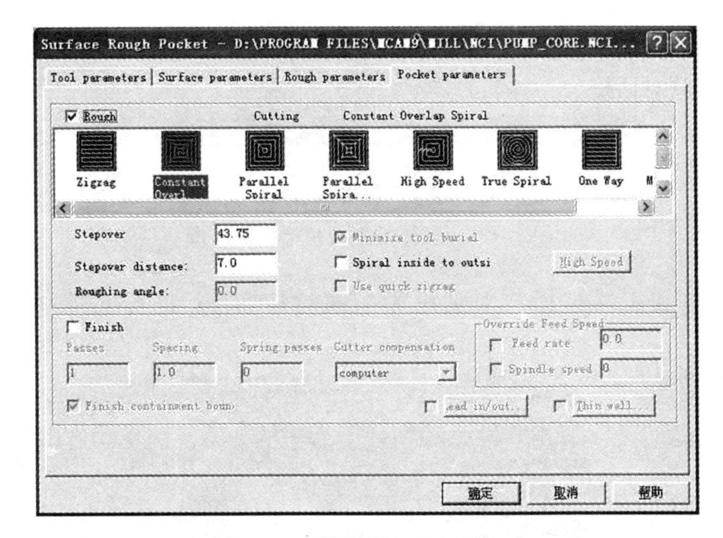

图 7－22　设置粗加工切削方式

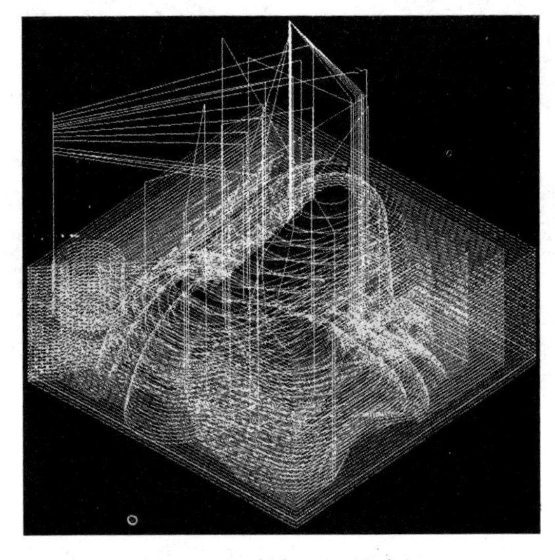
图 7－23　粗加工刀具路径

① 选择 Main Manu 命令回主菜单。

② 选择 Tool paths→Operations（加工操作管理）命令，系统弹出如图 7－24 所示加工操作管理对话框。

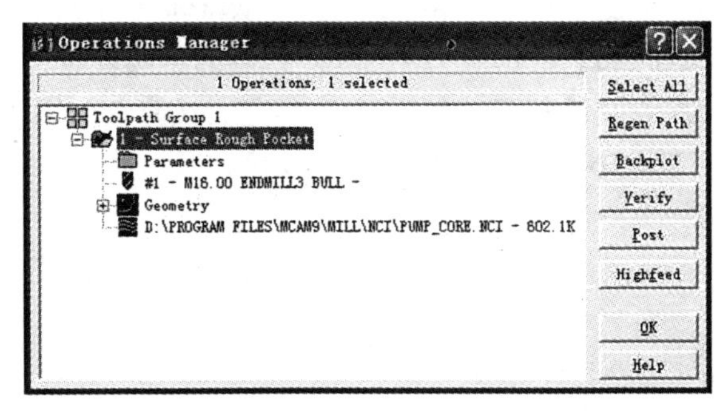

图 7－24　加工操作管理对话框

③ 单击图 7 - 25 所示 Verify 按钮，进行实体加工模拟，系统弹出如图 7 - 25 所示实体加工模拟播放对话框。

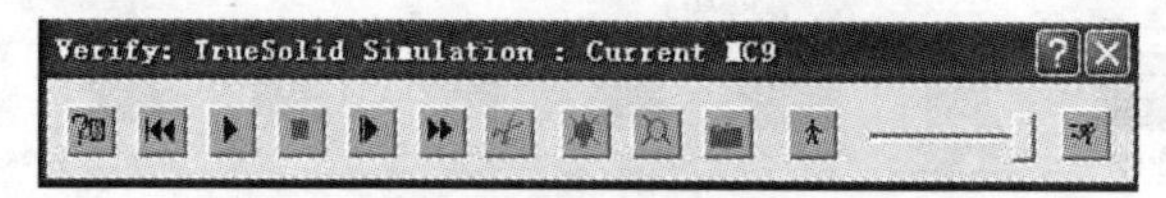

图 7 - 25　实体加工模拟播放对话框

④ 单击实体加工模拟播放对话框中的执行按钮，进行实体加工模拟结果如图 7 - 26所示。

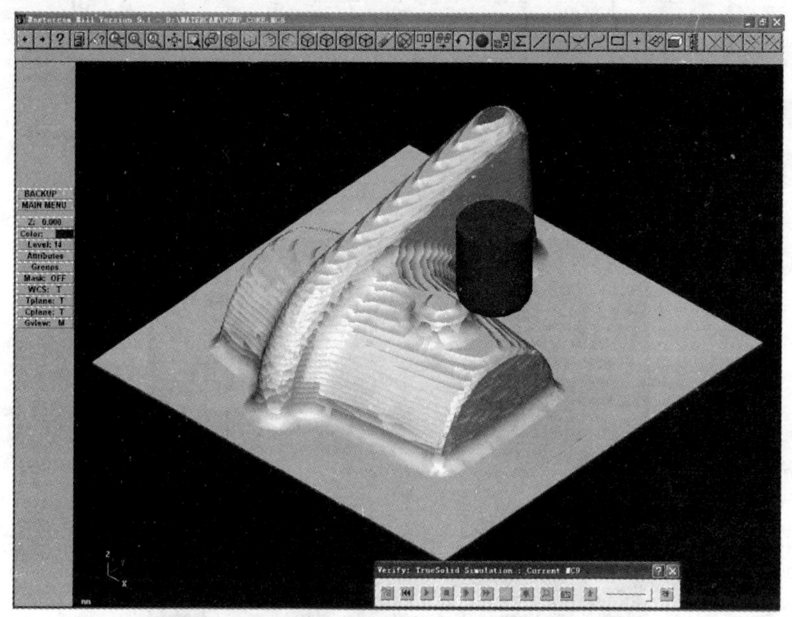

图 7 - 26　实体加工模拟结果

⑤ 单击实体加工模拟播放对话框右上角的关闭按钮，关闭实体加工模拟。

⑥ 单击加工操作管理对话框右上角的关闭按钮，关闭加工操作管理对话框。

⑦ 选择 Main Manu 命令回到主菜单。

（6）生成加工 NC 代码及传输程序。

Mastercam 系统对泵体上壳压铸造模型芯几何图形所规划的外形加工刀具路径及刀具参数设置等资料产生的是一个刀具路径文件，Mastercam 系统称其为 NCI 刀具路径文件。它是一个 ASCⅡ文字格式文件，含有生成 NC 代码的全部资料，包括一系列刀具路径的坐标值、进给量、主轴转速、冷却液控制指令等，但它无法直接应用于 CNC 机床，必须先通过后处理程序 POST 转成 NC 代码后才能被 CNC 机床所使用。

① 生成加工 NC 代码。

利用 Mastercam 系统的后处理功能，自动生成加工几何轮廓所需要的 NC 代码。

操作步骤：

a. 选择 Main Manu 命令回主菜单。

b. 选择 Tool paths→Operations 命令，系统弹出如图 7 - 24 所示加工操作管理对话框。

c. 单击 Post 按钮，进行后处理(将 NCI 文件转为 NC 程序)，系统弹出如图 7-27 所示后处理管理对话框(系统默认的后处理器型号为最常见的 MPFAN. PST(发那科)后处理器，也可以单击 Change Post 按钮选择其他型号的后处理器)。

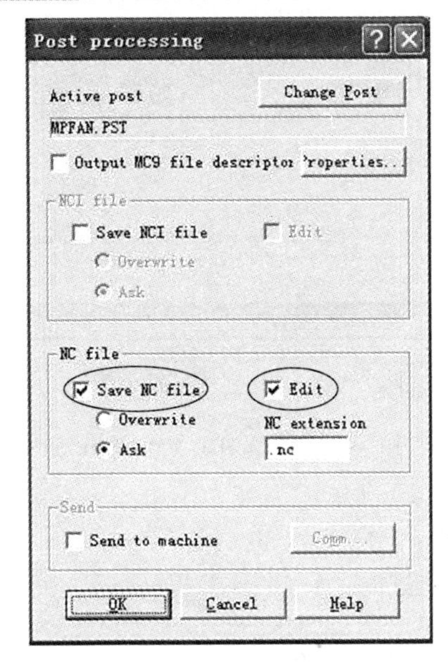

图 7-27　后处理对话框

d. 选择 Save NC file 选项和 Edit 选项。

e. 单击 OK 按钮，系统弹出如图 7-28 所示 NC 文件管理对话框，要求用户输入 NC 文件名(为了便于查找，NC 文件名一般与产品模型名相同)。

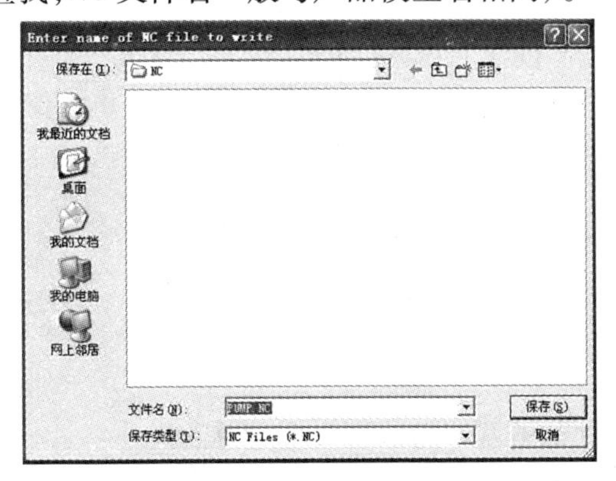

图 7-28　NC 文件管理对话框

f. 输入 NC 文件"Pump"，单击"保存"按钮，系统弹出如图 7-29 所示 NC 程式文件编辑器，用户可以对 NC 程式文件进行检查与编辑。

该零件加工的数控程序如下：

```
%
O0000
(PROGRAM NAME - PUMP)
```

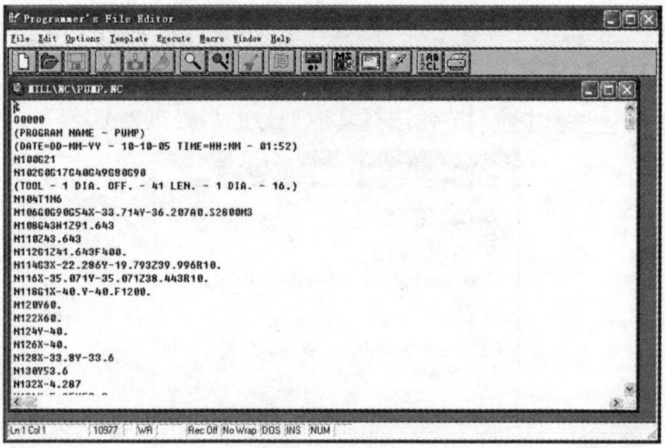

```
Programmer's File Editor
File Edit Options Template Execute Macro Window Help
MILL\NC\PUMP.NC
%
O0000
(PROGRAM NAME - PUMP)
(DATE=DD-MM-YY - 10-10-05 TIME=HH:MM - 01:52)
N100G21
N102G0G17G40G49G80G90
(TOOL - 1 DIA. OFF. - 41 LEN. - 1 DIA. - 16.)
N104T1M6
N106G0G90G54X-33.714Y-36.207A0.S2800M3
N108G43H1Z91.643
N110Z43.643
N112G1Z41.643F400.
N114G3X-22.286Y-19.793Z39.996R10.
N116X-35.071Y-35.071Z38.443R10.
N118G1X-40.Y-40.F1200.
N120Y60.
N122X60.
N124Y-40.
N126X-40.
N128X-33.8Y-33.6
N130Y53.6
N132X-4.287
Ln 1 Col 1 | 10977 | WR | Rec Off No Wrap DOS INS NUM
```

图 7－29　NC 程式文件编辑器

（DATE＝DD－MM－YY －10－10－05 TIME＝HH：MM － 01：52）

N100　G21

N102　G0G17G40G49G80G90

（TOOL － 1 DIA. OFF. － 41 LEN. － 1 DIA. － 16.）

N104　T1M6

N106　G0G90G54X－33.714Y－36.207A0.S2800M3

N108　G43H1Z91.643

N110　Z43.643

N112　G1Z41.643F400.

N114　G3X－22.286Y－19.793Z39.996R10.

⋮

N116　X－35.071Y－35.071Z38.443R10.

N2230　G1Z2.5F0.

N2232　G0Z50.5

N2234　M5

N2236　G91G28Z0.

N2238　G28X0.Y0.A0.

N2240　M30

%

g. 关闭 NC 程式文件编辑器和加工操作管理对话框。

② 传输 NC 程序。

利用 Mastercam 系统的 Communic 传输功能，将系统自动生成的 NC 加工代码传输到数控加工设备的控制器内。

操作步骤：

a. 选择 Main Manu 命令回主菜单。

b. 选择 File/Next menu/Communic 命令，系统弹出如图 7－30 所示传输参数设置对话框，用户可以对诸如数据传输格式、传输接口、传输速率、奇偶性、传输显示模式等参数进行设置。

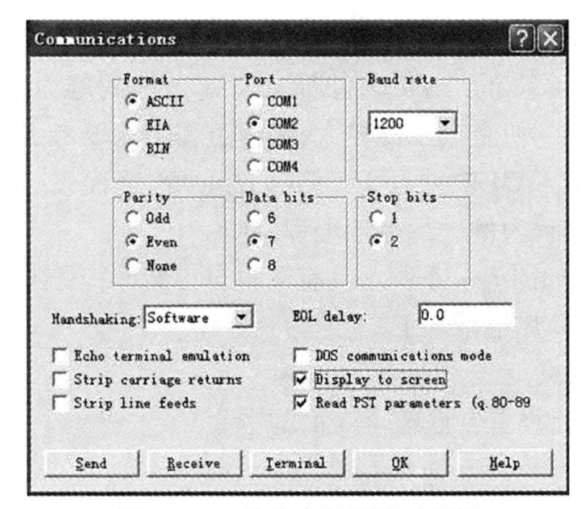

图 7－30　传输参数设置对话框

c. 单击 Send 按钮，系统弹出如图 7－31 所示 NC 文件管理对话框，要求用户选择要传输的 NC 文件。

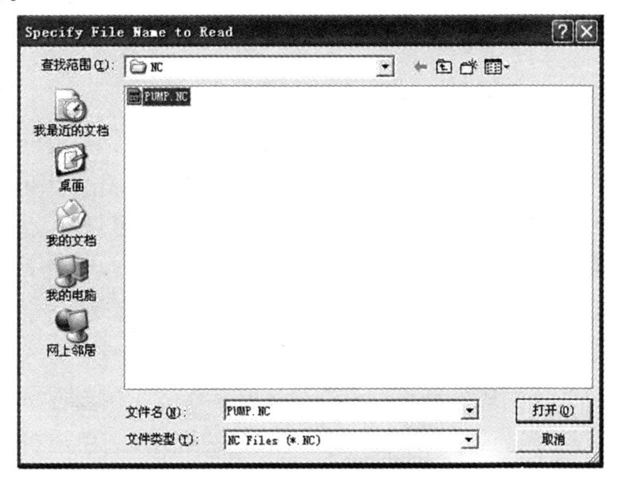

图 7－31　NC 文件管理对话框

d. 选择“Pump”NC 文件，单击 打开(O) 按钮，系统弹出 NC 文件传输对话框，逐行显示传输的 NC 程式文件，程式传输完毕后对话框自动关闭（用户只有在“传输参数设置对话框”中选择了 Display to screen 选项后才会弹出 NC 文件传输对话框）。

7.3.2　UG NX 多轴编程及应用实例[17－19]

三轴数控机床只有 X，Y，Z 三个直线坐标轴，而多轴数控机床则至少具备第 4 轴。通常所说的多轴控制是指 4 轴以上的控制，其中具有代表性的是 5 轴控制加工中心。这种加工中心除了 3 个直线坐标轴外，还有 2 个旋转轴，可以加工用 3 轴控制机床无法加工的复杂形状工件。如果用它来加工 3 轴控制机床能加工的工件，则可以提高加工精度和效率。多轴加工由于增加了旋转运动，加工时刀具轴线相对于工件不再是固定不变的，而是根据需要，刀轴角度是变化的，所以有时也被称为可变轴加工。

在多轴加工中，不仅需要计算出点位坐标数据，更需要得到坐标点上的矢量方向数据,这个矢量方向在加工中通常用来表达刀具的刀轴方向,这就对计算能力提出了挑战。众多的 CAM 软件都具有这方面的能力。但是,这些软件在使用和学习上难度比较大,编程过程中需要考虑的因素比较多,常采用的 CAM 软件有 UG,Powermill 等,下面以一个曲面零件的 UG NX 编程为例进行多轴编程说明。

用 UG NX 8.5 完成如图 7-32 所示具有简单自由曲面特征的叶片零件的整体开粗和叶片半精加工,毛坯为长方体。

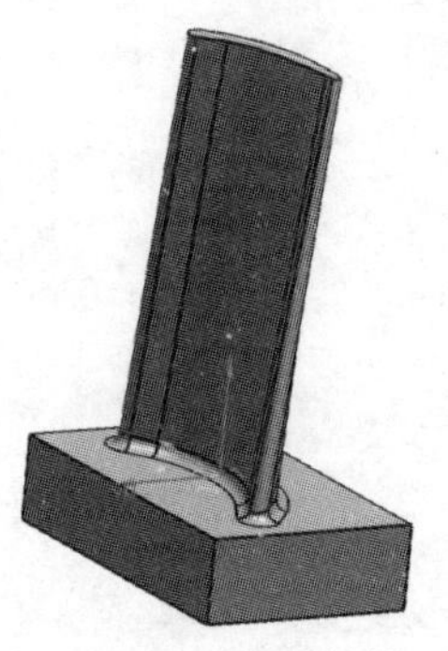

图 7-32　叶片零件模型

1. 确定加工坐标原点

把工件坐标系的原点设置在底座上表面的中心。

2. 工艺分析

叶片的加工过程可划分为整体开粗、叶片半精加工、曲面精加工和底面精加工四道工序。整体开粗主要是为了快速切除多余的材料,加工出基本形状,考虑的重点是加工效率,对表面质量的要求不高。半精加工主要是为精加工作准备。精加工主要是为了获得要求的加工精度和表面质量。本例主要介绍前面两道工序,精加工与此类似。

3. 程序编制

1) *启动 UG NX 8.5,进入加工环境*

在 Windows 操作系统界面,用鼠标左键依次单击"开始→所有程序→Siemens NX 8.5→NX 8.5",即可启动 UG NX 8.5。单击工具栏中的"打开"按钮,在弹出的对话框中选择叶片零件模型文件 yepian. prt,如图 7-33 所示。要注意的是:UG 软件不支持中文文件名,在文件及所在的路径中都不能含有中文字符。打开零件模型文件后,单击工具栏中的"开始"下拉按钮 开始,在弹出的菜单中选择"加工"命令 加工(N)...,当新建一个文件或打开一个已存文件或导入一个文件时,且这个文件是首次进入加工界面时,系统就会弹出"加工环境"对话框,来让用户选择相应的环境。在"CAM 会话配置"中选择"cam_general",在"要创建的 CAM 设置"中选择"mill_multi - axis",如图 7-34 所示,单击"确定"按钮后即进入加工环境界面。

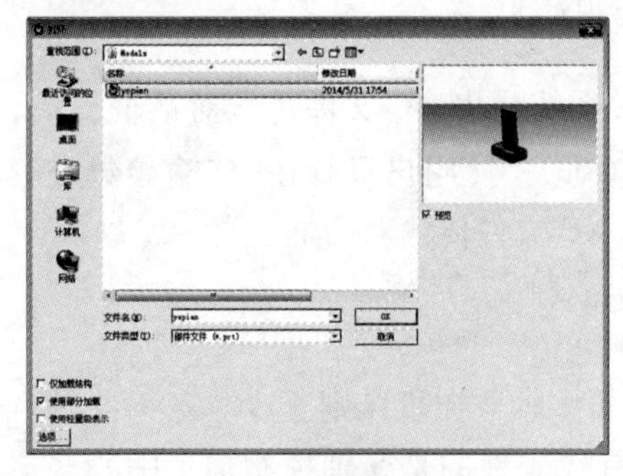

图 7-33　打开叶片零件文件

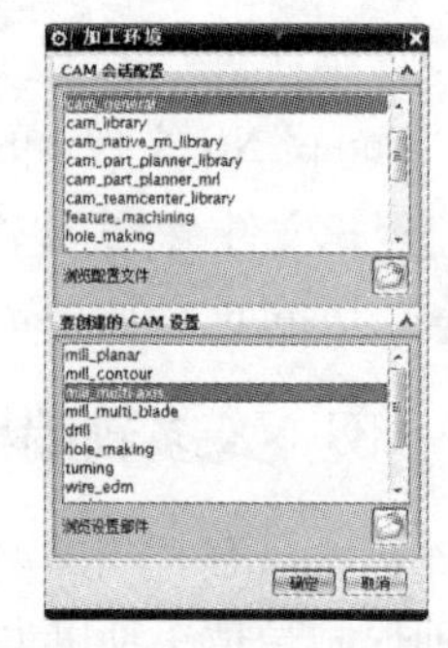

图 7-34　配置加工环境

2) 创建加工几何组

(1) 创建加工坐标系。

在左侧操作导航器的空白区域右击,选择"几何视图",双击 MCS 弹出"MCS"对话框,如图 7-35 所示。单击"机床坐标系"组框中的"CSYS"对话框按钮,弹出"CSYS"

对话框,如图 7 - 36 所示。在“类型”下拉列表中选择“自动判断”,单击零件底座上表面,系统将默认以其几何中心为坐标原点创建坐标系,单击“确定”,可看到叶片零件的加工坐标系如图 7 - 37 所示。

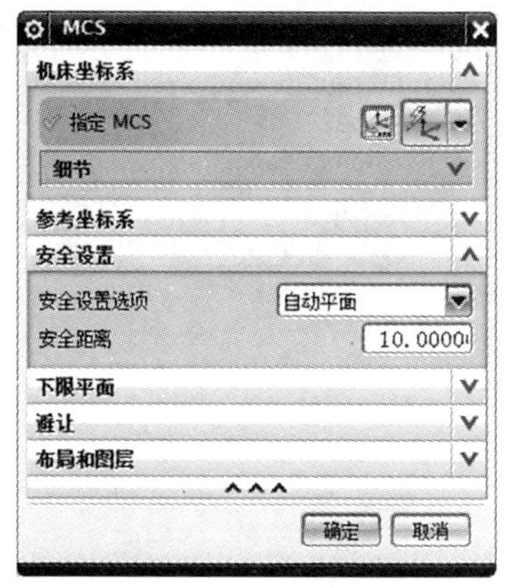

图 7 - 35 “MCS”对话框

图 7 - 36 “CSYS”对话框

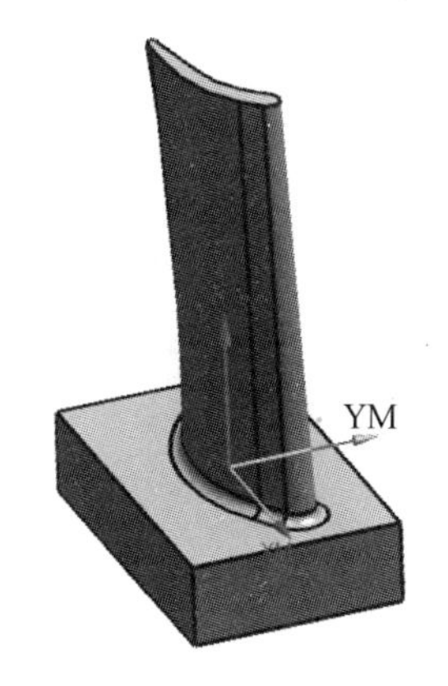

图 7 - 37 零件的加工坐标系

(2) 创建部件几何体。

在“工序导航器”中双击“WORKPIECE”图标,弹出“工件”对话框,如图 7 - 38 所示。单击“指定部件”右边的“选择或编辑部件几何体”按钮,弹出“部件几何体”对话框,选择叶片实体作为部件,单击“确定”按钮返回到“工件”对话框。单击“指定毛坯”右边的“选择或编辑毛坯几何体”按钮,弹出“毛坯几何体”对话框,选择包容块作为毛坯,如图 7 - 39 所示。两次单击“确定”按钮后完成几何体的创建。

3) 创建加工刀具

在“工序导航器”的空白区域右键单击,在弹出的菜单中选择“机床视图”命令,工序导航器切换到机床刀具视图。单击“加工创建”工具栏上的“创建刀具”按钮,弹出“创建刀具”对话框。在“类型”下拉列表中选择“mill_contour”,在“刀具子类型”下拉列表中选择端铣刀“MILL”图标,在“名称”文本框中输入“T1D8R1”,如图 7 - 40 所示。单击“应用”按钮,弹出“铣刀 - 5 参数”对话框。在“铣刀 - 5 参数”对话框中设定“直径”为 8.0000,“下半径”为 1.0000,“刀具号”为 1,其他参数如图 7 - 41 所示。

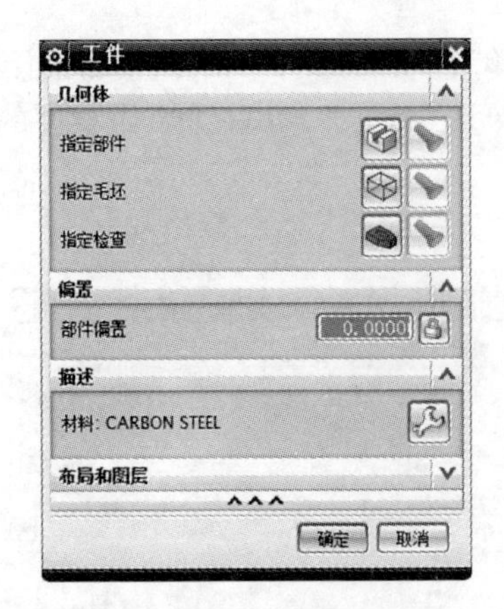

图 7-38 “工件”对话框

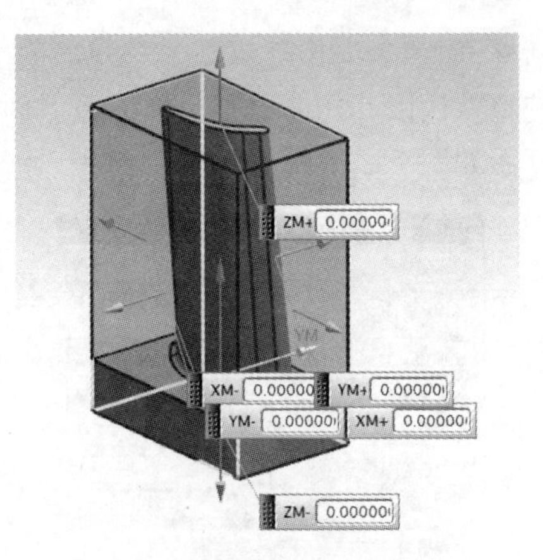

图 7-39 选择毛坯几何体

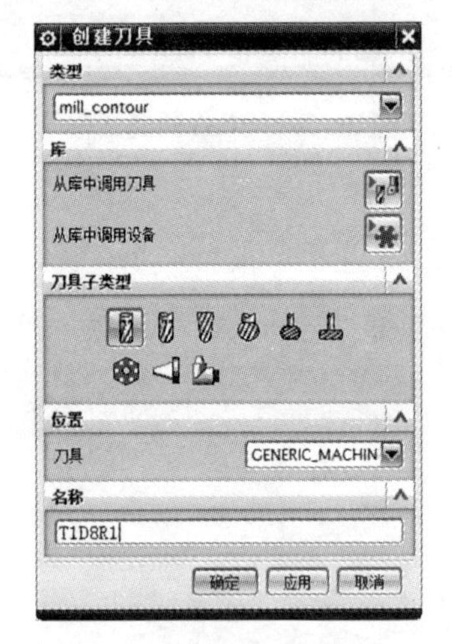

图 7-40 创建端铣刀

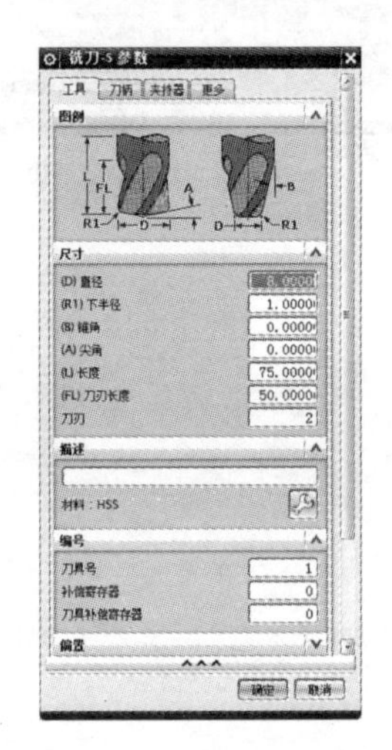

图 7-41 设置端铣刀参数

单击“确定”按钮,返回到“创建刀具”对话框,在“类型”下拉列表中选择“mill_multi-axis”,在“刀具子类型”下拉列表中选择球头铣刀“BALL_MILL”图标,在“名称”文本框中输入“T2D6”,如图 7-42 所示。单击“确定”按钮,弹出“铣刀-5 参数”对话框。在“铣刀-5 参数”对话框中设定“球直径”为 6.0000,“锥角”为 1.0000,“刀具号”为 2,其他参数如图 7-43 所示。单击“确定”按钮,关闭对话框。

4)设置加工方法组

在“工序导航器”的空白区域右键单击,在弹出的菜单中选择“加工方法视图”命令,工序导航器切换到加工方法视图。双击“MILL_ROUGH”,弹出“铣削粗加工”对话框。在“部件余量”文本框中输入 1.0000,“内公差”和“外公差”中输入 0.0300,如图 7-44 所示。单击“确定”按钮,完成粗加工方法设定。

双击“MILL_SEMI_FINISH”,弹出“铣削半精加工”对话框。在“部件余量”文本框中输入 0.2500,“内公差”和“外公差”中输入 0.0300,如图 7-45 所示。单击“确定”按钮,完成半精加工方法设定。

类似地,可以双击“MILL__FINISH”,在弹出的“铣削精加工”对话框中将“部件余量”设定为 0。

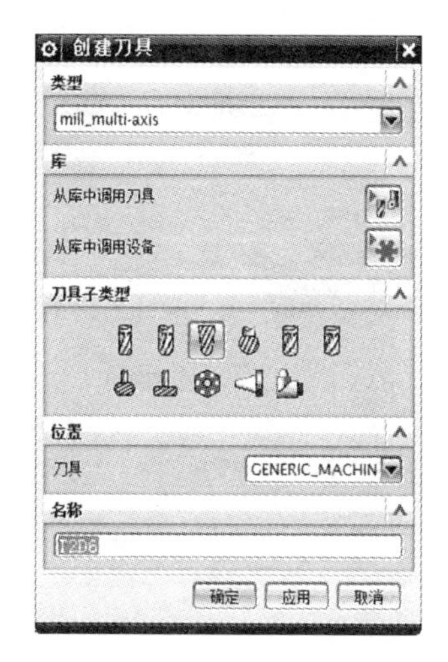

图 7－42　创建球头铣刀

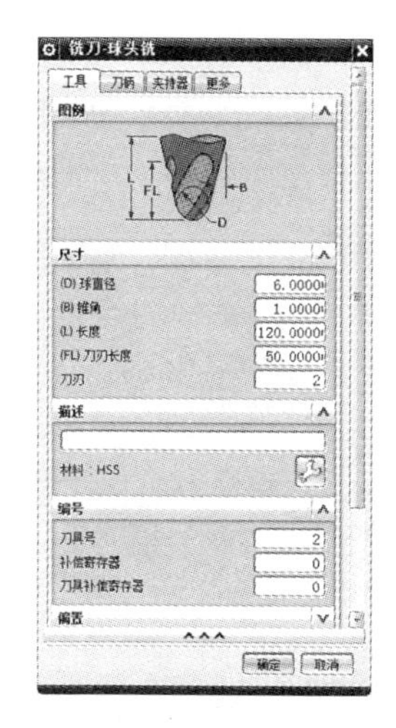

图 7－43　设置球头铣刀参数

图 7－44　设置铣削粗加工参数

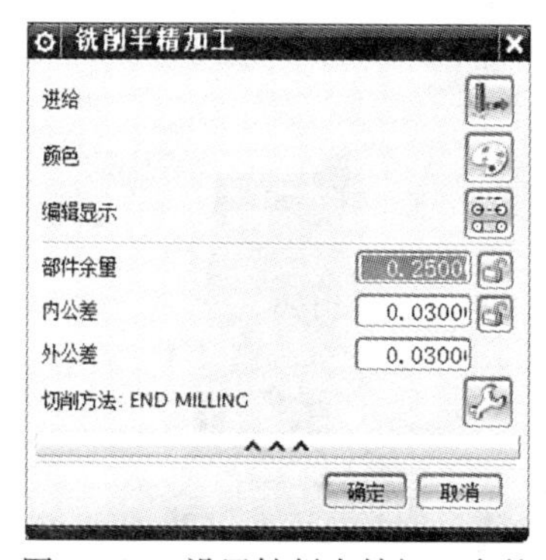

图 7－45　设置铣削半精加工参数

5）创建粗加工操作

在“工序导航器”的空白区域右键单击，在弹出的菜单中选择“程序顺序视图”命令，工序导航器切换到程序顺序视图。单击工具栏上的“创建工序”按钮，弹出“创建工序”对话框。在“类型”下拉列表中选择“mill_contour”，在“工序子类型”中选择第 1 行第 1 个图标（型腔铣），“程序”选择“NC_PROGRAM”，“刀具”选择“T1D8R1”，“几何体”选择“WORKPIECE”，“方法”选择“MILL_ROUGH”，在“名称”文本框中输入“CAVITY_ROUGH”，如图 7－46 所示。

单击“确定”按钮，弹出“型腔铣”对话框，如图 7－47 所示。

（1）指定切削区域。

单击“几何体”组框中“指定切削区域”右侧的“选择或编辑切削区域几何体”按钮，弹出“切削区域”对话框，在图形区选择图 7－48 所示的面区域，然后单击“确定”按钮，返回“型腔铣”对话框。

（2）设置切削模式和切削用量。

在“型腔铣”对话框的“刀轨设置”组框中进行切削模式和切削用量的设置，选择“切削模式”为“跟随部件”，“步距”选择“刀具平直百分比”，“平面直径百分比”为 50.0000，在“最大距离”文本框中输入层铣深度为 3.0000，如图 7－49 所示。

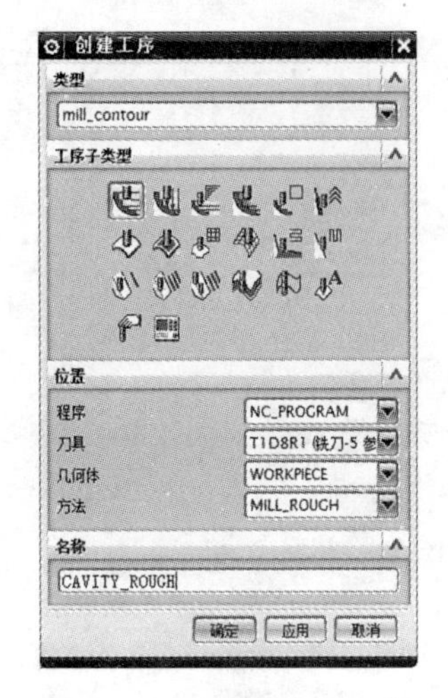

图 7-46 创建粗加工工序

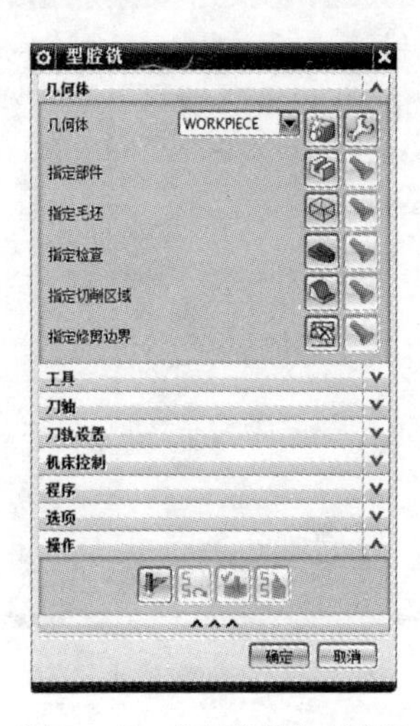

图 7-47 “型腔铣”对话框

图 7-48 指定切削区域

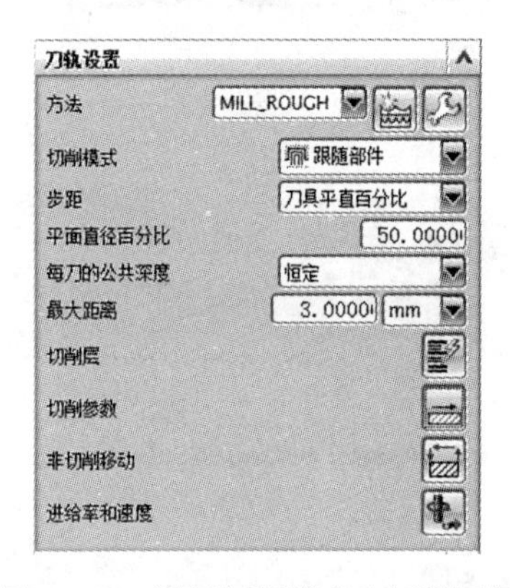

图 7-49 设置切削模式和切削用量

(3) 设置切削参数。

单击“刀轨设置”组框中的“切削参数”按钮，弹出“切削参数”对话框，进行切削参数设置。在“策略”选项卡中，选择“切削方向”为“顺铣”，“切削顺序”为“层优先”，其他参数设置如图 7-50 所示。切换到“更多”选项卡，在“原有的”组框中勾选“区域连接”“边界逼近”和“容错加工”复选框，如图 7-51 所示。

单击“确定”按钮，完成切削参数设置。

(4) 设置非切削移动。

非切削移动主要对进、退刀进行设置，进、退刀方式选择的合理与否将直接影响到被加工工件的质量。一般绝对不允许垂直于工件下刀，容易出现扎刀或断刀现象。为了保证刀具的合理寿命，尽量从工件的外部进刀。

单击“刀轨设置”组框中的“非切削移动”按钮，弹出“非切削移动”对话框，进行非切削移动参数设置。在“进刀”“退刀”和“转移/快速”选项卡中分别进行参数的设置，分别如图 7-52、图 7-53 和图 7-54 所示。

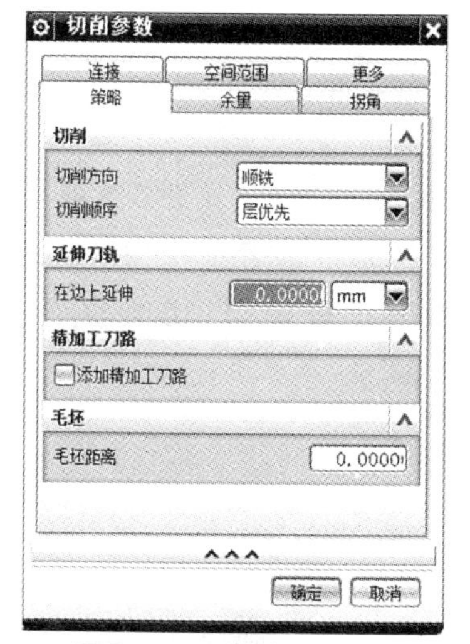

图 7－50 “策略”选项卡

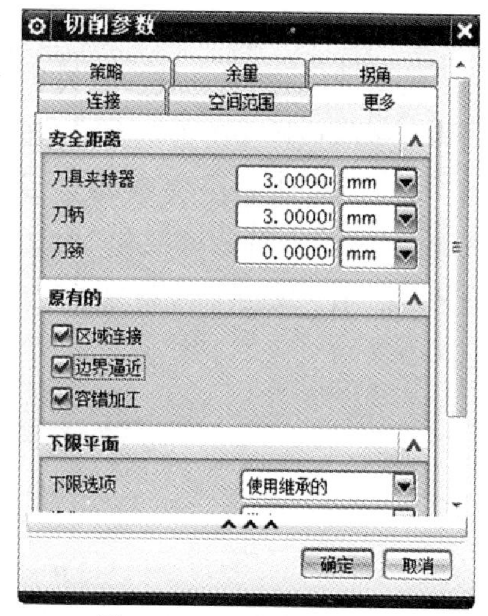

图 7－51 “更多”选项卡

图 7－52 “进刀”选项卡

图 7－53 “退刀”选项卡

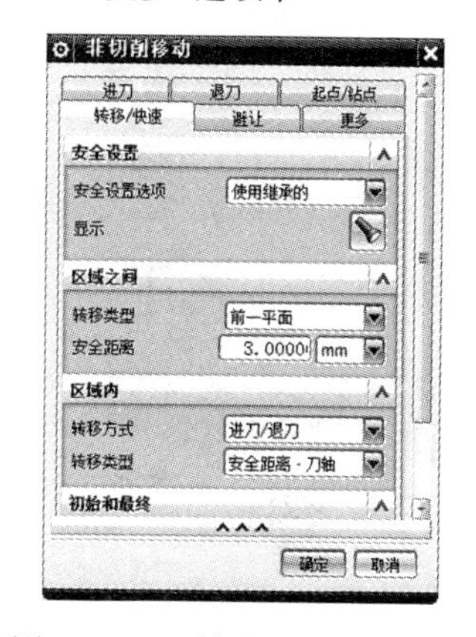

图 7－54 “转移/快速”选项卡

（5）设置进给参数。

单击“刀轨设置”组框中的“进给率和速度”按钮，弹出“进给率和速度”对话框，进行进给率和速度参数设置。设置“主轴速度”为1200.000，切削速度为500.0000，其他参数设置如图7－55所示。

图 7－55 设置进给参数

(6) 生成刀具路径并验证。

在“操作”对话框中完成参数设置后,单击该对话框底部“操作”组框中的“生成”按钮,即可生成该操作的刀具路径,如图 7－56 所示。

在“操作”对话框中完成参数设置后,单击该对话框底部“操作”组框中的“确认”按钮,弹出“刀轨可视化”对话框,如图 7－57 所示。然后选择“2D 动态”选项卡,单击“播放”按钮,即可进行 2D 动态刀具切削过程模拟,切削验证结果如图 7－58所示。

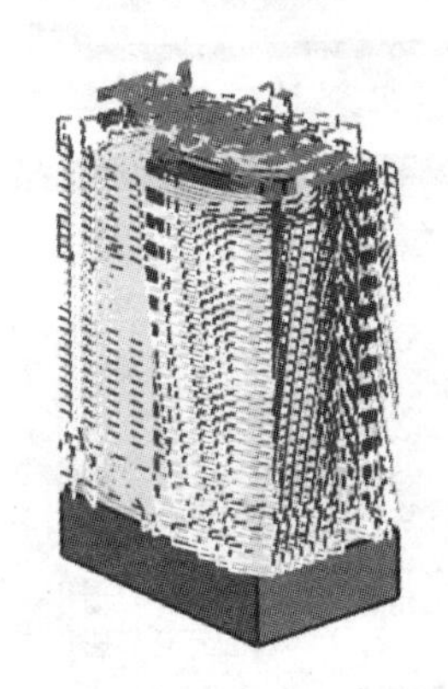

图 7－56 生成的刀具路径

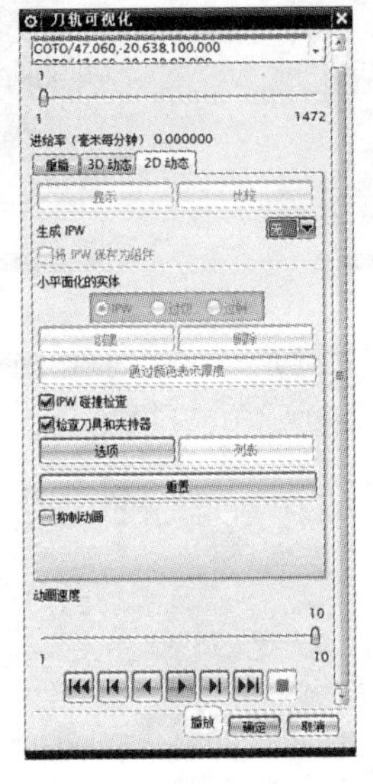

图 7－57 “刀轨可视化”对话框

图 7－58 实体切削验证结果

单击“型腔铣”对话框中的“确定”按钮,接受刀具路径,并关闭“型腔铣”对话框。

6) 创建半精加工操作

在“工序导航器”的空白区域右键单击,在弹出的菜单中选择“程序顺序视图”命令,工序导航器切换到程序顺序视图。单击工具栏上的“创建工序”按钮,弹出“创建工序”对话框。在“类型”下拉列表中选择“mill_multi－axis”,在“工序子类型”中选择第 1 行第 1 个图标(可变轮廓铣),“程序”选择“NC_PROGRAM”,“刀具”选择“T2D6”,“几何体”选择“WORKPIECE”,“方法”选择“MILL_SEMI_FINISH”,在“名称”文本框中输入“VARIABLE_SEMI_FINISH”,如图 7－59 所示。

单击“确定”按钮,弹出“可变轮廓铣”对话框,如图 7－60 所示。

图 7－59 创建半精加工工序

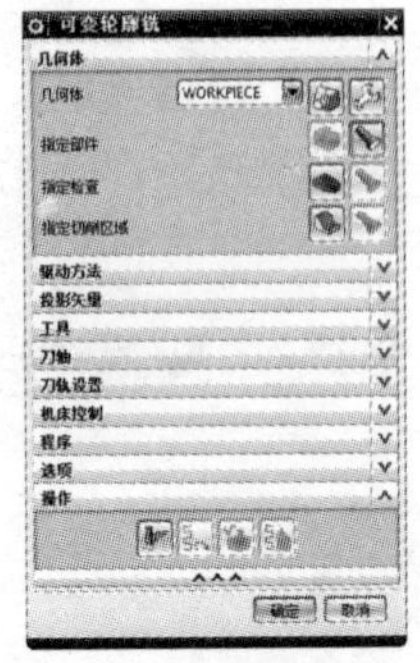

图 7－60 “可变轮廓铣”对话框

(1) 指定切削区域。

单击“几何体”组框中“指定切削区域”右侧的“选择或编辑切削区域几何体”按钮，弹出“切削区域”对话框，在图形区选择图 7－61 所示的面区域，然后单击“确定”按钮，返回“可变轮廓铣”对话框。

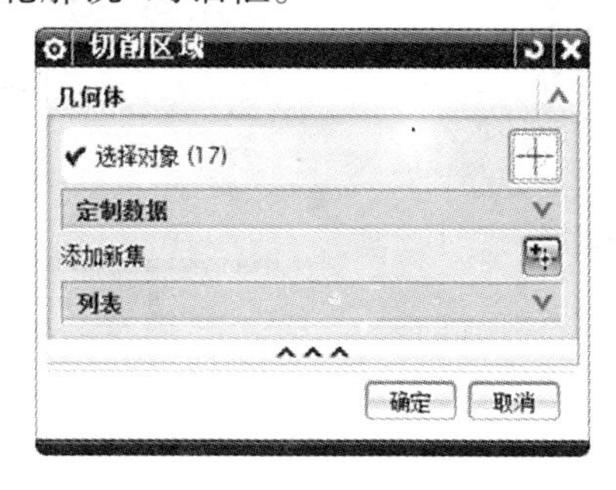

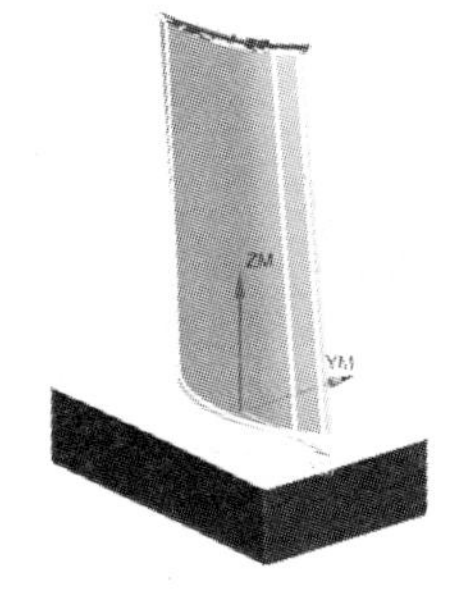

图 7－61　指定切削区域

(2) 选择驱动方法。

在“可变轮廓铣”对话框的“驱动方法”组框中的“方法”下拉列表中选择“曲面”，系统弹出“曲面区域驱动方法”对话框，如图 7－62 所示。在“驱动几何体”组框中，单击“指定驱动几何体”选项后的“选择或编辑驱动几何体”按钮，弹出“驱动几何体”对话框，如图 7－63 所示，在图形区中依次选择叶片上的各个曲面。单击“确定”按钮，返回“曲面区域驱动方法”对话框。

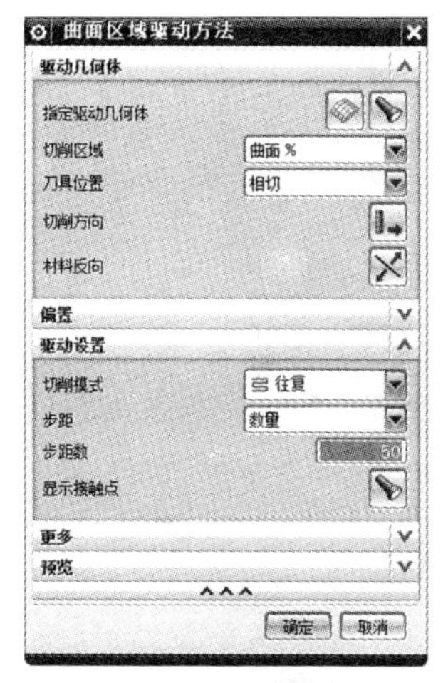

图 7－62　“曲面区域驱动方法”对话框

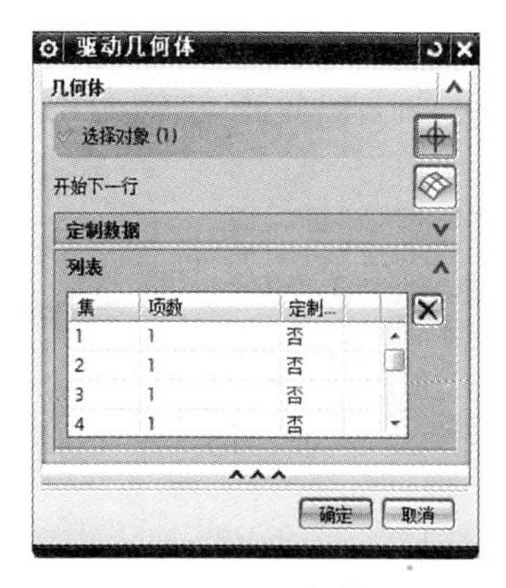

图 7－63　“驱动几何体”对话框

在“驱动几何体”组框中单击“指定切削方向”按钮，弹出“切削方向确认”对话框，选择如图 7－64 所示箭头方向为切削方向，然后单击“确定”按键，返回“曲面区域驱动方法”对话框。

在“驱动几何体”组框中单击“材料反向”按钮，确认材料侧方向，如图 7－65 所示。

在“驱动设置”组框中选择“切削模式”为“往复”，“步距”为“数量”，“步距数”为 50，如图 7－66 所示。

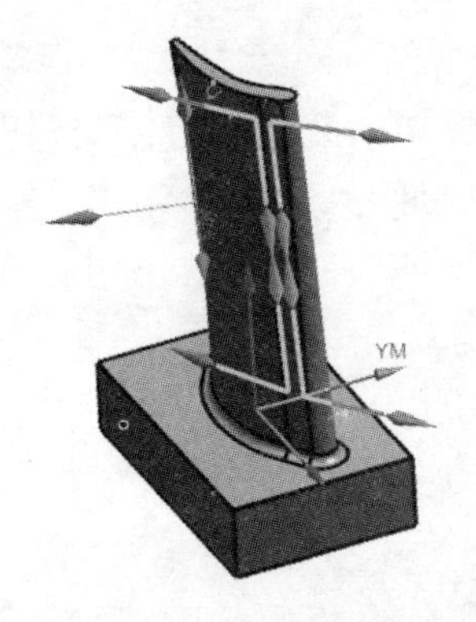

图 7-64　指定切削方向

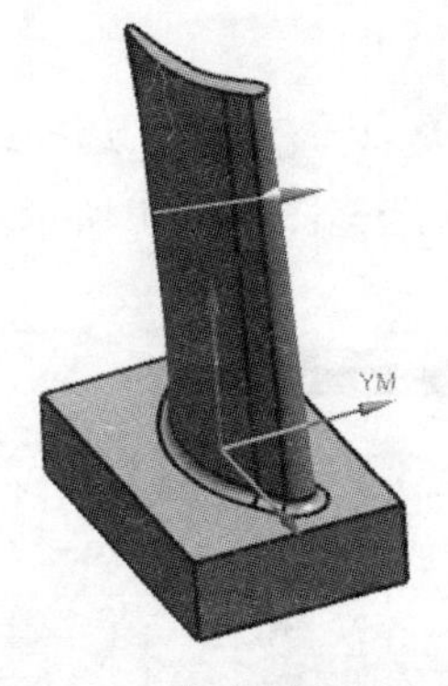

图 7-65　指定材料侧方向

图 7-66　驱动参数设置

(3) 设置刀轴。

在“刀轴”组框中选择“轴”为“侧刃驱动体”，在“侧倾角”文本框中输入 40.0000，如图 7-67 所示。

单击“指定侧刃方向”按钮，弹出“选择侧刃方向”对话框，选择如图 7-68 所示的方向为刀轴方向，单击“确定”按钮完成。

图 7-67　设置刀轴

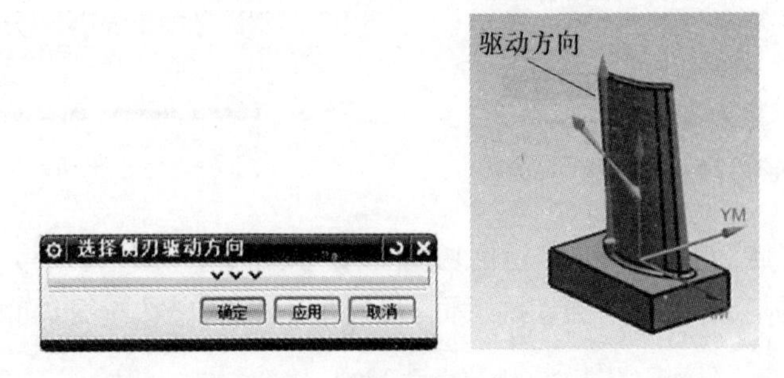

图 7-68　指定侧刃驱动方向

(4) 设置投影矢量方向。

在“投影矢量”组框中选择“矢量”，选择“垂直于驱动体”，如图 7-69 所示。

图 7-69　设置投影矢量

（5）设置切削参数。

单击“刀轨设置”组框中的“切削参数”按钮，弹出“切削参数”对话框，如图 7-70 所示，进行切削参数设置，本例中选用默认设置。单击“确定”按钮，完成切削参数设置。

图 7-70　“切削参数”对话框

（6）设置非切削移动。

单击“刀轨设置”组框中的“非切削移动”按钮，弹出“非切削移动”对话框，进行非切削移动参数设置。在“进刀”“退刀”和“转移/快速”选项卡中分别进行参数的设置，分别如图 7-71、图 7-72 和图 7-73 所示。

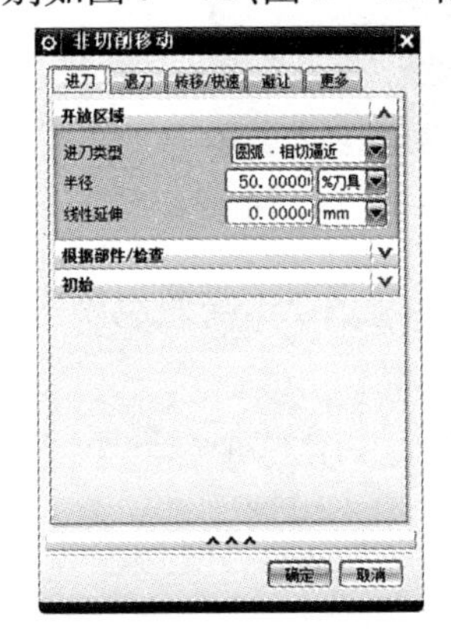

图 7-71　“进刀”选项卡

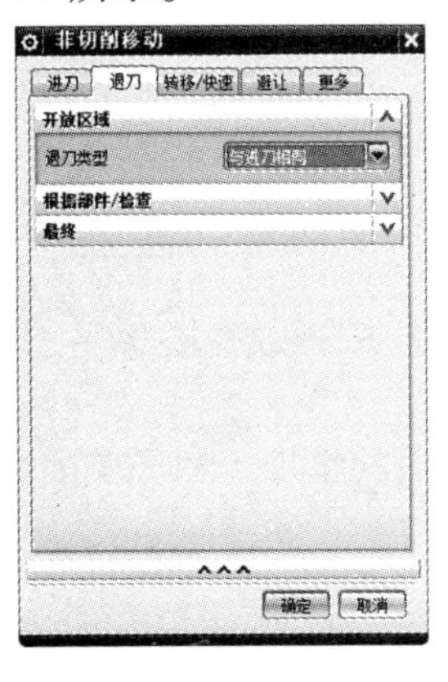

图 7-72　“退刀”选项卡

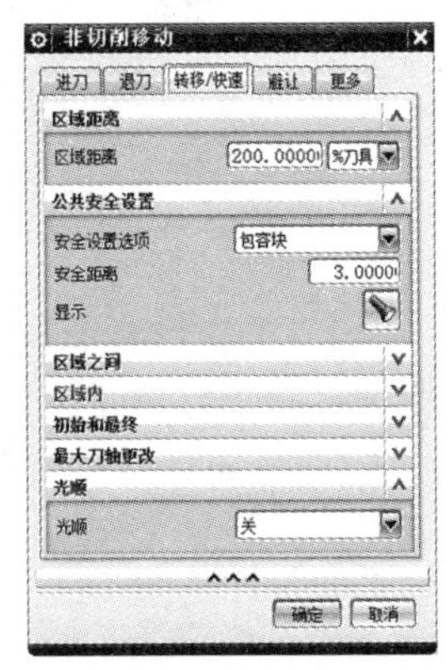

图 7-73　“转移/快速”选项卡

(7) 设置进给参数。

单击“刀轨设置”组框中的“进给率和速度”按钮，弹出“进给率和速度”对话框，进行进给率和速度参数设置。设置“主轴速度”为 3000.000，切削速度为 250.0000，其他参数设置如图 7-74 所示。

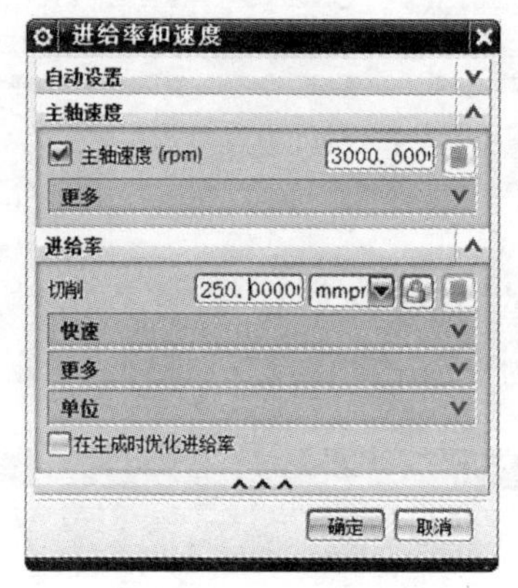

图 7-74　设置进给参数

(8) 生成刀具路径并验证。

在“操作”对话框中完成参数设置后，单击该对话框底部“操作”组框中的“生成”按钮，即可生成该操作的刀具路径，如图 7-75 所示。

在“操作”对话框中完成参数设置后，单击该对话框底部“操作”组框中的“确认”按钮，弹出“刀轨可视化”对话框，选择“2D 动态”选项卡，单击“播放”按钮，即可进行 2D 动态刀具切削过程模拟，切削验证结果如图 7-76 所示。

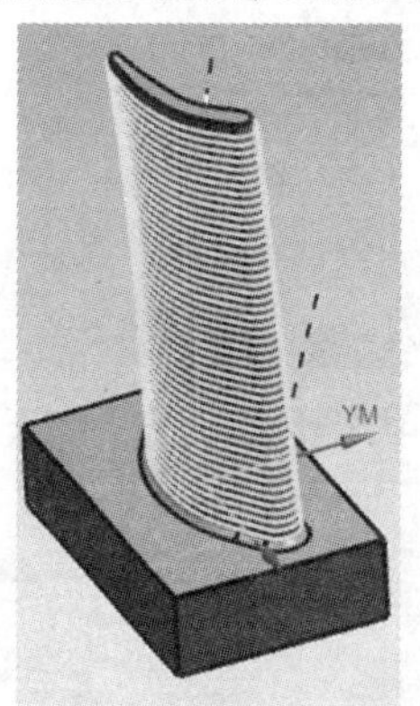

图 7-75　生成的刀具路径

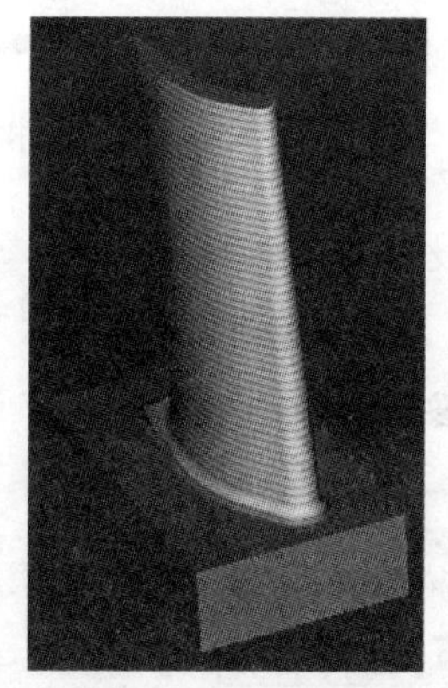

图 7-76　实体切削验证结果

单击“可变轮廓铣”对话框中的“确定”按钮，接受刀具路径，并关闭“可变轮廓铣”对话框。完成叶片曲面的半精加工。

类似地，可以继续进行叶片曲面的精加工和底座上表面的精加工，在此不再赘述。

第 8 章　刀位验证与轨迹编辑

8.1　刀位数据验证

自从 APT 语言诞生以来,人们利用计算机自动编程方法解决了列表轮廓曲线、雕塑曲面的数控加工编程难题。但是,对于一些复杂零件的数控加工来说,用自动编程方法生成的数控加工程序在加工过程中是否发生过切,所选择的刀具、走刀路线、进退刀方式是否合理,刀具与约束控制面(非加工面)是否发生干涉等,编程人员事先往往很难预料。为了确保数控加工程序能加工出合格的零件,传统的方法是,在零件正式加工之前,在数控机床上进行试切,发现程序问题并进行修改,排除错误之后才进行零件的正式加工,这样便使生产成本显著增加。

针对自动编程的这一不足,工程技术人员利用计算机图形显示器把加工过程中的零件模型、刀具轨迹、刀具外形一起显示出来,用这种方法来模拟零件的加工过程,检查刀位计算是否正确、加工过程中是否发生过切,所选择的刀具、走刀路线、进退刀方式是否合理,刀具与约束面是否发生干涉与碰撞。这种方法称为刀位验证(Cldata Check 或 NC Verification)。

刀位验证的方法很多。首先可以对刀位文件做程序检查,看语法、命令字是否符合规定格式。常用的验证方法还有刀位轨迹显示验证,即将刀位(刀心坐标与刀轴矢量)的线架(Wireframe)图显示出来,判断刀位轨迹是否连续,检查刀位计算是否正确;其次是将刀位数据连同被加工表面的线架图一起显示出来,来判断刀位轨迹的正确性,走刀路线、进退刀方式是否合理。比较复杂一点的方法是采用各种截面法验证,如纵截面法、横截面法及曲截面法等,将指定刀位点上的刀具截面图与被加工表面及其约束面的截面图一起显示在屏幕上,这样便可以很直观地判断所选择的刀具是否合理,检查刀具与约束面是否发生干涉与碰撞,加工过程中是否存在过切。为了能够定量地给出验证结果,可以采用测距验证(也称距离验证)。更复杂一些的方法是加工过程的动态仿真验证,即把加工过程中的零件模型、刀具的运动过程及切削加工过程一起动态显示出来,模拟零件的实际加工过程。

采用刀具运动包络面法计算被加工表面的加工误差是最精确的,但由于刀具运动包络面的生成比较困难,所以这种方法很少采用。

8.2　程序文件检查

数控加工刀位文件也是由功能代码按照一定规则组成的有机整体,有其特定的使用规则和特点。程序文件检查就是要完成对其结构规则、语法规则等的检查。

可以采用"逐层检查法"进行,从整体到细节,由外到内的方法检查,便于检查错误。

困扰人们的数据不兼容问题,也为网络制造、敏捷制造、虚拟制造、并行工程等先进制造技术和模式提供了技术保证。据 STEP Tools 公司的研究数据表明:STEP - NC 的应用将使目前加工前数据准备时间减少 75%,工艺规划时间减少 35%,加工时间减少 50%。可见,大力开展基于 STEP - NC 的 CNC 系统(特别是标准制定、数据库和 STEP - NC 控制器)的研究对于提高我国数控水平乃至全面提高自动化制造水平是至关重要的。

8.3 显示验证

显示验证方法的基本思想是:从曲面造型结果中取出所有加工表面及相关型面,从刀位计算结果(刀位文件)中取出刀位轨迹信息,然后将它们组合起来进行显示;或者在所选择的刀位点上放上"真实"的刀具模型,再将整个加工零件与刀具一起进行三维组合消隐,从而判断走刀轨迹上的刀心位置、刀轴矢量、刀具与加工表面的相对位置以及进退刀方式是否合理。

8.3.1 刀位轨迹显示验证

刀位轨迹显示验证的基本方法是:当零件的数控加工程序(或刀位数据)计算完成以后,将刀位轨迹在图形显示器上显示出来,从而判断刀位轨迹是否连续,检查刀位计算是否正确。

刀位轨迹显示验证的判断原则为:①刀位轨迹是否光滑连续;②刀位轨迹是否交叉;③刀轴矢量是否有突变现象;④凹凸点处的刀位轨迹连接是否合理;⑤组合曲面加工时刀位轨迹的拼接是否合理;⑥走刀方向是否符合曲面的造型原则(这主要是针对直纹面)。

图 8 - 1 所示是采用参数线法球形刀三坐标之字形走刀加工飞机前机身吹风模型的刀位轨迹图。从图上可以看出机身和坐舱的拼接轨迹,机身各部分刀位轨迹的拼接均比较合理,机身纵向走刀的刀位轨迹符合曲面的造型原则。

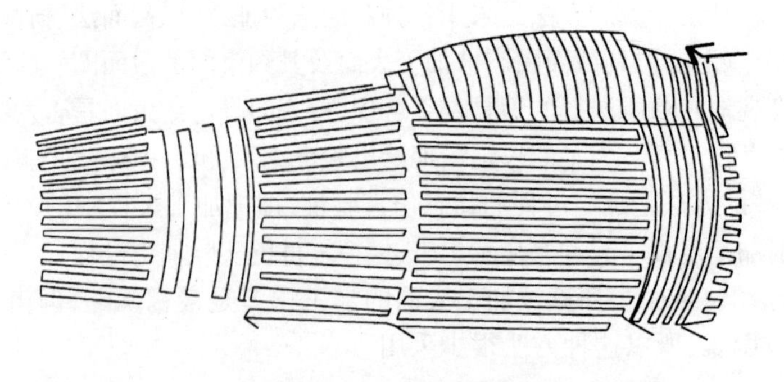

图 8 - 1　飞机前机身吹风模型加工的刀位轨迹图

图 8 - 2 所示是采用参数线法球形刀三坐标之字形走刀加工水轮机叶片的刀位轨迹图。从图上可以看出每条刀位轨迹是光滑连接的,各条刀位轨迹之间的连接方式也非常合理。

图 8 - 3 所示是采用棒铣刀五坐标侧铣加工船用推进器大叶片型面的刀位轨迹图(参见图 8 - 7)。从图 8 - 3 中可以看出各刀位点之间的刀轴矢量变化非常均匀。

图 8 - 4 所示是采用截面线法(平行截面与加工表面求交)球形刀三坐标加工一张由

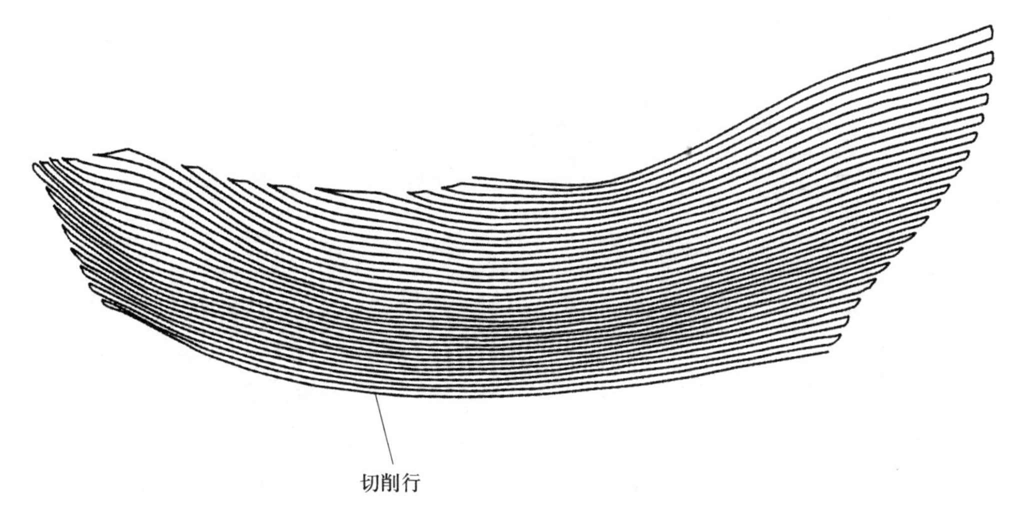

图 8-2　水轮机叶片加工的刀位轨迹图

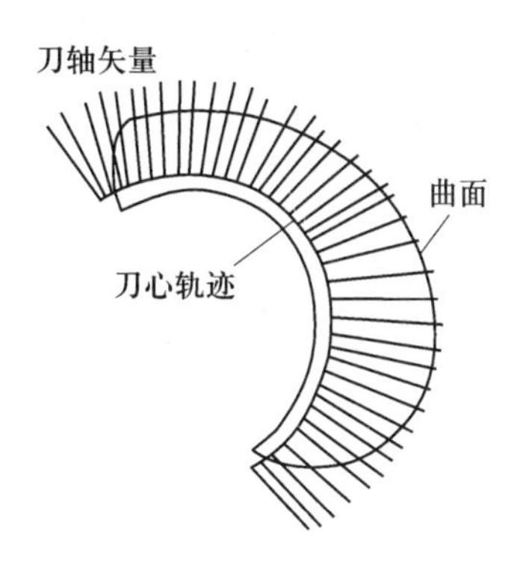

图 8-3　船用推进器大叶片型面加工的刀位轨迹图

四张曲面片拼接而成的组合曲面的刀位轨迹图。从图 8-4(a)可以看出,在曲面的拼接点处刀位轨迹交叉,这显然是不合理的,图 8-4(b)是经过修正后的刀位轨迹。

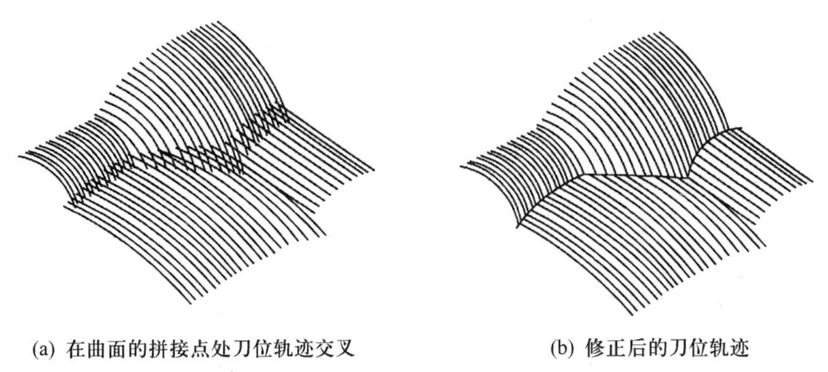

图 8-4　组合曲面加工的刀位轨迹图

图 8 –5 所示是采用截面线法(平行截面与加工表面的等距面求交)球形刀三坐标加工某模具型面的刀位轨迹图。

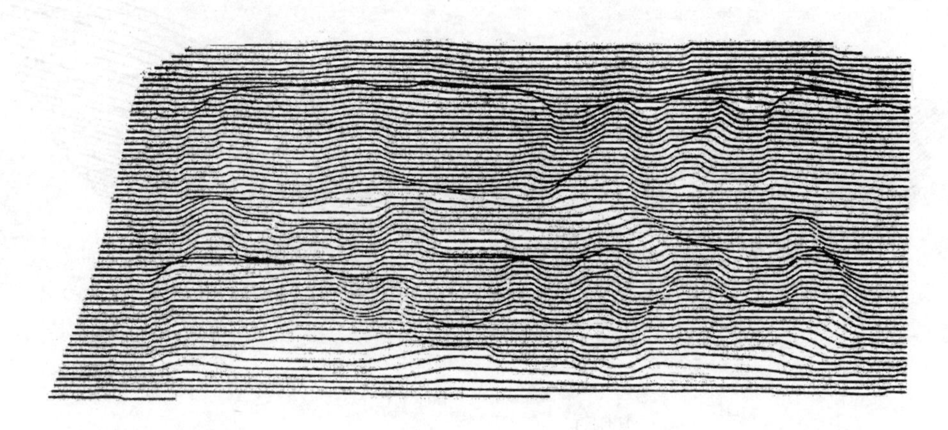

图 8 –5　模具型面加工的刀位轨迹图

8. 3. 2　加工表面与刀位轨迹的组合显示验证

组合显示验证的基本方法是:将刀位轨迹与加工表面的线架图一起显示在图形显示器上,从而判断刀位轨迹是否正确,走刀路线、进退刀方式是否合理。

组合显示验证方法的判断原则为:①刀位轨迹与加工表面的相对位置是否合理;②刀位轨迹的偏置方向是否符合实际要求;③分析刀具与加工表面是否有干涉;④分析进退刀位置及方式是否合理。

图 8 –6 所示是采用球形棒铣刀五坐标侧铣加工涡轮压缩机叶轮叶片型面的组合显示验证图。从图中可以看出刀位轨迹与叶型的相对位置是合理的。

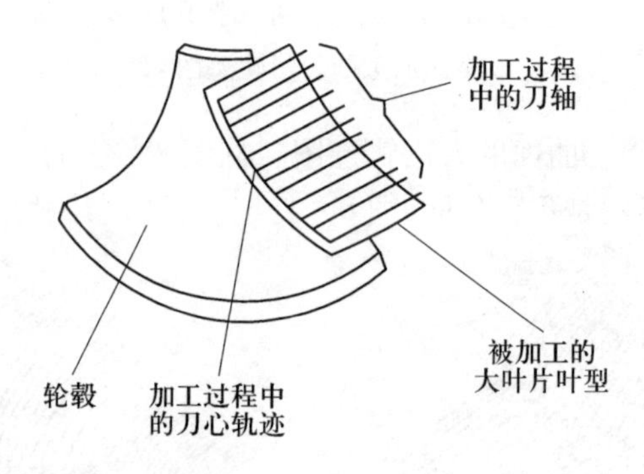

图 8 –6　叶轮叶型加工的组合显示验证图

8. 3. 3　组合模拟显示验证

组合模拟显示验证的基本方法是,在待验证的刀位点上显示出刀具表面,然后将加工表面及其约束面组合在一起进行消隐,从而判断刀位轨迹是否正确。

图 8 –7 所示是采用棒铣刀五坐标侧铣加工 Q11 船用推进器大叶片的组合模拟显示

验证图;图 8 - 8 所示是采用参数线法球形刀三坐标之字形走刀加工飞机吹风模型机翼的组合模拟显示验证图。

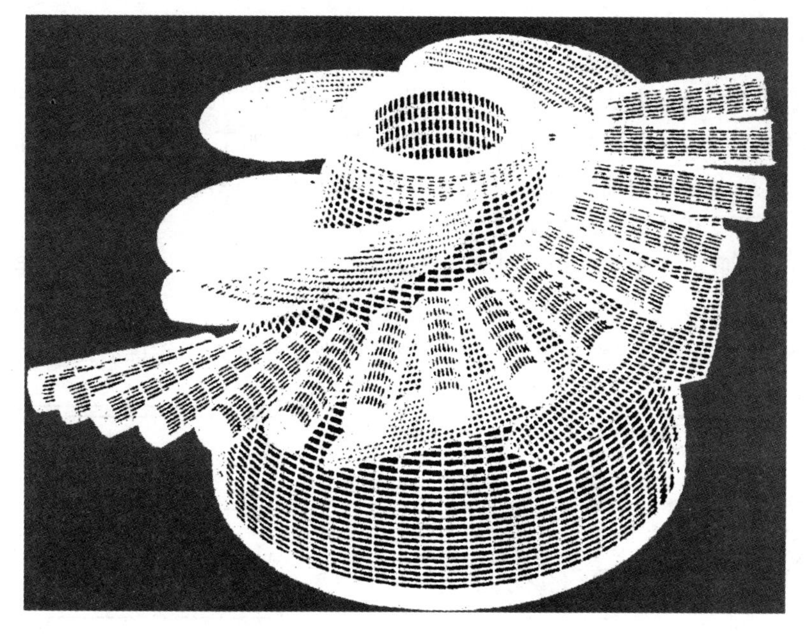

图 8 - 7　Q11 船用推进器大叶片加工的组合模拟显示验证图

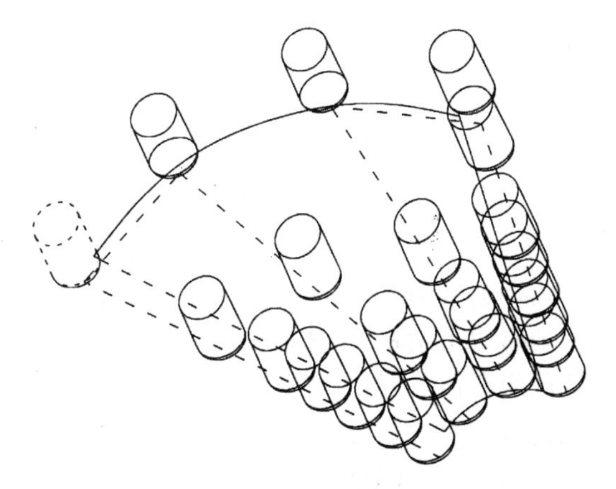

图 8 - 8　飞机吹风模型机翼加工的组合模拟显示验证图

8.4　截面验证法

截面法验证是刀位验证的主要方法,其基本思想是:先构造一个截面,然后求该截面与待验证的刀位点上的刀具外形表面、加工表面及其约束面的交线,构成一幅截面图在屏幕上显示出来,从而判断所选择的刀具是否合理,检查刀具与约束面是否发生干涉与碰撞,加工过程中是否存在过切。

截面法验证主要应用于侧铣加工、腔槽加工及通道加工的刀位验证。

根据截面形式的不同,截面法验证可分为横截面验证、纵截面验证及曲截面验证三种方法。

8.4.1 横截面验证

横截面验证的基本方法是:构造一个平面,该平面与走刀路线上刀具的刀轴方向大致垂直,然后用该平面去截待验证的刀位点上的刀具表面、加工表面及其约束面,从而得到一张所选刀位点上刀具与加工表面及其约束面的截面图。该截面图能反映出加工过程中刀杆与加工表面及其约束面的接触情况。

截平面的选取方式主要有以下两种:①取垂直于某一刀位点上刀轴的平面为截平面;②取不在同一条直线上三个刀位的刀心点生成一个截平面。

图8-9所示是采用二坐标端铣加工腔槽及二坐标侧铣加工轮廓时的横截面验证图。

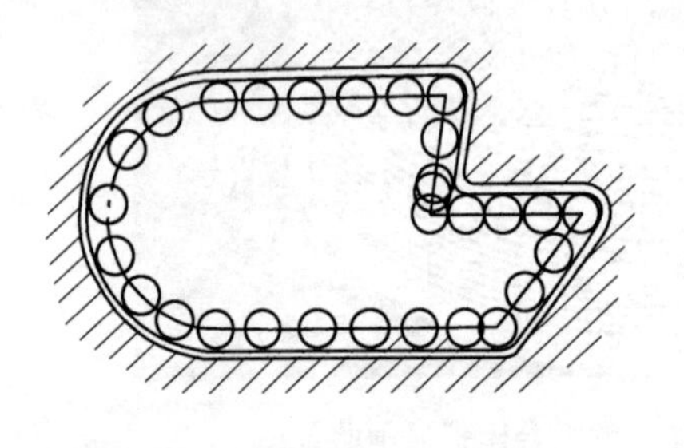

(a) 加工腔槽的横截面验证图

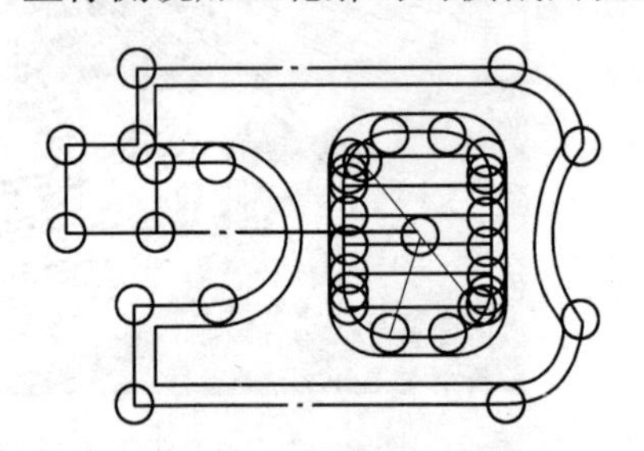

(b) 加工轮廓时的横截面验证图

图8-9 横截面验证图

8.4.2 纵截面验证

纵截面验证的基本方法是:用一张通过刀轴轴心线的平面(纵截面)去截待验证的刀位点上的刀具表面、加工表面及其约束面,从而得到一张截面图,在该截面图的显示过程中,规定刀具始终摆正放置,即刀杆向上,刀尖向下。

纵截面的选取方式主要有以下两种:①选取摆刀平面作为纵截面;②将摆刀平面绕刀轴转动一定的角度而生成的纵截面。

纵截面验证不仅可以得到一张反映刀杆与加工表面、刀尖与导动面的接触情况的定性验证图,还可以得到一个定量的干涉分析结果表。

图8-10所示,采用球头锥形棒铣刀五坐标侧铣加工叶轮叶型时的纵截面验证图。

如图8-11所示,在用球形刀加工列表曲面时,若选择的刀具半径大于曲面的最小曲率半径,则可能出现过切干涉或加工不到位。

8.4.3 曲截面验证

曲截面验证的基本方法是:用一指定的曲面去截待验证的刀位点上的刀具表面、加工表面及其约束面,从而得到一张反映刀杆与加工表面及其约束面的接触情况的曲截面验证图。

曲截面验证主要应用于整体叶轮的五坐标数控加工,其曲截面的选取方法主要有以下两种:①选取导动面(轮毂曲面)的等距面;②选取轮毂曲面与盖盘曲面之间的一系列过渡曲面或直接选取盖盘曲面。

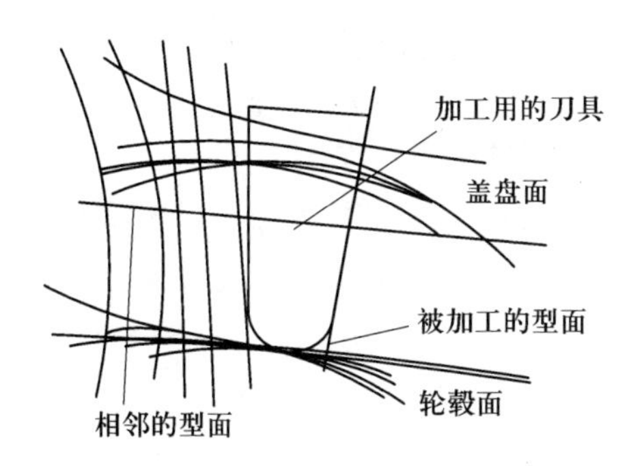

图 8－10　叶型侧铣加工的纵截面验证图

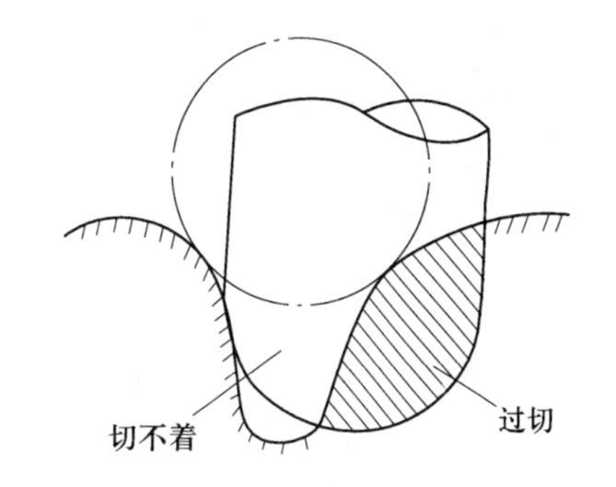

图 8－11　刀具半径大于曲面的最小曲率半径所引起的干涉图(纵截面验证)

图 8－12 所示是采用球头锥形棒铣刀五坐标侧铣加工整体叶轮小叶片叶型时,用盖盘曲面所作的曲截面验证图。从图上可以看出,进刀点已离开了叶片上部曲面,退刀点已走出了叶片下部曲面,并且整个走刀过程中,刀杆对叶片型面没有干涉。

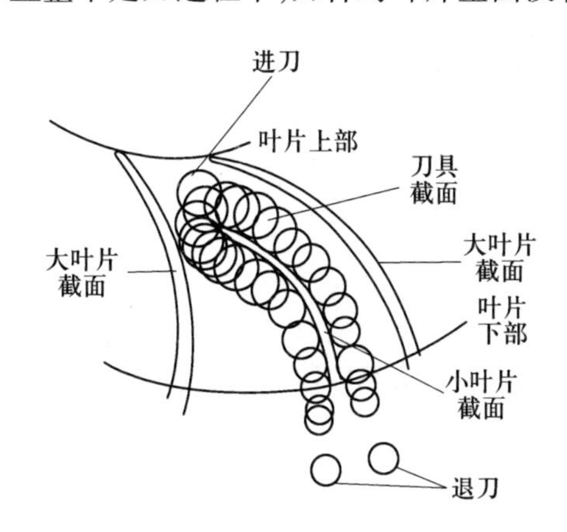

图 8－12　整体叶轮叶型加工的曲截面验证图

8.5　距离验证

距离验证也称为测距验证,是一种定量刀位验证方法,其基本思想是:计算各刀位点上刀具表面与加工表面之间的距离,若此距离为正,表示刀具离开加工表面一个距离;若此距离为负,表示刀具与加工表面过切。

1. 球形刀加工的距离验证

如图 8－13 所示,选取加工过程中某刀位点上的刀心,然后计算刀心到所加工表面的距离,则刀具表面到加工表面的距离为刀心到加工表面的距离减去球形刀刀具半径。设 C_0 表示加工刀具的刀心,d 是刀心到加工表面的距离,R 表示刀具半径,则刀具表面到加工表面的距离为 $\delta = d - R$。

2. 锥形棒铣刀侧铣加工时的距离验证

如图 8－14 所示是采用球头锥形棒铣刀五坐标侧铣加工叶轮叶型的刀位示意图,

选取刀杆轴线上若干个点,求这些点沿刀具径向到叶型表面的最短距离,然后用所计算的距离减去所求点处的刀杆半径值,用这个值表示刀杆与叶型表面之间的距离。设 R 表示刀具半径,L 表示刀杆长度,L_1 是所测刀位点处刀具的长度,d 为所测刀杆轴线上的点到叶型表面的距离,刀具半锥角为 $\alpha/2$,则在该刀位点处刀具表面与叶型表面之间的距离为

$$\delta = d - \left(L_1 \sin\frac{\alpha}{2} + R\right)$$

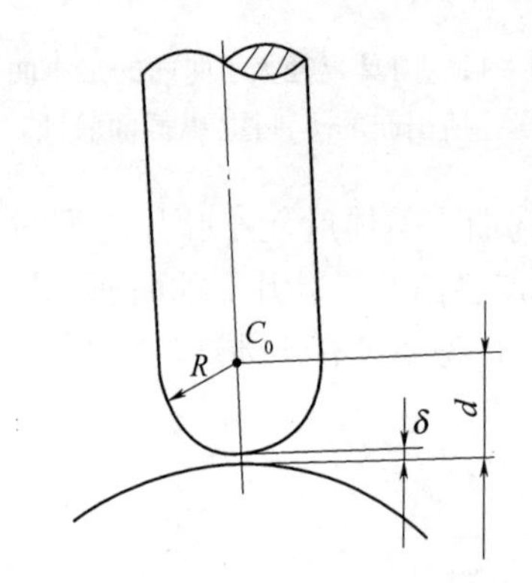

图 8-13　球形刀加工的距离验证图

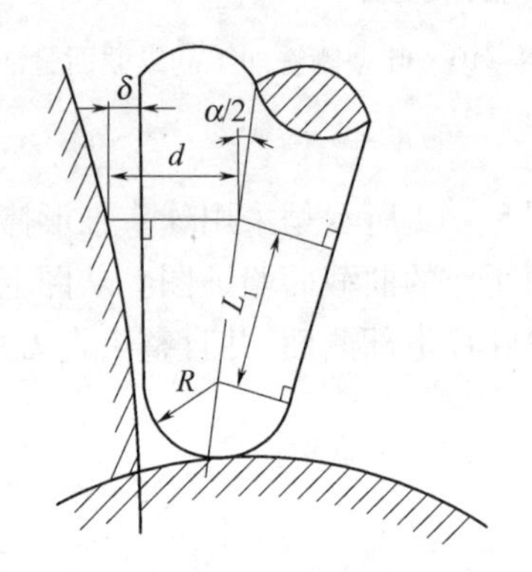

图 8-14　锥形棒铣刀侧铣加工时刀杆部位的距离验证

8.6　加工过程动态仿真

加工过程的动态图形仿真已成为图像数控编程系统中刀位验证的重要手段,其基本思想是:采用实体造型技术建立加工零件毛坯、夹具及刀具在加工过程中的实体几何模型,然后将加工零件毛坯、夹具的几何模型及刀具的几何模型进行快速布尔运算(一般为减运算),最后采用真实感图形显示技术,把加工过程中的零件模型、夹具模型及刀具模型动态地显示出来,模拟零件的实际加工过程。其特点是仿真过程的真实感较强,基本上具有试切加工的验证效果(对于由于刀具受力变形、刀具强度及韧性不够等问题仍无法达到试切验证的目标)。

在计算机上利用三维图形技术对数控加工过程进行模拟仿真,可以快速、安全和有效地对 NC 程序的正确性进行较准确的评估,并可根据仿真结果对 NC 程序迅速地进行修改,免除反复的试切过程,降低材料消耗和生产成本,提高工作效率。一般将加工过程中不同的显示对象采用不同的颜色来表示:已切削加工表面与待切削加工表面颜色不同;已加工表面上存在过切、干涉之处又采用另一种不同的颜色。并对仿真过程的速度进行控制,从而使编程员可以清晰地看到零件的整个加工过程,刀具是否啃切加工表面,刀具是否与约束面发生干涉与碰撞等。因此,数控加工过程的计算机仿真是 NC 程序的高效、安全和有效的检验方法。

当前计算机图形技术的发展,数控加工仿真系统已能对复杂的加工运动过程进行几何仿真。现代几乎所有成熟的 CAM 系统都提供了数控加工仿真的功能,且仿真性能的好

坏已成为评价一个 CAM 系统好坏的重要标准。一些专门的商品化的数控加工仿真软件，如 VERICUT,NCV 等,可在计算机上对加工中机床、刀具的切削运动和工件余量去除过程获得真实感的动态显示,并进行过切与欠切、机床和工夹具系统与刀具的碰撞检验,有些仿真软件还可进行简单的切削负荷和速度优化检验。如图 8 - 15 和图 8 - 16 分别是车削和铣削的仿真图形。

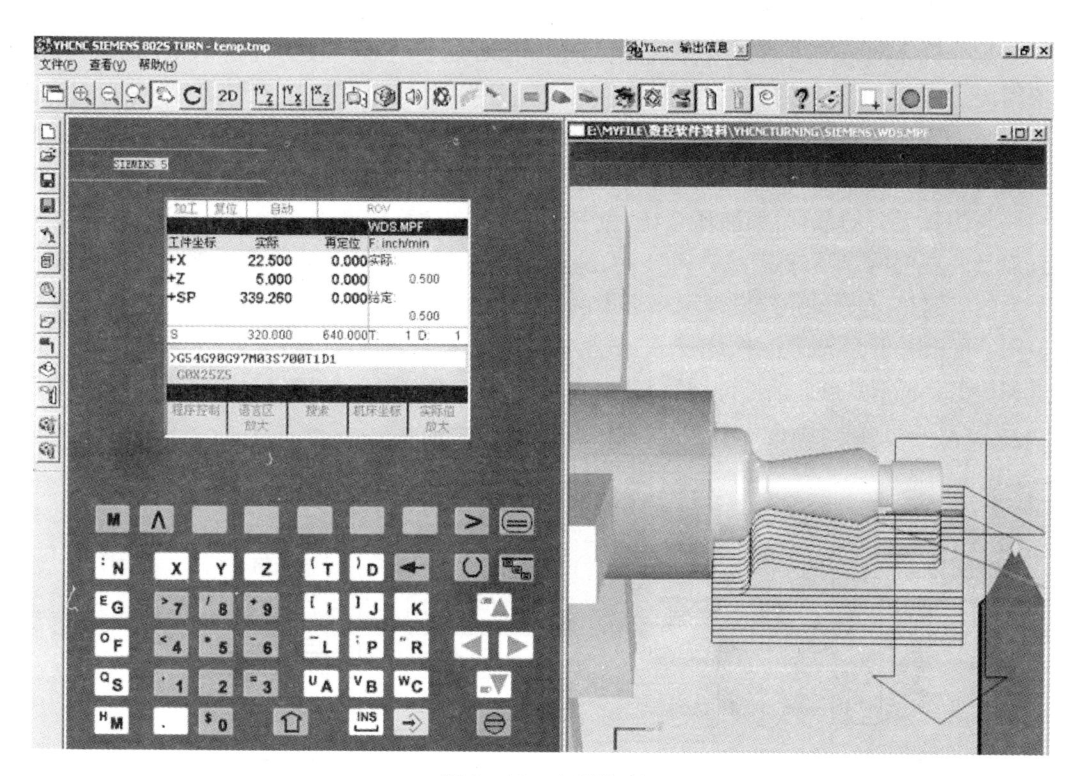

图 8 - 15　车削仿真

图 8 - 16　铣削仿真

8.6.1　数控加工仿真系统结构

数控加工仿真就是在计算机上通过软件技术模拟加工环境、刀具路径和材料切除过程，从而达到与试切同样目的的零件程序检验方法。目前的数控加工仿真系统能够对NC程序控制下的切削过程提供在几何形状、干涉碰撞和加工效率方面的评估。

1. 数控机床的面向对象分析

数控机床的结构虽然复杂，但它们都是由相对独立的数量较为固定的不同功能的模块组成。用面向对象的方法分析数控机床，即将具体数控机床和模块都视为对象，如图8－17所示为数控机床的对象模型。在对象模型中，数控机床是由主轴、立柱、床身、工作台、控制面板、换刀装置及托盘装置组成。它和实际的仿真对象的组成稍有差别，对一些与仿真无关的部件，如液压系统、电气系统等，在仿真模型中可以不予考虑，以简化仿真模型。图中的黑圆球点"·"和"1＋"是多重符号，表示一个类的许多实例相关于另外一个类的实例，空心圆球点"O"表示一个类的0或一个实例相关于另外一个类的实例。从对象图中可以看出，主轴、主柱、床身、工作台、控制面板是每一台数控机床的必需部件，换刀装置和托盘装置则是可选部件，但对加工中心而言，换刀装和托盘装置也是必需部件。

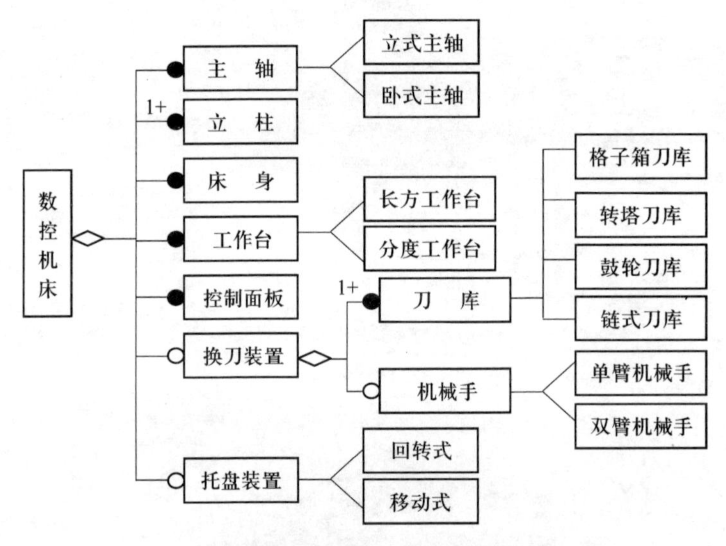

图8－17　数控加工仿真对象模型

2. 数控加工仿真加工流程

数控加工仿真一般采用三维实体仿真技术。在三维实体仿真软件（亦称为加工过程仿真器）的支持下，以NC代码为驱动，数控指令翻译器对输入的NC代码进行语法检查、翻译。根据指令生成相应的刀具扫描体，并在指令的驱动下，对刀具扫描体与被加工零件的几何体进行求交运算、碰撞干涉检查、材料切除等，并生成指令执行后的中间结果，所有这些仿真加工过程均可以在计算机屏幕上通过三维动画显示出来。指令不断执行，每一条指令的执行结果均可保存，以便查验。直到所有指令执行完毕，仿真加工任务结束。这一流程可用图8－18描述。

3. 数控加工仿真系统结构

根据以上描述，数控加工仿真系统结构如图8－19所示，它包括以下几个主要功能模块。

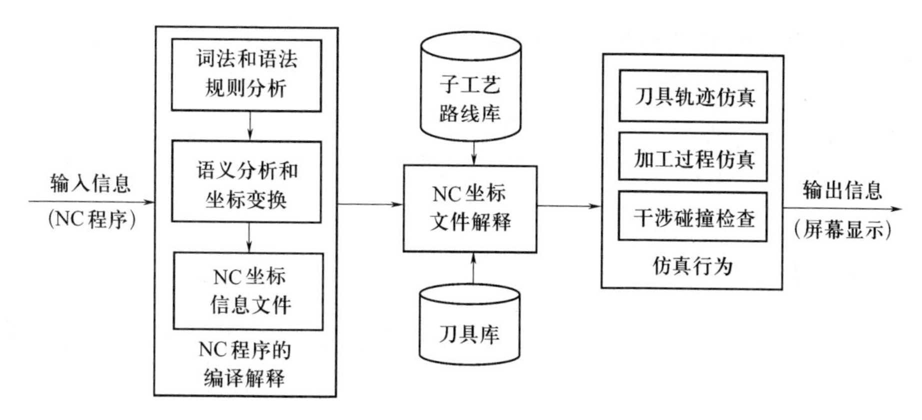

图8－18　仿真加工流程

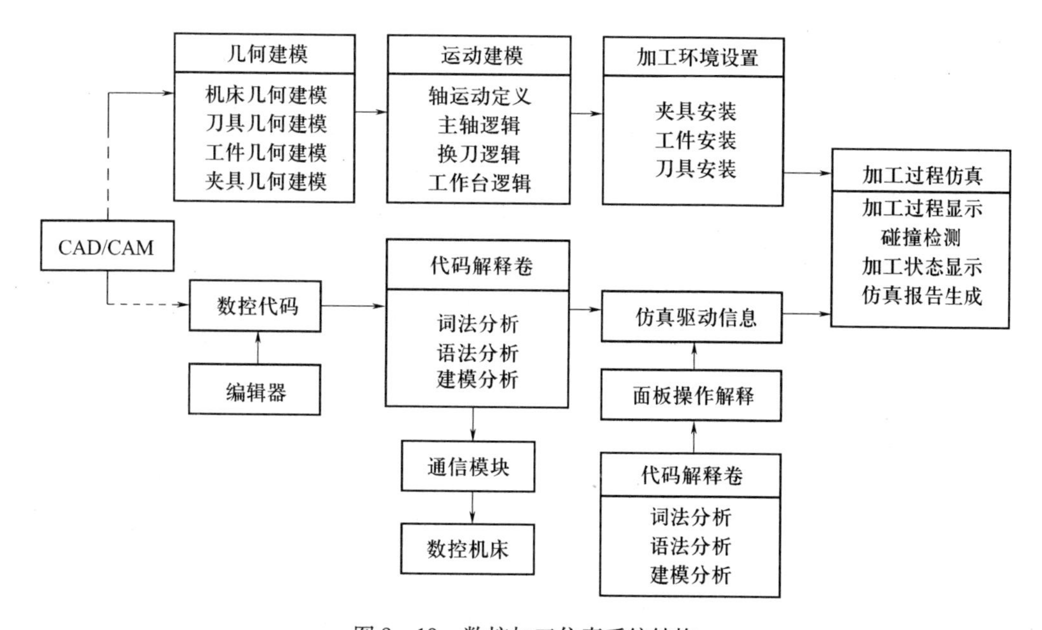

图8－19　数控加工仿真系统结构

(1) 几何建模。可进行加工中心设备的几何建模,包括简单体素定义和装配以形成加工中心设备的主轴(箱)、工作台、换刀机械手、导轨及其他部分几何模型,可对简单零件和毛坯进行几何建模或从其他CAD/CAPP/CAM系统转换零件的几何模型,可实现工件毛坯及夹具在拖盘上的装夹定义。

(2) 机床定义。对机床几何模型赋予加工轴、刀库、主轴、工作台等逻辑定义。

(3) 刀库定义。可对镗、铣、钻、车削等用的各类刀具参数进行定义和管理。

(4) 加工任务没置。包括刀库定义,工件装夹、零偏设置、NC代码加载等。

(5) NC代码翻译转换。可支持多种控制器的NC代码解释,不仅可提取驱动加工中心设备模型运动的数据,而且可提取各种加工状态信息和工步信息,以支持工件材料切除的计算。

(6) 加工过程仿真。用动画展现加工过程中材料切除的过程和设备的工作状态,并支持NC代码窗口调试能力,检查刀具与夹具和工作台的碰撞及过切、少切现象,检查无效的NC代码动作、进给和切削用量的合理性、材料切除率计算、切削负荷计算和进给速度优化。

(7) 成品检验。对加工后的工件几何模型进行各种测量。

数控加工仿真按仿真对象考察方式的不同一般可分为两种方式:几何仿真和物理仿真。

8.6.2 几何仿真

从离散方式、数据结构、布尔算法、图形显示几方面,可以将几何仿真分为:线框仿真法、图像空间法、离散矢量法、空间分割法、直接实体建模法等,这些方法反映了目前已经应用于实际的几何仿真系统的基本原理。

1. 线框仿真法

线框仿真法是一种十分简单而且容易实现的加工仿真方法,即在屏幕上以线框的方式画出加工刀具和零件模型。当程序运行时,刀具不断地按显示的加工轨迹在屏幕上移动,加工仿真模块未对刀具和待加工毛坯进行数学处理,难以进行真实的铣削加工仿真。这种方法只能用于校验G码有无明显错误,对于过切、余量只能通过眼睛的观察来判断,因此,这种方法很难称得上加工仿真。真实感仿真是在此基础上加入过切判断机制,让刀具在零件的真实效果图上进行切削。如果过切,刀具就会把零件的真实效果图"切掉"一块。方法有所改进,但仍然不能显示整个真实的切削过程并对加工结果进行误差测量。

2. 图像空间法

图像空间法的基本思想是在等同离散的基础上处理物体的差,也就是将刀具和毛坯按屏幕分辨力离散成沿着视线方向的直线段。用组成刀具的直线段去裁剪组成毛坯的直线段以反映切削,加上对毛坯图像的处理就得到了切削的视觉效果。应特别指出,在发生切削关系的某点处,刀具和毛坯相互接触;刀具上该点处的法矢和毛坯上该点处的法矢方向相反。对于平行透视下的平行光照模型,物体表面上法矢方向相同或相反处所计算得到的颜色值相同。因此,无需计算毛坯上这一点的颜色值,而只需将刀具上同一点的颜色值赋值给该点。

图像空间法可以达到极好的显示效果和实时性能,但其加工出的零件不具有连续性,只能做静态观察,不能放大或缩小,不能任意转动视角。除非改变视向后重新进行加工仿真,或者事先多设几个视角同时进行加工,或者利用该算法的特点仅做180°视角变换。仿真功能上能够确定过切,进行截面观察和表面数据测量。

3. 空间分割法

将实体几何模型分解为若干三维形体的集合来实现数控验证。根据分解方法和分解后数据的组织形式,又可分为八叉树法和Dexel表达法。

八叉树法的特点是布尔运算简单,数据的层次化组织有利于数控验证的处理,八叉树法是三维体素(Voxel)建模法的特殊形式,空间划分的基本三维形体是立方体,将布尔运算降到了极限。这种方法对内存需求很大,对设备硬件要求高,而且数控仿真的精度受离散尺度的影响较大,影响了方法的使用。

4. 离散矢量法

如图 8 - 20 所示,离散矢量法是将待加工的曲面(或实体)按照一定的精度转变为一些离散的数据点,并用其来代替原曲面,计算每一个离散点在原曲面处的法矢,从该点沿法矢方向的直线与所定义的毛坯边界或与零件别的表面相交,交点与原离散点之间距离的最小值为该离散点法矢的初始长度。仿真计算时,从该离散点出发并沿该点法矢方向的直线与刀具运动形成的刀具包络体相交,如果交点到离散点的距离小于原来的法矢长度,则用交点距离代替原来的法矢长度,否则保留原来的法矢长度值。这样重复这个求交过程直到刀具切削加工完成,通过这些离散点的矢量值不断减少来模拟仿真加工过程中刀具切削毛坯体的材料去除过程。

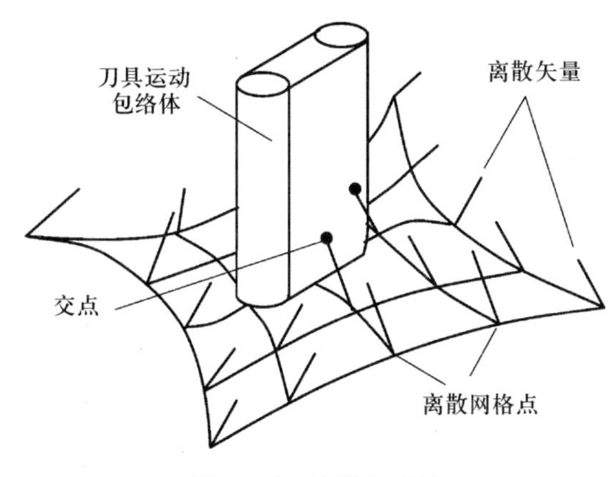

图 8 - 20　离散矢量法

5. 直接实体建模法

直接实体造型法是通过刀具沿着加工轨迹移动而生成刀具扫描体,然后利用布尔差运算直接在毛坯体上减去刀具扫描体来实现,即在工件上连续地去除刀具扫掠体积,最终运算结果是一个铣削完成后的实体模型。

6. 精度验证法

精度验证是计算机数控加工仿真技术的重要内容,它通过加工仿真获得的结果模型与设计模型进行比较,定量判断编程精度,分析数控加工中可能存在的错误,保证加工精度满足设计要求。基于实体的仿真系统使用实体模型布尔运算来做精度验证,计算精确高但是效率较低。离散仿真系统根据仿真结果表示方式的不同也产生不同的验证方法,主要有 Z-buffer 法、法矢切割法(割草法)和 Z&N 法。Z-buffer 法是将离散点的 Z 向高度与该点的理想高度(即设计模型上 XY 坐标相同点的 Z 向高度)进行比较,得出 Z 向误差并以此作为误差的近似,这种方法在曲面的较陡峭处产生较大的出入,会将实际的误差值放大。法矢切割法是将离散点在法矢方向上与设计模型的距离作为误差,克服了 Z-buffer 法的缺点,但计算效率较低。研究发现,用 Z 方向矢量代替曲面法矢量计算得出的误差数值都是大于用曲面法矢量计算得出的误差数值,所以用 Z 方向矢量代替曲面法矢量计算加工误差,不会将超差的点报告成合格的点,只会将没有超差的点报告成超差的点。基于这个观点,Z&N 首先在每个网格离散点处用 Z 方向的矢量计算与刀具扫描体的交点,计算在该离散点的加工误差,若加工误差超差,就在该离散点处细分毛坯和几何模型,并且用再次细分的离散点处曲面的法矢量来计算加工误差,进行加工精度的验证。因此 Z&N 法吸收了以上两种方法的优点,既用近似的法向距离提高了 Z-buffer 法的验证准确度,又避免了法矢切割法效率低的缺点。

7. 碰撞干涉检验法

数控机床各运动部件之间的干涉碰撞会引起事故发生,特别是在高速加工中,干涉碰撞会造成刀具、工件以至机床损坏,甚至导致人身事故。因此,碰撞干涉检验在加工仿真系统中占据重要的地位。检验机床和工件等加工部件运动时是否发生干涉碰撞是仿真系统的主要目标之一,高效的干涉碰撞检查要求能够迅速确定干涉碰撞发生的位置和时间,并报告产生干涉碰撞时的相应 NC 程序。

二维车削加工干涉碰撞是指,由于数控指令错误或刀具参数选择不当而造成的刀具与工夹具之间及刀具和已加工表面或待加工表面发生干涉碰撞的情况。干涉碰撞检查算法是,在任一加工时刻将切削刀具包围轮廓和静止件(机床和夹具等)包围轮廓作二维布尔运算,如有相交情况,则说明该加工工步位置有碰撞清况发生,需修改加工指令。

具体的干涉碰撞检查算法,是在插值点将加工刀具的主偏角和副偏角与直线倾斜角度比较,对于圆弧段轮廓,则与该插值点在圆弧轮廓的切线的倾斜角进行比较,并区分顺圆和逆圆两种情况。以右车刀切外轮廓为例,其对于直线和圆弧的干涉检查如图 8-21 所示。检查结果将写入一个干涉报告中。图 8-21 中,k_r 为主偏角,k'_r 为副偏角,E_r 为刀尖角,A 为与切削加工方向相反的倾斜角,B 为与切削加工方向相同的倾斜角。当 $A > k_r$ 时,刀具副切削刃和零件表面发生干涉,当 $180° + B < 180° - k_r$ 时,刀具的主切削刃和零件表面发生干涉,这时将发生过切现象。但对于不同的加工方向和加工轮廓,上述判别式应进行相应的调整。

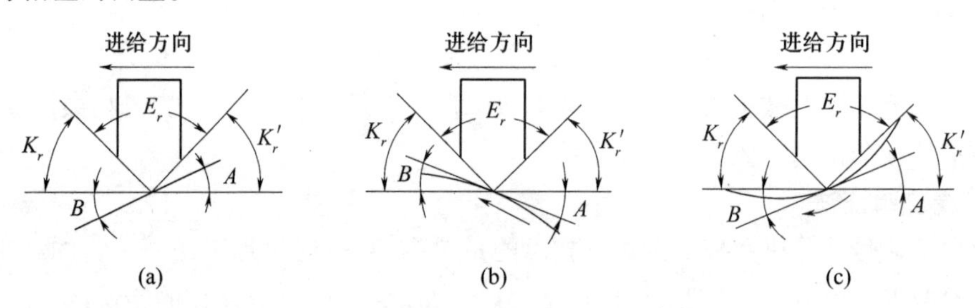

图 8-21 加工过程中刀具的干涉碰撞检查示意图

零件加工过程干涉碰撞检查的算法流程如图 8-22 所示。

8.6.3 加工过程物理仿真

切削加工仿真技术的另一发展动向是研究解析切削加工过程中的物理现象,如被加工材料因塑性变形而产生热量,被切除材料不断擦过刀具前刀面形成刀屑后被排出,以及由刀具切削刃切除不需要的材料而在工件上形成已加工面等,并将这一系列切削过程通过计算机模拟出来,目前能达到这种理想目标的产品还为数不多。Third Wave Systems 公司的“Advant Edge”是采用有限元法对切削加工进行特殊优化解析的软件产品,与用于构造解析的有限元法程序包比较,其最大优点是用户界面优良,机械加工的技术人员能方便地进行解析。美国 Scientific Forming Technologies 公司的“deform”是锻造等塑性变形加工

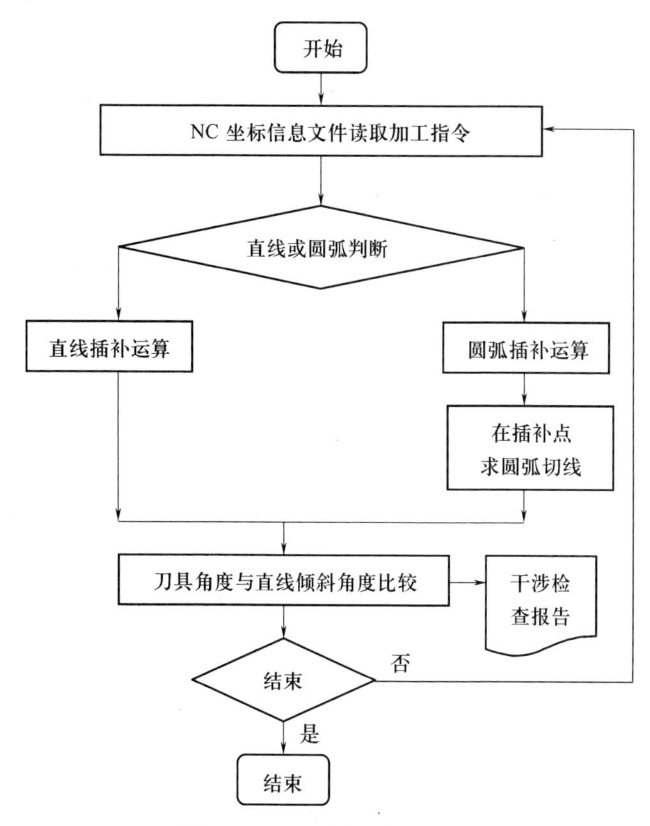

图 8-22　干涉检查算法流程

用有限元法解析程序包,最近已被转用于切削加工。

物理仿真是将切削过程中的各物理因素的变化映射到虚拟制造系统中,在实际加工过程进行之前分析与预测各切削参数的变化及干扰因素对加工过程的影响,能够揭示加工过程的实质,分析具体工艺参数下的工艺规程质量及工件加工质量,辅助在线检测与在线控制,进行工艺规程的优化。

1. 物理仿真模型的体系结构

数控加工过程是由机床—工件—刀具构成、涉及到多种影响因素的综合系统,在加工过程中还会受到各种随机干扰,在建模时综合考虑了各种因素,围绕被切削材料的微观硬度变化,将其作为物理仿真系统的主干扰因素,建立工件微观硬度—瞬时切削力—相对振动—工件表面粗糙度的虚拟数控车削加工物理仿真主干模型,总体结构如图 8-23 所示。

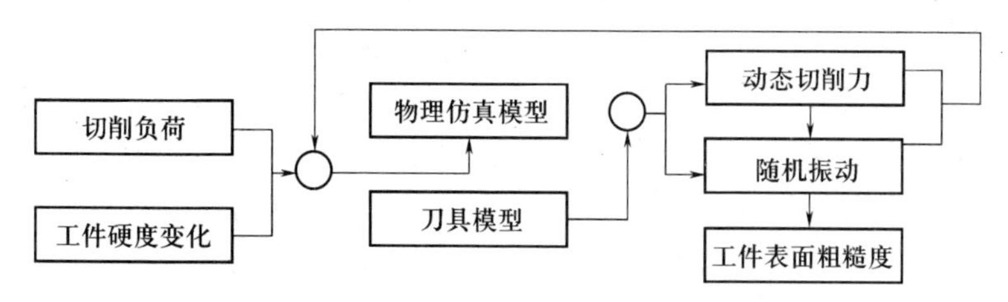

图 8-23　数控加工物理仿真系统总体结构

2. 物理仿真模型的层次化结构

物理仿真系统中包括机床、工件、刀具、加工过程模拟等多方面因素,涉及到多个模型,系统采用模块化开发方法,其模型的层次化结构如图 8-24 所示。

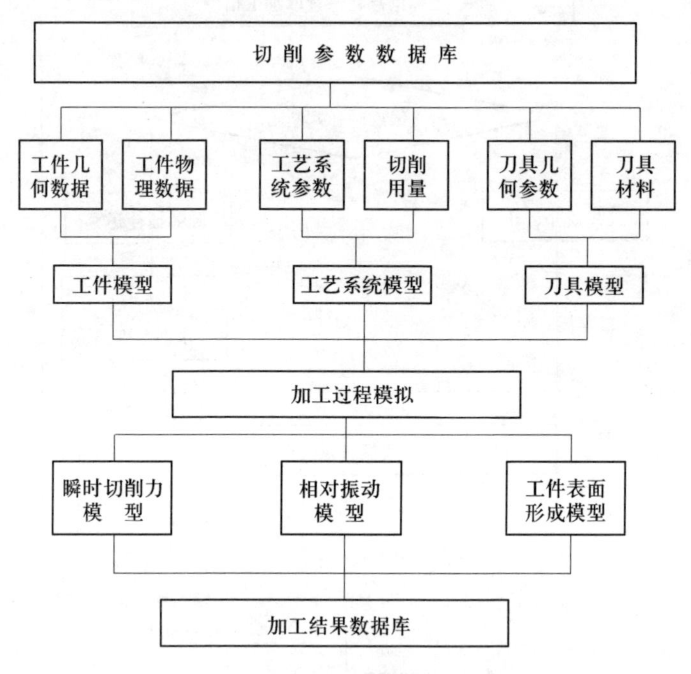

图 8-24 数控加工物理仿真系统构成

系统运行时根据从相应数据库提取的工件、刀具、切削参数、切削力系数等数据,根据给定的切削用量划分工件待加工表面为样本块,然后由建立的仿真模型虚拟加工过程,输出各采样区域的瞬时切削力、相对位移、已切削时间等数据存入对应数据库,形成虚拟的已加工工件,工件粗糙度模型,再对其进行分析,确定工件表面粗糙度的数值。

8.7 刀具轨迹编辑功能

对于复杂曲面零件的数控加工来说,刀具轨迹计算完成之后,一般需要对刀具轨迹进行一定的编辑与修改。这是因为对于很多复杂曲面零件及模具来说,为了生成刀具轨迹,往往需要对待加工表面及其约束面进行一定的延伸,并构造一些辅助曲面,这时生成的刀具轨迹一般都超出加工表面的范围,需要进行适当的裁剪和编辑;另外,曲面造型所用的原始数据在很多情况下使生成的曲面并不是很光顺,这时生成的刀具轨迹可能在某些刀位点处有异常现象,比如,突然出现一个尖点或不连续等现象,需要对个别刀位点进行修改;其次,在刀具轨迹计算中,采用的走刀方式经刀位验证或实际加工检验不合理,需要改变走刀方式或走刀方向;再者,生成的刀具轨迹上刀位点可能过密或过疏,需要对刀具轨迹进行一定的匀化处理,等等。所有这些都要用到刀具轨迹的编辑功能。

最简单的刀具轨迹编辑(Tool Path Editing)是在文本编辑方式下进行的,对于没有提供刀具轨迹编辑功能的数控编程系统来说,编程员可以利用任何一个文本编辑程序,对刀具轨迹进行一定的编辑与修改。

下面主要介绍刀具轨迹变换及切削行编辑几个主要功能模块。

1. 几何变换

刀具轨迹几何变换的内容包括平移、旋转及镜像,变换的对象包括刀心和刀轴矢量。对于平移变换来说,只允许刀心平移,刀轴矢量不变,对于旋转和镜像变换来说,刀心和刀轴矢量均发生变化。

2. 转置变换

转置变换是指将原来的行进给方向转置为新的走刀方向。转置变换的对象只能是切触点轨迹(三维刀具半径补偿有效)或球形刀刀心轨迹,而且沿新的走刀方向加工时,加工误差不超过允许值。由于转置变换不改变刀轴方向,因此多坐标(指四坐标和五坐标)加工刀具轨迹不能转置。转置变换对参数线加工方法中的等参数离散算法生成的刀具轨迹最有效,对于其他参数线法生成的刀具轨迹,转置变换前可先将切削行按指定点数进行等弧长加密,使各切削行刀位点数目相同且均匀分布。

3. 删除

删除操作的对象可以是刀位点、切削段、切削行、切削块乃至全部编辑中的刀具轨迹,也可以是被裁剪掉的部分刀具轨迹。

4. 裁剪

首先应指定被裁剪的刀具轨迹对象,然后指定裁剪对象,如检查面;最后指定要删除的部分。裁剪操作要用到被裁剪对象(刀具轨迹)与裁剪对象(如检查面)的求交算法。

5. 恢复

恢复操作方式包括两种:一种是全局恢复,即恢复所有被删除的刀具轨迹对象;另一种是循环恢复,即按删除操作的逆顺序逐个恢复被删除的刀具轨迹对象,每执行一次恢复操作,恢复一次删除操作所删除的刀具轨迹对象,直至被删除的刀具轨迹对象全部恢复完为止。

6. 匀化

匀化操作的对象可以是单条走刀轨迹,也可以是全部编辑中的刀具轨迹。匀化操作方式包括以下几种:

(1) 对切削行按点数 N 进行等弧长加密。方法是:首先对切削行进行曲线拟合,然后按等弧长方式将此曲线离散为 N 个刀位点。对刀轴和摆刀平面法向矢量,先变成矢量端点轨迹,然后进行拟合与离散,最后再将它们变成单位矢量。

(2) 对切削行按给定的误差限 δ 采用参数筛选法对刀位点直接进行筛选。

(3) 在两个刀位点之间按线性插值的方式对分插入一个刀位点。

7. 编排

当其他编辑操作都完成以后,便可以对刀具轨迹进行连接与编排。首先,应当指定走刀方向(可以与系统在刀具轨迹计算时设置的走刀方向不一致),走刀方式(是之字形走刀、还是单方向走刀,可以与系统在刀具轨迹计算时设置的走刀方式不一致),对于单方向走刀还要给出抬刀高度(系统默认安全面高度)。认可这些约定之后,系统将自动对编辑中的刀具轨迹进行编排输出。

第 9 章　编程系统的后置处理

9.1　后置处理过程及特点

数控机床的各种运动都是执行特定的数控指令的结果,完成一个零件的数控加工一般需要连续执行一连串的数控指令,即数控程序。手工编程方法根据零件的加工要求与所选数控机床的数控指令集直接编写数控程序。这种方法对于简单二维零件的数控加工是非常有效的,一般熟练的数控机床的操作者根据工艺要求便能完成。自动编程方法则不同,经过刀位计算产生的是刀位文件(Cldata File),而不是数控程序。因此,这时需要设法把刀位文件转换成指定数控机床能执行的数控程序,输入机床,才能进行零件的数控加工。

把刀位文件转换成指定数控机床能执行的数控程序的过程称为后置处理(Postprocessing)。

后置处理程序的输入数据是主处理的输出刀具位置的数据。其中包含刀具移动点的坐标值和控制机床各功能数据。国际标准化组织对刀位数据有相应的标准。

后置处理的任务一般包括以下几个方面:

1. 机床运动变换

刀位原文件中刀位的给出形式为刀心坐标和刀轴矢量,在后置处理过程中,需要将它们转换为机床的运动坐标,这就是机床运动变换。在运动转换时,应考虑是否在其正常行程范围内,若有超程现象,则需对运动轴进行重新选择或对其编程工艺做相应修改。

机床运动变换部分根据由刀位数据文件中读入的刀具位置数据以及几何轮廓数据进行如下处理:

(1) 坐标变换。对没有零点偏移的数控机床进行坐标变换,实现从零件坐标系到机床坐标系的变换。

(2) 插补处理。根据机床所具有的插补功能和加工对象选择采用合适的插补方法,如直线插补、圆弧插补、抛物线插补。

(3) 极限及间隙校验。要保证机床的实际使用极限不超出,并保证刀具不会切入机床的任何部分。另外要保证刀具的加工轨迹在公差范围之内。

(4) 速度控制。对没有在转角处自动控制加减速的机床要计算其最佳的加减速距离,以便在一段行程里,刀具在尽可能大距离内以规定的进给速度运动。

2. 非线性运动误差校验

在前置刀位轨迹计算中,使用离散直线来逼近工件轮廓。加工过程中,只有当刀位点实际运动为直线时才与编程精度相符合。多坐标加工时,由于旋转运动的非线性,由机床各运动轴线合成的实际刀位运动会严重偏离编程直线。因此,应对该误差进行校验,若超过允许误差时应做必要修正。

3. 进给速度校验

进给速度是指刀具接触点或刀位点相对于工件表面的相对速度。在多轴加工时，由于回转半径的放大作用，其合成速度转换到机床坐标时，会使平动轴的速度变化很大，超出机床伺服能力或机床、刀具的负荷能力。因此，应根据机床伺服能力（速度、加速度）及切削负荷能力进行校验修正。

4. 数控加工程序生成

根据数控系统规定的指令格式将机床运动数据转换成机床程序代码。

后置处理的程序流程见图 9-1 所示。它采用解释执行方式，逐行读出刀位文件中数据记录，分析该记录的类型，根据机床结构进行运动变换，并按机床控制指令格式转换成相应的程序代码，形成实际数控机床的加工程序。

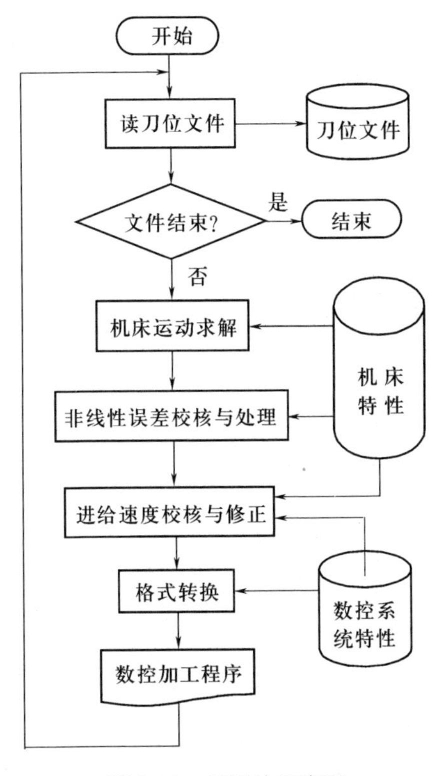

图 9-1　后置处理流程

由于数控编程系统众多，而且数控系统也各不相同，所以后置处理过程面临众多问题需要解决。

9.1.1　刀具路径文件格式的多样性

刀具路径文件采用 APT 语言格式，这种语言接近于英语自然语言，它描述当前的机床状态及刀尖的运动轨迹。它的内容和格式不受机床结构、数控系统类型的影响。

但不同的 CAD/CAM 软件生成的刀具路径文件的格式均有所不同，如："调用 n 号刀具，长度补偿选用 a 寄存器中的值"，表示这一功能的指令在不同的 CAM 系统表述格式不同。例如几种 CAD/CAM 系统的表述格式如表 9-1所列。

表 9-1　CAD/CAM 系统的表达格式

CAD/CAM 系统	表述格式
UG-Ⅱ	LOAD/TOOL,n,ADJUST a
SDRC Master	LOADTL/n,1,h,
Pro/ENGINEER	LOADTL/n,OSETNO,a
CV CADDS	LOAD/TOOL,n,OSETNO,a

9.1.2 NC 程序格式的多样性

NC 程序由一系列程序段组成,通常每一程序段包含了加工操作的一个单步命令。程序段通常是由 N,G,X,Y,Z,F,S,T,M,…地址字和相应的数字值组成的。

(1) ISO 1056:1975 标准对其中的部分准备功能代码、辅助功能代码的功能作了统一的规定,如:G00 快速点位运动、G01 直线插补、G02 顺时针圆弧插补、G03 逆时针圆弧插补、G04 驻留。但还有大量的未作统一规定的“不指定代码”,其中不指定的 G 代码由数控系统厂家根据需要自行制定其代码功能,如表 9-2 所列。

表 9-2　根据需要自行制定的 G 代码功能

G 代码	FANUC-15MA 系统	TOSNUC 800-M 系统
G10	数据设置	撤销坐标转换
G11	取消数据设置模式	坐标转换
G15	取消极坐标命令	
G16	极坐标命令	

未做统一规定的 M 代码由数控机床制造厂根据其机床所具有的附属设备功能制定其代码的功能。如日本日立精机公司制造的柔性加工单元 HG500,带有 16 个托盘(PPL),托盘可自动交换,实现无人加工。为了控制托盘自动进入主机,它用 M87~M89 代码控制 A. P. C 门的开关:

M87　　A. P. C door right open(A. P. C 右侧开门)

M88　　A. P. C door left open(A. P. C 左侧开门)

M89　　A. P. C door close(A. P. C 门关闭)

(2) 有些数控系统对部分 G 代码的功能并不严守 ISO 1056 标准的规定,而是自行定义,如表 9-3 所列。

表 9-3　东芝数控系统自行定义的 G 码功能

G 码	TOSNUC 800-M	ISO
G20	参考点返回检查	英制
G21	第 2、3、4 参考点返回检查	米制
G44	取消长度补偿	刀具偏置-负
G93	局部坐标系设定	时间倒数进给率

（3）个别数控系统的 NC 程序采用了比较特殊的代码格式，如 HEIDENHAIN TNC 426 系统，右补偿直线插补语句格式：FL X + 10 Y + 10 RL，对应于标准代码：G01 G42 X10 Y10。

9.1.3 技术需求的多样性

随着技术的发展和应用的进展，现在的后置处理技术已不能停留在仅仅是对刀具路径文件的代码转换，而是增加了从具体的加工需求特征、具体的数控机床和数控系统的特征出发，赋予后置处理器以更多的功能要求。

高速数控加工的出现不仅对机床的结构和数控系统提出了新的要求，对于加工工艺的策划、工艺参数的设置和加工约束的设置也提出了新的要求。于是有的厂商开发了专门支持高速加工的后置处理器。这种后置处理器对于配备有高速加工控制器的机床，可借助该后置处理器所配置的专家系统工具，描述自己的高速加工需求特征，后置处理器可生成相应的代码，激活/撤销相应的高速加工操作指令，可根据使用需求进行仿真。对于未配备高速加工控制器的机床，该后置处理器还能设定进给速度变化的最大允许增量，根据允许惯性力设定允许的最大加/减速度，设定加速时间常数和回路增益时间常数，设定速度超调数据等。

又如各种数控系统在曲面加工时，所用的曲面拟合模型不尽相同，有的用 Nurbs 拟合模型，有的用 Bezier 拟合模型，有的用 Polymial 拟合模型，还有的用 Spline 拟合模型，后置处理器就面临支持相应的多种曲面拟合模型的问题。

在工程实践中，当遇到相似加工对象的相似加工需求时，常常可以用已有的行之有效的 NC 加工程序进行修改后使用。然而如何确保修改结果的正确性则是一个问题，不能都放到机床上去调试，这在单件加工时尤为重要。此外现有的许多 CAD/CAM 系统的加工仿真只是以所生成的刀具路径文件为基础进行加工仿真和干涉检查，这显然是不够的。因此，以 NC 代码指令集及其相应参数设置为信息源的仿真（包括逻辑仿真和过程仿真）就显得十分重要。

因此，一个完善的后置处理器应具备以下功能：

（1）接口功能。后置处理器能自动地识别、读取不同的 CAD/CAM 软件所生成的刀具路径文件。

（2）NC 程序生成功能。数控机床具有直线插补、圆弧插补、自动换刀、夹具偏置、冷却等一系列的功能，功能的实现是通过一系列的代码组合实现的。代码的结构、顺序由数控机床规定的 NC 格式决定。当前世界上一些著名的后置处理器公司开发出通用后置处理器，它提供一种功能数据库模型，用户根据数控机床的具体情况回答它提出的问题，通过问题回答生成用户指定的数控机床的专用后置处理器。用户只需要具有机床操作知识和 NC 编程知识，就能编出满意的专用后置处理器。当所提供的数据库不能满足用户的要求时，它提供的开发器允许用户进行修改和编译。因此，可以按照数控机床的功能建立一个关系数据库，每个功能如何实现，由用户根据机床的结构、使用的数控系统指定控制的代码及代码结构。

（3）专家系统功能。后置处理器不只是对刀具路径文件进行处理、转换，还要能加入一定的工艺知识。如高速加工的处理、加工丝杠时切削参数的选择等。

(4) 反向仿真功能。以 NC 代码指令集及其相应参数设置为信息源的仿真。它包括两部分:NC 程序的主体结构检查和 NC 程序语法结构检查;数控加工过程仿真。以 NC 程序为基础,模拟仿真加工过程,判断运动轨迹的正确性及加工参数的合理性。不同结构的机床、不同的数控系统、不同的编程习惯,其 NC 程序的结构和格式千差万别。因此,反向仿真难度非常大。目前,尚未有较成熟的商品性软件。

9.2 后置处理算法

从刀位计算方法可以看出,对于四坐标、五坐标数控加工,刀位文件中刀位的给出形式为刀心坐标和刀轴矢量,在后置处理过程中,需要将它们转换为机床的运动坐标。对于不同类型运动关系的数控机床,该转换算法是不同的,本节针对带回转工作台的四坐标数控机床和各种类型的五坐标数控机床以数学问题的解的形式讨论它们的后置处理计算方法。

9.2.1 带回转工作台的四坐标数控机床后置处理算法

一般情况下,带回转工作台的四坐标数控机床的运动坐标包括三个移动坐标 X,Y,Z 和一个转动坐标,该转动坐标可以是绕 X 轴旋转的转动坐标 A,可以是绕 Y 轴旋转的转动坐标 B,也可以是绕 Z 轴旋转的转动坐标 C。

由数控机床的运动关系可知,绕 Z 轴旋转的转动坐标 C 不改变零件加工的刀轴方向。因此,具有运动坐标 X,Y,Z,C 的四坐标数控机床不能实现曲面零件的四坐标的数控加工,在这里不进行讨论。

1. X,Y,Z,A 四坐标数控机床后置处理算法

在运动坐标为 X,Y,Z,A 的四坐标数控机床上加工曲面,由于工件只能绕 X 轴旋转,因此,要求刀轴矢量的 X 分量为零,否则,便不能采用该机床进行加工。

已知:工件坐标系为 $O_W XYZ$,工件可绕坐标轴 X 转动 A 角,刀心 C_0 在工件坐标系中的位置为 $(x_{C_0}, y_{C_0}, z_{C_0})$,刀轴矢量 $\boldsymbol{a}$(单位矢量)在工件坐标系中为 (a_x, a_y, a_z),其中 $a_x = 0$。

求:机床的运动坐标值 x,y,z,A。

解:

(1) 设刀轴矢量 $\boldsymbol{a}$ 为自由矢量,首先将刀轴矢量的起点移到工件坐标系的原点,然后将刀轴矢量绕 X 轴顺时针转到与 Z 坐标方向一致。

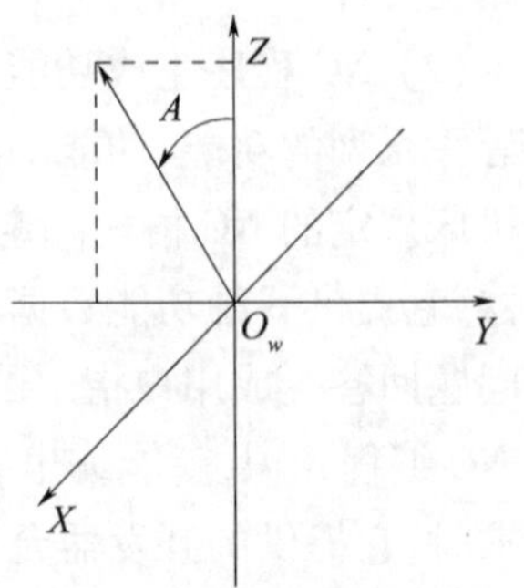

图 9-2 四坐标加工刀轴矢量转动关系

(2) 将刀轴矢量 $\boldsymbol{a}$ 的转动转化为刀具相对于工件的转动(因为机床的运动指的是刀具相对于工件的运动):使刀具相对于工件绕 X 轴逆时针转动 A 角(逆时针旋转可保证转动角 A 的值为正),如图 9-2 所示。其中 A 角的计算公式如下:

$$
\begin{cases}
A = \arctan\left|\dfrac{a_y}{a_z}\right| & \begin{pmatrix} a_y \leqslant 0 \\ a_x \geqslant 0 \end{pmatrix} \\
A = 180^\circ - \arctan\left|\dfrac{a_y}{a_z}\right| & \begin{pmatrix} a_y \leqslant 0 \\ a_x \leqslant 0 \end{pmatrix} \\
A = 180^\circ + \arctan\left|\dfrac{a_y}{a_z}\right| & \begin{pmatrix} a_y \geqslant 0 \\ a_x \leqslant 0 \end{pmatrix} \\
A = 360^\circ - \arctan\left|\dfrac{a_y}{a_z}\right| & \begin{pmatrix} a_y \geqslant 0 \\ a_x \geqslant 0 \end{pmatrix}
\end{cases}
\quad \left(\text{当 } a_z = 0 \text{ 时,令 } \arctan\left|\dfrac{a_y}{a_x}\right| = 90^\circ\right)
\tag{9-1}
$$

(3) 求刀心 C_0 经工件转动后在工件坐标系 O_WXYZ 中的位置,即机床的运动坐标值 x、y、z。

工件绕 X 轴旋转 $-A$ 角,变换矩阵为

$$
\boldsymbol{T} = \begin{bmatrix} 1 & 0 & 0 & 0 \\ 0 & \cos A & -\sin A & 0 \\ 0 & \sin A & \cos A & 0 \\ 0 & 0 & 0 & 1 \end{bmatrix}
$$

因此:$(x \quad y \quad z \quad 1) = (x_{C_0} \quad y_{C_0} \quad z_{C_0} \quad 1)\boldsymbol{T}$

将其展开可得:

$$
\begin{cases}
x = x_{C_0} \\
y = y_{C_0}\cos A + z_{C_0}\sin A \\
z = -y_{C_0}\sin A + z_{C_0}\cos A
\end{cases}
\tag{9-2}
$$

2. X,Y,Z,B 四坐标数控机床后置处理算法

在运动坐标为 X,Y,Z,B 的四坐标数控机床上加工曲面,要求刀轴矢量的 Y 分量为零。

与上述过程一样,假定工件坐标系为 O_WXYZ;工件可绕坐标轴 Y 转动 B 角;刀心 C_0 在工件坐标系中的位置为$(x_{C_0},y_{C_0},z_{C_0})$;刀轴矢量 $\boldsymbol{a}$(单位矢量)在工件坐标系中为(a_x,a_y,a_z),其中 $a_y=0$。则可求得机床的运动坐标值 x,y,z,B,见式(9-3)和式(9-4):

$$
\begin{cases}
B = \arctan\left|\dfrac{a_x}{a_z}\right| & \begin{pmatrix} a_y \geqslant 0 \\ a_z \geqslant 0 \end{pmatrix} \\
B = 180^\circ - \arctan\left|\dfrac{a_x}{a_z}\right| & \begin{pmatrix} a_y \leqslant 0 \\ a_z \leqslant 0 \end{pmatrix} \\
B = 180^\circ + \arctan\left|\dfrac{a_x}{a_z}\right| & \begin{pmatrix} a_x \leqslant 0 \\ a_z \leqslant 0 \end{pmatrix} \\
B = 360^\circ - \arctan\left|\dfrac{a_x}{a_z}\right| & \begin{pmatrix} a_x \leqslant 0 \\ a_z \geqslant 0 \end{pmatrix}
\end{cases}
\quad \left(\text{当 } a_Z = 0 \text{ 时,令 } \arctan\left|\dfrac{a_x}{a_z}\right| = 90^\circ\right)
\tag{9-3}
$$

$$
\begin{cases}
x = x_{C_0}\cos B - z_{C_0}\sin B \\
y = y_{C_0} \\
z = x_{C_0}\sin B + z_{C_0}\cos B
\end{cases}
\tag{9-4}
$$

3. 几个要注意的问题

在应用带回转工作台的四坐标数控机床上进行加工时,需要注意以下几个问题。

(1) 回转运动字地址问题。回转工作台的转动运动由一回转运动字地址代码及其转角表示,该字地址代码一般是A,B,C,U,V,W中的一个,但一般情况下并不代表与坐标轴的对应关系,就是说A(或U)不一定表示回转工作台绕X轴旋转,B(或V)不一定表示回转工作台绕Y轴旋转,C(或W)不一定表示回转工作台绕Z轴旋转,而要求编程者非常清楚其运动关系,以便应用上述算法进行后置处理,输出时将转角代入回转工作台的字地址。其次还应注意,一般四坐标数控机床回转工作台是作为机床的附件提供给用户的,可以按工艺要求安装在机床的工作台上(就像安装分度头一样安装在铣床的工作台上),这样回转工作台的转轴可以与X轴一致,可以与Y轴一致,也可以与Z轴一致,在后置处理时应特别注意,这个问题在四坐标数控加工中经常遇到。

(2) 转角走向问题。假定对两个连续的刀位点,通过后置处理计算得到两个转角A_1和A_2。转角走向问题及其解决办法是:

如果$A_2 - A_1 > 180°$,则$A_2 = A_2 - 360°$

如果$A_2 - A_1 < -180°$,则$A_2 = A_2 + 360°$

上述问题产生的原因是两个刀位分属于第Ⅰ和第Ⅱ象限(在YZ平面内)如图9-3(a),(b)所示。该问题的解决办法的出发点是将转角+360°或-360°,这样不影响工件的实际位置,而使刀具按所要求的轨迹运动。

读者也许要问,会不会出现图9-3(c)所示的情况呢?回答是不会出现的。因为,多数坐标数控加工两连续的刀位点之间是线性插补,两刀位点之间的角差度不允许太大($\ll 90°$),否则线性插补误差很大。

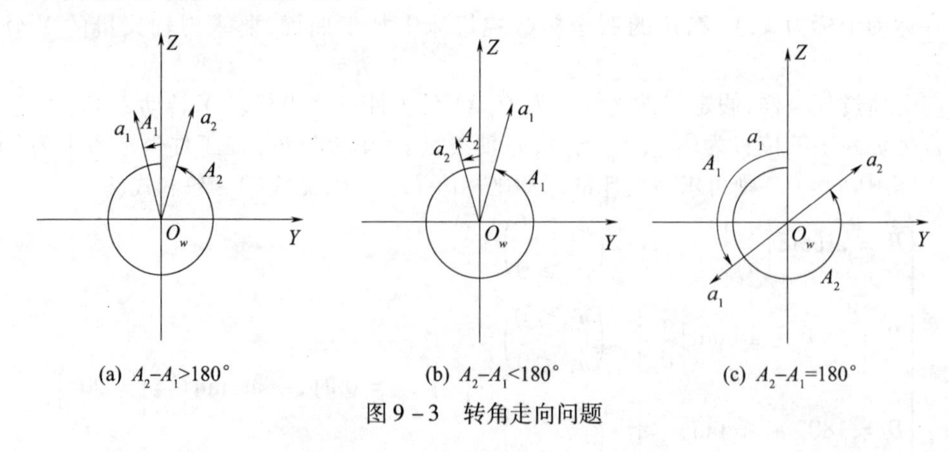

图9-3 转角走向问题

9.2.2 五坐标数控机床后置处理算法

一般来说,五坐标联动是指数控机床的X,Y,Z三个移动坐标和绕X,Y,Z轴旋转的三个转动坐标A,B,C中的任意五个坐标的线性插补运动,如图9-4所示。通常是

X,Y,Z 与三个转动坐标 A,B,C 中的任意两个组成的五坐标联动。

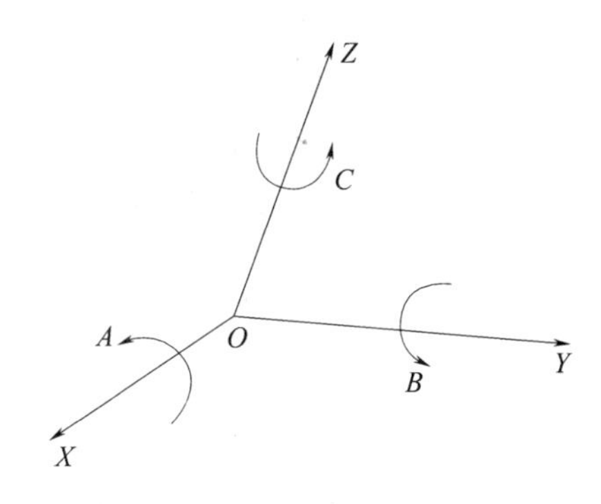

图 9-4　机床运动坐标

转动坐标 A,B,C 的运动可由回转工作台的转动来实现,也可由刀具的摆动来实现。由于不同类型数控机床的运动方式不一致,因而其后置处理算法也不相同。下面分别进行讨论。

1. 带回转工作台的五坐标数控机床后置处理算法

一般来说,带回转工作台的五坐标数控机床的运动坐标包括三个移动坐标 X,Y,Z 和两个转动坐标,这两个转动坐标可以是 A 和 B,可以是 B 和 C,也可以是 C 和 A。不失一般性,以 X,Y,Z,C,A 五坐标数控机床为例带回转工作台的五坐标数控机床后置处理算法。

1) X,Y,Z,C,A 五坐标数控机床后置处理法

已知:工件坐标系为 O_wXYZ,工件可绕坐标轴 X 摆动 $A(0°\leqslant A\leqslant 90°)$ 角,工件可绕坐标 Z 转动 C 角,工作台回转轴与 Z 轴一致;机床运动坐标系为 O_rXYZ,$O_wO_r=d$;刀心 C_0 在工件坐标系中的位置为 (x_{C_0},y_{C_0},z_C);刀轴矢量 $\boldsymbol{a}$(单位矢量)在工件坐标系中为 (a_x,a_y,a_z)。求机床的运动坐标值 x,y,z,C,A。

解:(1) 设刀轴矢量 $\boldsymbol{a}$ 为自由矢量　首先将刀轴矢量的起点移到工件坐标系的原点,然后将刀轴矢量绕 Z 轴顺时针转到 $(-Y)(+Z)$ 平面上,再将刀轴矢量绕 X 轴顺时针转到与 Z 坐标方向一致。这样转动可保证当 $a_z\geqslant 0$ 时,刀轴矢量绕 X 轴顺时针转动角在 $(-90°\sim 0°)$ 之间,即刀具相对于工件绕 X 轴逆时针转动角 A 在 $(0°\sim 90°)$ 之间。

(2) 将刀轴矢量 $\boldsymbol{a}$ 的转动转化为刀具相对于工件的转动或摆动。首先使刀具相对于工件绕 X 轴逆时针转动 A 角,然后使刀具相对于工件绕 Z 轴逆时针转动 C 角,如图 9-5 所示。其中 A,C 角的计算公式如下:

$$\begin{cases} A = \arctan \dfrac{\sqrt{a_x^2 + a_y^2}}{a_z} & (a_z > 0) \\ A = 90° & (a_z = 0) \end{cases} \tag{9-5}$$

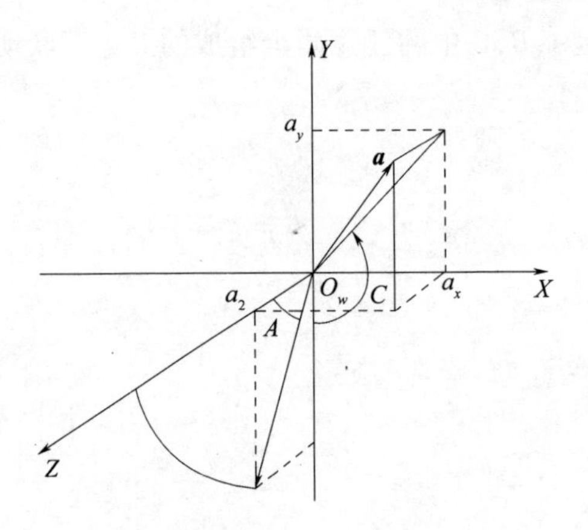

图 9－5　五坐标加工刀轴矢量转动关系

$$
\begin{cases}
C = 90° + \arctan\left|\dfrac{a_y}{a_x}\right| & \begin{pmatrix} a_x \geqslant 0 \\ a_y \geqslant 0 \end{pmatrix} \\
C = 270° - \arctan\left|\dfrac{a_y}{a_x}\right| & \begin{pmatrix} a_x \leqslant 0 \\ a_y \geqslant 0 \end{pmatrix} \\
C = 270° + \arctan\left|\dfrac{a_y}{a_x}\right| & \begin{pmatrix} a_x \leqslant 0 \\ a_y \leqslant 0 \end{pmatrix} \\
C = 90° - \arctan\left|\dfrac{a_y}{a_x}\right| & \begin{pmatrix} a_x \geqslant 0 \\ a_y \leqslant 0 \end{pmatrix}
\end{cases}
\quad \left(当 a_x = 0 时，令 \arctan\left|\dfrac{a_y}{a_x}\right| = 90°\right)
\tag{9-6}
$$

（3）求刀心 C_0 经工件转动后在机床坐标系 O_rXYZ 中的位置（即机床的运动坐标值 x,y,z）。

① 先将工件坐标系 O_wXYZ 平移到机床坐标系 O_rXYZ，变换矩阵为

$$
\boldsymbol{T}_1 = \begin{bmatrix} 1 & 0 & 0 & 0 \\ 0 & 1 & 0 & 0 \\ 0 & 0 & 1 & 0 \\ 0 & 0 & d & 1 \end{bmatrix}
$$

② 工件绕 Z 轴旋转 $-C$ 角，变换矩阵为

$$
\boldsymbol{T}_2 = \begin{bmatrix} \cos C & -\sin C & 0 & 0 \\ \sin C & \cos C & 0 & 0 \\ 0 & 0 & 1 & 0 \\ 0 & 0 & 0 & 1 \end{bmatrix}
$$

③ 工件绕 X 轴旋转 $-A$ 角，变换矩阵为

$$
\boldsymbol{T}_3 = \begin{bmatrix} 1 & 0 & 0 & 0 \\ 0 & \cos A & -\sin A & 0 \\ 0 & \sin A & \cos A & 0 \\ 0 & 0 & 0 & 1 \end{bmatrix}
$$

则 $(X \quad Y \quad Z \quad 1) = (x_{C_0} \quad y_{C_0} \quad z_{C_0} \quad 1)\boldsymbol{T}_1\boldsymbol{T}_2\boldsymbol{T}_3$

将其展开可得：

$$
\begin{cases}
x = x_{C_0}\cos C + y_{C_0}\sin C \\
y = -x_{C_0}\sin C\cos A + y_{C_0}\cos C\cos A + z_{C_0}\sin A + d\sin A \\
z = x_{C_0}\sin C\sin A - y_{C_0}\cos C\sin A + z_{C_0}\cos A + d\cos A
\end{cases}
\tag{9-7}
$$

2) X,Y,Z,B,C 五坐标数控机床后置处理算法

对于运动坐标为 X,Y,Z,B,C 的五坐标数控机床，其后置处理算法略有区别：

(1) 工件可绕坐标轴 Y 转动 B 角，且不受 $0°\sim90°$ 范围的限制。

(2) 在求解的第一步中，刀轴矢量既可以绕 Z 轴顺时针转到 $(+X)(+Z)$ 平面上，也可以绕 Z 轴逆时针转到 $(-X)(+Z)$ 平面上，如图 9-6 所示。

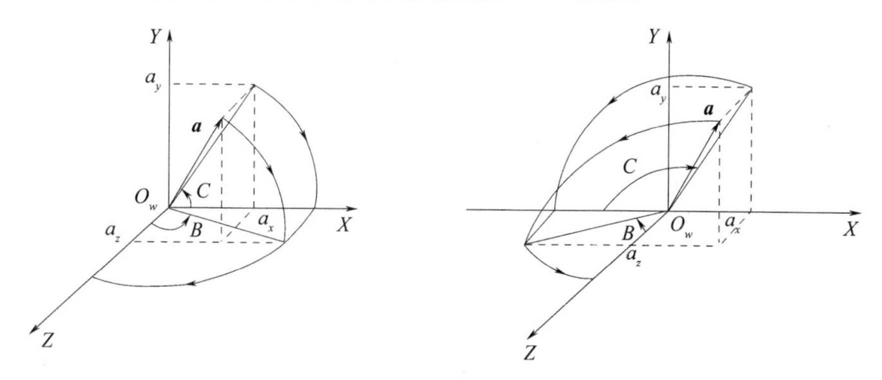

图 9-6　五坐标加工刀轴矢量绕 Z 轴的两种转动关系

下面给出这两种不同转动关系下的坐标变换计算公式。

(1) 在求解的第一步中，将刀轴矢量绕 Z 轴顺时针转到 $(+X)(+Z)$ 平面上

$$
\begin{cases}
B = \arctan\dfrac{\sqrt{a_x^2 + a_y^2}}{a_z} & (a_z > 0) \\
B = 90° & (a_z = 0) \\
B = 180° + \arctan\dfrac{\sqrt{a_x^2 + a_y^2}}{a_z} & (a_z < 0)
\end{cases}
\tag{9-8}
$$

$$
\begin{cases}
C = \arctan\left|\dfrac{a_y}{a_x}\right| & \begin{pmatrix} a_x \geqslant 0 \\ a_y \geqslant 0 \end{pmatrix} \\
C = 180° - \arctan\left|\dfrac{a_y}{a_x}\right| & \begin{pmatrix} a_x \leqslant 0 \\ a_y \geqslant 0 \end{pmatrix} \\
C = 180° + \arctan\left|\dfrac{a_y}{a_x}\right| & \begin{pmatrix} a_x \leqslant 0 \\ a_y \leqslant 0 \end{pmatrix} \\
C = 360° - \arctan\left|\dfrac{a_y}{a_x}\right| & \begin{pmatrix} a_x \geqslant 0 \\ a_y \leqslant 0 \end{pmatrix}
\end{cases}
\quad \left(\text{当 } a_x = 0 \text{ 时，令 } \arctan\left|\dfrac{a_y}{a_x}\right| = 90°\right)
\tag{9-9}
$$

$$
\begin{cases}
x = x_{C_0}\cos B\cos C + y_{C_0}\cos B\sin C - z_{C_0}\sin B - d\sin B \\
y = -x_{C_0}\sin C + y_{C_0}\cos C \\
z = x_{C_0}\sin B\cos C + y_{C_0}\sin B\sin C + z_{C_0}\cos B + d\cos B
\end{cases} \tag{9-10}
$$

(2) 在求解的第一步中,将刀具矢量绕 Z 轴逆时针转到$(-X)(+Z)$平面上

$$
\begin{cases}
B = -\arctan\dfrac{\sqrt{a_x^2 + a_y^2}}{a_z} & (a_z > 0) \\
B = -90^\circ & (a_z = 0) \\
B = -180^\circ - \arctan\dfrac{\sqrt{a_x^2 + a_y^2}}{a_z} & (a_z < 0)
\end{cases} \tag{9-11}
$$

$$
\begin{cases}
C = -180^\circ + \arctan\left|\dfrac{a_y}{a_x}\right| & \begin{pmatrix} a_x \geqslant 0 \\ a_y \geqslant 0 \end{pmatrix} \\
C = -\arctan\left|\dfrac{a_y}{a_x}\right| & \begin{pmatrix} a_x \leqslant 0 \\ a_y \geqslant 0 \end{pmatrix} \\
C = \arctan\left|\dfrac{a_y}{a_x}\right| & \begin{pmatrix} a_x \leqslant 0 \\ a_y \leqslant 0 \end{pmatrix} \\
C = 180^\circ - \arctan\left|\dfrac{a_y}{a_x}\right| & \begin{pmatrix} a_x \geqslant 0 \\ a_y \leqslant 0 \end{pmatrix}
\end{cases}
\quad \left(\text{当 } a_x = 0 \text{ 时,令 } \arctan\left|\dfrac{a_y}{a_x}\right| = 90^\circ\right) \tag{9-12}
$$

$$
\begin{cases}
x = x_{C_0}\cos B\cos C + y_{C_0}\cos B\sin C - z_{C_0}\sin B - d\sin B \\
y = -x_{C_0}\sin C + y_{C_0}\cos C \\
z = x_{C_0}\sin B\cos C + y_{C_0}\sin B\sin C + z_{C_0}\cos B + d\cos B
\end{cases} \tag{9-13}
$$

从式(9-10)、式(9-13)可以看出,由于求解时将刀轴矢量绕 Z 轴进行不同的旋转,因此两种计算方法求得的 Y 值正好相反,这一结果在编程时是很有用的,可以用来解决 Y 坐标的负向超程问题。

3) *Y 坐标负向超程及其解决办法*

如图 9-7 所示,对于运动坐标为 X,Y,Z,B,C 的五坐标数控机床,Y 坐标的负向运动(指刀具相对于工作台的运动)由于受工作台台面的限制有一个极限值 $Y_{\min}$($Y_{\min}<0$),在编程时,必须保证刀具运动的所有 Y 坐标值大于此极限值。反之,称为 Y 坐标负向超程,这时刀具将与机床工作台台面发生干涉(一般机床有限位保护功能,保证刀具不与机床工作台台面发生干涉,但这时由于程序没有执行完而使零件加工不完整,有时甚至报废零件)。

以上分析了 Y 坐标负向超程的现象,但并非解决问题的办法。大家知道,在五坐标数控加工编程中,刀位的计算与机床无关,所求刀心的坐标值 y_{C_0} 与刀具相对于机床的运动坐标值 Y 是不一致的,还必须对刀位进行后置处理,得到机床运动的五个坐标值 x,y,z,B,C,这时再观察 y 值是否小于 $y_{\min}$。如果 $y<y_{\min}$,则该数控加工程序不能使用,必须想办法解决。

由式(9-10)、式(9-13)两种计算方法求得的 Y 值正好相反,如果其中一种方法引

起 Y 坐标负向超程的话，那么采用另一种方法一定不会引起 Y 坐标负向超程。这就是说，可以用此方法来解决 Y 坐标的负向超程问题。

在应用带回转工作台的五坐标数控机床进行加工时，与四坐标数控机床加工一样，同样需要注意回转运动字地址问题和转角走向问题，它们的解决办法与应用四坐标数控机床的解决办法是一致的。

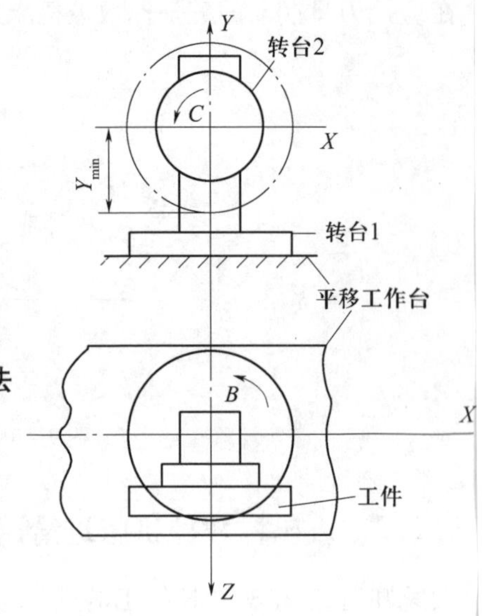

图9-7　X,Y,Z,B,C 五坐标加工的 Y 坐标负向超程示意图

2. 刀具摆动的五坐标数控机床后置处理算法

不失一般性，仍以 X,Y,Z,C,A 五坐标数控机床为例介绍刀具摆动的五坐标数控机床后置处理算法。

已知：工件坐标系为 O_wXYZ，刀具可绕 X 轴摆动 $A(0°\leqslant A\leqslant 90°)$ 角，刀具可绕 Z 轴转动 C 角；摆刀中心 C_{h0} 到刀心 C_0 的距离（刀长）为 L；刀心 C_0 在工件坐标系中的位置为 $(x_{C_0},y_{C_0},z_{C_0})$；刀轴矢量 $\boldsymbol{a}$（单位矢量）在工件坐标系中为 (a_x,a_y,a_z)。求机床的运动坐标值 x,y C,A。

解：(1) 关于 A,C 角的求解与带回转工作台的五坐标数控机床后置处理算法一致

(2) 求摆刀中心 C_{h0} 经刀具摆动后在工件坐标系 O_wXYZ 中的位置，即机床的运动标值 x,y,z。

① 如图9-8所示，摆刀中心 C_{h0} 以 C_0 为中心绕 X 轴摆动 A 角，变换矩阵为

$$\boldsymbol{T}_1=\begin{bmatrix}1 & 0 & 0 & 0\\ 0 & \cos A & \sin A & 0\\ 0 & -\sin A & \cos A & 0\\ 0 & 0 & 0 & 1\end{bmatrix}$$

② 摆刀中心 C_{h0} 以 C_0 为中心绕 Z 轴转动 C 角，变换矩阵为

$$\boldsymbol{T}_2=\begin{bmatrix}\cos C & \sin C & 0 & 0\\ -\sin C & \cos C & 0 & 0\\ 0 & 0 & 1 & 0\\ 0 & 0 & 0 & 1\end{bmatrix}$$

③ 刀具摆动后摆刀中心 C_{h0} 在工件坐标系 O_wXYZ 中的位置为

$$(x\quad y\quad z\quad 1)=(00\quad L\quad 1)\boldsymbol{T}_1\boldsymbol{T}_2+(x_{C_0}\quad y\quad z_{C_0}\quad 1)$$

将其展开可得：

$$\begin{cases}x=x_{C_0}+L\sin A\sin C\\ y=y_{C_0}-L\sin A\cos C\\ z=z_{C_0}+L\cos A\end{cases}\qquad(9-14)$$

在应用刀具摆动的五坐标数控机床进行加工时,同样需要注意转角走向问题。

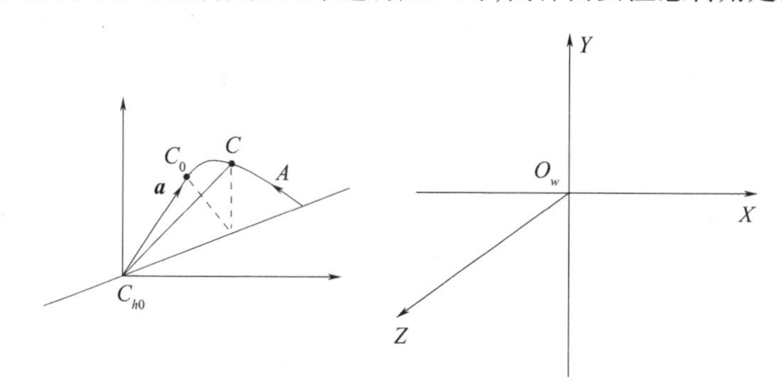

图 9-8 机床刀摆示意图

9.2.3 五坐标数控机床进给速度的计算

大家知道,三坐标数控加工的进给速度(或称进给率)F 指的是刀具相对于工件的运动速度,在后置处理过程中,一般根据工艺要求将进给速度 F 设置为固定值,这样即可保证刀具相对于工件的运动速度恒定,使之具有良好的切削条件。而五坐标数控机床进给率的计算则要复杂得多。

1. 计算方法

五坐标数控加工中进给率的倒数($1/F$)代表的是走完一个程序段所需要的时间 Δt。因此,要根据每个程序段所走的实际距离 Δd 及合理的进给速度 f 按下式计算 Δt。

$$\Delta t = \frac{\Delta d}{f} \tag{9-15}$$

由于五坐标数控加工涉及到转动(或摆动)运动,因而在式(9-15)中 Δd 的计算时应仔细考虑。原则是尽可能保证刀具相对于工件的运动速度恒定。

为了保证刀具相对于工件的运动速度恒定,Δd 表示的应该是刀具相对于工件的实际运动距离。

由上述后置处理算法可知,经过后置处理之后,在两个连续的刀位点之间,刀心(对于带回转工作台的五坐标数控机床)或摆刀中心(对于刀具摆动的五坐标数控机床)之间的距离 Δd 为

$$\Delta d = \sqrt{(\Delta x)^2 + (\Delta y)^2 + (\Delta z)^2} \tag{9-16}$$

式中:$\Delta x,\Delta y,\Delta z$ 指的是刀心或摆刀中心坐标差。显然,Δd 并不表示刀具相对于工件的实际运动距离。

那么,刀位文件中两个连续的刀心之间的距离是不是刀具相对于工件的实际运动距离呢? 这个问题对于五坐标端铣数控加工和五坐标侧铣数控加工应分别对待。

(1) 对于五坐标端铣数控加工。刀位文件中两个连续的刀心之间的距离表示的是刀具相对于工件的实际运动距离 Δd。

$$\Delta d = \sqrt{(\Delta x)^2 + (\Delta y)^2 + (\Delta z)^2} \tag{9-17}$$

(2) 对于五坐标侧铣数控加工。刀具相对于工件的实际运动距离不宜采用刀心之间的距离表示,而应采用两个连续刀位上刀心之间的距离和刀刃切触段末端点之间的距离

的平均值表示，这样可保证整个刀刃切触段上的进给速度相对比较均匀。由于从刀位文件中无法判断刀刃上切触段的长度，因此无法求解刀刃上切触段的末端点。但是一般来说，刀刃上有效切触段的长度与刀具半径是成正比的，采用刀轴上距刀心6倍刀具半径的点 C_1 之间的距离表示刀刃切触段末端点之间的距离较为合适，从而可求得刀具相对于工件的实际运动距离 Δd。具体计算方法如下。

① 计算刀轴上距刀心6倍刀具半径的点 C_1：

$$r_{C_1} = r_{C_0} + 6R_a \tag{9-18}$$

② 计算刀具相对于工件的实际运动距离 Δd：

$$\Delta d = \frac{1}{2}\left(\sqrt{(\Delta x_{C_0})^2 + (\Delta y_{C_0})^2 + (\Delta z_{C_0})^2} + \sqrt{(\Delta x_{C_1})^2 + (\Delta y_{C_1})^2 + (\Delta z_{C_1})^2}\right) \tag{9-19}$$

至于进给速度 f 的选择一般依工艺条件而定，可参考有关工艺手册。

将 Δd 和 f 代入式(9-15)，可求得 Δt，进一步可求得机床的进给率：

$$f = \frac{1}{\Delta t} \tag{9-20}$$

2. 注意事项

应用上述方法计算五坐标数控加工进给率时需要注意以下问题。

(1) 五坐标数控机床各运动坐标的进给速度与上述进给速度 f 的意义不同，其计算方法如下。

$$\begin{cases} f_x = F\Delta x \\ f_y = F\Delta y \\ f_z = F\Delta z \\ f_A = F\Delta A \\ f_B = F\Delta B \\ f_C = F\Delta C \end{cases} \tag{9-21}$$

一般来说，五坐标数控机床各运动坐标的进给速度都有一极限值，例如要求 f_x 小于 $f_{x\max}$，而由式(9-21)求得的 f_x 有可能大于 $f_{x\max}$，这时就要根据 $f_{x\max}$ 确定进给率 F 的大小，来满足 $f_x < f_{x\max}$，的要求。对于 f_Y、f_Z、f_A、f_B 和 f_C 同样如此。

(2) 对于五坐标端铣数控加工，由于采用刀心之间的距离表示刀具相对于工件的实际运动距离 Δd，假如两个连续的刀位点的刀心不变，只是刀轴矢量发生变化，这时计算所得的 $\Delta d = 0$，将其代入式(9-15)，可得 $\Delta t = 0$，这在加工中是绝对不允许的，这时一定要根据 f_A、f_B 和 f_C 的极限值计算进给率 F 的大小。从加工效果来看，在此程序段内，刀心位置不动，只是刀轴摆动，刀盘在工件上要停留一段时间，从而在工件上留下一个小坑，使加工表面粗糙度值增大。

9.3 通用后置处理系统原理及实现途径

9.3.1 通用后置处理系统结构原理

后置处理程序通过读取刀位文件，根据机床运动结构及控制指令格式，进行运动变换和指令格式转换。由上述建立的通用运动变换计算,可使各种运动结构的机床在统一模型表达下进行运动变换,由此可以建立通用化的后置处理程序。通用后置处理程序采用开放结构,可采用数据库文件方式,由用户自行定义机床运动结构参数和控制指令格式,进行应用系统扩充,使其适合于各种机床和数控系统,具有通用性。

通用后置处理的前提是前置刀位数据的标准化。由于目前数控系统指令格式多样,有些系统的扩充功能已超出了前置处理刀位数据的规定格式,如样条曲线、渐开线等。由于目前的数控编程系统还只考虑直线、圆弧,并未涉及上述特殊曲线,因此,通用后置处理的处理是在标准刀位数据以及通用的 CNC 控制指令基础上进行考虑。通用后置处理系统的程序结构原理如下。

1. 系统输入信息

通用后置处理系统的输入信息有以下几方面内容。

(1) 刀位数据文件。刀位数据文件是由数控编程系统的前置处理部分产生,其文件格式和数据应符合有关标准规范,对此 ISO 已有相应标准。

(2) 数控系统特性文件。数控系统特性文件的作用是向后置处理系统提交使用的数控系统指令代码格式,后置处理系统根据该指令格式将机床运动数据转换成 CNC 的程序代码,生成具体机床的加工程序。数控系统特性文件包含的代码格式必须是刀位数据文件所规定的通用指令。

(3) 数控机床特性文件。数控机床特性文件包括机床运动轴结构形式、运动结构参数(包括结构误差)、运动轴行程、运动轴伺服参数(如速度、加速度信息等)。后置处理程序根据以上信息进行机床运动变换、运动误差校核以及速度校核、修正及优化处理。随着后置处理系统功能的不断完善,相应的数控机床特性文件包含的内容也将随之增加。

2. 通用后置处理的实现

根据以上讨论的一种通用后置处理系统结构及工作流程如图 9-9 所示。系统采用开放结构,其中机床设置和数控系统设置模块是用于建立具体机床与控制系统特性库的工具。系统中预先提供了若干常用机床与数控系统的特性库,当使用这些机床及控制系统时,可直接在特性库中进行选择;如果需要用到其他机床或控制系统,则使用上述工具新建或在现有机床文件的基础上进行修改。其他模块如机床运动求解、线性误差校核、刀位点加密处理以及进给速度校核修正的方法可参看专门书籍的详细介绍。

图 9-9 系统采用解释执行方式,从刀位文件逐行读入刀位数据,并根据机床特性文件进行运动变换、误差校验和速度校验,然后根据数控系统特性文件,将运动数据进行指令格式转换,由此生成具体机床的加工程序。

9.3.2 通用后置处理系统的实现途径

1. 通用后置处理系统设计的前提条件

尽管不同类型数控机床(主要是指数控系统)的指令和程序段格式不尽相同,彼此之间有一定的差异,但仍然可以找出它们之间的共同性,主要体现在以下几个方面。

(1) 数控程序都是由字符组成。

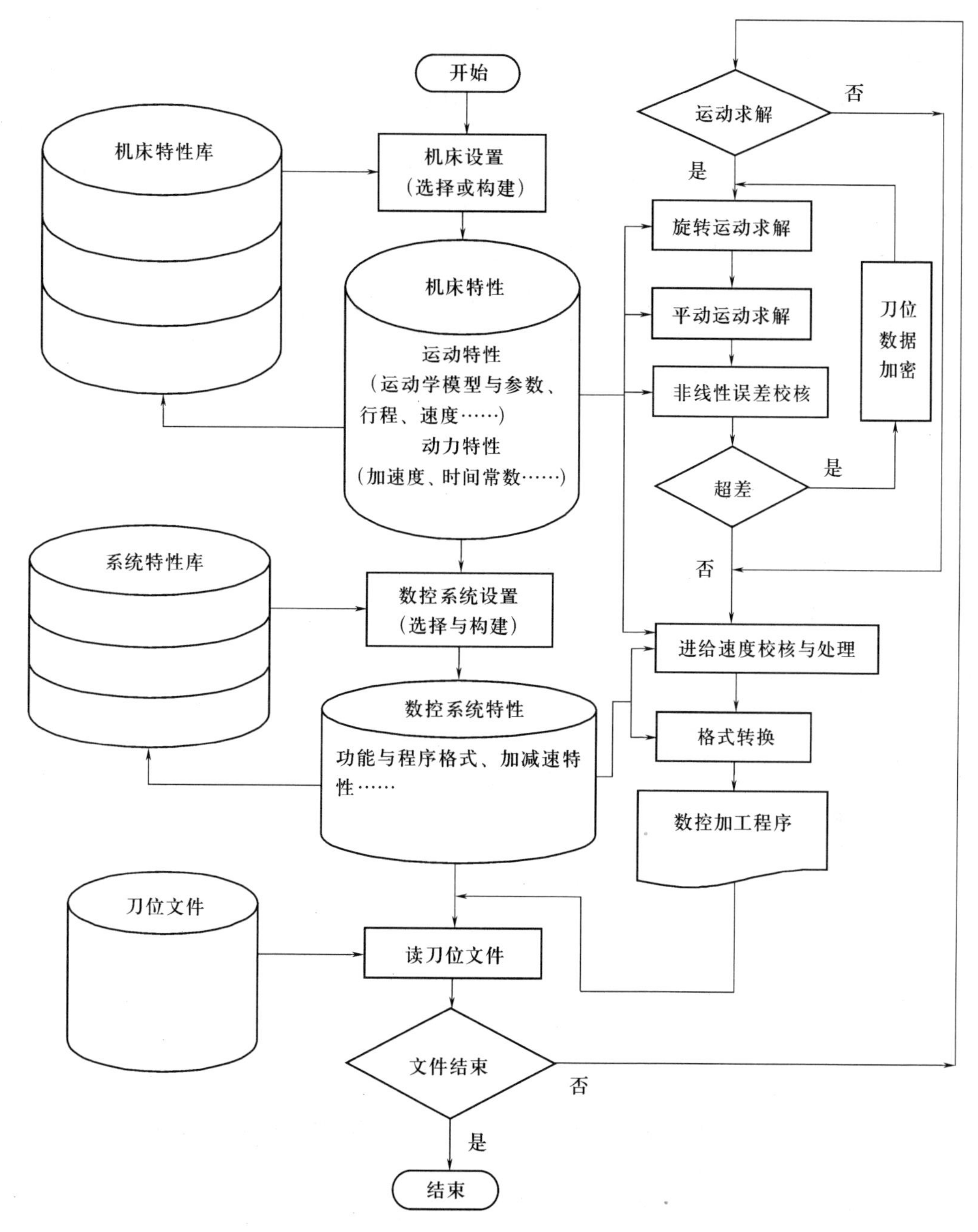

图 9-9　通用后置处理实现方案

（2）地址字符意义基本相同。

（3）准备功能 G 代码和辅助功能 M 代码功能的标准化。

（4）文字地址加数字的指令结合方式基本相同，如 G01，M03，F2，X103.456，Y－25.386 等。

（5）数控机床坐标轴的运动方式种类有限。

不同类型数控机床的这些共同性是通用后置处理系统设计的前提条件。

2. 通用后置处理系统程序结构设计

通用后置处理系统的基本要求是系统功能的通用化。为了达到这一目标,必须保证:刀位文件和数控系统特性文件格式的规范化(或标准化)以及程序结构的模块化。

(1) 输入文件格式的规范化。输入文件包括刀位文件和数控系统特性文件。目前国际上流行的数控编程系统输出的刀位文件一般都符合 IGES 标准,其后置处理系统所要求的数控系统特性文件的内容与刀位文件的 IGES 标准所包含的内容相对应,其作用是告诉后置处理系统的控制程序如何把刀位文件的相应数据转换(包含若干处理过程)成适用于数控系统特性文件所表示的数控机床的数控加工程序。

如果刀位文件是非标准的,数控编程系统也应对刀位文件的格式制定一个规范,然后以此规范为约束,制定数控系统特性文件所包含的内容及格式,就是说,刀位文件的规范与数控系统特性文件的内容必须相对应。

一般来说,IGES 标准刀位文件所对应的数控系统特性文件所包含的内容涉及到数控系统的全部功能,而非标准的刀位文件(符合某种规范)所对应的数控系统特性文件所包含的内容只用到数控系统的部分主要功能,这是因为非标准刀位文件的来源大都是某些专用数控编程系统。目前国内所开发的通用后置处理系统(附属于特定的数控编程系统)大都属于这种类型,其典型代表是西北工业大学 CAD/CAM 研究中心开发的 NPU GNCP/SS(复杂曲面图像数控编程系统)中的通用后置处理系统。

(2) 通用后置处理系统的程序结构。根据以上分析,通用后置处理系统程序结构如图 9-10 所示。

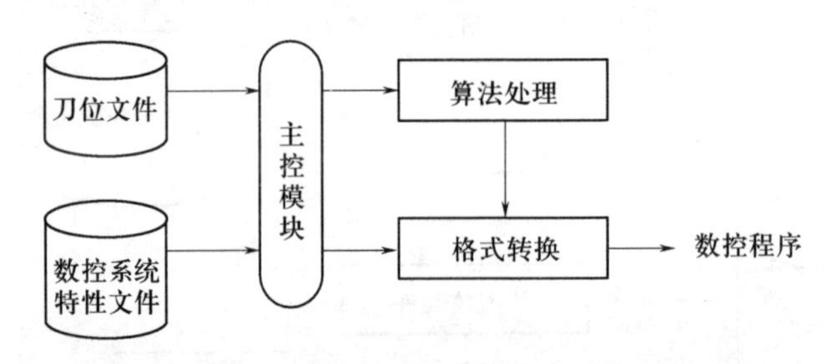

图 9-10 通用后置处理系统的程序结构框图

输入部分包括刀位文件和数控系统特性文件接口。算法处理包括上一节中所介绍的坐标变换、跨象限处理、进给速度处理等功能模块。格式转换包括数据类型转换与圆整、字符串处理等功能模块。输出的是数控程序。

整个系统的运行在主控模块的控制下进行。为了保证系统的通用性和可靠性,要求各基本功能模块做到规范化(或标准化),并且具有较好的通用性。

9.4 UG NX 后置处理举例

9.4.1 UG NX 后置处理开发方法

无论是哪种 CAM 软件,其主要用途都是生成数控机床上加工零件的刀具轨迹(简称刀轨)。一般来说,不能直接传输 CAM 软件内部产生的刀轨到数控机床上进行加工,因为各种类型的机床在物理结构和控制系统方面可能不同，由此对 NC 程序中指令和格式的要求也可能不同。因此，刀轨数据必须经过后置处理以适应每种机床及其控制系统的特定要求。

后置处理文件的获得一般有这样两种途径：①由机床厂商提供或由软件厂商提供。但由于种种原因，很多企业在购买机床或软件时，往往忽略了后置处理文件的购买。单独购买后置处理文件，价格又比较昂贵，基于这样一些原因，部分企业在购买了机床后不能及时得到应用，甚至造成设备的闲置。②由专业技术人员根据机床的结构特点和数控系统的控制原理，进行后处理文件的定制开发。定制的一般方法是利用 CAD/CAM 软件的通用后置处理模块，如：UG 软件的后处理构造器（UG Post Builder）模块，Powermill 软件的 PM Post 模块等，对数控机床的运动方式进行定义，通过对 CAD/CAM 软件提供的机床标准控制系统进行修改，得到我们需要的后置处理程序。这里仅介绍常用的 CAM 软件 UG NX 的后置处理器用法。

UG/Post 是 UG NX 的后置处理器，是 UG NX 软件提供的一个通用后置处理软件，可非常便捷地创建和修改后处理。UG/Post 使用 UG 内部刀轨数据作为输入，用户通过其图形界面的交互方式可以灵活定义通用机床类型、控制系统、命令格式等一系列参数，甚至可以通过 TCL（Tool Command Language）语言编写后置处理，创建不同机床类型和控制系统的机床的后置处理。

1. UG/Post 的组成结构[19]

提到 UG/Post 后处理器，不得不简单地介绍一下 MOM（Manufacturing Output Manager），即加工输出管理器。MOM 是 UG 提供的一种事件驱动工具，UG/CAM 模块的输出均由它来管理，其作用是从存储在 UG/CAM 内的数据中提取数据来生成输出。UG/Post 就是这种工具的一个具体运用。MOM 是 UG/Post 后处理器的核心，UG/Post 使用 MOM 来启动解释程序，向解释程序提供功能和数据，并加载事件处理器（Event Handler）和定义文件（Definition File）。

除 MOM 外，UG/Post 主要由事件生成器、事件处理器、定义文件和输出文件四个元素组成。一旦启动 UG/Post 后处理器来处理 UG 内部刀轨，其工作过程大至如下：事件生成器从头至尾扫描整个 UG 刀具轨迹数据，提取出每一个事件及其相关参数信息，并把它们传递给 MOM 去处理；然后，MOM 传送每一事件及其相关参数给用户预先开发好的事件处理器，并由事件处理器根据本身的内容来决定对每一事件如何进行处理；接着事件处理器返回数据给 MOM 作为其输出，MOM 读取定义文件的内容来决定输出数据如何进行格式化；最后，MOM 把格式化好的输出数据写入指定的输出文件中。

2. UG/Post 的组成元素[19]

下面进一步介绍组成 UG/Post 的四个基本元素。

1）事件生成器

事件生成器是 UG 提供的一个程序，它从 UG 文件（Part）中提取刀轨数据，并把它们作为事件和参数传送给 MOM。每一特定事件在机床运行时将导致一些特别的机床动作，存储在与这个事件相关的参数中的信息用来进一步确定这些特别的机床动作。比如，一个“Linear－Move”事件将导致机床驱动刀具沿直线移动，而具体移动到的位置则由存储在与此事件相关的参数 X，Y，Z 中的数值来进一步确定。在这个例子中，事件生成器将触发“Linear - Move”事件,并且将代表终点位置的数据装入相应的参数 X,Y,Z,然后这些信息传送到 MOM 去处理。

UG/Post 的事件很多,分为五大类:设置事件(Setup - event)、机床控制事件(Machine control event)、运动事件(Move event)、固定循环事件(Cycle event)、用户定义事件(User defined event)等。有关事件及其相关参数的详细描述,可参见 UG 的帮助文档。

2)事件处理器

事件处理器是为特定机床及其控制系统开发的一套程序。每个事件的处理函数必须包含一系列指令去处理用户希望 UG/Post 处理的事件,这些指令将定义刀轨数据如何被处理,以及每个事件在机床上如何被执行。

用来定义事件处理器指令的计算机语言是 TCL。TCL 是一种解释型的计算机语言,以其小巧、灵活、功能强大、易于扩展、易于集成而闻名。当 UG/Post 进行后处理时,TCL 语言的解释器充当了 UG/Post 的转换器。

对于用户希望 UG/Post 去处理的每个事件,必须有一个 TCL 过程与之对应。事件生成器触发一个事件时,MOM 将调用与之对应的 TCL 过程去处理该事件,并把与此事件相关的参数作为全局(Global)变量传送给处理它的 TCL 过程。如果不希望事件处理器去处理某个特别的事件,在事件处理器中不要包含处理该事件的 TCL 过程或使该事件的 TCL 过程为空即可。另外,处理事件的 TCL 过程名必须与事件生成器触发的事件名统一。例如,处理换刀(Tool change)事件的 TCL 过程名必须是 MOM_tool_change。

3)定义文件

定义文件主要包含与特定机床相关的静态信息。因为机床的多样性,至少每类机床需要一个定义文件。大多数 NC 机床使用地址(Address)这一概念来描述控制机床的各个参数。比如,X 地址用来存储机床移动时终点的 X 坐标值。NC 程序中的每个命令行通过改变地址的值来达到改变机床状态的目的,而机床加工工件的过程实际上就是一系列机床状态发生改变的过程。UG/Post 实现了一定的机制,使用定义文件中的信息来格式化 NC 指令。正如事件处理器一样,UG/Post 的这种机制本质上也是由 TCL 语言来实现的,只不过是 TCL 语言核心的扩展。定义文件包含下列内容:

(1)一般的机床信息,如机床是铣床还是车床,是 3 轴还是 5 轴等;

(2)机床支持的地址,如 X,Y,Z,A,B,C,T,M 等;

(3)每个地址的属性,如格式、最大值、最小值等;

(4)模块,它们描述多个地址如何组合在一起来完成一个机床动作。比如,命令 G01 X[Xval] Y[Yval] Z[Zval]完成一个直线移动。

4)输出文件

在 UG/Post 执行时,即后处理时,用户指定一个文件来存储后处理生成的 NC 指令,这个指定的文件就是输出文件。输出文件的内容由事件处理器来控制,而输出文件中 NC 指令的格式由定义文件来控制。

有了包含 NC 指令的输出文件后,这个文件就可以传送到机床上进行加工了。

3. UG/Post 的开发方法[19]

UG/Post 的开发,其核心是 TCL 语言的运用。如前所述,TCL 是一种解释型的计算机语言,由 John K. Ousterhout 于加州大学伯克利分校开发成功,目前由 SUN 微系统公司提供支持和维护。TCL 是一款自由软件,并且它可支持 UG NX 当前支持的所有平台。虽然本质上都是使用 TCL 语言,但具体实现上却有两种途经:手工编程和 UG/Post Builder。

手工开发后处理器,就是直接用 TCL 语言编写事件处理器文件(*.tcl)和定义文件(*.def)。手工开发灵活、方便,开发的后处理器精炼、易懂、执行效率高。但手工开发后处理器对用户技能要求较高,要求用户具有 TCL 语言的基本知识,同时,还要了解 UG 对 TCL 语言的扩展部分,因为实践中单纯采用手工开发方式的并不多。

UG/Post Builder 是 UG 系统为用户提供的后处理器开发工具,它具有图形化界面。使用它用户只需要根据自己机床的特点,在 GUI 环境下进行一系列的设置即可完成后处理器的开发。UG/Post Builder 可以灵活定义 NC 程序输出的格式和顺序,以及程序头尾、操作头尾、换刀、循环等。本书主要介绍 UG/Post Builder 方式。

值得一提的是,使用 UG/Post Builder 不仅生成事件处理器文件(*.tcl,定义了每一个事件的处理方式)、定义文件(*.def,包含了指定机床控制系统的静态信息和程序格式),还生成一个特别的文件(*.pui,后处理用户界面文件)。这个文件是专供 UG/Post Builder 使用的,记录着关闭 UG/Post Builder 时的配置。关于 UG/Post Builder 的更多信息可参见 UG 帮助文档。

4. UG/Post Builder 开发后置处理程序[20]

UG/Post Builder 是 UG 提供的一个后置处理工具,用户可以针对特定的机床和系统添加相应的指令和自定义后置处理命令,开发符合设备要求的专用后置处理程序。采用 UG/Post Builder 建立后处理文件的总体实现方案,如图 9-11 所示。

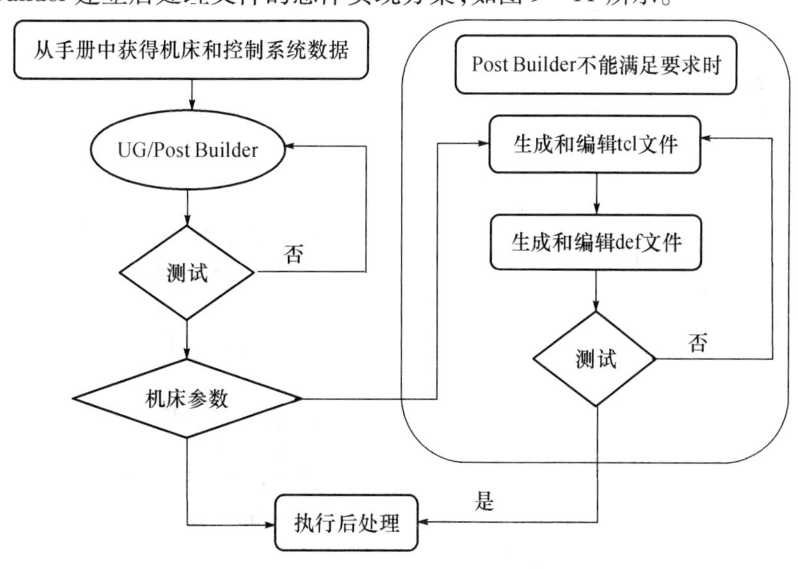

图 9-11　UG/Post Builder 后处理的总体实现方案流程图

1）打开后处理器的图形交互界面

在 Windows 系统中,点击“开始”→“所有程序”→“Siemens NX 8.5”→“加工”→“后处理构造器”,系统经过后台运行后,即可启动 UG/Post Builder,初始英文界面如图 9-12(a)所示。如需将英文界面改变为简体中文界面,可点菜单“Options”→“Language”→“中文(简体)”,便转换为简体中文操作界面了,如图 9-12(b)所示。

(a) 英文界面

(b) 简体中文界面

图 9－12　UG/Post Builder 初始界面

2）设置后处理器参数

在初始界面的工具栏中单击"新建"按钮，弹出"新建后处理器"对话框，如图 9－13所示。

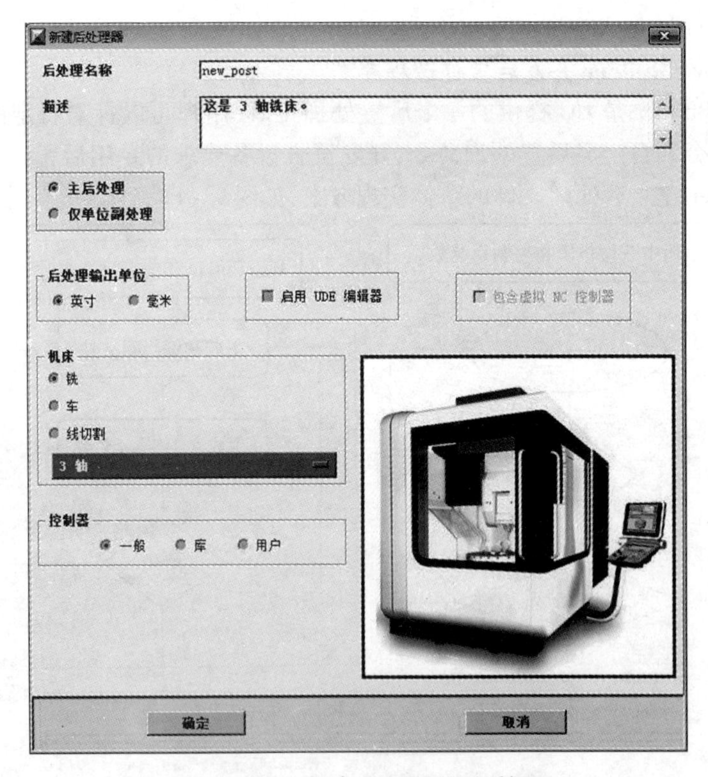

图 9－13　"新建后处理器"对话框

在"新建后处理器"对话框的"后处理器名称"文本框中输入后处理器名称(用户自己指定一个名称,注意输入时文字之间不能有空格),"后处理输出单位"选项组中一般选择"毫米"作为标准单位。

在"机床"选项组中包含 3 种机床类型:铣床、车床和线切割机床,如选择的是铣床,可以单击"3 轴"按钮,从弹出的列表中选择轴类型,如图 9－14 所示。

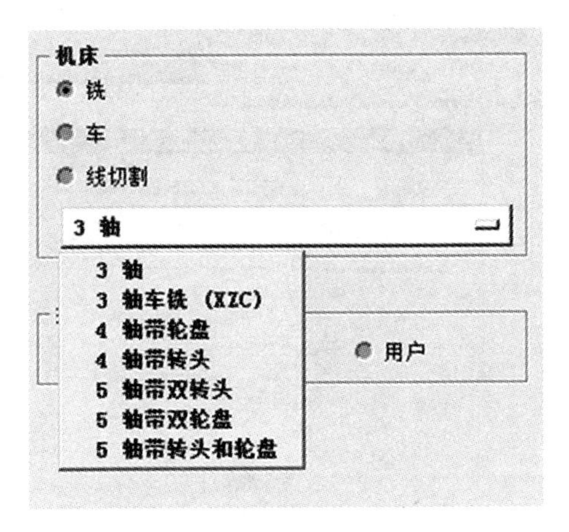

图 9－14　选择机床和轴类型

单击“新建后处理器”对话框的“确定”按钮，将弹出后处理器主编辑界面，如图 9－15所示。主界面中包括 5 个选项卡，分别是机床、程序和刀轨、N/C 数据定义、输出设置、虚拟 N/C 控制器。

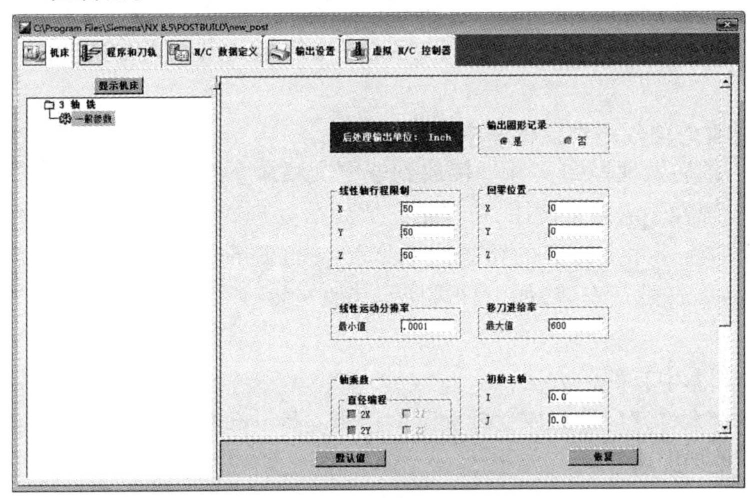

图 9－15　后处理器参数设置主界面

3）设置机床参数

由于机床类型不同（铣床、车床和线切割机床），机床参数选项卡的内容也会有所不同；甚至机床轴数、旋转轴方式不同，也会造成该选项卡的内容存在一定的差异。用户可根据实际机床的结构参数来设置机床参数。

4）设置程序和刀轨参数

程序和刀轨参数设置界面如图 9－16 所示，在该选项卡中包括多个子选项卡，如“程序”“G 代码”“M 代码”“文字汇总”“文字排序”等。主要设置机床运动事件的处理过程，以及符合控制系统允许的指令代码等。

5）设置其他参数并保存文件

同理，其他后处理器的详细参数也要符合机床所用的数控系统，由于设置的参数较多，这里就不一一列举了。

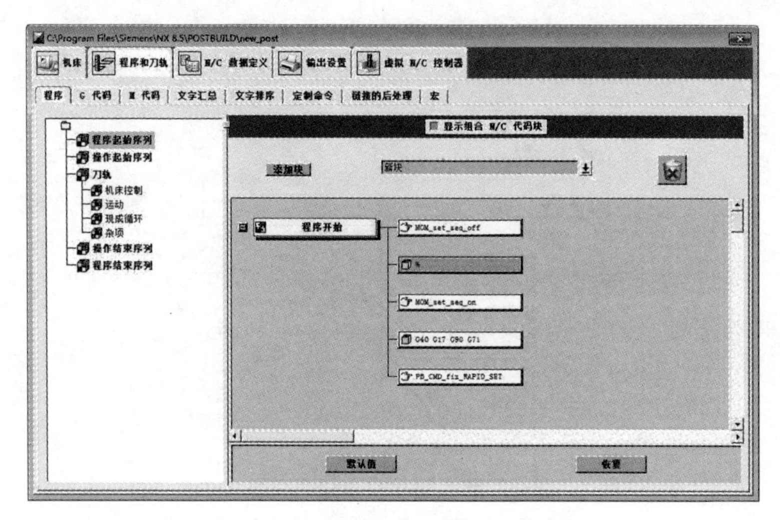

图 9－16　程序和刀轨参数设置界面

设置好所有参数后，暂不关闭主界面。在初始界面窗口中单击“保存”按钮，会弹出一个“选择许可证”对话框，可以选择是否加密输出。单击“确定”按钮后，会弹出“另存为”对话框，在其中选择好路径，输入保存文件的名称后，即可将创建好的后置处理器.pui 保存起来。

5. 添加后置处理程序到模板库中[19,20]

一般地，可把后处理程序文件直接放到非中文目录下即可，在应用时选择该文件即可；如果该后处理程序需频繁使用，建议把它放到后处理库文件夹中，并将其添加到后处理模板库中。后处理库文件夹的路径为 C：\Program Files\Siemens\NX 8. 5\MACH\resource\postprocessor（默认安装，如用户选择了其他安装路径，则在相应的驱动器的文件夹中）。

添加到模板库中有两种方法：

（1）用记事本打开后处理库文件夹下的模板文件 template_post. dat，按里面的格式增用户自己的后处理即可。

（2）更方便的方法是利用后处理构造器中的“编辑模板后处理数据文件”命令。在后处理构造器的初始界面下，单击顶部右侧的“实用程序”菜单→“编辑模板后处理数据文件”命令，在弹出的“编辑 template_post. dat”对话框中编辑 template_post. dat，如图 9－17所示。编辑 template_post. dat 时有个小技巧，在添加用户自己的后处理时，只要点击下方的“新建”按钮，然后浏览选择用户自己的后处理器. pui，就会自动添加到模板库中。最后，别忘了保存 template_post. dat 文件。

9.4.2　UG NX 后置处理实例[19,20]

下面以建立一个三轴数控铣床（控制系统为 FANUC）的后处理为例，说明 UG NX 如何创建后置处理器。具体要求如下：

（1）加工坐标系 G54 单独占一行。

（2）不输出行号，以节约内存。

（3）NC 程序自动换刀，并给出刀具基本信息，便于检查。

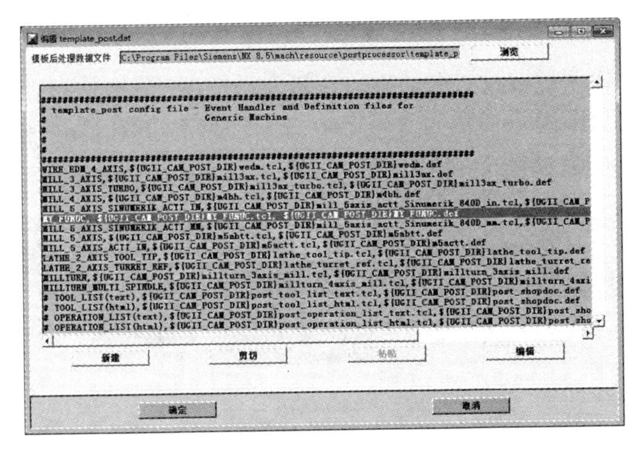

图 9－17　添加后处理器文件到模板库中

(4) 在程序结尾处增加加工预计时间的显示，便于工时计算。

(5) 程序扩展名为. nc。

操作步骤如下：

1. 新建后处理文件

在 Windows 系统中，单击“开始”→“所有程序”→“Siemens NX 8. 5”→“加工”→“后处理构造器”，在初始界面的工具栏中单击“新建”按钮，弹出“新建后处理器”对话框。如图 9－18 所示。

在“新建后处理器”对话框的“后处理器名称”文本框中输入后处理器名称 MY_FUNUC，“后处理输出单位”选项选择“毫米”单选按钮。确认“机床”选项组的“铣”按钮被选中。在“控制器”选项组中选择“库”单选按钮，并在其下拉列表中选择 fanuc_6M 选项。最后单击“确定”按钮，完成后处理文件的创建，如图 9－18 所示。

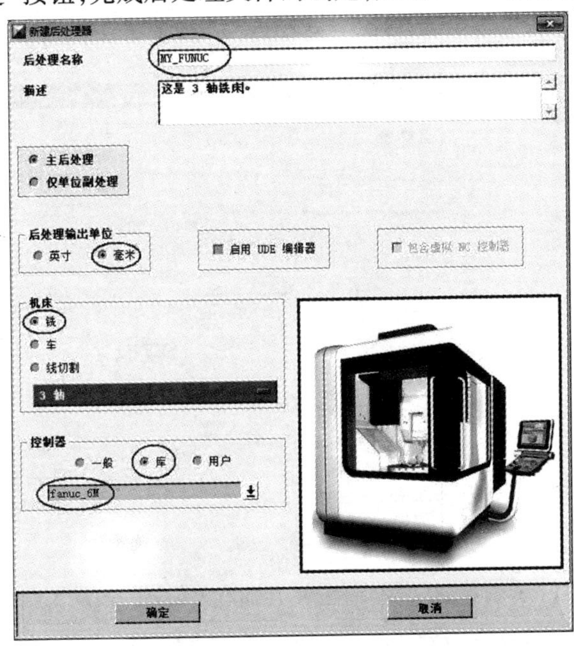

图 9－18　设置后处理文件参数

2. 参数设置

(1) 随后弹出机床参数设置对话框。在该对话框的“线性轴行程限制”选项组中，将机床行程极限根据机床说明书设为 X = 1540，Y = 760，Z = 660。在“移刀进给率”选项组中设置最大值为 16000，如图 9 - 19 所示。

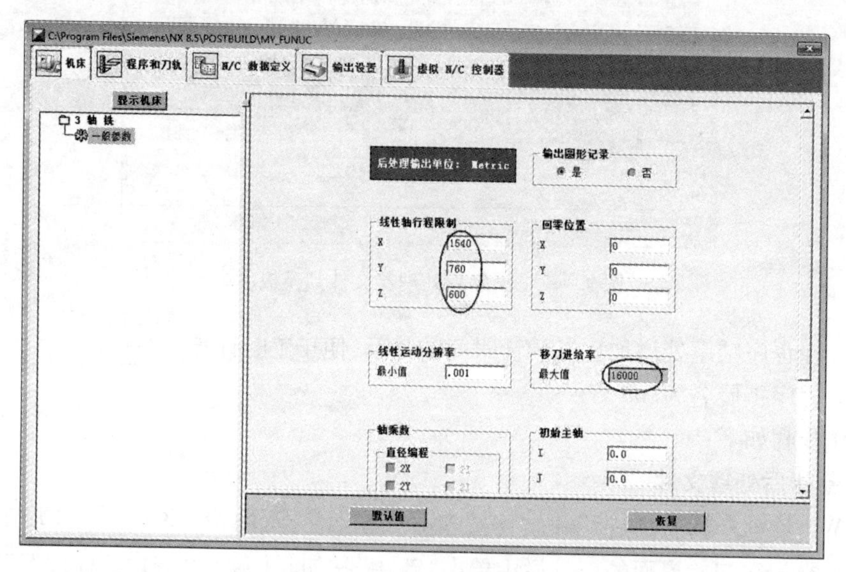

图 9 - 19　设置机床参数

(2) 单击“程序和刀轨”选项卡，选择左侧结构树中的“程序起始序列”节点，然后在右边的块编辑窗口中用鼠标右键单击“MOM_set_seq_on”，在弹出的菜单中选择“删除”命令，如图 9 - 20 所示。

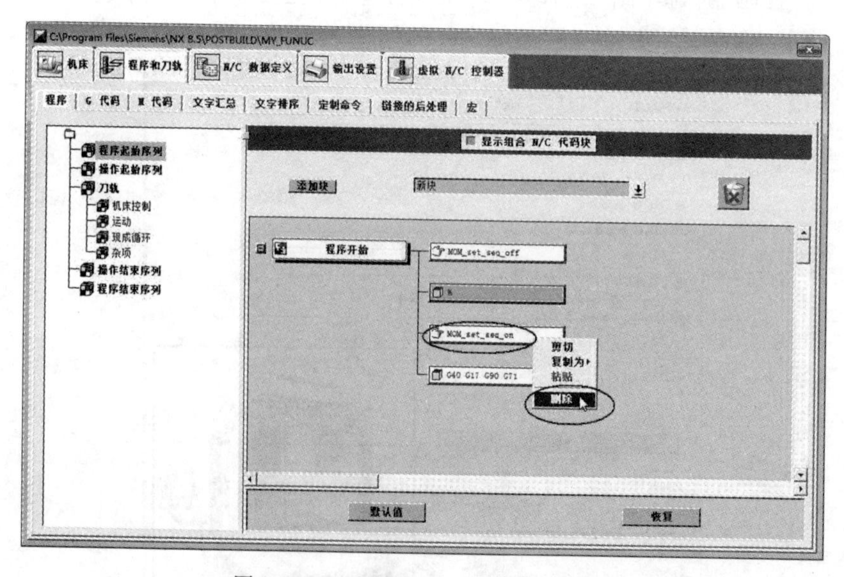

图 9 - 20　删除 MOM_set_seq_on 选项

(3) 用鼠标左键点击右侧窗口上方的“添加块”按钮不放，拖动到块编辑窗口中的“%”下，当下面出现白色高亮时释放鼠标，如图 9 - 21 所示。

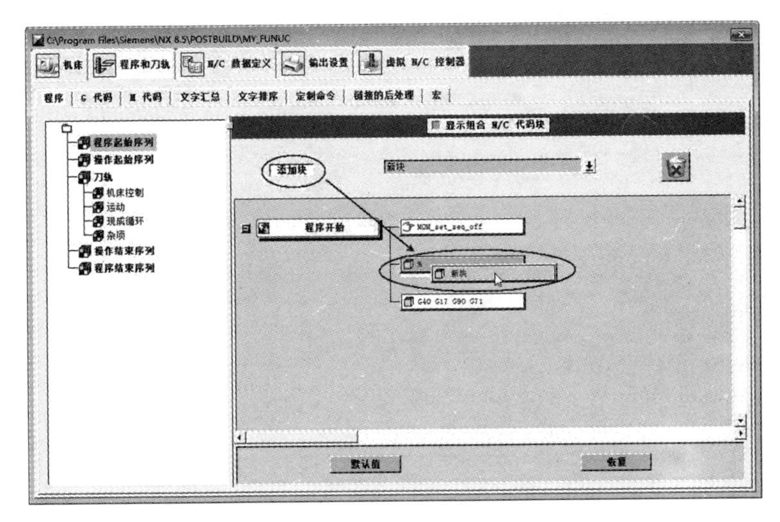

图 9 - 21　添加 G54

在弹出的窗口中单击⬇按钮，在弹出的选项中选择“文本”，如图 9 - 22 所示。

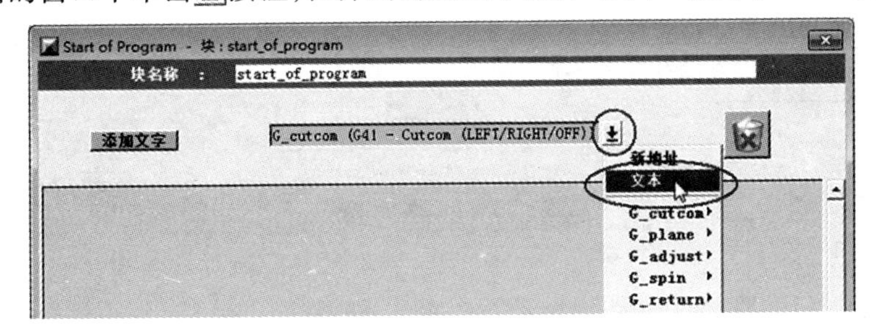

图 9 - 22　选择“文本”选项

然后，单击“添加文字”并按住鼠标不放，拖动到空白处的蓝色条上，当出现白色高亮时释放鼠标，如图 9 - 23(a)所示。在弹出的“文本 条目”对话框中输入文本“G54”，单击“确定”按钮，如图 9 - 23(b)所示。再次单击“确定”按钮，回到主编辑界面。

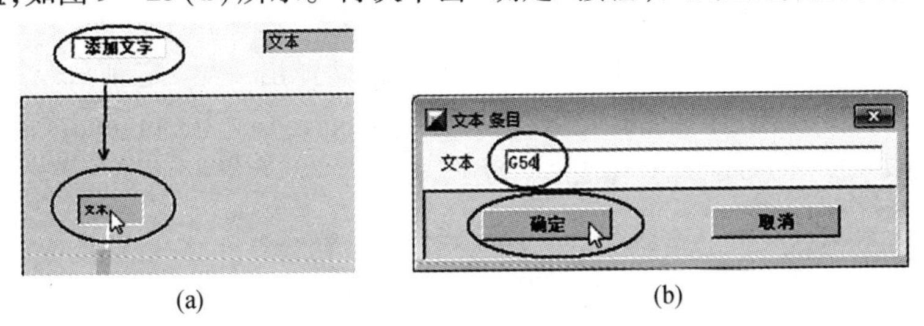

图 9 - 23　添加 G54

（4）在块编辑窗口中用鼠标左键单击“G40G17G90G71”，在弹出来的对话框中将“G71”拖到回收站，如图 9 - 24 所示。

（5）单击⬇按钮，从弹出的下拉选项中选择“G_adjust”→“G49”，再拖动“添加文字”按钮到下方的编辑框中加入 G49，如图 9 - 25 所示。同样地，选择“G_motion”→“G80”加入 G80。

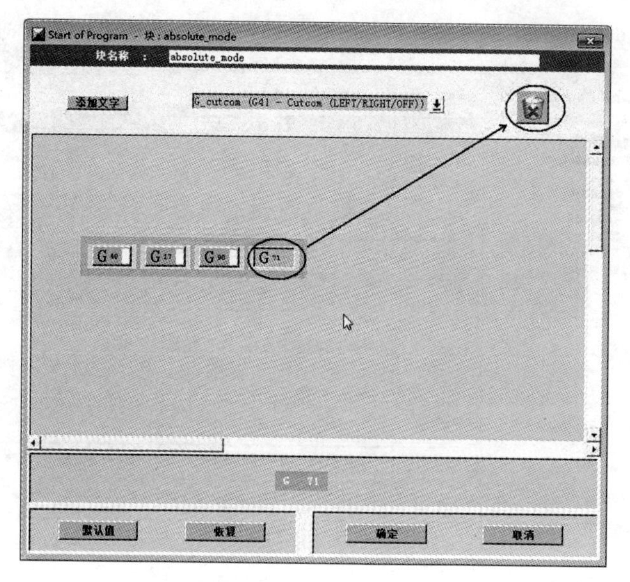

图 9－24　删除 G71

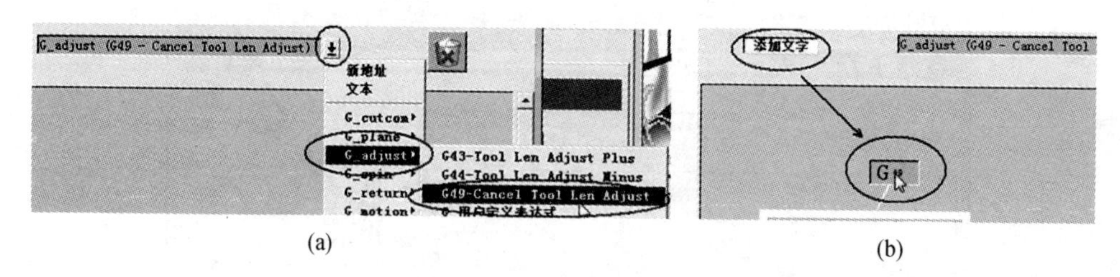

图 9－25　添加 G49

用鼠标右键单击“G49”，选择“强制输出”；再用鼠标右键单击“G80”，选择“强制输出”，然后单击“确定”按钮返回主编辑界面。

（6）在主编辑界面中选择“程序和刀轨”选项卡下的“操作起始序列”节点，单击⬇按钮，从弹出的下拉选项中选择“定制命令”，拖动“添加块”按钮到下方的“自动换刀”节点的“T M06”和“T”之间，如图 9－26 所示。系统会自动弹出一个“定制命令”对话框。更改对话框上方的 PB_CMD_栏中的内容，将 custom_command 改为 tool_info。添加下列文本到对话框中，用于显示刀具信息，如图 9－27 所示。

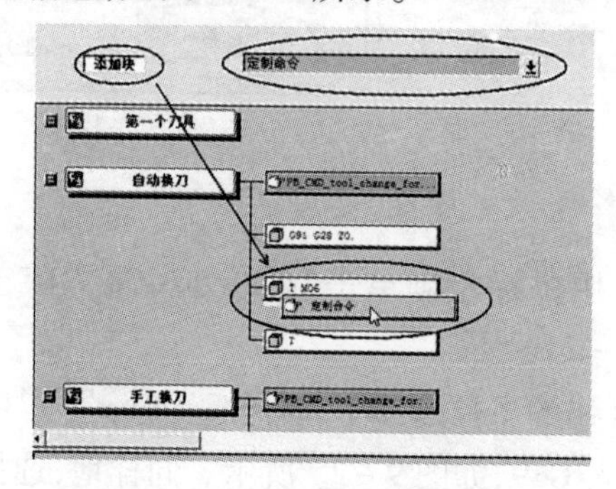

图 9－26　添加“定制命令”块

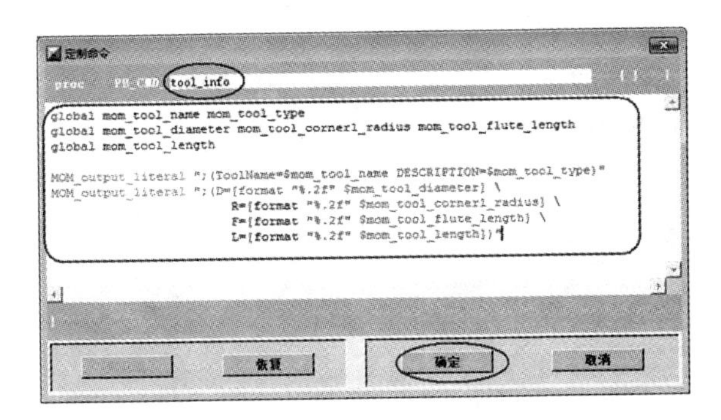

图 9-27　输入显示刀具信息命令

```
global mom_tool_name mom_tool_type
global mom_tool_diameter mom_tool_corner1_radius mom_tool_flute_length
global mom_tool_length

MOM_output_literal ";(ToolName = $ mom_tool_name DESCRIPTION = $ mom_tool_type)"
MOM_output_literal ";(D = [format "%.2f"  $ mom_tool_diameter] \
                    R = [format "%.2f"  $ mom_tool_corner1_radius] \
                    F = [format "%.2f"  $ mom_tool_flute_length] \
                    L = [format "%.2f"  $ mom_tool_length])"
```

确认无误后，点击“确定”按钮，回到主编辑界面。

（7）在主编辑界面中选择“程序和刀轨”选项卡下的“程序结束序列”节点，单击按钮，从弹出的下拉选项中选择“定制命令”，拖动“添加块”按钮到下方的“M02”节点下面。系统会自动弹出一个“定制命令”对话框。更改对话框上方的 PB_CMD_栏中的内容，将 custom_command 改为 Total_time。添加下列文本到对话框中，用于显示理论切削时间，如图 9-28 所示。

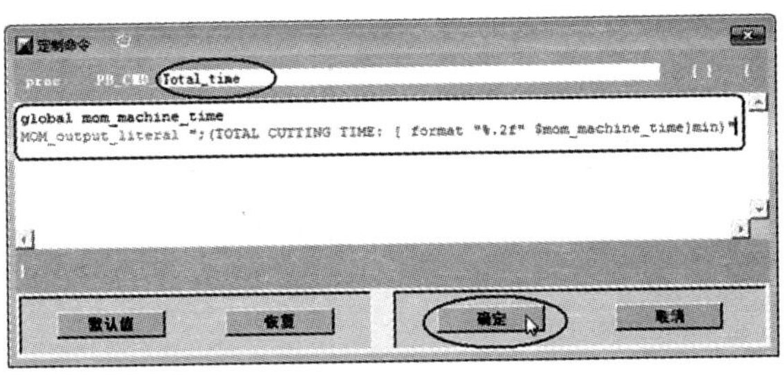

图 9-28　输入显示加工时间命令

```
global mom_machine_time
MOM_output_literal ";(TOTAL CUTTING TIME: [ format "%.2f"  $ mom_machine_time]min)"
```

确认无误后，单击“确定”按钮，回到主编辑界面。

（8）在主编辑界面中选择“输出设置”选项卡，在下方的窗口中选择“其他选项”选项卡，把“N/C 输出文件扩展名”修改为 nc，如图 9-29 所示。

最后，单击初始界面上方工具栏中的保存按钮，保存后置处理文件。用此后处理文件生成的 NC 代码文件如下：

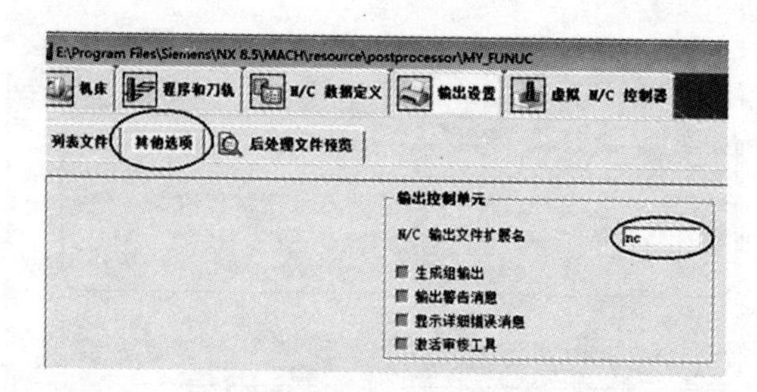

图 9－29 修改 NC 文件扩展名

```
%
G54
G40 G17 G49 G80 G90
G91 G28 Z0.0
T02 M06
;(ToolName = D8R2 DESCRIPTION = Milling Tool - 5 Parameters)
;(D = 8.00   R = 2.00   F = 50.00   L = 75.00)
G00 G90 X.001 Y-32.732 S1200 M03
G43 Z5. H00
...
M02
;(TOTAL CUTTING TIME: 118.22min)
%
```

参考文献

[1] 申雪. 数控编程技术与后置处理[J]. 黑龙江科技信息,2014(18):78－79.

[2] 陈瑞良. 五轴加工中心的数控编程后置处理研究[R]. 南昌:南昌航空大学科技学院,2010.

[3] 王爱玲,赵丽琴,关锐钟. 数控编程技术[M]. 北京:机械工业出版社,2013.

[4] 陈天祥,单嵩麟. 数控加工技术及编程实训[M]. 北京:清华大学出版社,北京交通大学出版社,2005.

[5] 刘瑞已,胡笛川. 数控编程与操作[M]. 北京:北京大学出版社,2009.

[6] 王志斌. 数控铣床编程与操作[M]. 北京:北京大学出版社,2012.

[7] 杜国臣. 数控机床编程[M]. 北京:机械工业出版社,2010.

[8] 姜永成,夏广岚. 数控加工技术及实训[M]. 北京:北京大学出版社,2011.

[9] 唐友亮,佘勃. 数控技术[M]. 北京:北京大学出版社,2013.

[10] 黄军港,沈建峰. 数控车削编程技术[M]. 沈阳:辽宁科学技术出版社,2011.

[11] 仲兴国. 数控机床与编程[M]. 沈阳:东北大学出版社,2011.

[12] 李体仁. 数控加工与编程技术[M]. 北京:北京大学出版社,2011.

[13] 田坤. 数控机床编程、操作与加工实训[M]. 北京:电子工业出版社,2008.

[14] 沈建峰,金玉峰. 数控编程200例[M]. 北京:中国电力出版社,2008.

[15] 王爱玲. 机床数控技术[M]. 北京:高等教育出版社,2006.

[16] 王爱玲,等. 机床数控技术[M]. 2版. 北京:高等教育出版社,2013.

[17] 常赟. 多轴加工编程及仿真应用[M]. 北京:机械工业出版社,2011.

[18] 高长银,等. UG NX 8.5 多轴数控加工典型实例详解[M]. 2版. 北京:机械工业出版社,2014.

[19] 李道军,刘云凯. UG NX 数控编程专家精读:实战技巧版[M]. 北京:铁道出版社,2012.

[20] 张磊. UG NX6 后处理技术培训教程[M]. 北京:清华大学出版社,2009.

[21] 沈兴全. 现代数控编程技术及应用[M]. 3版. 北京:国防工业出版社,2009.

[22] 王先逵. 机床数字控制技术手册[M]. 北京:国防工业出版社,2013.

[23] 王爱玲,孙旭东. 数控铣削编程与操作[M]. 电子工业出版社,2008.

[24] renyuhongzi. 第八章 宏程序简介.(2012－01－24)[2015－11－18], http://wenku.baidu.com/viewdf301b2a647d27284b7351b8.html? from = search.

[25] yuzhice1980. 华中宏程序编程.(2010－11－03)[2015－11－18], http://wenku.baidu.com/view/204e324ffe4733687e21aa57.html? from = search.

[26] 王爱玲. 计算几何及图形处理(CAD基础)[M]. 北京:国防工业出版社,1988.